太阳能光伏发电系统及其应用

杨贵恒　张海呈　张颖超　强生泽　编著

U0229157

第2版

The Second Edition

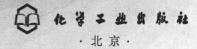

化学工业出版社

·北京·

图书在版编目(CIP)数据

太阳能光伏发电系统及其应用/杨贵恒等编著.
2版.—北京：化学工业出版社，2014.11（2023.8重印）
ISBN 978-7-122-21824-7

Ⅰ.①太… Ⅱ.①杨… Ⅲ.①太阳能发电 Ⅳ.①TM615

中国版本图书馆 CIP 数据核字（2014）第 209972 号

责任编辑：高墨荣　　　　　　　　　　　文字编辑：徐卿华
责任校对：宋　夏　　　　　　　　　　　装帧设计：王晓宇

出版发行：化学工业出版社（北京市东城区青年湖南街 13 号　邮政编码 100011）
印　　装：北京印刷集团有限责任公司
720mm×1000mm　1/16　印张 22¼　字数 476 千字　2023 年 8 月北京第 2 版第 10 次印刷

购书咨询：010-64518888　　　　　　　　售后服务：010-64518899
网　　址：http://www.cip.com.cn
凡购买本书，如有缺损质量问题，本社销售中心负责调换。

定　　价：58.00 元　　　　　　　　　　　版权所有　违者必究

前 言 FOREWORD

进入 21 世纪的人类社会正面临着化石燃料短缺和生态环境严重污染的局面，廉价的石油时代即将结束，逐步改变能源消费结构，大力发展可再生能源，走可持续发展的道路，已成为世界各国政府的共识。

由于太阳能光伏发电系统具有其独特的优点，其应用与普及越来越受到人们的重视。我国的太阳能资源十分丰富，为太阳能的利用创造了有利的自然条件，近年来得到了飞速发展。我国太阳能电池的产量平均年增长率在 40% 以上，已成为发展迅速的高新技术产业之一，其应用规模和领域也在不断扩大，从原来只在偏远无电地区和特殊用电场合使用，发展到城市并网系统和大型光伏电站。尽管目前太阳能光伏发电在能源结构中的所占比例不大，但是随着社会的发展和技术的进步，其份额将会逐年增加。据专家预测，到 21 世纪中叶，太阳能光伏发电将成为世界能源供应的主体，一个光辉灿烂的太阳能时代即将到来。

本书共分为 8 章来讨论太阳能光伏发电系统及其应用技术。第 1 章介绍了太阳的物理特性、太阳辐射的性质、我国的太阳能资源分布与利用形式以及太阳能光伏发电现状与发展前景；第 2 章介绍了各种太阳能光伏发电系统的工作原理；第 3 章至第 7 章重点讨论了太阳能光伏发电系统中的核心部件及其相关技术：太阳能光伏电池与阵列、储能装置、光伏发电系统中的电能变换技术、光伏发电系统的控制与管理、光伏发电系统的设计等；第 8 章简要介绍了太阳能光伏发电系统的运行管理与维护。

本书通俗易懂，注重科学性、针对性和实用性的有机结合，是从事太阳能光伏发电系统设计、开发与应用工程技术人员的必备读物，也可作为大专院校和职业技术学院相关专业师生的教学参考用书。本书第一版作为太阳能光伏发电系统的经典科技图书和教学参考用书，多所大专院校和职业技术学院相关专业选用此书作为教材，畅销五年，现全新改版新装上市，内容更全、技术更新、实用性更强！

本书由常熟理工学院李天福，盐城工学院张春富，重庆通信学院杨贵恒、张海呈、强生泽、张颖超、王秋虹、朱鹏涛、刘扬、叶奇睿、冯雪、张建新、景有泉、钱希森、李龙、向成宣、任开春、曹均灿、龚伟、金丽萍、田永书、刘凡、张瑞伟、聂金铜、文武松、詹天文、杨波、赵英等共同编写，最后由杨贵恒统稿。另外，本书在出版过程中，得到了重庆通信学院教保科的大力支持，在此表示衷心感谢。

读者如需要本书讲课资料，可发邮件至 gmr9825@163.com。

由于太阳能光伏发电技术所涉及的知识面广，相关技术发展迅猛，再加之编者的水平和经验有限，书中难免存在不足之处，恳请广大读者批评指正。

编著者

目 录 CONTENTS

第5章 光伏发电系统中的电能变换技术

第6章 光伏发电系统的控制与管理

第7章 光伏发电系统设计

第8章 光伏电站的建设与运行维护

参考文献

第1章 绪论

随着世界经济的快速发展，对能源的需求越来越大。目前，世界各国大多以石油、天然气和煤炭等化学原料作为主要能源，这必将导致能源的日益枯竭与环境污染的日益突出，能源与环境已成为 21 世纪人类面临的两项重大难题，包括太阳能、风能、水能、生物质能、海洋能、地热能等在内的可再生能源的发展与应用受到广泛关注。

1.1 太阳及太阳能概述

太阳能是由太阳中的氢经过聚变而产生的一种能源。它分布广泛，可自由利用，取之不尽，用之不竭，是人类最终可以依赖的能源。太阳能以辐射的形式每秒钟向太空发射 3.8×10^{19} MW 能量，其中有二十二亿分之一投射到地球表面。地球上一年中接受到的太阳辐射能高达 1.8×10^{18} kW•h，是全球能耗的数万倍，由此可见太阳的能量有多么巨大。利用太阳能的分布式能源系统逐渐受到各国政府的重视。要想合理的利用太阳能，首先要了解太阳的物理特性、太阳辐射的性质以及我国的太阳能资源分布与利用形式等。

1.1.1 太阳的物理特性

人类对太阳的利用已有悠久的历史，中国早在两千多年前的战国时期就已经懂得用金属做成的凹面镜聚集太阳光来点火。那么，太阳的能量是从哪里来的呢？正像一年四季里人们亲身感受到的那样，太阳是一个热烘烘的大火球，每天都在向人们住居的地球放射出大量的光和热。太阳位于地球所在的太阳系的中心，太阳星系如图 1-1 所示。

太阳与地球、月亮最大的区别在于它是一个发光的巨大的气体恒星，是一个炽热的大气球。天文学家通常把其结构分成"里三层"和"外三层"。太阳内部的"里三层"，由中心向外依次是核反应区、辐射区和对流区。核反应区是太阳能产生的基地；辐射区是向外传播太阳能的区域；对流区是将太阳能向表层传播的区域。太阳外部有"外三层"，也就是我们日常所能看见的太阳大气层，它从里向外分别为光球层、色球层和日冕层（如图 1-2 所示）。太阳表面温度约 5770K，中心温度约 1.56×10^8 K，压力约为两千多亿大气压。由于太阳内部温度极高，压力极大，其内部物质早已离化而呈离子态，不同原子核的相互碰撞引起一系列类似于氢弹爆

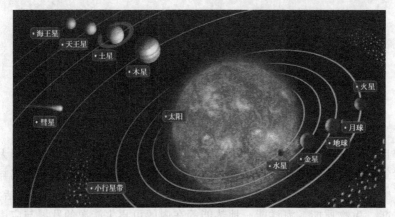

图 1-1　太阳星系

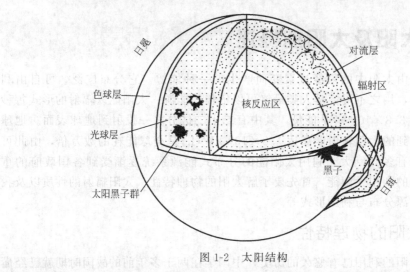

图 1-2　太阳结构

炸的核子反应是太阳能量的主要来源。表 1-1 简要介绍了太阳的物理性质。

1.1.2　太阳能辐射与吸收

太阳是以光辐射的方式将能量输送到地球表面的，其中一部分光线被反射或散射，一部分光线被吸收，只有大约 70％的光线通过大气层到达地球表面，如图 1-3 所示。太阳光在到达地球平均距离处，垂直于太阳光方向的辐射强度（辐射强度也称辐照强度，是指在单位时间内，垂直投射到地球某一单位面积上的太阳辐射能量，通常用 W/m^2 或 kW/m^2 表示）为一常数 $1.367kW/m^2$，此值称为太阳常数（Solar Constant）。到达地球表面的太阳辐照度（辐照度也称辐射通量，是指在单位时间内，投射在地球某一单位面积上太阳辐射能的量值，通常用 $kW \cdot h/m^2$ 表示）与穿透大气层的厚度有关。通过太阳在任何位置与在天顶时，日照通过大气到达测点路径的比值来描述大气质量 AM（Air Mass）。

表 1-1　太阳的物理性质

太阳的物理性质		数　值
直径		$1.39196 \times 10^6 \, km$
表面积		$6.093 \times 10^{12} \, km^2$
质量		$1.989 \times 10^{30} \, kg$
体积		$1.4122 \times 10^{27} \, m^3$
平均密度		$1.409 g/cm^3$
表面加速度		$2.7395 \times 10^4 \, cm/s^2$
冠温度		$1 \times 10^6 \, K$
光球表面温度（相对于黑体辐射）		$5770 K$
阳光辐射率		$6.5 \times 10^{10} \, erg/s^{①} \cdot cm^2$
太阳表面抛物线速度		$617 km/s$
太阳自转恒星周期/会合周期		$25.38 d/27.275 d$
太阳成分（按质量）	氢	75%
	氦	24.25%
	重元素	0.75%
惯性矩		$6 \times 10^{46} \, kg \cdot m^2$
太阳常数值		$(1.95 \pm 0.02) cal/(cm^2 \cdot min)$ 或 $1.367 kW/m^2$
能量产生率		$3.9 \times 10^{16} \, W$
表面逸出速度		$618 m/s$

① $1 erg/s = 10^{-7} \, W$。

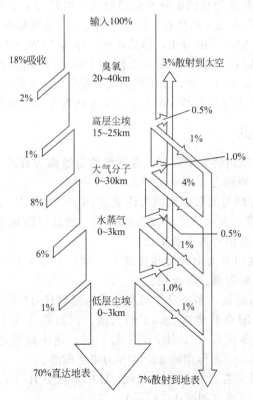

图 1-3　大气成分对太阳光的衰减作用

大气质量为零的状态（AM0），是指在地球空间外接收太阳光的情况。太阳与天顶轴重合时，路程最短，只通过一个大气层的厚度，太阳光线的实际路程与此最短距离之比称为光学大气质量。光学大气质量为 1 时的辐射也称为大气质量为 1（AM1）的辐射。当太阳光线与地面垂直线成一个角度 θ 时（如图 1-4 所示），大气质量＝$1/\cos\theta$。估算大气质量的简易方法是，测量高度为 h 的物体的投射阴影长度 s，则大气质量＝$\sqrt{1+(s/h)^2}$。

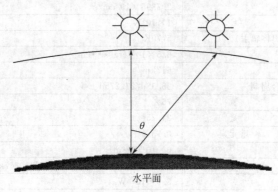

水平面

图 1-4　大气质量同照射角度的关系

由于地面阳光的强度和光谱成分变化都很大，因此为了对不同地点测得的不同太阳能电池的性能进行有意义的比较，就必须确定一个地面标准，然后参照这个标准进行测量（一般采用 AM1.5 的分布，即总功率密度为 $1kW/m^2$，即接近地球表面接收到的功率密度最大值）。太阳光的波长范围为 10pm～10km，但绝大多数太阳辐射能的波长位于 0.29～3.0μm 之间，太阳能光谱分布如图 1-5 所示（由图可知，a 线和 c 线几乎重合，意味着大气层外的太阳光谱基本上接近在 5900K 时的黑体辐射）。

1.1.3　日地运动

地球以椭圆形的轨道绕太阳运行，椭圆形的轨道称为黄道，在黄道平面内，长轴为 1.52×10^8 km，短轴为 1.47×10^8 km。

① 赤黄交角　地球与太阳赤道面大约成 23.45°（23°26′）夹角方向运行（如图 1-6 所示）被太阳俘获，变成绕太阳旋转的行星。地轴（即地球斜轴，又称地球自转轴）与黄道平面的夹角称为赤黄交角。

② 角速度　地轴相对太阳的转动速度不一样，对北半球而言，夏天快、冬天慢，对南半球而言，夏天慢、冬天快。

③ 南北回归线与夏至、冬至日　当北半球为夏至日（6 月 21/22 日）时，南半球恰好为冬至日，太阳直射北纬 23.45°的天顶，因而称北纬 23.45°N 纬度圈为北回归线。当北半球为冬至日（12 月 21/22 日）时，南半球恰好为夏至日，太阳直射南纬 23.45°的天顶，因而称南纬 23.45°S 为南回归线。

④ 春分与秋分日　春分日（3 月 20/21 日）与秋分日（9 月 22/23 日），太阳恰好直射地球的赤道平面（如图 1-7 所示）。

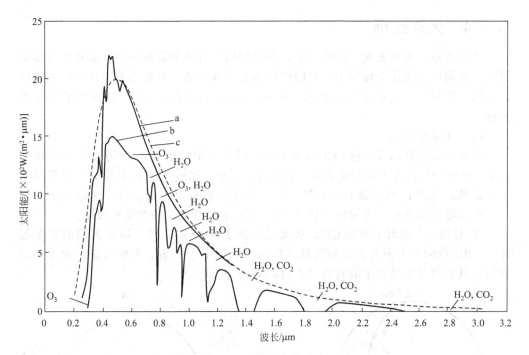

图 1-5　太阳能光谱分布

a—大气层以外（AM0）；b—在海平面上（AM1.5）；c—在 5900K 时的黑体辐射

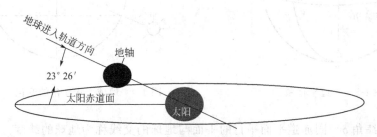

图 1-6　赤黄角示意图

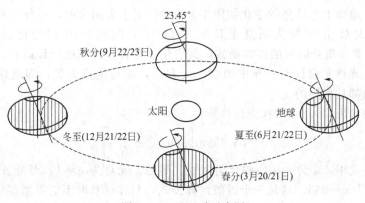

图 1-7　日地运动示意图

1.1.4　天球坐标

观察者站在地球表面，仰望星空，平视四周所看到的假想球面，按照相对运动原理，太阳似乎在这个球面上自东向西周而复始地运动。要确定太阳在天球上的位置，最方便的方法是采用天球坐标，常用的天球坐标有赤道坐标系和地平坐标系两种。

（1）赤道坐标系

赤道坐标系是以天赤道 QQ' 为基本圈，以天子午圈的交点 O 为原点的天球坐标系，PP' 分别为北天极和南天极。由图 1-8 可见，通过 PP' 的大圆都垂直于天赤道。显然，通过 P 和球面上的太阳（S_θ）的半圆也垂直于天赤道，两者相交于 B 点。在赤道坐标系中，太阳的位置 S_θ 由时角 ω 和赤纬角 δ 两个坐标决定。

① 时角 ω　相对于圆弧 QB，从天子午圈上的 Q 点起算（即从太阳的正午起算），规定顺时针方向为正，逆时针方向为负，即上午为负，下午为正。通常用 ω 表示，其数值等于离正午的时间（小时）乘以 $15°$。

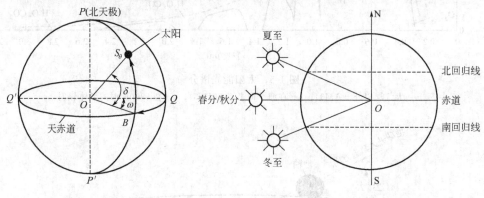

图 1-8　赤道坐标系　　　　　　　　图 1-9　地球上赤纬角的变化

② 赤纬角 δ　同赤道平面平行的平面与地球的交线称为地球的纬度。通常将太阳的直射点的纬度，即太阳中心和地心的连线与赤道平面的夹角称为赤纬角，通常以 δ 表示。地球上赤纬角的变化如图 1-9 所示。对于太阳来说，春分日和秋分日的 $\delta=0°$，向北极由 $0°$ 变化到夏至日的 $+23.45°$；向南极由 $0°$ 变化到冬至日的 $-23.45°$。赤纬角是时间的连续函数，其变化率在春分日和秋分日最大，大约一天变化 $0.5°$。赤纬角仅仅与一年中的哪一天有关，而与地点无关，即地球上任何位置的赤纬角都是相同的。

赤纬角可用 Cooper 方程近似计算：

$$\delta=23.45\sin\left[360\times\frac{284+n}{365}\right] \tag{1-1}$$

上述公式中，n 为一年中的日期序号。例如，元旦为 $n=1$，春分日为 $n=81$，12 月 31 日为 $n=365$。这是一个近似计算公式，具体计算时不能得到春分日、秋分日的 δ 值同时为 0 的结果。更加精确的计算可用以下近似计算公式：

$$\delta = 23.45\sin\left[\frac{\pi}{2}\left(\frac{\alpha_1}{N_1} \times \frac{\alpha_2}{N_2} \times \frac{\alpha_3}{N_3} \times \frac{\alpha_4}{N_4}\right)\right] \qquad (1-2)$$

式中，$N_1 = 92.975$ 为从春分日到夏至日的天数；α_1 为从春分日开始计算的天数；

$\qquad N_2 = 93.269$ 为从夏至日到秋分日的天数；α_2 为从夏至日开始计算的天数；

$\qquad N_3 = 89.865$ 为从秋分日到冬至日的天数；α_3 为从秋分日开始计算的天数；

$\qquad N_4 = 89.012$ 为从冬至日到春分日的天数；α_4 为从冬至日开始计算的天数；

例如，在春分日，$\alpha_1 = 0$，以此类推。

式（1-2）比式（1-1）计算值的精确度提高了 5 倍，但计算较复杂，所以在一般情况下都用式（1-1）来计算赤纬角 δ。

（2）地平坐标系

人在地区上观看空中的太阳相对地面的位置时，太阳相对地球的位置是相对于地面而言的，通常用高度角和方位角两个坐标决定，如图 1-10 所示。在某个时刻，由于地球上各处的位置不同，因而各处的高度角和方位角也不相同。

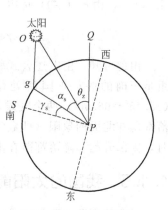

① 天顶角 θ_Z　天顶角就是太阳光线 OP 与地平面法线 QP 之间的夹角。

② 高度角 α_S　高度角就是太阳光线 OP 与其在地平面上投影线 Pg 之间的夹角，它表示太阳高出水平面的角度。高度角与天顶角之间的关系为

$$\theta_Z + \alpha_S = 90° \qquad (1-3)$$

图 1-10　地平坐标系

③ 方位角 γ_S　方位角就是太阳光线在地平面上的投影与地平面上正南方向间的夹角 γ_S。它表示太阳光线的水平投影偏离正南方向的角度，取正南方向为起始点（即 0°），向西（顺时针方向）为正，向东为负。

（3）太阳能角的计算

① 太阳高度角的计算　高度角与天顶角、纬度（φ）、赤纬角及时角之间的关系为

$$\sin\alpha_S = \cos\theta_Z = \sin\varphi\sin\delta + \cos\varphi\cos\delta\cos\omega \qquad (1-4)$$

在太阳正午时，$\omega = 0$（正午以前为负，正午以后为正），上式可简化为

$$\sin\alpha_S = \cos\theta_Z = \sin\varphi\sin\delta + \cos\varphi\cos\delta = \cos(\varphi - \delta) = \sin[90° \pm (\varphi - \delta)] \qquad (1-5)$$

当正午太阳在天顶角以南（即对于北半球而言，$\varphi > \delta$）时

$$\alpha_S = 90° - (\varphi - \delta) \qquad (1-6)$$

当正午太阳在天顶角以北（即对于南半球而言，$\varphi < \delta$）时

$$\alpha_S = 90° + (\varphi - \delta) \qquad (1-7)$$

② 方位角 γ_S 的计算　方位角与赤纬角、高度角、纬度及时角之间的关系为

$$\sin\gamma_S = \cos\delta\sin\omega / \sin\alpha_S \qquad (1-8)$$

$$\cos\gamma_S = \frac{\sin\alpha_S\sin\varphi - \sin\delta}{\cos\alpha_S\cos\varphi} \qquad (1-9)$$

③ 日出、日落时的时角 ω_S　日出、日落时太阳高度角为0°，由式（1-4）可得

$$\cos\omega_S = -\tan\varphi\tan\delta \tag{1-10}$$

日出时的时角为 ω_{Sr}，其角度为负值；日落时的时角为 ω_{Ss}，其角度为正值。对于某一地点而言，太阳日出与日落时的时角相对于太阳正午是对称的。

④ 日照时间 N　日照时间是当地从日出到日落之间的时间间隔。由于地球每小时自转15°，所以日照时间 N 可以用日出、日落时角的绝对值之和除以15°得到：

$$N = \frac{\omega_{Ss} + |\omega_{Sr}|}{15} = \frac{2}{15}\arccos(-\tan\varphi\tan\delta) \tag{1-11}$$

⑤ 日出、日落时的方位角　日出、日落时太阳高度角为0°，此时，$\cos\alpha_S = 1$，$\sin\alpha_S = 0$，由式（1-9）可得

$$\cos\gamma_{S,0} = \frac{\sin\alpha_{S,0}\sin\varphi - \sin\delta}{\cos\alpha_{S,0}\cos\varphi} = -\frac{\sin\delta}{\cos\varphi} \tag{1-12}$$

由此可知，由上述公式所得到的日出、日落时的方位角都有两组解，但只有一组是正确的解。我国所处位置大致可划分为北热带（0°～23.45°）和北温带（23.45°～66.55°）两个气候带，当太阳赤纬角 $\delta > 0°$（夏半年）时，太阳升起和降落都落在北面的象限（即数学上的第一、二象限）；当太阳赤纬角 $\delta < 0°$（冬半年）时，太阳升起和降落都落在南面的象限（即数学上的第三、四象限）。

1.1.5　我国的太阳能资源

太阳能资源的区划通常采用三种方式。

第一级区划按年太阳辐射量分区。

第二级区划是利用各月日照时数大于6h的天数这一要素为指标。一年中各月日照时数大于6h的天数最大值与最小值之比值，可看作当地太阳能资源全年变幅大小的一种度量，比值越小说明太阳能资源全年变化越稳定，就越有利于太阳能资源的利用。此外，最大值与最小值出现的季节也说明了当地太阳能资源分布的一种特征。

太阳光在一天中实际的照射时数称日照时间。日照时间可分为最大可能日照时间与地理的或地形的可能日照时间，太阳边缘升起与降落之间的时段称为最大可能日照时间，太阳辐射能够达到一个给定平面的最长时段称为地理的或地形的可能日照时间。日照时间又可以分为天文日照时间和实际日照时间。天文日照时间是假设某地为晴天的日照时间，也就是实际日照时间的上限。实际日照时间与天文日照时间的比值称为日照率，可用来衡量一个地方为晴天的概率。日照率由以下公式确定：

$$日照率 = \frac{实际日照时间}{天文日照时间} \times 100\% \tag{1-13}$$

若干年的年日照时间与年份数的比值称为年平均日照时间，此指标是太阳能利用价值的评估指标之一，全国主要城市的年平均日照及最佳安装倾角见表1-2。

表 1-2　全国主要城市的年平均日照及最佳安装倾角

城市	纬度/(°)	最佳倾角/(°)	平均日照时间/h	城市	纬度/(°)	最佳倾角/(°)	平均日照时间/h
哈尔滨	45.68	纬度+3	4.40	杭州	30.23	纬度+3	3.42
长春	43.90	纬度+1	4.80	南昌	28.67	纬度+2	3.81
沈阳	41.77	纬度+1	4.60	福州	26.08	纬度+4	3.46
北京	39.80	纬度+4	5.00	济南	36.68	纬度+6	4.44
天津	39.10	纬度+5	4.65	郑州	34.72	纬度+7	4.04
呼和浩特	40.78	纬度+3	5.60	武汉	30.63	纬度+7	3.80
太原	37.78	纬度+5	4.80	长沙	28.20	纬度+6	3.22
乌鲁木齐	43.78	纬度+12	4.60	广州	23.13	纬度-7	3.52
西宁	36.75	纬度+1	5.50	海口	20.03	纬度+12	3.75
兰州	36.05	纬度+8	4.40	南宁	22.82	纬度+5	3.54
银川	38.48	纬度+2	5.50	成都	30.67	纬度+2	2.87
西安	34.30	纬度+14	3.60	贵阳	26.58	纬度+8	2.84
上海	31.17	纬度+3	3.80	昆明	25.02	纬度-8	4.26
南京	32.00	纬度+5	3.94	拉萨	29.70	纬度-8	6.70
合肥	31.85	纬度+9	3.69	香港	22.00	纬度-7	5.32

　　第三级区划是利用太阳能日变化的特征值作为指标。其规定为，以当地真太阳时（实际上日常用的计时是平太阳时，平太阳时假设地球绕太阳是标准的圆形，一年中每天都是均匀的。北京时间是平太阳时，每天都是 24 小时。而如果考虑地球绕日运行的轨道是椭圆的，则地球相对于太阳的自转并不是均匀的，每天并不都是 24 小时，有时候少有时候多。考虑到该因素得到的是真太阳时。真太阳时要求每天的中午 12 点，太阳处在头顶最高）。9～10 时的年平均日照时数作为上午日照情况的代表，同样以 11～13 时代表中午，以 14～15 时代表下午。哪一段的年平均日照时数长，则表示该段有利于太阳能的利用。第三级区划指标说明了一天中太阳能利用的最佳或不利时段。

　　为了便于太阳能资源的开发与利用，按年太阳总辐射量空间分布，也就是第一级区划方法，中国气象科学研究院根据 1971～2000 年太阳能资源分布实测数据将我国太阳能资源划分为四个区域，如图 1-11 所示。

　　Ⅰ. 太阳能资源最丰富带：西藏大部、新疆南部以及青海、甘肃和内蒙古的西部。这些地区的年太阳辐照量超过 6300MJ/m²，年总辐射量大于 1750kW·h/m²，平均日辐射量大于 4.8kW·h/m²，而且月际最大与最小可利用日数的比值较小，年变化较稳定，是太阳能资源利用条件最佳的地区。

　　Ⅱ. 太阳能资源很丰富带：新疆大部、青海和甘肃东部、宁夏、陕西、河北、山东东北部、山西大部、内蒙古东部、东北西南部、内蒙古东部、东北西南部、云南、四川西南部。该地区年太阳辐照量为 5040～6300MJ/m²，年总辐射量在 1400～1750kW·h/m² 之间，平均日辐射量在 3.8～4.8kW·h/m² 之间，大部分地区可利用时数的年变化比较稳定。

　　Ⅲ. 太阳能资源较丰富带：其年太阳辐照量为 3780～5040 MJ/m²，年总辐射量在 1050～1400kW·h/m² 之间，平均日辐射量在 2.9～3.8kW·h/m² 之间，它主要包括

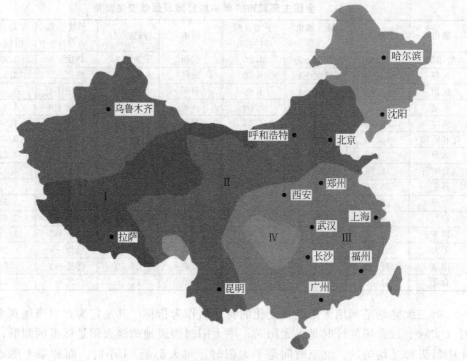

图 1-11　中国太阳能资源分布示意图
（Ⅰ：≥6300MJ/m²；Ⅱ：5040～6300MJ/m²；Ⅲ：3780～5040MJ/m²；
Ⅳ：<3780MJ/m²；钓鱼岛、南海诸岛略）

黑龙江、吉林、辽宁、安徽、江西、山西南部、内蒙古东北部、河南、山东大部、江苏、浙江、湖北、湖南、福建、广东、广西、海南东部、四川和贵州大部、西藏东南部、台湾。

Ⅳ. 太阳能资源一般带：太阳能资源一般带的年太阳辐照量小于 3780MJ/m²，年总辐射量小于 1050kW·h/m²，平均日辐射量小于 2.9kW·h/m²，它主要包括四川中部、贵州北部、湖南西北部以及重庆市。

1.1.6　太阳能利用的基本形式

太阳能利用的基本方式有三种：太阳能热利用、太阳能热发电和太阳能光伏发电。

（1）太阳能热利用

太阳能热利用的基本原理是将太阳辐射能收集起来，通过与物质的相互作用转换成热能加以利用。目前使用最多的太阳能收集装置主要有平板型集热器、真空管集热器和聚焦集热器三种。根据其所能达到的温度和用途的不同，太阳能热利用可分为低温利用（<200℃）、中温利用（200～800℃）和高温利用（>800℃）。目前低温利用主要有太阳能热水器、太阳能干燥器、太阳能蒸馏器、太阳房、太阳能温室、太阳能空调制冷系统等，中温利用主要有太阳灶、太阳能热发电聚光集热装置等，高温利用主要有高温太阳炉等。

太阳能热利用技术有几大特点：①技术比较成熟、商业化程度较高；②太阳能热效率比较高，如太阳能热水器、太阳灶、太阳能干燥器，其平均热效率均能达到50%左右；③应用范围广，具有广阔的市场，如农业、畜牧业、种植业、建筑业、工业、服务业和人类日常生活领域均能推广和应用。

（2）太阳能热发电

太阳能热发电是先将太阳辐射能转换为热能，然后再按照某种发电方式将热能转换为电能的一种发电方式。

太阳能热发电技术可分为两大类型：一类是利用太阳热能直接发电，如利用半导体材料或金属材料的温差发电、真空器件中的热电子和热离子发电、碱金属的热电转换以及磁流体发电等。其特点是发电装置本体无活动部件。但它们目前的功率均很小，有的仍处于原理性试验阶段，尚未进入商业化应用。另一类是太阳能热动力发电，就是说，先把热能转换成机械能，然后再把机械能转换为电能。这种类型已达到实际应用的水平。美国、西班牙、以色列等国家和地区已建成具有一定规模的实用电站，通常所说的太阳能热发电即为这种类型的太阳能热发电系统。太阳能热发电是利用聚光集热器把太阳能聚集起来，将某种工质加热到数百摄氏度的高温，然后经过热交换器产生高温高压的过热蒸汽，驱动汽轮机并带动发电机发电。从汽轮机出来的蒸汽，压力和温度均已大为降低，经冷凝器凝结成液体后，被重新泵回热交换器，又开始新的循环。世界上现有的太阳能热发电系统大致可分为槽式线聚焦系统、塔式系统和碟式系统三大基本类型。

亚洲首座太阳能热发电实验电站，我国首个、亚洲最大的塔式太阳能热发电电站——八达岭太阳能热发电实验电站，历经6年科研攻关和施工建设于2012年8月在延庆建成，并成功发电。这也使我国成为继美国、西班牙、以色列之后，世界上第四个掌握太阳能热发电技术的国家。该实验电站位于八达岭镇大浮坨村，热发电实验基地占地300亩，基地内包括一个高119m的集热塔和100面共1万平方米的定日镜。2013年6月，该电站发电并入国家电网。电站正在建设1MW槽式热发电系统，投入使用后，发电量将进一步增加。

随着新技术、新材料和新工艺的不断发展，研究开发工作的不断深入，并随着常规能源的涨价和资源的逐步匮乏，以及大量燃用化石能源对环境影响的日益突出，发展太阳能热发电技术将会逐渐显现出其经济社会的合理性。特别是在常规能源匮乏、交通不便而太阳能资源丰富的边远地区，当需要热电联合开发时，采用太阳能热发电技术是切实可行的。

（3）太阳能光伏发电

太阳能光伏发电是利用半导体的光生伏打效应将太阳辐射能直接转换成电能，太阳能光伏发电的基本装置是太阳能电池。

太阳能电池本身无法单独构成发电系统，还必须根据不同的发电系统配备不同的辅助设备，如控制器、逆变器、储能蓄电池等。光伏发电系统可以配以蓄电池而构成可以独立工作的发电系统，也可以不带蓄电池，直接将太阳电池发出的电力馈入电网，构成并网发电系统。独立和并网光伏发电系统的设备配置如图1-12和图1-13所示。

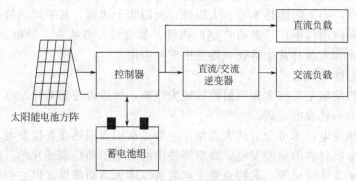

图 1-12　独立光伏发电系统示意图

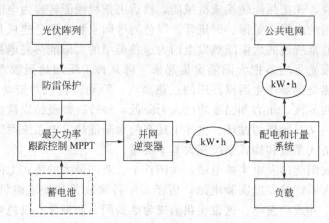

图 1-13　并网光伏发电系统示意图

　　光伏发电具有许多优点，如安全可靠、无噪声、无污染，能量随处可得，不受地域限制，无须消耗燃料，无机械转动部件，故障率低，维护简便，可以无人值守，建站周期较短，规模大小随意，无须架设输电线路，可以方便地与建筑物相结合等。这些优点都是常规发电和其他发电方式所不及的。理论上讲，光伏发电技术可以用于任何需要电源的场合，上至航天器，下至家用电源，大到兆瓦级电站，小到玩具，光伏电源可以无处不在。

1.2　太阳能光伏发电现状与发展前景

　　太阳能光伏发电最早可追溯自 1954 年由贝尔实验室所发明出来的太阳能电池，当时研发的动机只是希望能为偏远地区提供电能供给，那时太阳能电池的效率只有6％。从 1957 年苏联发射第一颗人造卫星开始，一直到 1969 年美国宇航员登陆月球，太阳能光伏发电技术在空间领域得到了充分发挥，在其他领域也得到了越来越广泛的应用。

1.2.1 世界光伏发电的发展现状

1.2.1.1 发展综述

受欧债危机等影响，传统光伏装机大国如德国、意大利等普遍下调补贴费率，但在 2012 年全球仍新增光伏装机容量 29.7GW，同比增长 3.6%。从装机分布看，欧洲新增光伏装机量约为 18.2GW，其中德国以 7.6GW 的装机容量重回全球首位，同比增长 2%；意大利则由 2011 的全球第一下滑至 2012 年的全球第四，装机量 3.0GW。与此同时，全球光伏装机市场发展重心逐渐向新兴光伏国家倾斜，中、美、日光伏市场正在加快崛起。中国在 2012 年的新增光伏装机容量达到 4.5GW，同比增长 66.7%，成为仅次于德国的全球第二大光伏市场；美国以 3.3GW 的装机容量位居全球第三，同比增长 78.6%；日本光伏应用市场延续了 2011 年的上升势头，光伏新增装机容量近 2.0GW，约占全球新增光伏装机市场的 6%，同比增长 53.8%。截止到 2012 年底，全球光伏累计装机容量突破 100GW。

1.2.1.2 全球光伏制造业发展现状

（1）多晶硅行业

从产量看，多晶硅产量保持平稳发展。2012 年全球产能达 40 万吨，同比增长 20%，产量约 23.4 万吨。其中，电子级多晶硅产量约 2.5 万吨，其余为太阳能级多晶硅。受供需关系所影响，多晶硅价格下降较快，全球多晶硅价格降幅达 30% 以上，至 2012 年底，多晶硅现货价格仅约为 16 美元/千克。从区域发展角度看，全球多晶硅进入四国争霸阶段。2012 年，我国以 7.1 万吨的产量位居全球首位，美国以 5.9 万吨位居第二，韩国、德国和日本产量分别为 4.1 万吨、4 万吨和 1.3 万吨。其中，我国和韩国主要生产太阳能级多晶硅，日本主要供应电子级多晶硅，美国和德国则兼而有之。而在产能方面，我国以 19 万吨的产能稳居全球第一，美国以 8.6 万吨的产能位居第二，韩国以 5.7 万吨的产能位居第三，德国和日本约为 5.5 万吨和 1.9 万吨。从发展势头看，逐渐形成中、美、韩、德四国拉锯，日本则盯紧电子级多晶硅这一细分市场。

从企业发展角度看，全球多晶硅产业集中度趋高。全球前十家多晶硅产量排名如表 1-3 所示，德国 Wacker 公司以 3.8 万吨的产量位居全球首位，我国江苏中能公司以 3.7 万吨的产量位居次席，韩国 OCI、美国 Hemlock 和美国 REC 公司分别以 3.3 万吨、3.1 万吨和 2.1 万吨位居三到五位。前十家多晶硅产量已占据全球多晶硅总产量的 79%。号称"四大金刚"的前四家多晶硅企业产能占全球的 45%，产量则占据全球的 59.4%。

（2）硅片行业

产业规模保持平稳发展，产业集中度不断提高。2012 年，全球硅片产能超过 60GW，同比增长 7.1%，每瓦耗硅量已下降至 6g/W 以下，部分企业的耗硅量已下降至 5.2g/W。2012 年硅片产量保持平稳，达 36GW，与 2011 年基本持平。图 1-14 所示为 2007～2012 年全球硅片产能/产量情况，从图中可以看出，近年来硅

表 1-3　2012 年全球十大多晶硅企业产量情况

企业名称	国别	产能/t	产量/t
Wacker	德国	52000	38000
江苏中能	中国	65000	37000
OCI	韩国	42000	33000
Hemlock	美国	42500	31000
REC	美国	25000	21000
Tokuyama	日本	11000	8000
MEMC	美国	14000	6000
重庆大全	中国	9300	4300
亚洲硅业	中国	5000	4100
洛阳中硅	中国	10000	4035
合　计		275800	185435

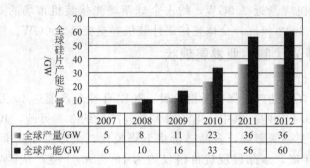

	2007	2008	2009	2010	2011	2012
全球产量/GW	5	8	11	23	36	36
全球产能/GW	6	10	16	33	56	60

图 1-14　2007～2012 年全球硅片产能/产量情况

片产量的增长由前几年的快速增长转至平稳发展。从发展区域看，全球硅片产量逐渐集中在亚太地区，尤其是我国，我国硅片产能已超过 40GW，占据全球总产能的67％ 以上，2012 年全球硅片产量主要分布在：中国大陆、中国台湾地区、日本、韩国和欧洲等国家和地区。表 1-4 所示为 2012 年生产规模最大的前十家硅片企业的产能情况，从表中可以看出，这十家硅片产能达 26GW，产量达 16.6GW，约占

表 1-4　2012 年全球主要硅片企业产能/产量情况　　　　单位：MW

企业名称	国家与地区	产能	产量
保利协鑫	中国	8000	5600
赛维 LDK	中国	3800	1100
英利	中国	2450	1700
晶龙	中国	2000	1200
昱辉阳光	中国	1800	1500
Nexolon	韩国	1700	1200
荣德	中国	1600	1200
绿能	中国台湾地区	1650	1200
MEMC	美国	1500	1000
晶科	中国	1500	900
合计		26000	16600

14　太阳能光伏发电系统及其应用

全球总产量的 46%。其中中国大陆占据 7 家，这 7 家硅片企业的产能也占据了前十大硅片产能的 75%，最大的保利协鑫硅片产能已达 8GW，产量达 5.6GW。

（3）电池片行业

全球电池片生产规模保持增长势头。2012 年，全球太阳能电池片产能超过 70GW（含薄膜电池），产量达 37.4GW，与 2011 年的 35GW 相比，同比增长 6.9%。2005～2012 年全球电池片产量情况如表 1-5 所示。在电池种类上，晶体硅电池产量约为 33GW，薄膜电池约为 4GW，聚光电池约为 100MW。在区域分布上，中国大陆以 21GW 产量位居全球首位，接下来分别为中国台湾、日本、欧洲、美国等国家或地区。值得关注的是，由于 2012 年美国对中国大陆生产的晶硅电池片征收 23%～249% 不等的关税，部分中国大陆企业纷纷通过使用中国台湾等第三方电池片，以规避美国"双反"征税，促使中国台湾等地区的晶硅电池片快速发展。尤其是中国台湾地区，依托于自身强劲的半导体产业基础，再加上美国"双反"的有利因素，使其产量同比增长达 22%，远高于全球增幅。

表 1-5　2005～2012 年全球太阳能电池片产量　　　　　　　单位：MW

年份 国家与地区	2005	2006	2007	2008	2009	2010	2011	2012
中国大陆	200	400	1088	2600	4011	10800	19800	21000
中国台湾地区	0	0	450	900	1300	3400	4500	5500
日本	833	929	920	1300	1508	2200	2069	2400
欧洲	470	657	1062.8	2000	1930	3120	2078	2000
美国	154	202	266.1	432	595	1200	800	1000
其他	102	341	663.1	668	1316	3280	6031	5500

产业集中度略有提高。从生产企业看，全球前十家企业电池片产量达到 14.6GW，约占全球总产量的 39%，同比增长 2 个百分点。在电池类型上，九家为晶硅电池生产企业，只有美国 First Solar 一家薄膜电池企业（CdTe 薄膜电池）。在区域布局上，中国大陆和中国台湾地区共占据 8 席，另外两家分别为美国 First Solar 和韩国韩华集团（韩华集团 2012 年收购德国最大电池片生产企业 Q-Cells 的晶硅电池业务，其总产能达到 2250MW），其中中国英利以 2GW 的产量位居全球首位，其晶硅电池片产能也已达到 2450MW，美国 First Solar 公司则以 1.9GW 的产量位居第二（主要是 CdTe 薄膜电池），而中国晶澳则以 1.8GW 的产量位居全球第三，其产能也已达到 2.8GW。具体详见表 1-6。

（4）电池组件行业

组件产量依然保持平稳增长势头。2012 年产能达 70GW，同比增长 11.1%，产量达 37.2GW，同比增长 6.3%。从区域看，中国依然是太阳能电池组件的最大生产国，产量达 23GW，主要是晶体硅电池（占比达到 98%），欧洲则以近 4GW 的产量位居第二（其中薄膜电池占比约为 20%），日本以约 2.4GW 产量位居第三（其中薄膜电池约 600MW，占比达 25%）。而韩国、马来西亚、新加坡等亚洲国家产量也达到 GW 量级。

表 1-6 2012 年全球主要电池片企业产能/产量情况   单位：MW

企业名称	国家与地区	产能	产量
英利	中国	2450	2000
First Solar	美国	2400	1900
晶澳	中国	2800	1800
尚德	中国	2400	1600
天合	中国	2450	1400
韩华	韩国	2250	1400
茂迪	中国台湾地区	1600	1250
阿特斯	中国	2400	1100
昱晶	中国台湾地区	1500	1100
海润	中国	1560	1100
合计		21810	14650

从产业集中度看，全球出货量最大的前十家组件企业产量达 13.9GW，占世界总产量的 38%，同比增长 2 个百分点。在这十家光伏企业中，中国占据六席，美国占据两席，日本和韩国各占一席。其中英利以近 2.3GW 的产量位居第一，First Solar（美国）以 1.9GW 位居第二，尚德、天合、阿特斯、晶澳、Sharp（日本）、Sunpower（美国）、韩华（韩国）和晶科分别以 1.7GW、1.7 GW、1.6GW、1.1 GW、1.06 GW、0.925 GW、0.85 GW 和 0.84 GW 分列第三到第十位。

(5) 薄膜电池行业

由于晶硅电池生产成本与售价大幅下降，造成薄膜电池因为光电转换的效率不及晶硅电池、成本优势不明显等原因丧失了对晶硅电池的竞争优势。因此，近年来薄膜电池产量出现下滑态势。2012 年，全球薄膜电池产量约 3530MW，同比下降 13.9%。其中硅基薄膜电池 950MW，CIGS 约 680MW，CdTe 约 1900MW，中国大陆薄膜电池产量约 400MW，几乎均为硅基薄膜电池。虽然薄膜电池产量出现下滑，但有分析机构统计，薄膜电池市场规模在 2012 年近 30 亿美元。如果 First Solar 等 CIGS 主要薄膜厂商在效率、成本、产量和市场路线方面取得突破的话，薄膜市场在 2016 年有望回暖至 76 亿美元的规模。

在薄膜电池产量下降的同时，其占全球光伏市场的市场份额也在逐步下滑。在 2010 年前，由于多晶硅价格较高，晶硅电池生产成本一直居高不下，薄膜电池相较于晶硅电池成本优势明显，因此虽然薄膜电池的光电转换效率较低，但其市场份额依然不断上升，并在 2009 年达到最高 16.5% 的市场份额。但由于晶硅电池组件生产成本大幅下降（0.6 美元/瓦左右），产业化转换效率不断提高（单晶硅组件 16.5%，多晶硅组件 15.5%），而薄膜电池技术却迟迟得不到突破，薄膜电池相较晶硅电池的优势逐渐丧失，因此市场份额也逐渐下滑，至 2012 年，薄膜电池所占市场份额为 9.4%。

(6) 光伏设备行业

因欧债危机冲击，加上德国和意大利政府对光伏发电补助对策的动向不明，导致光伏产品生产厂设备投资转趋慎重。据统计，2011 年全球光伏设备销售收入 130

亿美元，2012 年下降到 36 亿美元。2011 年有 23 家供应商的光伏设备营收超过 1 亿美元，而 2012 年仅有 8 家，相信这种局面不会持续太久，在不久的将来全球光伏设备销售收入仍会突破 100 亿美元的大关。全球主要光伏设备厂商及其光伏业务领域如表 1-7 所示。

表 1-7   全球主要光伏设备厂商及其光伏业务领域

企业名称	国别	主要光伏业务领域
Meryer Burger	瑞士	硅片完整生产线，开方机、多线切割机、分选机
GTAT	美国	多晶硅生产设备：还原炉系统、三氯氢硅系统、硅烷系统、区熔炉 硅锭硅棒设备：铸锭炉、单晶炉
Applied Material	美国	电池完整生产线，丝网印刷机、离子注入机、PVD(磁控溅射设备) 硅片完整生产线，多线切割机、切方机 卷绕式真空镀膜系统
汉能太阳能(原铂阳)	中国	硅基薄膜组件完整生产线，PECVD(Plasma Enhanced Chemical Vapor Deposition，等离子体辅助化学气相沉积)，PVD
Gebr. Schmid	德国	硅片完整生产线：硅片超声波清洗设备、硅片分选机、运送装置、硅片分拣设备 电池完整生产线：制绒设备、湿蚀刻设备、扩散炉、电池片等离子体化学气相沉积设备、丝网印刷机、烧结炉、电池分选机、太阳能电池镀膜设备、运送装置、电池装卸系统 电池组件完整生产线：玻璃清洗机、焊接设备、结线器、层压机、激光电池划切机、薄膜裁切机、敷设台 薄膜组件完整生产线：薄膜电池超声波清洗设备、薄膜电池等离子蚀刻设备、薄膜电池湿蚀刻设备、薄膜电池激光蚀刻设备
Rena	德国	硅片完整生产线：硅片超声波清洗设备、硅片分选机、硅片承载器、硅片装卸系统、硅片分离设备 电池片设备：蚀刻设备、制绒设备、湿蚀刻设备、电池片承载器、太阳能电池镀膜设备 薄膜电池设备：溅射设备、减反射膜涂装设备、超声波清洗设备、湿蚀刻设备
精功科技	中国	铸锭炉、开方机
中电 48 所	中国	等离子蚀刻设备、激光刻蚀机、制绒设备、扩散炉、PECVD、丝网印刷机、干燥炉、烧结炉、电池分选机、层压机、自动插片机
NPC	日本	多线切割机
京运通	中国	单晶炉、多晶铸锭炉、区熔炉、多晶硅还原炉

1.2.1.3 全球主要国家和地区光伏产业发展现状

（1）欧洲

欧洲光伏产业的重心在德国，主要在于德国政府极为重视光伏产业，不但率先启动光伏示范项目，加大技术研发投入，将光伏发电列入国家能源发展规划，还出台了可再生能源法案，启用光伏上网电价补贴，德国光伏应用市场逐渐扩大，带动光伏制造产业快速发展。以德国为先导，欧盟加大了对光伏产业的支持力度，逐渐形成了完整的光伏产业链。欧洲光伏产业链各个环节均有优秀的企业，在原辅料、设备以及光伏应用等环节较为突出。

在原辅料方面，欧洲多晶硅的产量约占全球的 25%，主要集中于德国 Wacker 公司，其产量约占欧洲总产量的 80% 以上，其他的还有 MEMC 意大利工厂（产能 6000t）、俄罗斯 Nitol（产能 5000t）、英国 PV Crystal（产能 1800t）、德国 Solar World（产能 3200t）、挪威 Elkem（产能 3200t）等。Wacker 公司 2012 年产能超过 5 万吨，产量 3.8 万吨，同比增长约 19%，其多晶硅部门收入 11.4 亿美元。另外，德国 Heraeus（贺利氏）控股集团是全球最主要的银铝浆供应商之一，目前在该市场的份额超过了美国杜邦，并收购了美国 Ferro 公司的电子浆料业务，使得 Heraeus 在光伏产业浆料市场的份额一举超过了 50%。

设备方面，全球十大光伏设备制造企业中，包括欧洲的多家企业——瑞士梅耶博格、德国 Gebr. Schmid、德国 Rena、瑞士欧瑞康等。欧洲企业在全球光伏设备市场所占份额超过 50%，主要供应地区是亚洲尤其是中国。

逆变器方面，欧洲逆变器的生产企业大多集中在德国，包括全球著名的德国西门子公司和 SMA 公司等，在全球光伏逆变器市场所占份额接近 50%，主要满足欧洲自身需求，还有部分出口至其他地区。

光伏组件方面，2012 年欧洲太阳能电池组件产量约为 2GW，约占全球产量的 5%。欧洲太阳能电池制造同样主要集中于德国，主要的企业有德国 Solar World（其欧洲部分包括硅片 750MW、电池片 300MW、组件 500MW），德国 Q-Cell（欧洲的产能包括：电池片 250MW、组件 120MW），德国 Solon（组件产能 440MW），德国 Scott（450MW），德国 Bosch（630MW），德国 Conergy（250MW），西班牙 Isofotón（230MW），比利时 Photovoltech（150MW），德国 Sovell（200MW），德国 Solland Solar（200MW）等。在薄膜电池制造环节，欧盟也有很多较为抢眼的企业，如德国 Miasole、Wurth、Solibro 等，这些企业在 CIGS 电池的生产制造方面，走在全球前列。在晶硅电池制造环节，虽然欧盟也有较为优秀的企业，如硅片环节的挪威 REC、德国 Solar World；电池组件环节的德国 Solar World、肖特太阳能、博世等。

在发展环境建设方面，欧洲十分重视光伏产业发展环境建设。在科技研发领域，欧洲十分重视光伏电池技术的研发，欧洲乃至全球晶硅电池的研发也主要集中于德国弗朗霍夫太阳能研究所、荷兰 ECN 研究所、比利时 IMEC 这三个研究所。在配套服务体系领域，比较有影响力的行业组织主要有欧洲光伏工业协会，依托于强劲的欧洲市场，每年全球的装机量主要来源于该机构发布的装机数据。欧洲的 Intersolar 展览则是全球最大的展览之一，每年都有几千家光伏企业参加此展会，而其 PVSEC（欧洲太阳能光伏巡回展览会）则是全球主要光伏技术论坛之一，每年全球主要光伏企业均会参加展会及论坛并交流技术发展情况。在电池认证领域，德国的 TUV 认证也是全球最为权威的认证机构之一，全球几乎所有主要光伏企业的产品都通过了该机构的认证。

在光伏应用市场方面，从 2006 年起欧洲就成为全球最大的光伏应用市场，市场份额在 2008 年达到最高，接近 85％，之后由于美、日等市场的扩大有所下降，但规模却一直在快速增长，从 2007 年的每年 2GW 新增装机量跃升至 2012 年的 18GW。从整体规模看，2011 年欧洲光伏市场规模达到了 580 亿美元，从业人数超过 40 万人，欧洲本土光伏产业占据了 58％ 的市场份额，约为 336 亿美元，若考虑出口情况，欧洲本土光伏产业的市场份额将达到 67％，约为 389 亿美元。其中上游环节（原辅料、设备、组件等）约 66 亿美元，占欧洲光伏上游市场的 25％；逆变器环节约 22 亿美元，占欧洲逆变器市场的 53％；平衡组件环节约 57 亿美元，占欧洲平衡组件市场的 80％以上；系统安装环节约 143 亿美元，占据了全部欧洲市场；后续服务环节约 98 亿美元，同样占据了全部欧洲市场。

（2）美国

尽管美国比较重视光伏技术，在研发上的投入力度很大，但其产业发展主要在 2009 年之后，目前初步形成了较为完整的产业链，在原材料、设备、薄膜电池等环节较为突出。到 2011 年，美国光伏产业从业人数超过 10 万人。

原辅料方面，美国在光伏原辅料市场占比较高，涌现出一些优秀的企业，如多晶硅生产企业 Hemlock、MEMC、REC 以及背板和浆料生产企业杜邦、3M（背板、浆料）等。美国多晶硅早年以电子级为主，这几年开始大力发展太阳能级多晶硅，2012 年，美国多晶硅产量达 6 万吨，约占全球产量的 25％。主要的多晶硅企业有 Hemlock（产能 50000t）、REC（产能 22000t）、MEMC（产能 8000t）、Hoku（产能 4000t）、三菱（产能 1800t）等，由于美国电力成本较低，德国 Wacker 和日本的一些企业也将工厂转移至美国。其中 Hemlock 在 2012 年的产量达 3.1 万吨，高居全球多晶硅企业首位。

设备方面，凭借在电子设备方面良好的研发以及产业基础，美国一直领跑全球光伏设备市场，优秀企业有应用材料、GT Solar 等。其中应用材料 2012 年光伏设备销售收入达 4.3 亿美元。

光伏组件制造方面，美国电池组件产量逐年增大，从 2007 年的 347MW 上升至 2010 年的 1205MW，2011 年 First Solar、Sunpower 的出货量分别高达 1980MW、735MW，加上其他企业，2011 年美国电池组件出货量接近 3GW，约占全球的 8％。美国主要的晶硅电池企业有 Solar World（在美产能硅片 250MW，电池片 500MW，组件 350MW），Suniva（组件产能 170MW）、Sunpower（组件产能 870MW）等。其他的主要是薄膜电池企业如 First Solar（组件产能 2300MW）、Miasole、Solydra、Stlon、Ascent、Solo 等。由于竞争力问题，部分企业早已全球布局，如 Sunpower 在菲律宾、Frist Solar 在马来西亚等，同时部分其他国家企业为了打进美国市场也在美国布局组件生产环节。

在发展环境建设方面，美国主要光伏技术研发机构包括 NREL、桑迪、劳伦茨等国际著名研究机构，主要的光伏行业组织有美国太阳能工业协会（SEIA），产品认证机构有 UL 认证，光伏产品欲进入美国市场必须通过这个认证。

应用市场方面，近几年在美国政府提出的新能源政策刺激下，加上光伏组件价格不断下降和成熟的商业化运作体系，美国光伏应用市场呈现高速增长态势，从

2008 年 280MW 跃升至 2010 年的 878MW，到 2011 年上升至 1855MW，2012 年更是达到创纪录的 3313MW（约占全球 2012 年新增光伏装机量的 10％），累计光伏装机量达到 7.7GW，成为全球第三大光伏应用市场。其中大规模光伏电站的市场规模以及占比不断提升，2008 年大规模光伏电站装机容量仅有 20MW，占比仅有 7％，2010 年这两个数字分别为 242MW 和 28％，到 2012 年进一步上升至 1781MW 和 54％。

（3）日本

日本政府非常重视光伏产业的发展，不仅在技术研发投入大量资金，还在全球率先大规模启动光伏应用市场，极大促进了光伏制造业的发展。日本光伏产业一个突出特点就是各个环节比较均衡。

多晶硅方面，日本多晶硅主要以电子级为主，受制于其能源价格较高，多年来其多晶硅产量变化不大，部分企业为了适应光伏行业的发展，也在将其产能转移至电力成本较低的地方，如 Tokuyama 就到马来西亚新建产能 2 万吨的多晶硅工厂。日本的多晶硅企业主要有 Tokuyama（产能 9200t）、三菱（产能 4300t）、M. setek（产能 3000t）、住友（产能 1400t），2012 年，日本多晶硅产能达 1.8 万吨，产量为 1.3 万吨，同比增长 8.3％，约占全球产量的 6％。其中 Tokuyama 的产量为 0.8 万吨，位居世界第六位，比 2011 年上升两位，约占日本产量的 61.5％。

设备方面，日本凭借其在电子制造设备上的优势在全球光伏设备市场拥有一席之地，著名企业有 Komastu-NTC、东京电子、爱发科等。其中 Komastu-NTC 在 2011 的销售收入超过 7 亿美元，是全球十大光伏设备厂之一。

电池制造方面，日本起步较早，在 2006 年以前，日本一直位居全球光伏电池组件领先地位。夏普一度成为全球光伏电池组件的龙头老大，但随着中国、美国和欧洲在该领域的快速崛起，日本已屈居第四。尽管如此，日本仍有一些在光伏组件制造方面的优秀企业，如夏普、京瓷、松下（收购三洋）、三菱、Shel 等。日本在薄膜电池方面研究比较深入，晶硅第一代薄膜第二代的概念都是日本先提出来，一些企业如夏普、京瓷和三菱发展硅基，Shell、本田发展 CIGS 电池等，CdTe 电池在日本的研究较少。由于在晶硅电池方面难以与中国企业竞争，日本企业将更多精力放在了薄膜电池上。2012 年日本光伏电池组件出货量 2.4GW，约占世界组件市场的 6％，其中薄膜电池组件出货量近 600MW，占日本组件出货量的 25％。

在发展环境建设方面，日本主要光伏技术研发机构包括东京大学、东京理工大学、AIST 产业研究所等，主要的光伏行业组织有日本光伏协会（JPEA）、新金属协会等行业协会，产品认证机构有两个，J-PEC 和 JET，光伏产品欲进入日本市场必须经过这两个认证。

在光伏应用市场方面，日本是第一个大规模启动国内光伏市场的国家，一度成为全球最大的光伏应用市场，随着欧洲、美国和中国对光伏装机的重视，日本已下降为全球第四大市场。日本光伏应用市场的发展重点在屋顶系统，占比高达 90％，受福岛核事故的影响，日本从 2012 年起开始大力发展大规模地面电站。2012 年日本光伏应用市场延续了 2011 年的上升势头，光伏新增装机容量达 2.0GW，约占全球新增光伏装机市场的 6%，同比增长 53.8%，光伏累计装机总量达 6.9GW。家用市场仍是日本光伏应用市场的主力，2012 年新增装机量 1.5GW，商用和工业屋顶市场在新政策刺激下有所增长，新增装机量达 0.5GW。

（4）韩国

凭借其在半导体产业的优势，韩国光伏产业发展重点在多晶硅环节。随着韩国光伏应用市场的扩张，更多韩国企业开始进军电池组件领域。

多晶硅方面，韩国是全球多晶硅主要生产国家之一，主要企业有 OCI（产能 42000t）、熊津（产能 5000t）、KCC（产能 6000t）、Hksilicon（产能 3200t）。2012 年产能到达 5.7 万吨，产量达到 4.1 万吨，均位列全球第三，产量占全球的比重约为 18%，其中 OCI 的产量高达 3.3 万吨，高居全球十大多晶硅企业的第三位。

组件方面，由于韩国光伏应用市场启动较晚，国内企业涉足组件制造领域的时间也比较晚，现有企业的规模也不大，产能均未超过 GW，主要企业有现代重工（产能 600MW）、LG 太阳能（产能 350MW）、Millinet（产能 300MW）、Shinsung（产能 250MW）、STX（产能 180MW）、KPE（产能 120MW）等。2012 年韩国组件的产能接近 3GW，产量约为 800MW。

1.2.2 中国光伏发电的发展现状

中国于 1958 年开始研制太阳能电池，1959 年第一块有实用价值的太阳能电池诞生。1971 年 3 月首次应用太阳能电池作为科学实验卫星的电源，开始了太阳能电池的空间应用。1973 年首次在灯浮标上进行应用太阳能电池供电实验，开始了太阳能电池的地面应用。

1.2.2.1 中国光伏产业的发展现状

20 世纪 70 年代末到 80 年代中期，我国一些半导体器件厂开始利用半导体工业废次单晶和半导体器件工艺生产单晶硅太阳电池，我国光伏工业进入萌芽期。80 年代中后期，我国一些企业引进成套单晶硅电池和组件生产设备以及非晶硅电池生产线，使我国光伏电池/组件总生产能力达到 4.5MW，我国光伏产业初步形成。90 年代初中期，我国光伏产业处于稳定发展时期，生产量逐年稳步增加。90 年代末我国光伏产业发展较快，设备不断更新。尤其是近年来，在我国"送电到乡"等工程及国际市场推动下，一批电池生产线、组件封装线、晶硅锭/硅片生产线相继投产和扩产，使我国光伏产业的生产能力大幅上升，我国光伏产业进入全面快速发展时期。

2013 年以来，受政策引导和市场驱动等因素影响，我国光伏产业发展形势较 2012 年有所好转，骨干企业经营状况趋好，国内光伏市场稳步扩大。

2013 年全球新增光伏装机 36GW，同比增长 12.5%；全年多晶硅、组件价格分别上涨 47% 和 8.7%。欧盟对我光伏"双反"案达成初步解决方案，我对美韩多晶硅"双反"作出终裁，外部环境进一步改善。国内企业经营状况不断趋好，截至 2013 年底，在产多晶硅企业由年初的 7 家增至 15 家，多数电池骨干企业扭亏为盈，主要企业第四季度毛利率超过 15%，部分企业全年净利转正。

2013 年全国多晶硅产量 8.4 万吨，同比增长 18.3%，进口量 8 万吨；电池组件产量约 26GW，占全球份额超过 60%，同比增长 13%，出口量 16GW，出口额 127 亿美元。国内市场快速增长，新增装机量超 12GW，累计装机量超 20GW，电池组件内销比例从 2010 年的 15% 增至 43%。全行业销售收入 3230 亿元（制造业 2090 亿元，系统集成 1140 亿元）。

受政策引导和市场调整等影响，产业无序发展得到一定遏制，众多企业加大内部整改力度，部分落后产能开始退出。同时，部分企业兼并重组意愿日益强烈，出现多起重大并购重组案。从工业和信息化部发布的第一批符合《光伏制造行业规范条件》企业名单（共 109 家）情况看，其 2013 年多晶硅、硅片、电池组件产量分别占全国的 85.7%、61% 和 74%；从业人员及销售收入分别占光伏制造业的 58% 和 78%。2013 年，我国前 10 大光伏企业销售收入占全行业 23.6%，前 50 家销售占比 63.6%，产业发展逐步向东部苏、浙，中部皖、赣及西、北部蒙、青、冀等区域集中。

我国骨干企业已掌握万吨级多晶硅及晶硅电池全套工艺，光伏设备的本土化率正在不断提高。2010 年至今，每千吨多晶硅投资下降 47%，每千克多晶硅综合能耗下降 35%，多晶硅企业人均年产量上升 165%，骨干企业副产物综合利用率达 99% 以上；每兆瓦晶硅电池投资下降超过 55%，每瓦电池耗硅量下降 25%，骨干企业单晶、多晶及硅基薄膜电池转换效率由 16.5%、16%、6% 增至 19%、17.5%、10%；光伏发电系统投资由 25 元/瓦降至 9 元/瓦。

受国际贸易保护影响，我国部分光伏企业正在酝酿实施产业转移，通过到海外建厂等方式规避贸易风险。同时，全球市场的开拓也正朝着多方位、多元化和多样化方向发展，而不再局限于以往的欧洲市场。此外，为了适应产业发展需求，提升企业竞争力，光伏企业业务逐渐由以往的电池组件制造向下游系统集成甚至电站运营方向拓展。一方面可以通过电站建设拉动自身光伏组件产品的销售；另一方面可以促使业务多元化，通过电站投资与运营可以带来更高的投资收益率。国内如尚德、英利、天合、阿特斯等重点光伏企业已纷纷涉及到下游系统集成业务。与此同时，大型发电集团也开始向电池制造业进军。为了控制产品质量和成本，现在这些发电企业均有不同程度涉足电池制造业，发电集团的涉足将会进一步加剧国内光伏市场的竞争。

相信随着相关政策及配套体系进一步完善，我国光伏产业发展总体将平稳回升，多晶硅、电池价格趋于平稳，国内应用市场将持续扩大，主要企业有望实现稳步盈利。

1.2.2.2　中国光伏市场的发展现状

1973 年 3 月太阳电池首次应用于我国第二颗人造卫星上，同年太阳能电池首次在天津塘沽海港浮标灯上应用，从此开始了我国太阳电池在空间和地面应用的历史。从 20 世纪 70 年代初到 80 年代末，由于成本高，太阳电池在地面上的应用非常有限。90 年代以后，随着我国光伏产业初步形成和光伏电池成本逐渐降低，应用领域开始向工业领域和农村电气化方向发展，光伏发电市场稳步扩大。光伏产业也被逐步列入国家和各地政府计划，如西藏的"阳光计划"、"光明工程"、"阿里光伏工程"以及光纤通信电源、石油管道阴极保护、村村通广播电视、大规模推广农村户用光伏电源系统等。

目前，太阳能光伏发电在民用建筑设计施工中得到了较为广泛的应用。2008年国家鸟巢体育馆拥有100kW并网光伏电站，深圳国际园林花卉博览园拥有1MW并网光伏电站，上海世博园区中国馆和主题馆拥有3MW并网光伏电站；2009年世运会主场馆在看台的屋顶上安装了容量1027kW的太阳能光伏发电系统，呼和浩特东站的站房安装的太阳能光伏发电系统的直流峰值总功率为132.48kW；2011年山西省肿瘤医院建设实施了装机容量2.07MW级屋顶光伏并网系统；广东省立中山图书馆拥有181kW的太阳能光伏发电系统。国内开始出现使用太阳能光伏产生的电能作为船舶的推动，2007年沈阳泰克太阳能应用有限公司研制成功了"001号"太阳能旅游船；2010年首艘由中国国内集成商自主集成的太阳能混合动力电力推进系统船舶———"尚德国盛号"太阳能混合动力游船问世。太阳能光伏发电在国内大型交通枢纽中应用也较多，如上海虹桥枢纽光伏发电装机容量达6.57MW、杭州东站枢纽光伏发电装机容量达10MW、南京南站枢纽光伏发电装机容量达10.67MW等。

2012年，为保障国内光伏产业的健康发展，我国加大了对光伏应用的支持力度，先后启动了两批"金太阳"示范工程，发布《太阳能发电发展"十二五"规划》，启动分布式光伏发电规模化应用示范区等举措。再加上光伏系统投资成本不断下降，我国光伏应用市场一片繁荣，当年新增装机量达到4.5GW，同比增长66.7%，累计装机量达8020MW。其中青海新增装机量达1160MW，继2011年突破GW后再创新高，继续位居全国第一。

2013年我国光伏应用市场再次爆发，国内市场快速增长，新增装机量超12GW，累计装机量超20GW，其主要原因在于：首先，随着光伏组件价格的继续下调，光伏发电成本不断下降，在上网电价变动不大的形势下光伏电站投资回报率前景看好，使得更多资金进入光伏电站领域。其次，我国相继出台措施推动分布式光伏系统应用。2012年9月国家能源局发布了《关于申报分布式光伏发电规模化应用示范区的通知》，每个省、市、自治区申报规模不超过500MW。10月，国家电网正式发布了《关于做好分布式光伏发电并网服务工作的意见》，大大推进了我国分布式光伏系统的并网进程，也极大地刺激了分布式光伏系统的投资热情。三是部分省、市、自治区相继出台了激励政策，进一步促进本地光伏应用市场发展。如江西省政府印发《支持光伏产品推广应用与产业发展工作实施方案》，并于2013年3月投入8000万元，专项用于奖励2012年光伏产品推广与产业发展应用示范项目；江苏省政府出台了《关于继续扶持光伏发电政策意见的通知》，对2012年至2015年间新投产的非国家财政补贴光伏发电项目，实行地面、屋顶、建筑一体化统一上网电价，每千瓦时上网电价分别确定为2012年1.30元、2013年1.25元、2014年1.20元和2015年1.15元。浙江省则出台了在现有上网电价政策基础上，省里再补贴0.3元/千瓦时的电价政策。

1.2.2.3 中国光伏产业存在的问题

光伏产业可能是中国发展速度最快，也是出现"产能过剩"问题最快的新兴产业。在不到十年的时间里，中国光伏产业从最初的高利润、低风险行业急转直下，2011 年后出现严重的"产能过剩"，光伏企业面临严峻考验。造成"过剩"问题的直接原因是主要出口国家提高贸易壁垒、减少光伏补贴，但根本原因在于中国光伏产业畸形的市场结构，国内市场发展缓慢是造成光伏产业发展危机的症结所在。

首先，国内光伏应用市场发展严重滞后于产业发展。我国光伏产业经过最近几年的爆发式增长，已经跃升至全球最大光伏产业制造基地，产能占全球一半以上。同时，各种影响产业发展的关键技术先后被突破，产业发展初期多晶硅、单晶硅大量进口的情况完全改变，生产设备大量依赖进口的情况也得到好转，中国不仅是全球光伏产能最大的国家，也是生产技术和工艺水平先进的国家。然而，光伏产业严重依赖国际市场，中国光伏装机量增长非常缓慢，即便是近三年加快发展速度，国内每年新增光伏装机容量也不足全球的 1/10。

其次，光伏发电在国家能源结构中的份额低。我国能源结构中，煤炭占有绝对的主导地位。从改革开放到现在，原煤在能源生产总量中的比重维持在 70% 以上，其次是原油和天然气。虽然"十五"和"十一五"期间，国家加大了对新能源的投资力度，但从结构看，新能源所占的比重并没有明显上升，2010 年，新能源占全部能源生产的比重为 9.4%，较 2000 年仅提高了 1.5 个百分点。整个新能源比重低，而光伏发电占能源生产的比重更低。

最后，分布式光伏电站的比重偏小。与光伏应用先进国家相比，不仅我国光伏装机的规模较低，而且光伏应用的结构也有所不同。从理论上讲，太阳能辐射总能量虽然巨大，但单位面积获取的光照热量却相对较小，对太阳能利用最佳的途径应该是"分散获取，就地消费"，因此很多国家在发展太阳光伏发电市场时都更注重分散式屋顶电站的建设。相比较，我国屋顶光伏电站发展非常缓慢，扶持政策也聚焦于大型光伏电站。截止 2011 年底，政府支持的以建设大规模电站为目标的"金太阳示范工程"三期共批准 120 万千瓦，是以分布式就地开发利用的"太阳能屋顶计划"批准建设总容量（30 万千瓦）的 4 倍。但是，这种"大规模-高集中-远距离—高电压输送"的发展模式本身存在非常大的局限性。我国非耕用土地资源和太阳能资源都丰富的西部地区并不缺电，而电力供应紧张的东部地区的光照条件还不如西部，土地资源也非常紧张。如果在西部地区大规模发展光伏电站不得不面临长距离输电的问题，光伏发电成本本身就比较高，如果再加上数千公里的输电成本，其经济效益将变得非常低，因此必须大力发展分布式光伏电站（屋顶光伏电站）。

1.2.2.4 我国台湾地区光伏发电产业发展现状

我国台湾地区在 1980 年开始研发太阳能发电技术，2000 年茂迪正式投入太阳能电池领域，2002 年益通投入生产晶硅太阳能电池。自 2005 年进入快速发展期以来，我国台湾地区光伏产业主要集中在硅片和电池组件环节，且以晶硅电池为主，近两年薄膜太阳能发展较快，已经成为仅次于大陆地区的全球第二大太阳能电池生产地。

多晶硅方面，受制于技术和资金壁垒，我国台湾地区的多晶硅生产企业不多，比较大的只有福聚太阳能一家，2012年其产能达到8000t，下一步有望扩大至18000t。

硅片和电池片是我国台湾地区重点发展环节，涉足的重点企业有茂迪、昱晶、绿能、新日光、尚志、茂硅、升阳科等。在硅片领域，绿能是我国台湾地区最大的生产企业，2011年产能达1500MW，位居全球第七，其后依次是茂迪、尚志、茂硅。电池片方面，我国台湾地区的企业竞争力较强，产量逐年攀升，从2008年的不足1000MW上升至2011年的4400MW左右，2012年更是突破5GW，达到了5500MW，主要四家厂商茂迪、昱晶、新日光、升阳科出货占其中67%，2012年茂迪、昱晶都突破了1GW，其他厂商也都有成长的表现，联景、旺能、太极的出货量都在300～350MW左右。

组件方面，台湾地区涉足的企业较多，一方面是电池片企业为了打通产业链，均进入该领域，另一方面是部分企业直接打入该环节，包括友达、旺能、强茂、景懋等。另外，还有一些企业如光宝、联电、联相、富阳光电等瞄准薄膜电池前景，纷纷涉足薄膜电池制造。但从整体看，我国台湾地区组件制造环节还稍显薄弱。

以2011年第四季度为例，该季度台湾地区光伏产业销售收入约为222亿元新台币，其中多晶硅环节约为1亿元新台币，硅片环节为44亿元新台币，电池片环节为156亿元新台币，组件环节为15亿元新台币，薄膜电池为6亿元新台币，硅片约占20%，电池片占据70%，其他环节合计不到10%，差距较为明显。

1.2.3 太阳能光伏发电的发展前景

化石能源储量的有限性和环境污染性是各国加快发展可再生能源的主要原因。根据国际能源组织（IEA）的预测，全世界煤炭只能用200年左右，油、气将在30～60年后消耗殆尽。据估计我国的煤只可开采80年，石油和天然气可开采30年。发展核能所需的铀也将在不到100年内开采殆尽，中国国内剩余可开采年限仅为50年。同时，化石能源的大量开采和使用还造成严重的环境污染，核电站的运行则始终伴随着安全隐患。比较而言，太阳能光伏发电不存在能源枯竭的问题，运行阶段没有排放，不产生副产品，对于缓解全球能源紧张，减少温室效应具有更好的效果。据相关机构预测：到2020年全球光伏发电量将占到总发电量的4%；2040年这一比重将上升到20%；到21世纪末，太阳能光伏发电的比重将提高的到60%以上。可见，在化石能源加速枯竭的压力下，随着太阳能光伏技术不断成熟，其在各国能源结构中的比重将越来越大，光伏发电市场的发展前景良好。

另一方面，在政策刺激下，各国加大了对光伏技术的研发力度，使得光伏系统价格和光伏发电成本不断下降，光电价格竞争力不断上升。太阳能电池硅片厚度已经从20世纪的450～500μm下降到目前的160～180μm，改进硅切片技术在降低电池片厚度的同时还提高了产品的光电转换率，这不仅大幅减少了光伏系统硅材料的用料，降低了生产成本，还提高了光伏系统的发电效率，降低了运行成本。同时，硅料生产的技术进步降低了产业中上游环节的成本，改良型西门子法、新硅烷法、硫化床法、冶金法等新技术被广泛采用，与传统西门子法比较，采用这些新技术的企业将硅料生产成本降低了30%～50%，使得多晶硅价格在近几年有较大幅度的下降。

世界能源结构变化和太阳能光伏技术的进步为中国光伏市场的发展创造了良好的外部环境和条件，国内光伏应用市场虽然起步较晚，发展较慢，但随着政府政策和光伏企业战略向国内市场倾斜，国内市场发展有望步入快速发展期。国内光伏应用市场发展的实际情况不仅要依靠政府政策的支持和光伏企业的不断努力，也受宏观能源环境、能源结构、能源价格的变化以及相关技术发展的影响。

从短期看，①市场发展必须得到政府的政策支持，特别是经济补贴。短期内，光伏电站发电成本与传统的化石能源发电和其他新能源发电（风电、核电）比较仍有较大差距，大型集中式光伏电站的修建需要政府补贴。同时，作为唯一可能在家庭住宅推广的新能源发电方式，光伏电站初期安装成本下降的空间已经不大，如果缺少政府补贴，以目前的价格在家庭住户推广分布式电站几乎是不可能的。因此，补贴虽然不能解决光伏应用市场发展的全部问题，但确实是短期内光伏应用市场发展的必要条件，现行补贴政策必须继续执行。②特殊环境条件下的应用市场继续发展，但规模有限。光伏电站在"十一五"时期出现井喷式增长，但增长最稳定的光伏应用产品却是一些特殊环境和条件下应用的产品，例如远离电网的科考队伍、游牧民家庭使用的小型光伏电站，市政和公共建筑使用的太阳能路灯、景观照明、交通信号，在小型电子产品（计算器、手机、玩具、移动电源）上使用的微型光伏板以及航天器中使用的高性能光伏发电系统等。这些应用市场几乎没有受到美国"双反"和欧债危机的影响，特别是太阳能路灯、信号灯等产品由于不需要电缆和变配电设备，在成本上已经与传统产品相差无几，成为国内很多城市旧城改造和新城建设的重要项目。但是，这些产品对太阳能光伏电池和系统的需求量不大，对缓解当前光伏产品产能过剩、光伏企业经营困难等问题的作用比较有限。③非屋顶光伏电站将成为国内光伏市场发展的突破口。光伏电站的产权问题和并网问题在短期内得到彻底解决的可能性不大，国内分布式的屋顶光伏电站的高速发展尚需时日。相比较，不需要并网和储能，不借助建筑物屋顶，空地资源丰富的地区安装光伏电站的条件更加成熟。例如，农田灌溉和沙漠治理消耗的电量大，用电时间刚好与光伏发电时间一致，农田灌溉渠道和沙漠地区均可安装光伏系统。如有相应的扶持政策，且与农业产业化、环境治理等相关政策结合，降低初期安装成本，在这些地区大力推广光伏电站将有助于促进国内市场增长。④标准厂房、工业园区、公共建筑分布式电站先行发展。对光伏应用市场而言，发达国家屋顶电站的比重都很高，且这种即发即用的方式对缓解化石能源紧缺，降低输电能耗比重，减少对电网冲击的效果最好。推广分布式电站的主要障碍是屋顶业主和电网公司，因此产权更简单清晰、自身用电量较大的建筑物可以先行发展，厂房和商业建筑屋顶光伏电站的发展将先于居民住宅。

从长远看，①光伏产品性价比不断提高是国内市场大发展的先决条件。经过美国"双反"和欧债危机的冲击，光伏产品的价格已经大幅下降。多晶硅的价格从每吨三百多万下降到十余万，电池片的价格从每瓦四十多元降到三元左右，硅片占组件的成本已经下降到 20% 以下，光伏产品成本进一步下降的空间已经不大。未来，产品性价比的提高将主要依靠产品性能的提升。目前，批量生产的单晶硅系统的转化率最高为 19%，多晶硅系统的转化率最高为 17.5%，据估算，如果转化率提高到 20%，按照现行价格和 50% 的建设补贴，用户收回安装成本的时间将缩短到 6 年以内，如果转化效率提高到目前理论上的最大值 25%，那么用户只需要 4~5 年就能够收回成本。一批将眼光放在国内市场的大型光伏企业在极端困难的情况下没有放弃技术研发，无论是多晶硅还是单晶硅转化率都在不断提高，再加上产品成本的适度下降，未来分布式光伏电站的成本回收期有望缩短到 3 年左右，这将是大多数居民用户都能够接受的水平。②能源供需矛盾增大和能源结构变化将促进光伏应用市场发展。根据预测，"十二五"时期能源消费总量将保持 4.8%~5.5% 的年增长率，国内能源供需矛盾将进一步升级，加快包括太阳能在内的可再生能源发展速度的紧迫性增强。根据国家《可再生能源中长期发展规划》制定的目标，2020 年可再生能源消费量要占到能源消费总量的 15% 左右，太阳能光伏发电容量要达到 180 万千瓦。《可再生能源发展"十二五"规划》将 2015 年太阳能光伏发电装机目标提高到了 2000 万千瓦，乐观的预测会达到 3000 万千瓦，如果这一发展目标得以实现，中国有望在 2015 年前后进入全球光伏发电前五位，国内市场对光伏产业的带动作用将增强。③市场成熟促进光伏产业链进一步延伸和完善。我国已经形成较为完整的光伏制造业产业链，伴随国内光伏应用市场的发展，一个更加完整的光伏产业链即将形成，这主要反映为几个相关行业的发展。一是建筑物一体化工程。为了适应分布式光伏电站安装维护，保持建筑物的整体美观，未来建筑物的设计和修建过程将与光伏电站的设计和安装融合和同步。二是储输电设备制造业。适用于分布式光伏电站的逆变器、低成本、小体积的储电设备需求增长将加速，从而拉动相关制造业的发展。三是光伏设备制造业。目前国内有十几家光伏设备生产企业，国产硅芯炉、硅铸锭炉的技术水平已经接近世界先进水平，进口设备一统国内光伏产业的情况已经得到改变，但丝网印刷机、高温烧结炉等关键设备仍主要依靠进口。随着一些关键技术和工艺被突破，国内光伏设备制造业的发展也将提速。

总之，太阳能光伏发电与火力发电、水力发电、柴油电站比较具有许多优点，无论从近期还是远期，无论从能源环境的角度还是从应用领域需求的角度来考虑，太阳能光伏发电都极具吸引力。目前，太阳能光伏发电系统大规模应用的唯一障碍是其成本高，随着科技的进步和技术的不断革新，预计到 2050 年左右，太阳能光伏发电的成本将下降到与常规能源发电相当。届时，太阳能光伏发电将成为人类电力的重要来源。

第2章　光伏发电系统的类型

太阳能光伏发电系统根据负载性质、应用领域以及是否与电力系统并网等可以有多种多样的形式。根据其负载性质的不同，可将其分为直流光伏系统和交流光伏系统。根据其应用领域的不同，太阳能光伏系统可分为住宅用、公共设施用以及产业设施用太阳能光伏系统等。住宅用太阳能光伏系统可以用于一家一户，也可以用于居民小区等；公共设施用太阳能光伏系统主要用于学校、机关办公楼、道路、机场设施以及其他公用设施等；产业设施用太阳能光伏系统主要用于工厂、营业场所、宾馆以及加油站等设施。根据太阳能光伏系统是否与电力系统并网可将其分为独立光伏发电系统和并网光伏发电系统。此外，还有互补型光伏发电系统（混合系统以及小规模新能源系统等）。本章将着重介绍独立光伏发电系统、并网光伏发电系统以及互补型光伏发电系统的构成、特点及其应用。

2.1　独立光伏发电系统

独立光伏发电系统（Stand-alone PV System）不与电网相连，直接向负载供电，其主要应用在以下几个方面：一是通信工程和工业应用，包括微波中继站，卫星通信和卫星电视接收系统，铁路公路信号系统，气象、地震台站等；二是农村和边远地区应用，包括太阳能户用系统，太阳能路灯，水泵等各种带有蓄电池的可以独立运行的光伏发电系统。鉴于我国边远山区多、海岛多的特点，独立运行的光伏发电系统有着广阔的市场。

独立光伏发电系统根据负载的种类，即是直流负载还是交流负载，是否使用蓄电池以及是否使用逆变器可分为以下几种：直流负载直结型，直流负载蓄电池使用型，交流负载蓄电池使用型，直、交流负载蓄电池使用型等系统。

2.1.1　直流负载直结型系统

直流负载直结型系统如图 2-1 所示，太阳能电池与负载（如换气扇、抽水机）直接连接。由于该系统是一种不带蓄电池的独立系统，它只能在日照不足时、太阳能光伏系统不工作时也无关紧要的情况下使用。例如灌溉系统、水泵系统等。

2.1.2　直流负载蓄电池使用型系统

直流负载蓄电池使用型系统如图 2-2 所示，由太阳能电池、蓄电池组、充放电控制器以及直流负载等构成。蓄电池组用来存储电能以供直流负载使用。白天阳光

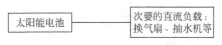

图 2-1　直流负载直结型系统

图 2-2　直流负载蓄电池使用型系统

充足时，太阳能光伏发电系统把其所产生的电能，一部分供直流负载使用，另一部分（剩余电能）则存入蓄电池组；夜间、阴雨天时，则由蓄电池组向负载供电。这种系统一般用在夜间照明（如庭园照明等）、交通指示用电源、边远地区设置的微波中转站等通信设备备用电源、远离电网的农村用电源等场合。目前这种系统比较常用。

2.1.3　交流负载蓄电池使用型系统

如图 2-3 所示为交流负载蓄电池使用型系统，该系统由太阳能电池、蓄电池组、充放电控制器、逆变器以及交流负载等构成。该系统主要用于家用电气设备，如电视机、电冰箱和洗衣机等。由于这些设备为交流设备，而太阳能电池输出的为直流电，因此必须使用逆变器将太阳能电池输出的直流电转换成交流电。当然，根据不同系统的实际需要，也可不使用蓄电池组，而只在白天为交流负载提供电能。

图 2-3　交流负载蓄电池使用型系统

2.1.4　直、交流负载蓄电池使用型系统

如图 2-4 所示为直、交流负载蓄电池使用型系统，该系统由太阳能电池、蓄电池组、充放电控制器、逆变器、直流负载以及交流负载等构成。该系统可同时为直流设备以及交流电气设备提供电能。由于该系统为直流、交流负载混合系统，除了要供电给直流设备之外，还要为交流设备供电。因此，同样要使用逆变器将直流电转换成交流电。

住宅用太阳能光伏发电系统大多采用直、交流负载蓄电池使用型系统，主要为无电、缺电的家庭和小单位以及野外流动工作的场所提供所需的电能，行业内经常称之为家用太阳能光伏发电系统或用户太阳能光伏发电系统等。

其工作过程是：光伏阵列首先将接收来的太阳辐射能量直接转换成电能，一部分经充放电控制器直接供给直流负载，另一部分经过逆变器将其直流电转换为交流

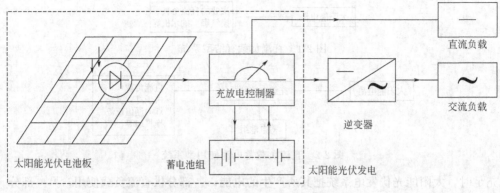

图 2-4　直、交流负载蓄电池使用型系统

电供给交流负载使用，与此同时还将多余的电能经充放电控制器以化学能的形式存储于蓄电池组中。在日照不足或夜间时，储存在蓄电池组中的能量经过逆变器后变成方波或 SPWM 波，然后再经滤波和工频变压器升压后变成交流 220V、50Hz 的正弦电源供给交流负载使用。此时逆变器工作于无源逆变状态，为电压控制性电压源逆变器，相当于一个受控电压源。

　　住宅用光伏发电系统的容量一般在几百瓦到几十千瓦之间，主要用于照明和对常用家用电器（电视机、电冰箱、洗衣机甚至空调）等负荷供电。图 2-5 所示为住宅用光伏发电系统的应用场景。

图 2-5　住宅用太阳能光伏发电系统应用场景

2.2　并网光伏发电系统

　　并网光伏发电系统（Grid-connected PV System）是指将太阳能光伏发电系统与电力系统并网的系统，它可分为无逆流并网系统、有逆流并网系统、自立运行切

换型系统、直流并网光伏发电系统、交流并网光伏发电系统、地域并网型系统以及小规模电源系统等。

2.2.1 无逆流并网系统

在正常情况下，相关负载由太阳能电池提供电能；而当太阳能电池所提供的电能不能满足负载需要时，则负载从电力系统得到电能；如果太阳能电池所提供的电能除满足负载要求外，还有剩余电能，但系统并不把剩余电能流向电网。人们将此类光伏系统称之为无逆流并网系统，如图 2-6 所示。

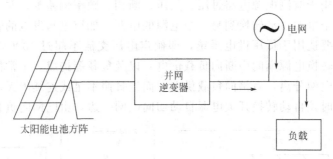

图 2-6　无逆流并网系统

由上述分析可知，在无逆流并网系统中，当太阳能电池的发电量超过用电负载量时，只有通过某种手段让太阳能光伏系统少发一部分电，从而避免白白损失了一部分太阳能，为了克服上述缺点，有逆流并网系统应运而生。

2.2.2 有逆流并网系统

在正常情况下，相关负载由太阳能电池提供电能；而当太阳能电池所提供的电能不能满足负载需要时，则负载从电力系统得到电能；如果太阳能电池所提供的电能除满足负载要求外，还有剩余电能且把剩余电能流向电网。人们将此类光伏系统称之为有逆流并网系统（如图 2-7 所示）。对于有逆流并网系统来说，由于太阳能电池产生的剩余电能可以供给其他负载使用，因此可以充分发挥太阳能电池的发电能力，使电能得到最大化利用。

并网式系统的最大优点是：可省去蓄电池。这不仅可节省投资，使太阳能光伏

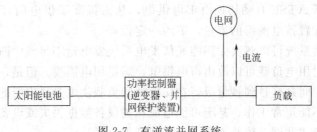

图 2-7　有逆流并网系统

系统的成本大大降低，有利于太阳能光伏系统的普及，而且可省去蓄电池的维护、检修等费用，所以该系统是一种十分经济的系统。目前，不带蓄电池、有逆流的并网式屋顶太阳能光伏系统正得到越来越广泛的应用。

2.2.3　切换式并网系统

切换式光伏并网系统如图 2-8 所示，该系统主要由太阳能电池、蓄电池组、充放电控制器、逆变器、自动转换开关电器（ATSE，Automatic Transfer Switching Equipment——自动转换开关电器，是由一个或几个转换开关电器和其他必需的电器组成，主要用于监测电源电路过压、欠压、断相、频率偏差等，并将一个或几个负载电路从一个电源自动转换到另一个电源的电器。如市电与发电的转换，两路市电的转换；主要适用于低压供电系统，即额定电压交流不超过 1000V 或直流不超过 1200V，在转换电源期间中断向负载供电）以及负载等构成。正常情况下，太阳能光伏系统与电网分离，直接向负载供电。而当日照不足或连续雨天，太阳能光伏系统出力不足时，自动转换开关电器自动切向电网一边，由电网向负载供电。

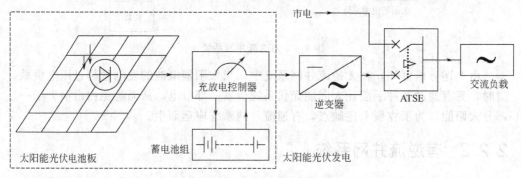

图 2-8　市电并联光伏发电系统

不难看出，切换式并网系统是在独立发电系统的基础上，在用电负载侧增加一路交流市电供电，与太阳能光伏发电经逆变的交流供电回路组成 ATSE 双电源自动切换，供电给交流用电负载。对于直流用电负荷，把交流市电整流同样可组成 ATSE 双电源自动切换直流供电系统。这种并联光伏发电系统的供配电方式，显然比独立发电系统优越得多。它除了具有独立光伏发电系统的灵活、简单，适用于分散供电场所和应用普遍的特点外，其最大的优点是一旦太阳能光伏系统供电不足或中断，可借助于 ATSE 自动切换由市电供电，从而提高了供电的可靠性，同时也可使系统减少配置蓄电池组的容量，节约一定投资。

切换式并网系统可以解决太阳能光伏发电系统发电量不足或中断时负载的供电保障问题，此时用电负载可以改由市电供电，满足用电需要。但是，ATSE 自动切换装置的切换时间是毫秒到秒量级，在切换期间负载供电是要中断的，这可能导致许多用电设备不能正常工作，甚至可能造成相关设备数据丢失或设备损坏，所以必须要注意，切换式并网系统并不是一种不间断供电系统。

2.2.4　自立运行切换型太阳能光伏系统

自立运行切换型太阳能光伏系统一般用于灾害、救灾等特殊情况。图 2-9 所示为自立运行切换型（防灾型）太阳能光伏系统。通常，该系统通过系统并网保护装置与电力系统连接，太阳能光伏系统所产生的电能供给负荷；当灾害发生时，系统并网保护装置动作使太阳能光伏系统与电力系统分离；带有蓄电池的自立运行切换型太阳能光伏系统可作为紧急通信电源、避难所、医疗设备、加油站、道路指示、避难场所指示以及照明等的电源，当灾害发生时向灾区的紧急负荷供电。

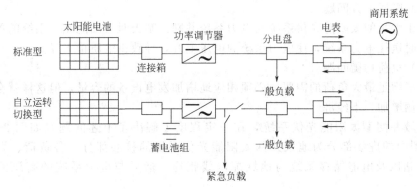

图 2-9　自立运行切换型太阳能光伏系统

2.2.5　地域并网型太阳能光伏系统

传统的太阳能光伏并网系统结构如图 2-10 所示，系统主要由太阳能电池、逆变器、控制器、自动保护系统以及负荷等构成。其特点是太阳能光伏系统分别与电力系统的配电线相连。各太阳能光伏系统的剩余电能直接送往电力系统（称为卖电）；当各负荷所需电能不足时，直接从电力系统得到电能（称为买电）。

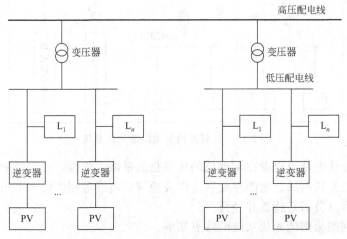

图 2-10　传统的太阳能光伏并网系统结构
I—民用负荷；L—公用负荷；PV—太阳能电池

传统的太阳能光伏系统存在如下的问题。

（1）成本问题

目前，太阳能光伏系统的发电成本较高是制约太阳能光伏发电普及的重要因素，如何降低成本是人们最为关注的问题。

（2）逆充电问题

所谓逆充电问题，是指当电力系统的某处出现事故时，尽管将此处与电力系统的其他线路断开，但此处如果接有太阳能光伏系统的话，太阳能光伏系统的电能会流向该处，有可能导致事故处理人员触电，严重的会造成人身伤亡。

（3）电压上升问题

由于大量的太阳能光伏系统与电力系统并网，晴天时太阳能光伏系统的剩余电能会同时送往电力系统，使电力系统的电压上升，导致供电质量下降。

（4）负荷均衡问题

为了满足最大负荷的需要，必须相应地增加发电设备的容量，但这样就会使设备投资额增加，不经济。

地域并网型太阳能光伏系统，在一定程度上解决了上述问题（如图 2-11 所示），图中的虚线部分为地域并网太阳能光伏系统的核心部分。各负荷、太阳能光伏电站以及电能储存系统与地域配电线相连，然后与电力系统的高压配电线相连。

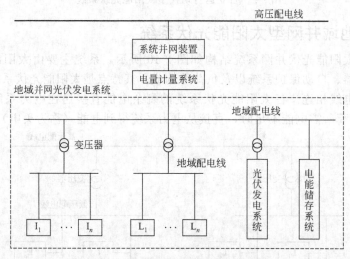

图 2-11　地域并网型太阳能光伏系统

太阳能光伏电站可以设在某地域的建筑物的壁面，学校、住宅等的屋顶、空地等处，太阳能光伏电站、电能存储系统以及地域配电线等相关设备可由独立于电力系统的第三者（公司）建造并经营。

地域并网型太阳能光伏系统的特点如下。

① 太阳能光伏电站（系统）发出的电能首先向地域内的负荷供电，有剩余电能时，电能存储系统先将其储存起来，若仍有剩余电能则卖给电力系统；当太阳能

光伏电站的出力不能满足负荷需要时，先由电能储存系统供电，仍不足时则从电力系统买电。这种并网系统与传统的并网系统相比，可以减少买、卖电量。太阳能光伏电站发出的电能可以在地域内得到有效利用，可提高电能的利用率，降低成本，有利于光伏发电的应用与普及。

② 地域并网太阳能光伏系统通过系统的并网装置（内设有开关）与电力系统相连。当电力系统的某处出现故障时，系统并网装置检测出故障，并自动断开开关，使太阳能光伏系统与电力系统脱离，防止太阳能光伏系统的电能流向电力系统，有利于系统检修与维护。因此这种并网系统可以很好地解决逆充电问题。

③ 地域并网太阳能光伏系统通过系统并网装置与电力系统相连，所以只需在并网处安装电压调整装置或使用其他方法，就可解决由于太阳能光伏系统同时向电力系统送电时所造成的系统电压上升问题。

④ 负荷均衡问题。由于设置了电能储存装置，可以将太阳能光伏发电的剩余电能储存起来，可在最大负荷（用电高峰期）时向负载提供电能，因此可以起到均衡负荷的作用，从而大大减少调峰设备，节约投资。

2.2.6 直流并网光伏发电系统

太阳能光伏发电系统要与城市电力系统并网运行，由于前者是直流电，而后者通常是交流电，因此只有两种方法：一是把太阳能光伏发电系统的直流电逆变成交流电，再与交流电并网运行；二是把城市电力系统的交流电整流成直流电，再与太阳能光伏发电系统的直流电并网运行。从实际运用看，并网系统也可以分为直流并网系统和交流并网系统。

直流并网光伏发电系统的接线原理图如图 2-12 所示。对于中小型光伏发电系统，采用交流变直流再并网的运行方式有许多可取之处，主要表现在以下几方面。

(1) 并网简单易行

众所周知，交流并网需要两交流系统的电压、频率、相位相同或相近，然后采

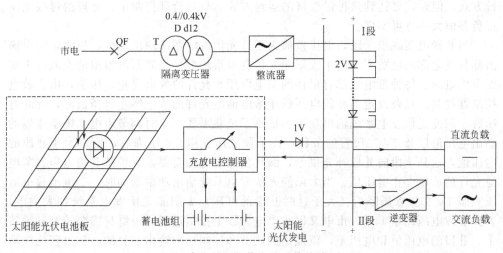

图 2-12　直流并网光伏发电系统接线原理图

用准同期或自同期进行并网。而直流并网只需两系统的正负极性相同、电压相等就可以并网运行。图 2-12 中的太阳能光伏发电系统输出直流电压，光伏电池板、蓄电池组按一定电压值配置，经充放电控制器控制，数值基本上是稳定的。交流系统经晶闸管整流直流调压，其技术成熟稳定，可达到无级直流调压。因此直流并网系统相对交流并网系统简单易行。

（2）投入主要设备简单经济，技术成熟可靠

直流并网投入的主要设备是大功率晶闸管整流设备，交流并网投入的主要设备是大功率晶闸管变压、变频逆变器，前者仅整流和调压，一般只需要采用三相桥式半控（或可控）整流，仅控制晶闸管触发回路脉冲信号的控制角，从而改变晶闸管导通角大小，达到整流和无级调压，输出一定值的直流电源电压。

后者是从直流变交流，为了关断晶闸管，一般采用与负载并联或串联的电容器，所需晶闸管数量是半控整流电路的 2 倍。晶闸管触发回路不仅要像整流一样控制晶闸管导通角的大小，达到一定的交流电压值，还需要控制其触发频率，控制三相交流输出按 50Hz 正弦函数规律周期性地改变输出电压值的大小和正负，控制三相电压相位互差 120° 等，最后达到输出 50Hz、平衡对称、有一定大小电压值、按正弦函数变化的交流电源电压。不难看出，前者过程相对简单、设备经济，技术相对容易、成熟可靠。

（3）电源功率输出的调节、控制方便

从图 2-12 看出，直流母线经 2V 二极管分成Ⅰ、Ⅱ两段，Ⅰ段是市电直流电源段，Ⅱ段是共用的直流负载输出段。对于中小型太阳能光伏发电系统，发电能力不大，为达到一定程度的稳定和连续性发、供电，宜根据发电容量大小，适配一定容量的蓄电池，作为积累光伏发电的功率能量，但它不同于作为存储、备用的蓄电池配置。

该并网发电系统正常运行方式应当是让太阳能光伏发电系统发出的全部功率，经Ⅱ段母线配电输出给负载供电。只有当光伏发电功率不足或中断，才由市电通过 2V 二极管向Ⅱ段用电负荷供电，补充或全部供给负载用电需要，达到最经济的运行方式。但是，要达到这种最经济的运行方式，只有合理控制Ⅰ、Ⅱ段的母线电压正负差值大小方可实现。

当Ⅱ段电压高于Ⅰ段，电压差值为正，光伏发电系统输出功率，反之，市电输出部分或全部用电功率。由于太阳能光伏发电系统最终是靠蓄电池组的充放电来实现发供电的。每种蓄电池都有最佳的充电电压和允许的放电终止电压值，由充放电控制器控制。只要设定当Ⅱ段电压低于蓄电池组允许的放电终止电压值时，此时意味着太阳能光伏发电系统输出功率满足不了负载需要，这时调节市电系统整流器的输出电压值以及 2V 二极管的节数，使Ⅰ段电压克服 2V 压降后，恰好大于Ⅱ段的电压值，达到Ⅰ段向Ⅱ段补充供电，满足负载用电的需要，又维持Ⅱ段电压在蓄电池允许的放电终止电压值。当太阳能光伏发电系统输出功率增加时，蓄电池放电电压克服 1V 二极管压降后又大于这时Ⅱ段的电压，太阳能光伏发电系统加大供电，直到Ⅱ段电压高于Ⅰ段，市电又停止供电。以上控制过程，最终只需要控制和维持Ⅰ、Ⅱ段的电压值和电压差，就能达到调节和控制功率输出的目的，其过程比较简单和方便，而且可完全实现自动化控制。

（4）能有效防止逆功率反送

防止功率反送包括两个方面：一方面要防止光伏系统向市电系统反送功率，另一方面也要防止后者向前者反送功率。装 2V 多节二极管的目的，一是调节控制Ⅰ、Ⅱ段母线的电压差值，二是防止太阳能光伏发电系统向市电系统反送电。此外，在隔离变压器 T1 的市电侧，装设带有逆变功率保护的空气断路器 QF，以便更加可靠地保证光伏系统不会向市电系统逆功率反送。同理，装设 1V 二极管，是为了防止市电系统向光伏系统倒送电。

（5）用电负载形式多样化

由于是直流供电系统，所以可直接向直流负载供电，如直流电动机、LED 灯、直流电源等，工业上还有直流电镀、电解等。可以直接向变频调速的交流电机负载供电，减少交流供电变频调速过程的交-直-交中的交-直环节。可以借助于逆变器向交流负载供电。由于是单独的用电负载，逆变器功率小，不会像大功率电源逆变器影响面大。直流供电没有无功的传递，损耗小，单相输送，选用的电缆根数少。

（6）采用防止谐波对市电系统影响的措施

在市电供电系统中，配置 1：1 电压变比的变压器 T1，并按照（Dd12）方式接线，就是为了有效地防止直流系统产生的多次谐波，主要是三次谐波窜入市电系统，影响市电供电电能的质量。

直流并网光伏发电系统具体的供配电方式，应根据用电负荷的重要性、容量大小、分布情况、负荷特性等具体情况，灵活合理地选用。

2.2.7　交流并网光伏发电系统

交流并网光伏发电系统主要由太阳能电池方阵和并网逆变器等组成，如图 2-13 所示。白天有日照时，太阳能电池方阵发出的电经并网逆变器将电能直接输送到交流电网上，或将太阳能所发出的电经并网逆变器直接为交流负载供电。

图 2-14 所示为某 10kW 交流并网光伏系统图，主要由光伏阵列、并网逆变器以及交直流配电柜等构成。系统采用 13 串 3 并阵列组合以最终构成 3 个独立单相并网逆变系统连入三相四线电网，每块电池板的功率为 85Wp。这种设计的优点在于系统运行可靠性高、容易维护，而且即使某相发生故障，其他两相仍可继续发电。

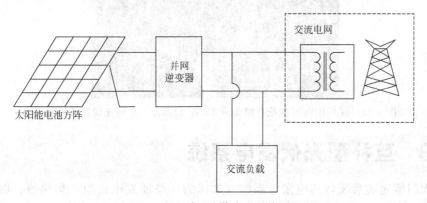

图 2-13　交流并网光伏发电系统原理图

从图 2-14 可以看出，该交流并网系统的并网逆变器与交直流配电柜分开配置。其中交直流配电柜内主要包括交、直流保护开关，防雷器件，直流电压表，直流电流表，交流电压表以及三相电度表等。在光伏阵列输出端以及三相四线制市电输入端均加装防雷器，以确保系统安全可靠运行。图 2-15 所示为深圳国际园林花卉博览园 1MW BIPV（Building Integrated Photovoltaic，光伏建筑一体化）并网光伏系统实景图。

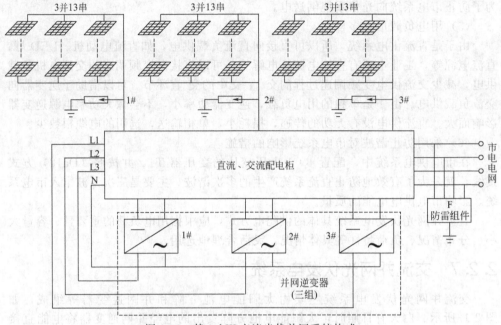

图 2-14　某 10kW 交流光伏并网系统构成

图 2-15　深圳国际园林花卉博览园 1MW（BIPV）并网光伏系统实景图

2.3　互补型光伏发电系统

太阳能光伏系统与其他发电系统（如风力、柴油发电机组、集热器、燃料电池、生物质能等）组成多能源的发电系统，通常称之为互补型光伏发电系统或混合发电系统。互补型光伏发电系统主要适用于以下情况：即太阳能电池的出力不稳定，需使用其他的能源作为补充时；太阳能电池的热能作综合能源加以利用时的情况。互补型光伏发电系统一般可分成风光互补发电系统、风-光-柴互补发电系统、太阳光热互补发电系统、太阳能光伏-燃料电池互补发电系统以及小规模新能源电力系统等，其中风光互补发电系统应用最广泛。

2.3.1 互补型光伏发电系统的类型

2.3.1.1 风光（风-光-柴）互补型发电系统

风光（风-光-柴）互补发电系统主要由风力发电机组（柴油发电机组）、太阳能光伏电池阵列、电力转换装置（控制器、整流器、蓄电池、逆变器）以及交直流负载等组成，其系统结构分别如图 2-16 和图 2-17 所示，图 2-18 所示为风光互补路灯实景图。风光（风-光-柴）互补发电系统是集太阳能、风能、柴油发电机组发电等多能源发电技术及系统智能控制技术为一体的混合发电系统。

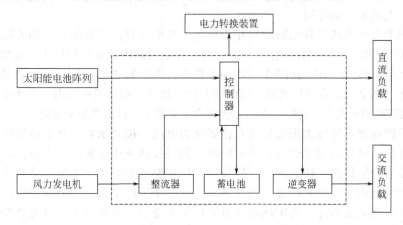

图 2-16　风光互补发电系统结构框图

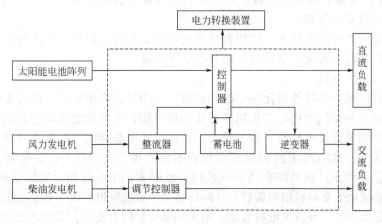

图 2-17　风-光-柴互补发电系统结构框图

图 2-18　风光互补路灯实景图

风光互补发电系统根据当地太阳辐射变化和风力情况，可以在以下四种模式下运行：太阳能光伏发电系统单独向负载供电；风力发电机组单独向负载供电；太阳能光伏发电系统和风力发电机组联合向负载供电以及蓄电池组向负载供电。

（1）太阳能电池阵列

太阳能电池阵列是将太阳能转化为电能的发电装置。当太阳照射到太阳能电池上时，电池吸收光能，产生光生电子-空穴对。在电池的内建电场作用下，光生电子和空穴被分离，光电池的两端出现异号电荷的积累，即产生"光生电压"，这就是"光生伏打效应"。若在内建电场的两侧引出电极并接上负载，则负载中就有"光生电流"流过，从而获得功率输出。这样，太阳光能就直接变成了可付诸实用的电能。

太阳能电池方阵将太阳辐射能直接转化为电能，按要求它应有足够的输出功率和输出电压。单体太阳能电池是将太阳辐射能直接转换成电能的最小单元，一般不能单独作为电源使用。作电源用时应按用户使用要求和单体电池的电性能将几片或几十片单体电池串、并联连接，经封装，组成一个可以单独作为电源使用的最小单元，即太阳能电池组件。太阳能电池方阵产生的电能一方面经控制器可直接向直流负载供电，另一方面经控制器向蓄电池组充电。从蓄电池组输出的直流电，一方面通过 DC/DC 变换供给直流负载，另一方面通过逆变器后变成了 220V（380V）的交流电，供给交流负载。

太阳能电池方阵的功率，需根据使用现场的太阳总辐射量、太阳能电池组件的光电转换效率以及所使用电器装置的耗电情况来确定。

（2）风力发电机

风力发电机是将风能转化为电能的机械。从能量转换角度看，风力发电机由两大部分组成：一是风力机，它将风能转化为机械能；二是发电机，它将机械能转化为电能。小型风力发电机组一般由风轮、发电机、尾舵和电气控制部分等构成。常规的小型风力发电机组多由感应发电机或永磁发电机加 AC/DC 变换器、蓄电池组、逆变器等组成。在风的吹动下，风轮转动起来，使空气动力能转变成机械能。风轮的转动带动了发电机轴的旋转，从而使永磁三相发电机发出三相交流电。风速不断变化，忽大忽小，导致发电机发出的电流和电压也随着变化。发出的电经过控制器整流，由交流电变成具有一定电压的直流电，并向蓄电池进行充电。从蓄电池组输出的直流电，一方面通过 DC/DC 变换供给直流负载，另一方面通过逆变器后变成 220V（380V）的交流电供给交流负载。

如图 2-19 所示为风力机输出功率曲线，其中 v_c 为启动风速，v_R 为额定风速，此时风机输出额定功率，v_p 为截止风速。

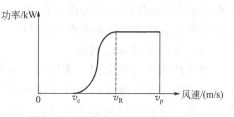

图 2-19　风力发电机的输出特性

当风速小于启动风速时，风机不能转动。当风速达到启动风速后，风机开始转动，带动发电机发电。发电机输出电能供给负载以及给蓄电池充电。当蓄电池组端电压达到设定的最高值时，由电压检测信号电压通过控制电路进行开关切换，使系统进入稳压闭环控制，既保持对蓄电池充电，又不致使蓄电池过充。当风速超过截止风速 v_p 时，风机通过机械限速机构使风力机在一定转速下限速运行或停止运行，以保证风力机不致损坏。

（3）电力转换装置

由于风能的不稳定性，风力发电机所发出电能的电压和频率是不断变化的；同时太阳能也是不稳定的，所发出的电压也随时变化，而且蓄电池只能存储直流电能，无法为交流负载直接供电。所以，为了给负载提供稳定、可靠的电能，需要在负载和发电机之间加入电力转换装置，这种电力转换装置主要由整流器、蓄电池组、逆变器和控制器等组成。

① 整流器　整流器的主要功能是对风力发电机组和柴油发电机组输出的三相交流电进行整流，整流后的直流电经控制器再对蓄电池组进行充电，整流器一般采用三相桥式整流电路。在风电支路中的整流器的另外一个重要作用是，在外界风速过小或者基本没风的情况下，风力发电机的输出功率较小，由于三相整流桥中电力二极管的导通方向只能是由风力发电机的输出端到蓄电池组端，所以可有效防止蓄电池对风力发电机的反向供电。

② 逆变器　逆变器是在电力变换过程中经常使用到的一种电力电子装置，其主要作用是将蓄电池存储的或由整流桥输出的直流电转变为负载所能使用的交流电。风光互补型发电系统中所使用的逆变器要求具有较高的效率，特别是轻载时的效率要高，这是因为这类系统经常工作在轻载状态。另外，由于输入的蓄电池电压随充、放电状态改变而变动较大，这就要求逆变器能在较大的直流电压变化范围内正常工作，而且能保证输出电压稳定。

③ 蓄电池组　小型风光互补型发电系统的储能装置大多使用阀控式铅酸蓄电池组，蓄电池通常在浮充状态下长期工作，其电能量比用电负载所需的电能量大得多，多数时间处于浅放电状态。蓄电池组的主要作用是能量调节和平衡负载：当太阳能充足、风力较强时，可以将一部分太阳能或风能储存于蓄电池中，此时蓄电池处于充电状态；当太阳能不足、风力较弱时，储存于蓄电池中的电能向负载供电，以弥补太阳能电池阵列、风力发电机组所发电能的不足，达到向负载持续稳定供电的目的。

④ 控制器　控制器根据日照强度、风力大小及负载变化情况，不断对蓄电池组的工作状态进行切换和调节：一方面把调整后的电能直接送往直流或交流负载。另一

方面把多余的电能送往蓄电池组存储。当太阳能和风力发电量不能满足负载需要时，控制器把蓄电池组存储的电能送往负载，以保证整个系统工作的连续性和稳定性。

（4）备用柴油发电机组

当连续多天没有太阳、无风时，可启动柴油发电机组对负载供电并对蓄电池补充电，以防止蓄电池长时间处于缺电状态。一般柴油发电机组只提供保护性的充电电流，其直流充电电流值不宜过高。对于小型的风光互补发电系统，有时可不配置柴油发电机组。

风光互补发电系统比单独光伏发电或风力发电具有以下优点。

① 利用太阳能、风能的互补性，可以获得比较稳定的输出，发电系统具有更高的稳定性和可靠性。

② 在保证同样供电的情况下，可大大减少储能蓄电池的容量。

③ 通过合理的设计和匹配，可以基本上由风光互补发电系统供电，很少或基本不用启动备用电源如柴油发电机组等，可获得较好的社会效益和经济效益。

2.3.1.2 太阳能光、热互补型发电系统

如图 2-20 所示为太阳能光、热互补型发电系统的构成。在日常生活中所使用的电能与热能同时利用的太阳光-热混合集热器就是其中的一例。光、热互补型发电系统用于住宅负载时可以得到有效利用，即可以有效利用设置空间、减少使用的建材以及能量回收年数、降低设置成本以及能源成本等。太阳光-热混合集热器具有太阳能热水器与太阳电池阵列组合的功能，它具有如下特点。

图 2-20　太阳能光、热互补型发电系统

① 太阳能电池的转换效率大约为 10%，加上集热功能，太阳光-热混合集热器可使综合能量转换效率提高。

② 集热用媒质的循环运动可促进太阳能电池阵列的冷却效果，可抑制太阳能电池单元随温度上升而转换效率下降。

2.3.1.3 太阳能光伏、燃料电池互补型发电系统

如图 2-21 所示为太阳能光伏、燃料电池互补型发电系统的系统组成，燃料电池所用燃料为都市煤气。该系统可以综合利用能源，提高能源的综合利用率。将来可作为个人住宅电源使用。太阳能光伏、燃料电池系统由于使用了燃料电池发电，因此可以节约电费、明显降低二氧化碳的排放量、减少环境污染，环境友好。

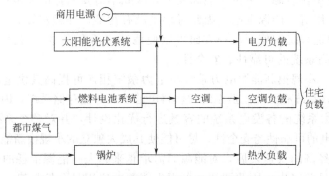

图 2-21 太阳能光伏、燃料电池互补型发电系统

2.3.1.4 小规模新能源电力系统

如图 2-22 所示为小规模新能源电力系统。该系统由发电系统、氢能制造系统、电能存储系统、负载经地域配电线相连构成（图中的虚线表示如果需要的话也可与电力系统并网）。发电系统包括太阳能光伏系统、风力发电、生物质能发电、燃料电池发电、小型水力发电（如果有水资源）等；负载包括医院、学校、公寓、写字

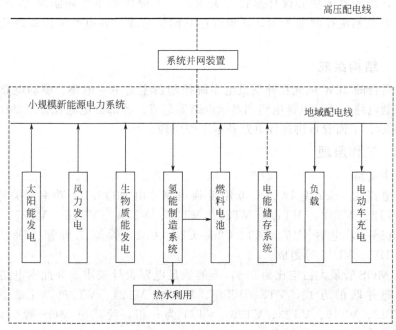

图 2-22 小规模新能源电力系统

楼等民用、公用负荷；氢能制造系统用来将地域内的剩余电能转换成氢能。当其他发电系统所产生的电能以及电能存储系统的电能不能满足负载的需要时，通过燃料电池发电为负载供电。

小规模新能源电力系统具有如下特点。

① 与传统的发电系统相比，小规模新能源电力系统由新能源、可再生能源构成。

② 由于使用新能源、可再生能源发电，因此不需要其他的发电用燃料。

③ 由于使用清洁能源发电，因此对环境没有污染，环境友好。

④ 氢能制造系统的使用，一方面可以使地域内的剩余电力得到有效利用，另一方面可以提高系统的可靠性、安全性。

一般来说，小规模新能源电力系统与电力系统相连可提高其供电的可靠性与安全性。但由于该系统有氢能制造系统和燃料电池以及电能存储系统，因此，需要对小规模新能源电力系统的各发电系统的容量进行优化设计，并对整个系统进行最优控制，以保证供电的可靠性与安全性，尽可能使其成为独立的小规模新能源电力系统。

随着我国经济的快速发展，对能源的需求越来越大。能源消耗的迅速增加与环境污染的矛盾日益突出，因此清洁、可再生能源的应用是必然趋势。可以预见，小规模新能源电力系统与大电力系统同时共存的时代必将到来。

2.3.2 风光互补型光伏发电系统的控制器

风光互补型光伏发电系统主要由太阳能光伏电池、风力发电机组、控制器、蓄电池、逆变器、交直流负载等部分组成，其中控制器是整个系统的心脏，其性能的优劣直接决定整个系统的安全性与可靠性。所以，对于风光互补型光伏发电系统而言，控制器的精心设计显得至关重要。下面以某单位研制的 2kW 风光互补型光伏发电系统控制器为例，详细讲述其结构组成、各电路工作原理及主要性能指标等。

2.3.2.1 结构组成

独立运行的 2kW 风光互补型发电系统控制器主要由主电路、驱动电路、整流电路、控制电路、辅助电源电路和显示电路等组成。各部分电路原理图如图2-23～图 2-29 所示，下面着重讲述各电路基本工作原理。

2.3.2.2 工作原理

(1) 主电路

其主电路为 Buck 型 DC/DC 功率变换电路。由 MOSFET 功率开关管 VT7、VT8、VT12、VT13、VT19、VT20、VT23、VT24、VT26、VT27、VT31、VT32，电感 L，电容 C19、C23、C26、C28、C31，续流二极管 VD8、VD12、VD14、VD15、VD16 等组成。

由于 MOS 管最大占空比为 0.5，不能满足电路设计要求。为此本电路采用两组 MOS 管并联的方式，VT8、VT13、VT20、VT24、VT27、VT32 为一组，VT7、VT12、VT19、VT23、VT26、VT31 为一组，使两组 MOS 管交替工作，满足电路设计对占空比的要求。

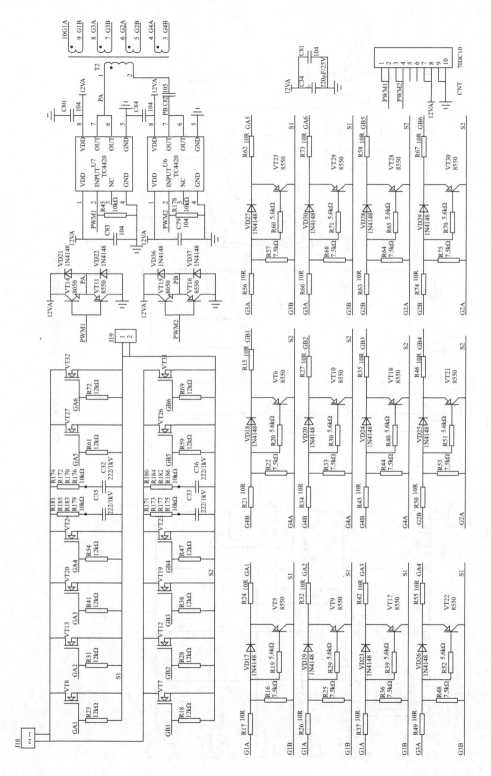

图2-23 2kW风光互补型光伏发电系统控制器主电路及驱动电路原理图

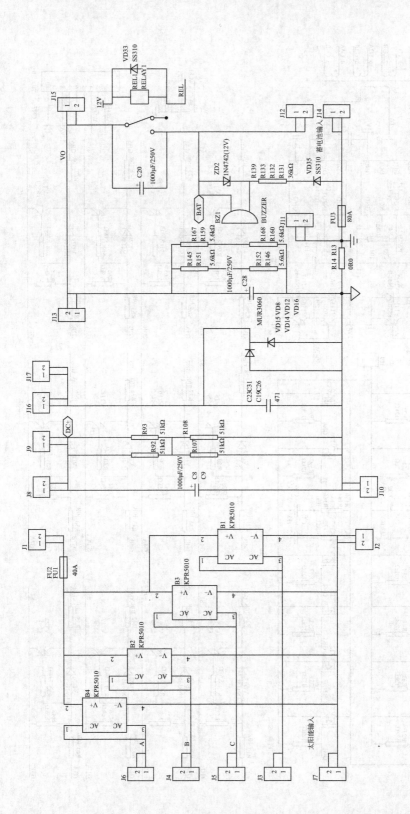

图2-24 2kW风光互补型光伏发电系统控制器整流电路原理图

太阳能光伏发电系统及其应用

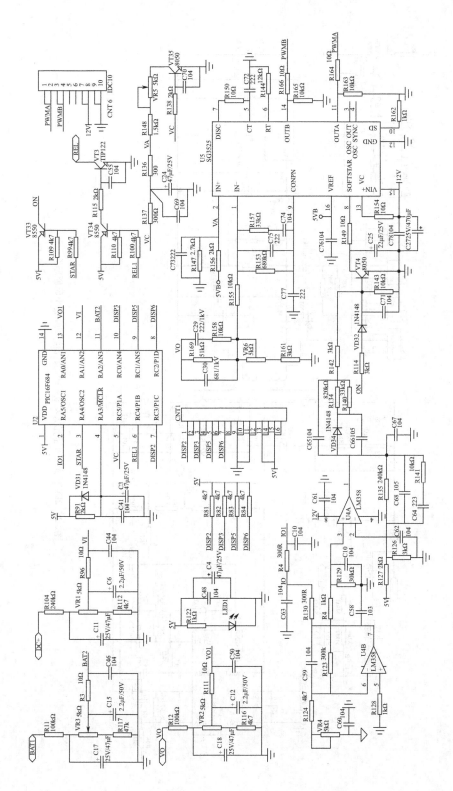

图2-25 2kW风光互补型光伏发电系统控制器控制电路原理图

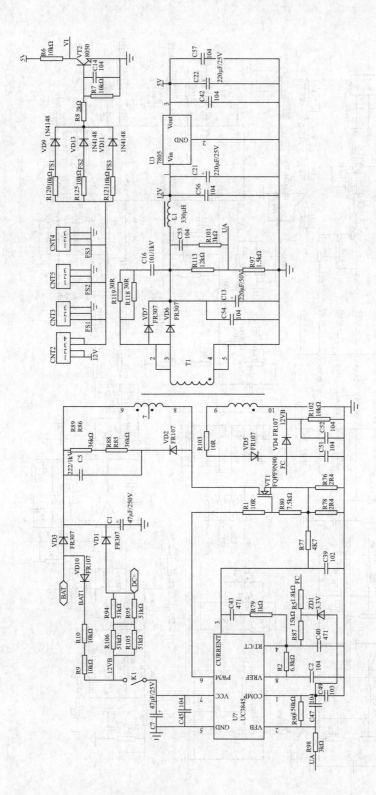

图2-26 2kW风光互补型光伏发电系统控制器辅助电源电路原理图

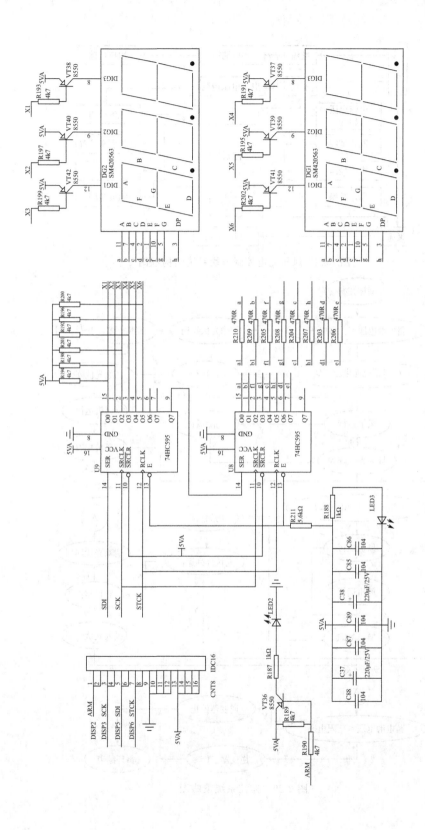

图2-27 2kW风光互补型光伏发电系统控制器显示电路原理图

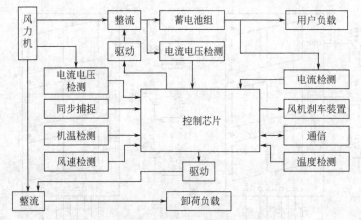

图 2-28　风机充电控制模块系统结构框图

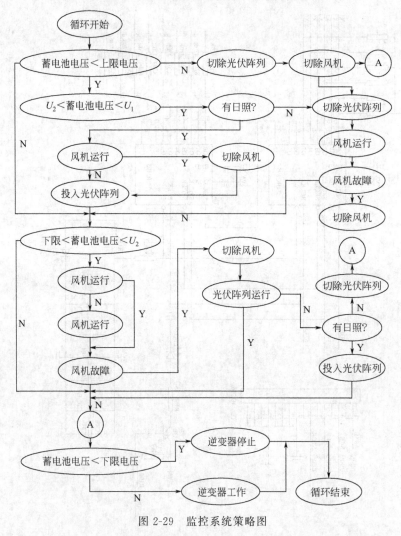

图 2-29　监控系统策略图

太阳能光伏发电系统及其应用

（2）驱动电路

PWM 信号有两组，即 PWM1 和 PWM2，其中一组为备用信号。

由于 SG3525 输出的高频 PWM 脉冲信号不能直接驱动 MOS 管，所以需要专门的驱动电路。MOS 管的驱动电路需要具备实现控制电路与被驱动 MOS 管栅极之间的电气隔离以及提供合适的栅极驱动脉冲两个功能。

以 PWM1 脉冲信号为例，三极管 VT11、VT14 及二极管 VD21、VD22 共同组成推挽电路，其作用是放大脉冲信号；由脉冲变压器 T2 实现控制电路与功率电路隔离，同时产生四组相同的脉冲信号，每组信号经三组驱动电路提供给三只 MOSFET 功率开关管。

由于各个 MOSFET 功率开关管的驱动电路均相同，所以以 MOSFET 功率开关 VT8 驱动电路为例进行说明。驱动电路采用栅极直接驱动的方式，由 R16、R17、R19、R24、VD17 和 VT5 组成，电路中有一个射极跟随器，并且在 VT5 的发射结反并了一个二极管 VD17，其目的是为输入电容放电提供通路，增强电路驱动能力。

（3）整流电路

整流电路由整流桥 B1、B2、B3、B4，保险管 FU1、FU2，电容 C8、C9 构成。

整流桥 B1、B2、B3、B4 的作用是将交流电全桥整流，变为脉动直流电。其中，B1 为太阳能光伏发电单相输入整流；B2、B3、B4 为风力发电三相输入整流。保险管 FU1、FU2 对电路进行限流保护，当电流大于 40A 时自动切断电路，对电路实施保护。电容 C8、C9 构成滤波电路，其作用是将整流后的脉动直流电变换为较平滑的直流电，供下一级变换。

（4）控制电路

控制电路由 U2（PIC16F684）、U5（SG3525）及其外围电路的组成，U2 负责输入过欠压的检测与保护、蓄电池过欠压的检测与保护、蓄电池充放电管理、输出电压、电流显示等工作；U5 在 U2 的控制下产生 PWM 脉冲，完成对功率电路的控制。

① 交流输入过欠压检测与保护　交流输入过压保护值为 124V±3V，过压保护恢复值为 114V±3V；交流输入欠压保护值为 38V±3V，欠压保护恢复值为 42V±3V；交流输入电压信号经 VR1 及其外围电路取样后被送到 U2 的 12 脚，U2 检测后根据采样电压的高低确定是否需要关闭 U5。

② 蓄电池过欠压检测与保护　蓄电池过压保护值为 57.5V±1V，过压保护恢复值为 53.5V±1V；蓄电池的欠压保护值为 41V±1V，欠压保护恢复值为 47V±1V；蓄电池的电压信号经 VR3 及其外围电路取样后被送到 U2 的 11 脚，U2 检测后根据采样电压的高低，结合交流输入信号确定是否需要关闭 U5，吸合继电器 REL1 等。

③ 蓄电池充放电管理　蓄电池的充、放电管理是控制器的核心，蓄电池的充电电压、充电电流，均浮充转换由 U2（PIC16F684）与 U5（SG3525）共同完成。

④ PWM 脉冲控制电路　U5 在 U2 的控制下工作，输出电压给定信号由 U2 的 5 脚送出，经 R137、C24 滤波后送到 U5 的 2 脚，此电压信号决定输出电压的高

低；输出电流的大小由 U4（LM358）及其外围电路决定，调节 VR4 的阻值即可调节输出电流的大小。输出电压、电流信号被送到 U5 的 1 脚，与 2 脚的给定信号比较后决定输出 PWM 脉冲的占空比，完成对 PWM 脉冲的控制。

⑤ 告警电路 U2 在完成对输入电压、蓄电池电压、输出电压、输出电流的检测后，一旦发现任一项指标超限，立即给出告警信号，确保控制器正常工作。

- 蓄电池过欠压时红色故障灯亮，同时切断蓄电池输入回路，有交流输入时直流输出不受影响，无交流输入时无直流输出。
- 交流输入过压时红色故障灯闪，同时关闭内部功率变换电路，有蓄电池输入时直流输出由蓄电池供电，无蓄电池输入时直流无输出。
- 交流输入欠压时红色故障灯闪，有蓄电池输入时内部功率变换电路不关闭，直流输出由蓄电池和变换器共同供电，无蓄电池输入时内部功率变换电路关闭，直流无输出。
- 直流输出过流时红色故障灯亮，同时关闭内部功率变换电路，有蓄电池输入时直流输出由蓄电池供电，无蓄电池输入时直流无输出。

（5）辅助电源电路

辅助电源电路利用反激式变换器电路和电流控制芯片 UC3845 进行设计。由电流控制芯片 UC3845、变压器 T1、三端稳压器 U3：LM7805 等主要器件组成。

蓄电池为 UC3845 提供正常工作电压，UC3845 为开关管 VT1 提供控制脉冲。当开关管 VT1 导通时为电能储存阶段，这时可以把变压器看成一个电感，原边绕组的电流 I_p 将会线性增加，磁芯内的磁感应强度将会增加到最大值。当开关管 VT1 关断时，初级电流必定要降到零，副边整流二极管 VD6 和 VD7 将导通，感生电流将出现在副边，按照功率恒定原则，副边绕组安匝值与原边绕组安匝值应相等，能量通过开关管 VT1 的连续导通与关断由 T1 原边传递到副边。二极管 VD6 和 VD7 构成单相全波整流电路，将 T1 次级输出的高频交流电整流为脉动直流电。电感 L1，电容 C13、C53、C54 构成滤波电路，将 VD6、VD7 整流后的高频脉动直流电转换为稳定的 12V 直流电，加在三端稳压器 U3 的输入端，U3 输出稳定的 5V 直流电。12V 和 5V 直流电为整个控制器提供辅助电源。其中电阻 R118、R119 和 C16 组成 RC 吸收电路，对整流二极管 VD6 和 VD7 提供保护。

（6）显示电路

显示电路主要由两个三位 LED 数码管 SM420563 以及两个通用数码管驱动芯片 74HC595 组成。通用数码管驱动芯片 74HC595 为三位 LED 数码管 SM420563 提供驱动信号，其中一只数码管显示输出电压，另一只数码管显示输出电流。

2.3.2.3 产品外观

图 2-30～图 2-32 所示分别为 2kW 风光互补型发电系统控制器的前面板、后面板和内部结构。

2.3.2.4 性能指标

（1）输入电压

三相线电压：AC45～120V，50Hz±5Hz

图 2-30　2kW 风光互补型发电系统控制器（前面板）

图 2-31　2kW 风光互补型发电系统控制器（后面板）

图 2-32　2kW 风光互补型发电系统控制器（内部结构）

（2）输出电压

均充电压：$55.5V\pm0.3V$

浮充电压：$53.5V\pm0.3V$

（3）输出电流

最大输出电流：40A±2A

均浮充转换电流：5A±2A

浮均充转换电流：8A±2A

（4）保护

① 交流输出欠压保护

过压保护值：124V±3V

过压保护恢复值：114V±3V

② 交流输入欠压保护

欠压保护值：38V±3V

欠压保护恢复值：42V±3V

③ 蓄电池过压保护

过压保护值：57.5V±1V

过压保护恢复值：53.5V±1V

④ 蓄电池欠压保护

欠压保护值：41V±1V

欠压保护恢复值：47V±1V

⑤ 输出过压保护

过压保护值：57.5V±1V

⑥ 蓄电池反接保护

（5）工作条件

温度：0～45℃

相对湿度：小于80%

（6）储存条件

温度：－10～60℃

相对湿度：小于80%

2.3.3　风光互补型发电系统的应用

（1）无电农村的生活、生产用电

中国现有9亿人口生活在农村，其中5%左右目前还未能用上电。在中国无电乡村往往位于风能和太阳能蕴藏量较为丰富的地区，因此利用风光互补型发电系统解决用电问题的潜力很大。采用标准化的风光互补型发电系统有利于加速这些地区的经济发展，提高其经济水平。另外，利用风光互补系统开发储量丰富的可再生能源，可以为广大边远地区的农村人口提供最适宜也最便宜的电力服务，促进贫困地区的可持续发展。

我国已经建成了千余个可再生能源的独立运行村落集中供电系统，但是这些系统都只提供照明和生活用电，不能或不运行使用生产性负载，这就使得系统的经济性较差。可再生能源独立运行村落集中供电系统的出路是经济上的可持续运行，涉及到系统的所有权、管理机制、电费标准、生产性负载的管理、电站政府补贴资金来源、数量和分配渠道等。这种可持续发展模式，对中国在内的所有发展中国家都有深远意义。

（2）半导体室外照明

世界上室外照明工程的耗电量占全球发电量的12％左右，在全球能源日趋紧张和环保意识逐渐提高的背景下，半导体室外照明的节能工作日益引起全世界的关注。

半导体室外照明的基本工作原理：太阳能和风能以互补形式通过控制器向蓄电池智能化充电，到晚间根据光线强弱程度自动开启和关闭各类LED室外灯具。智能化控制器具有无线传感网络通信功能，可以与后台计算机实现三遥管理（遥测、遥信、遥控）。智能化控制器还具有强大的人工智能功能，对整个照明工程实施先进的计算机"三遥"管理，重点是照明灯具的运行状况巡检以及故障和防盗报警。

目前已被开发的风光互补室外照明工程有：风光互补LED智能化车行道路照明工程（快速道/主干道/次干道/支路）、风光互补LED小区照明工程（小区路灯/庭院灯/草坪灯/地埋灯/壁灯等）、风光互补LED景观照明工程、风光互补LED智能化隧道照明工程等。

（3）航标灯电源系统

我国部分地区的航标已经应用了太阳能发电，特别是灯塔桩，但也存在着一些问题，最突出的就是在连续天气不良状况下太阳能发电不足，易造成电池过放电，灯光熄灭，影响了电池的使用性能甚至导致其损坏。冬季和春季太阳能发电不足的问题尤为严重。

在天气不良情况下往往伴随大风，也就是说，太阳能发电不理想的天气状况往往是风能最丰富的时候，在这种情况下，可以采用以风力发电为主，光伏发电为辅的风光互补型发电系统代替传统的太阳能光伏发电系统。风光互补型发电系统具有环保、免维护、安装使用方便等特点，符合航标能源应用要求。在太阳能配置能满足能源供应的情况下（夏、秋季），不启动风光互补型发电系统；在冬、春季或连续天气不良状况，太阳能发电不能满足负荷的情况下，启动风光互补型发电系统。由此可见，风光互补型发电系统在航标上的应用具备季节性和气候性的特点。事实证明，其应用可行，效果明显。

（4）监控摄像机电源

目前，高速公路重要关口（收费处、隧道中、急拐弯处、长下坡路段等）、城市道路人行道（斑马线处）以及其他重要地点（政府机关、银行、飞机场、火车站等）等处均安装有摄像机，这些地点的摄像机均要求24小时不间断运行，采用传统的市电电源系统，虽然功率不大，但是因为数量多，也会消耗不少电能，不利于节能；另外，高速公路摄像机电源的线缆经常被盗，损失大，造成使用维护费大大增加，增加了高速公路运营成本。应用风光互补型发电系统为高速公路重要关口等处的监控摄像机提供电源，不仅节能，而且不需要铺设线缆，减少了被盗的可能。

（5）通信基站电源

目前国内许多海岛、山区等地远离电网，但由于当地旅游、渔业、航海等行业有通信需要，需要建立通信基站。这些基站用电负荷都不会很大，若采用市电供电，架杆铺线代价很大，若仅采用柴油发电机组供电，存在运营成本高、系统维护困难等问题。而太阳能和风能作为取之不尽的可再生资源，在海岛相当丰富。此外，太阳能和风能在时间上和地域上都有很强的互补性，风光互补型发电系统是可靠性较高、经济性较好的独立电源系统，适合用于通信基站供电。在具备相关条件（经济条件、技术人员配置）的情况下，系统可配置柴油发电机组，以备太阳能与风能发电不足时使用。这样可大大减少系统中太阳能电池方阵与风机的容量，从而降低系统成本，同时增加系统的可靠性。

（6）抽水蓄能电站电源

风光互补抽水蓄能电站是利用太阳能和风能发电，不经蓄电池而直接带动抽水机实行不定时抽水蓄能，然后利用储存的水能实现稳定的发电与供电。这种能源开发方式将水能、太阳能与风能开发相结合，利用三种能源在时空分布上的差异达到互补开发的目的，适用于电网难以覆盖的边远地区，并有利于能源开发中的生态环境保护。

风光互补抽水蓄能电站的开发至少要满足以下两个条件：

① 三种能源在能量转换过程中应基本保持能量守恒；

② 抽水系统所构成的自循环系统的水量基本保持平衡。

虽然抽水蓄能电站电源与水电站相比成本电价略高，但是可以解决有些地区小水电站冬季不能发电的问题，所以采用风光互补抽水蓄能电站的多能互补开发方式具有独特的技术经济优势，可作为某些满足条件地区的能源利用方案。

风光互补型发电系统的应用向全社会生动展示了太阳能、风能新能源的应用价值，对推动我国建设资源节约型和环境友好型社会具有十分重要的意义。

第3章 光伏电池与阵列

在太阳能的有效利用方式中，太阳能的光电转换利用是近些年来发展最快、最具活力的研究领域。太阳辐射的大部分能量是光能，光能可通过光电转换器转化为电能。目前运用最为成熟的光电转换器件是光生伏打电池，又叫太阳能光伏电池，简称太阳能光伏电池或光伏电池。太阳能光伏电池是一种通过光生伏打效应而将太阳光能直接转化为电能的器件，就其工作机理而言，它相当于一个半导体光电二极管，当太阳光照射到光电二极管上时，光电二极管就会把太阳的光能变成电能，产生电流。将许多个电池串联或并联起来就可以组成有较大输出功率的太阳能光伏电池阵列，进而满足各类生产、生活的需要。太阳能光伏电池最初仅用于人造卫星、宇宙飞船、太空实验室以及军事通信装置电源等特殊领域，随着太阳能光伏电池制造成本的逐渐降低，其应用范围日益扩大。

3.1 太阳能光伏电池及其工作原理

太阳能光伏电池是一种依据半导体光电效应，亦即利用光电材料受光能照射后发生光电反应，进而实现能量转换的器件（装置）。能产生光电效应的材料有许多种，如单晶硅、多晶硅、非晶硅、砷化镓、硒铟铜等，这些半导体材料的光电转换原理基本相同。本书中主要以硅基太阳能光伏电池为例讲述太阳能光伏电池的工作机理。

3.1.1 半导体基础知识

（1）半导体及其主要特性

固体材料按照它们导电能力的强弱，可分为导体、绝缘体和半导体三类。导电能力强的物体叫作导体，如金、银、铜、铁、铝等，其电阻率通常在 $10^{-8} \sim 10^{-6}$ $\Omega \cdot m$ 范围内。导电能力弱或基本不导电的物体叫作绝缘体，如橡胶、塑料、木材、玻璃等，其电阻率通常在 $10^{8} \sim 10^{20} \Omega \cdot m$ 范围内。导电能力介于导体和绝缘体之间的物体叫作半导体，如硅、锗、砷化镓和硫化镉等，其电阻率通常在 $10^{-5} \sim 10^{7} \Omega \cdot m$。半导体材料与导体和绝缘体的不同，不仅仅表现在电阻率的数值上，而且还在于它在导电性能上具有如下一些特点。

① 掺杂特性 在纯净的半导体中掺入微量的杂质，其电阻率会发生很大变化，从而显著地改变半导体的导电能力。例如，在纯硅中掺入磷杂质的浓度在 $10^{19} \sim 10^{26} m^{-3}$ 范围内变化时，其电阻率就会从 $10^{4} \Omega \cdot m$ 变到 $10^{-5} \Omega \cdot m$；室温下在纯硅中

掺入百万分之一的硼，硅的电阻率就会从 $2.14 \times 10^3 \, \Omega \cdot m$ 减小到$0.004 \, \Omega \cdot m$ 左右。在同一种材料中掺入不同类型的杂质，可以得到不同导电类型的半导体材料。

② 温度特性　温度能显著改变半导体材料的导电性能。一般来讲，半导体的导电能力随温度升高而迅速增强，也就是说半导体的电阻率具有负的温度系数。例如，锗的温度从 200℃升高到 300℃，其电阻率就会降低一半左右。

③ 环境特性　半导体的导电能力还会随光照强度的变化而变化，即半导体具有光电导现象。另外，一些特殊的半导体，在电场和磁场的作用下其电阻率也会发生变化。

（2）半导体晶体结构

自然界的物质按其存在的形式可分为气态、液态和固态。固态物质根据它们的质点（原子、离子、分子）排列规则的不同，可分为晶体和非晶体。具有确定熔点的固态物质称为晶体；没有确定的熔点，即加热时在某一温度范围内逐渐软化的固态物质称为非晶体。所有晶体都是由原子、分子、离子或这些粒子集团在空间按一定规则排列而成的，这种对称的、有规则的排列叫晶体的点阵或晶体格子，简称晶格。将晶格周期地重复排列就构成晶体。晶体又可分为单晶体和多晶体两种，从头到尾都按同一规则周期性排列的晶体是单晶体；整个晶体由多个同样成分、同样晶体结构的小晶组成的晶体是多晶体。在多晶体中，每个小晶体中的质子排列顺序的位向不同。非晶体质点的排列是无规则的，它具有"短程有序、长程无序"的排列特点，所以也被称为无定形态。

目前，太阳能光伏电池的基材广泛使用硅材料，已占全世界太阳能光伏电池基材的 95%以上。在太阳能光伏电池工业中，硅材料按照其生产工艺的不同，可以是单晶硅、多晶硅或非晶硅。图 3-1 所示是不同硅材料的结构示意图。

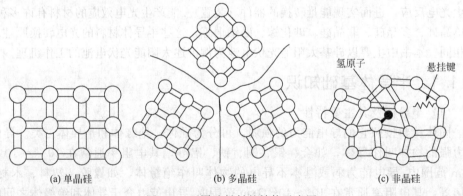

(a) 单晶硅　　　　　(b) 多晶硅　　　　　(c) 非晶硅

图 3-1　不同硅材料的结构示意图

（3）能级和能带

原子的壳层模型认为原子的中心是一个带正电荷的核，核外存在着一系列不连续的、由电子运动轨道构成的壳层，电子只能在壳层里绕核转动。稳定状态每个壳层里运动的电子具有一定的能量状态，所以一个壳层相当于一个能量等级，称为能级。通常用 n、l、m、ms 4 个量子数来描述电子运动的状态。电子在壳层中的分布，需满足如下两个基本原理。

① 泡利不相容原理 (Pauli's exclusion principle)　原子中不可能有两个或两个以上的电子处于 4 个量子数都相等的同一运动状态中。

② 能量最小原理　原子中每个电子都有优先占据能量最低的空能级的趋势。电子在原子核周围转动时，每一层轨道上的电子都有确定的能量，最里层轨道的能量最低，第二层轨道具有较大的能量，越是外层的电子受原子核的束缚越弱，从而能量逐渐增大。

在一个孤立的原子中，电子只能在各个允许的轨道上运动，不同轨道的电子能量是不同的。在晶体中，原子之间的距离很近，相邻原子的电子轨道相互重叠，重叠壳层的电子不再属于原来的原子独有，可通过量子数相同且又互相重叠的壳层转移到相邻的原子上去，属于整个晶体所有，这就是晶体的共有化运动。共有化运动的结果就使得与轨道相对应的能级就不是如图 3-2 所示的单一的电子能级，而是分裂成为能量非常接近但又大小不同的许多电子能级。这些由许多条能量相差很小的电子能级所组成的区域看上去像一条带子，因而称为能带。每层轨道都有一个对应的能带，图 3-2 示意地画出了原子共有化运动使能级分裂为能带的情况。其中，图 3-2(a) 为孤立原子及其对应壳层的能级图，图 3-2(b) 表示 N 个原子共有化后，能级分裂为 $2N$ 个能态。

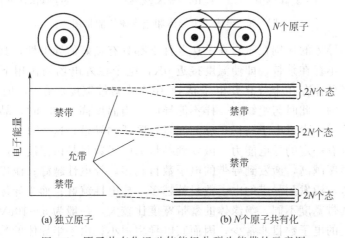

图 3-2　原子共有化运动使能级分裂为能带的示意图

(4) 允带、禁带、价带和导带

能带中有很多分立的能级。电子不存在具有两层轨道中间的能量状态，即电子只能停留在所对应能带的能级上，这些可为电子占据的能带称为允带。在能带与能带间的区域是不允许电子停留的，称为禁带。被电子填满的能带，即能带中每一个能级上都有两个电子，这时电子即使受到外电场的作用，因为没有空的能级，不可能从低能级跳跃到高能级去参加导电运动。这种已被电子填满的能带，称为满带或价带。有的能带只有一部分能级上有电子，还有一部分没有电子，能级是空的。这样，在外界电场作用下，电子就会从下面的能级跳跃到上面的空能级参加导电运动。这种未被电子填满的能带或空带，就称为导带。

（5）导体、半导体和绝缘体的能带图

图 3-3（a）、（b）、（c）分别为导体、半导体和绝缘体的能带图。如图 3-3（b）所示，价电子要从价带越过禁带跳跃到导带去参加导电运动，必须从外界获得一个至少等于 E_g 的附加能量，E_g 的大小就是导带底部与价带顶部之间的能量差，称为禁带宽度或带隙，其单位为电子伏（eV），$1eV=1.6022\times10^{-19}J$。例如，硅的禁带宽度在室温下为 1.119eV，就是说由外界给予价带里的电子 1.119eV 的能量，电子就有可能越过禁带跳跃到导带里，晶体就会导电。

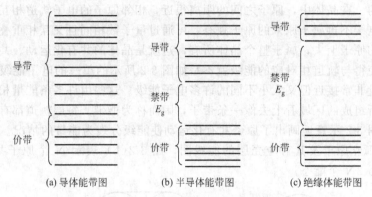

(a) 导体能带图　　　(b) 半导体能带图　　　(c) 绝缘体能带图

图 3-3　导体、半导体和绝缘体的能带图

导体与半导体的区别在于它在一切条件下都具有良好的导电性，其导带和价带重叠在一起，不存在禁带，即使温度接近 0K，电子在外电场的作用下照样可以参加导电。而半导体存在十分之几电子伏到 4eV 的禁带宽度。在 0K 时电子充满价带，导带是空的，此时与绝缘体一样不能导电。当温度高于 0K 时，晶体内部产生热运动，使价带中少量电子获得足够的能量，跳跃到导带，这个过程称为激发，这时半导体就具有一定的导电能力。激发到导带的电子数目是由温度和晶体的禁带宽度决定的。温度越高，激发到导带的电子数目越多，导电性越好；温度相同，禁带宽度小的晶体，激发到导带的电子数目就越多，导电性就好。而半导体与绝缘体的区别则在于禁带宽度不同。绝缘体的禁带宽度比较大，一般为 5～10eV，在室温时激发到导带上的电子数目非常少，因而其电导率很小；由于半导体的禁带宽度比绝缘体小，所以在室温时有相当数量的电子会跳跃到导带上去。

（6）本征半导体与杂质半导体

① 本征半导体　将晶格完整且不含杂质的半导体称为本征半导体。图 3-4 所示为纯净硅本征半导体的晶体结构，图中正电荷表示硅原子，负电荷表示围绕在硅原子旁边的四个电子。在正常情况下，每一个带正电荷的硅原子旁边都围绕着四个带负电荷的价电子，半导体处于相对稳定的状态。

半导体在 0K 时电子填满价带，导带是空的，不能导电。但是半导体处于 0K 是一个特例。在一般情况下，由于温度的影响，价电子在热激发下有可能克服原子的束缚而跳跃出来，使其价键断裂，这个电子离开原来位置在整个晶体中活动。与此同时，在价键中留下一个空位，称为空穴，如图 3-5 所示。空穴可以被相邻满键

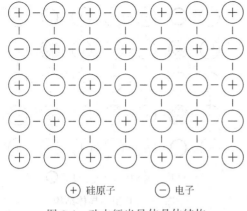

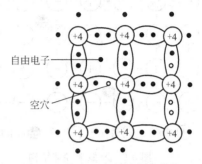

自由电子——

空穴——

⊕ 硅原子　　⊖ 电子

图 3-4　硅本征半导体晶体结构　　　　图 3-5　具有一个断键的硅晶体

上的电子填充而出现新的空穴。这样，空穴不断被电子填充，又不断产生新的空穴，结果形成空穴在晶体内的移动。空穴可以被看成是一个带正电的粒子，其所带的电荷与电子相等，但符号相反。这时自由电子和空穴在晶体内的运动都是无规则的，因而并不产生电流。如果存在电场，自由电子将沿着与电场方向相反的方向运动而产生电流。

② 杂质半导体　为了获得所需要特殊性能的材料，人为地将某种杂质加到半导体材料中去的过程，叫作掺杂。如可以向纯净硅晶体中掺入硼、磷等来改变其特性，半导体材料的性能在很大程度上取决于其所含有的杂质的种类和数量。

这里所指的杂质是有选择的，其数量也一定。例如，在纯净的硅中掺入少量的 5 价元素磷，这些磷原子在晶格中取代硅原子，并用它的 4 个价电子与相邻硅原子进行共价结合。磷有 5 个价电子，用去 4 个，还剩 1 个，这个多余的价电子虽然没有被束缚在价键里，但仍受到磷原子核正电荷的吸引。但这种吸引力很弱，只要用约 0.04eV 这样少的能量，就可使其脱离磷原子到晶体内成为自由电子，从而产生电子导电运动（如图 3-6 所示）；同时，磷原子由于缺少 1 个电子而变成带正电的磷离子。由于磷原子在晶体中起施放电子的作用，所以把磷等 5 价元素称为施主型杂质，也叫作 N 型（negative）杂质。掺有 5 价元素，电子数目远远大于空穴数目，所以导电主要由自由电子决定，其导电方向与电场方向相反的半导体，叫作电子型或 N 型半导体。

如果在纯净的硅中掺入少量 3 价元素硼，其原子只有 3 个价电子，当硼和相邻的 4 个硅原子作共价键结合时，还缺少 1 个电子，所以要从其中 1 个硅原子的价键中获取 1 个电子来填补。这样，就在硅中产生了 1 个空穴，而硼原子则由于接受了 1 个电子而成为带负电的硼离子（如图 3-7 所示）。硼原子在晶体中起接受电子而产生空穴的作用，所以叫作受主型杂质，也叫作 P 型（positive）杂质。掺有 3 价元素，空穴数目远远超过电子数目，导电主要由空穴决定，导电方向与电场方向相同的半导体，叫作空穴型或 P 型半导体。

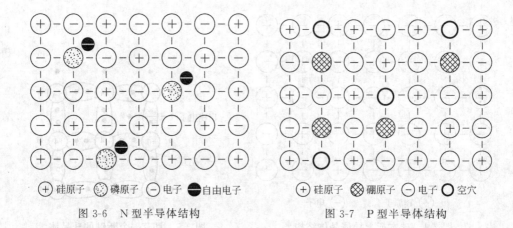

⊕ 硅原子　⊗ 磷原子　⊖ 电子　● 自由电子

图 3-6　N 型半导体结构

⊕ 硅原子　⊗ 硼原子　⊖ 电子　○ 空穴

图 3-7　P 型半导体结构

（7）载流子的产生与复合

导体、半导体中电流的载体称为载流子。在半导体中，载流子包括导带中的电子和价带中的空穴。半导体的导电性能与载流子的数目有关，单位体积的载流子数目叫作载流子的浓度。半导体载流子浓度随其中杂质的含量和外界条件（如加热、光照等）而显著变化。

由于晶格的热运动，电子不断从价带被激发到导带，形成一对电子和空穴，这就是载流子产生的过程。在不存在外电场时，由于电子和空穴在晶格中的运动是没有规则的，所以在运动中电子和空穴常常碰在一起，即电子跳到空穴的位置上把空穴填补掉，这时电子和空穴就随之消失。这种半导体中的电子和空穴在运动中相遇而造成的消失并释放出多余的能量的现象，称为载流子复合。

在一定的温度下，半导体内不断产生电子和空穴，电子和空穴不断复合，如果没有外表的光和电的影响，那么单位时间内产生和复合的电子与空穴即达到相对平衡，称为平衡载流子。这种半导体的总载流子浓度保持不变的状态，称为热平衡状态。在这种情况下，电子浓度和空穴浓度的乘积等于本征半导体载流子浓度。对于每种材料，本征半导体载流子浓度取决于温度，只要温度一定，则电子浓度和空穴浓度的乘积即是一个与掺杂无关的常数。

在外界因素的作用下，例如 N 型硅受到光照时，价带中的电子吸收光子能量跳入导带（这种电子称为光生电子），在价带中留下等量空穴（这一现象称为光激发），电子和空穴的产生率就大于复合率。这些多于平衡浓度的光生电子和空穴称为非平衡载流子或过剩载流子。这种由于外界条件改变而使半导体产生非平衡载流子的过程，称为载流子注入。载流子的注入方法有多种，用适当波长的光照射半导体使之产生非平衡载流子，叫光注入。

（8）载流子的输运

载流子的输运就是指通过载流子的运动来传输电荷、能量、热量等的过程。其输运模式有两种：漂移运动和扩散运动。漂移是电场的牵引作用，扩散是浓度梯度的驱动作用。

① 漂移运动　半导体在外加电场的作用下，在载流子的热运动上将叠加一个附加的速度，称为漂移速度。对于电子，漂移速度与电场反向；对于空穴，漂移速度与电场同向。这样，电子和空穴就有一个净位移，而形成电流。

② 扩散运动　由微粒的热运动而产生的物质迁移现象称扩散。扩散在气相、液相和固相物质内部均可发生，也可发生在不同相的物质之间。在同一相物质内的扩散主要是由密度差引起的，粒子从浓度高处往浓度低处扩散，直到各部分相同为止。浓度差越大、微粒质量越小、温度越高，其扩散速度越快。半导体中的载流子因浓度不均匀而引起的从浓度高处向浓度低处的迁移运动，称为扩散运动。扩散运动和漂移运动不同，它不是由电场力的作用产生的，而是在半导体载流子浓度不均匀的情况下载流子无规则的热运动的自然结果。

（9）P-N 结

在一块半导体晶体上，通过某些工艺过程使一部分呈 N 型，一部分呈 P 型，则该 P 型和 N 型半导体界面附近的区域就叫作 P-N 结，如图 3-8 所示。此时，由于交界面处存在电子和空穴的浓度差，N 型区中的多数载流子电子要向 P 型区扩散，P 型区中的多数载流子空穴要向 N 型区扩散。扩散后，在交界面的 N 区一侧留下带正电荷的离子施主，形成一个正电荷区域；同理，在交界面的 P 区一侧留下带负电荷的离子受主，形成一个负电荷区，这样，就在 N 型区和 P 型区交界面的两侧形成一侧带正电荷而另一侧带负电荷的一层很薄的区域，称为空间电荷区，即通常所说的 P-N 结。由浓度差形成的扩散电子流组成电子扩散电流，由浓度差形成的扩散的空穴流组成空穴扩散电流。扩散电流包括电子扩散电流和空穴扩散电流两部分。在 P-N 结内有一个从 N 区指向 P 区的电场，由于它是由 P-N 结内部电荷产生的，因而称其为内建电场。由于存在内建电场，在空间电荷区内将产生载流子的漂移运动，使电子由 P 区拉回 N 区，空穴由 N 区拉向 P 区，其方向与扩散运动的方向相反。这样，开始时扩散运动占优势，空间电荷区两侧的正负离子和正负电荷逐渐增加，空间电荷区逐渐加宽，内建电场逐渐增强。但随着内建电场的增强，漂移运动也逐渐增强，扩散运动开始减弱，最后扩散运动和漂移运动趋向平衡，扩散运动不再发展，空间电荷区的厚度不再增加，内建电场不再增强，这时扩散和漂移的载流子数目相等而运动方向相反，达到动态平衡。在动态平衡状态时，内建电场两边的电势不等，N 区比 P 区高，存在着电势差，称为 P-N 结势垒，也

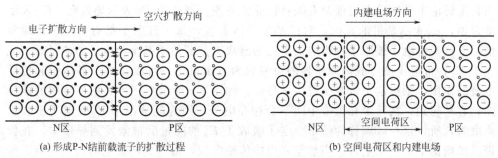

(a) 形成P-N结前载流子的扩散过程　　(b) 空间电荷区和内建电场

图 3-8　P-N 结的形成

称为内建电势差或接触电势差，用符号 U 表示。由电子从 N 区流向 P 区可知，P 区对于 N 区的电势差为负值。由于 P 区相对于 N 区具有电势 $-U$（取 N 区电势为 0），所以 P 区中所有电子都具有一个附加电势能，其值为

$$电势能 = 电荷 \times 电势 = (-q) \times (-U) = qU$$

qU 通常称为势垒高度。势垒高度取决于 N 区和 P 区的掺杂浓度，掺杂浓度越高，势垒高度就越高。

① I-U 特性　实验表明，P-N 结中的电压和电流满足式（3-1）所示的函数关系：

$$I_D = I_0(e^{qU/KT} - 1) \tag{3-1}$$

式中　q——电子电荷，1.6×10^{-19} C；

$\quad\quad K$——波尔兹曼常数，1.38×10^{-23} J/K；

$\quad\quad T$——热力学温度，K；

$\quad\quad I_0$——P-N 结的反向饱和电流，A。这是个和外加电压无关的量，其值大小只与载流子的浓度、扩散情况等因素有关。当 P-N 结制成后基本上就是一个只与温度有关的一个系数。

显然，q/KT 在某一温度下是一个具体的数值。如温度为 25℃时，$q/KT \approx$ 26mV，若在此温度下二极管的外施电压 U 满足 $U \gg 26$mV，则有

$$e^{qU/KT} \gg 1 \tag{3-2}$$

故

$$I_D \approx I_0 e^{qU/KT} \tag{3-3}$$

即 P-N 结中的电压和电流为指数关系，表现为在正向电压作用下，二极管端压略为增加，电流就会增加很多。

若此时二极管反接，U 为负数，且其绝对值较 26mV 大得多时，则有

$$e^{-qU/KT} \ll 1 \tag{3-4}$$

故

$$I_D \approx -I_0 \tag{3-5}$$

表明此时流过 P-N 结的电流基本为一个常数，即反向饱和漏电流，其值大小与外施反向电压数值大小无关。

② 能带模型　P-N 结的形成情况可以用能带图表示。能带图是一种理论模型，用它来讨论半导体导电过程及有关特性非常方便。通常用 E_c 表示导带底，E_v 表示价带顶，E_g 表示禁带的宽度。对硅基半导体而言，每个硅原子都有价电子，通常情况下这些价电子被原子核吸引而不能随意离去。若给予某个价电子的能量等于或大于 E_g，价电子便可脱离原子核的束缚成为自由电子，可以在整个晶体中起传导电流的作用，则称这个价电子进入了导带。如图 3-9 所示为三种类型半导体的能带图，容易想到，在导带和价带中间不会存在电子，因为能量小于 E_g 时电子不会脱离束缚，所以这一区域称为禁带。电子吸收了 E_g 的能量后被激发到导带中，在价带区域则留下了一个空穴。当然空穴也能传输电流，由于其所带电荷为正电荷，所以空穴电流的方向与电子电流的方向相反。

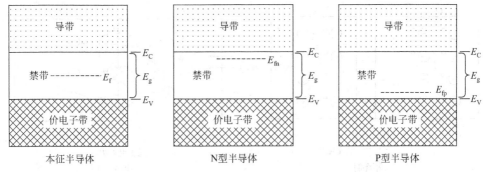

图 3-9　半导体的简化能带图

半导体能带模型中还有一个很重要的物理概念叫费米能级，用 E_f 表示，它表征的是电子和空穴在导带和价带中的填充水平。对本征半导体而言，一个电子从价带激发到导带，在价带中留下一个空穴，所以半导体中电子数与空穴数整体相当，E_f 处于禁带中央。而在掺杂半导体中，如 N 型半导体中的载流多子为电子，这些电子进入导带所需的能量远远小于 E_g，并且不会在价带中产生空穴，所以在导带中有很多自由电子，因此其费米能级 E_{fn} 向导带附近靠近，说明 N 型半导体中电子填充水平很高。而对 P 型半导体，费米能级 E_{fp} 则向价带附近靠近，说明 P 型半导体中空穴填充水平很高。

当两种半导体紧密接触时，电子将从费米能级高处向低处流动，空穴则正相反。在由 N 区指向 P 区的电场影响下，E_{fn} 连同整个 N 区能带下移，E_{fp} 连同整个 P 区能带上移，价带和导带弯曲形成势垒，直到 $E_{fn}=E_{fp}$ 时停止移动，达到平衡。

在形成平衡 P-N 结的半导体中有统一的费米能级 E_f，如图 3-10 所示。P-N 结的势垒高度 $qU_D=E_{fn}-E_{fp}$，其中 U_D 为 P 区和 N 区之间的接触电位差。

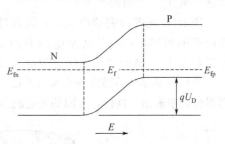

图 3-10　平衡 P-N 结具有统一的费米能级

3.1.2　光生伏打效应

当 P-N 结处于平衡状态时，在 P-N 结处有一个耗尽区，其中存在着势垒电场，该电场的方向由 N 区指向 P 区，如图 3-11 （a）所示为硅基 P-N 结的平衡状态。它对两边的多数载流子是势垒，阻挡其继续向对方扩散；但它对两边的少数载流子（如 N 区中的空穴和 P 区中的电子）却有牵引作用，能把它们迅速拉拽到对方区域。只是在平衡稳定状态时，由于少数载流子极少，难以构成电流，输出电能。

当具有一定能量的光照射到半导体上时，能量大于硅禁带宽度的光子，穿过减反射膜进入硅基半导体，在 N 区、空间电荷区、P 区中将激发出大量处于非平衡状态的光生电子-空穴对（即光生载流子）。一个光子可在半导体中产生一个电子-

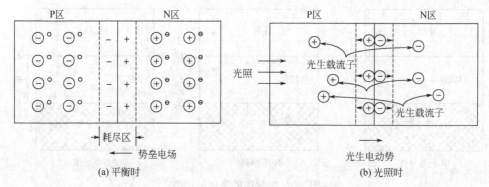

(a) 平衡时   (b) 光照时

图 3-11   P-N 结光生伏打效应原理图

空穴对，一定温度下的电子-空穴对数取决于该温度下的自由电子数目。激发产生的电子-空穴有一个重新复合的自发倾向，即把吸收的能量释放出来，重新恢复平衡位置。所以要达到实现光电转换的目的，就必须在电子和空穴复合之前，把它们分开，使它们不再聚合。这种分离作用主要依靠 P-N 结空间电荷区的"势垒"来实现。

光生电子-空穴对在耗尽区产生后，立即被内建电场分离，光生电子被推向 N 区，光生空穴被推向 P 区。在 N 区中光生电子-空穴对向 P-N 结的边界扩散，一旦到达耗尽区的边界，便立即受到内建电场的作用，推进 P 区，而光生电子则被留在 N 区。P 区中的光生电子（少子）则同样先扩散，后在电场力的作用下被推入 N 区，光生空穴则留在 P 区。

因此 N 区有过剩的电子，P 区有过剩的空穴，如此便在 P-N 结两侧形成了正负电荷的积累，产生与势垒电场方向相反的光生电动势，如图 3-11(b) 所示，这就是硅基 P-N 结的"光生伏打效应（photovoltaic effect）"。

当以硅基半导体做成的光电池外接负载后，光电流从 P 区经负载流至 N 区，负载即得到功率输出。这样，太阳的光能就直接变成了使用便捷的电能。如图 3-12 所示。

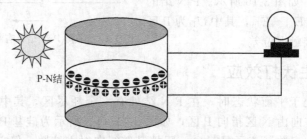

图 3-12   光生伏打效应的功率输出

当外电路开路时，光生伏打电动势 U_{oc} 即为光照射时的开路电压，其大小往往等于半导体禁带宽度的 1/2 左右。例如使用禁带宽度为 1.1eV 的硅基材料制成的太阳能光伏电池的开路电压大约为 $0.45\sim0.6V$。太阳能光伏电池接上负载 R_L 后，被 P-N 结势垒分开的光生载流子中，有一部分把能量消耗于降低 P-N 结的势垒上，也即用于建立工作电压，而剩余光生载流子则用于产生光生电流。

3.1.3　太阳能光伏电池工作过程

（1）太阳能光伏电池工作的前提条件

从上述硅基半导体光生伏打效应过程的分析可以看出，太阳能光伏电池的工作至少应具有以下几个前提条件。

① 必须有光的照射。

② 入射光子必须具有足够的能量，注入半导体后要能激发出电子-空穴对，这些电子-空穴必须具有足够长的寿命，确保在它们被分离前不会自行复合消失。

③ 必须有一个势垒电场存在。在势垒电场作用下电子-空穴对被分离，电子集中在一边，空穴集中在另一边。绝大部分太阳能光伏电池利用 P-N 结势垒区的静电场达到实现分离电子-空穴对的目的，所以 P-N 结可以称为是太阳能光伏电池的"心脏"。

④ 被分离的电子和空穴，经电极收集输出到电池体外形成电流。

为此，可把太阳能光伏电池将光能转换成电能的工作过程用图 3-13 来示意，而且可以利用前面提到的能带模型进一步分析太阳能光伏电池不同的工作状态。

图 3-13　太阳能光伏电池工作过程

（2）太阳能光伏电池四种典型工作状态

① 无外部光照，处于平衡状态　此时，太阳能光伏电池的 P-N 结能带图如图 3-14（a）所示，因为有统一的费米能级 E_f，势垒高度为 $qU_D = E_{fn} - E_{fp}$。

② 稳定光照，输出开路　此时，太阳能光伏电池的 P-N 结处于非平衡状态，光生载流子积累形成的光电压使 P-N 结正偏，费米能级发生分裂，如图 3-14（b）

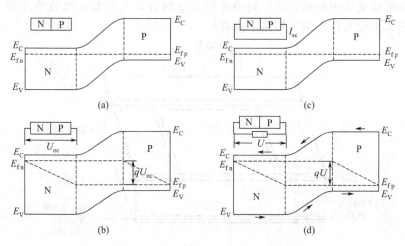

图 3-14　硅太阳能光伏电池的能带图

所示。因为电池输出处于开路状态，故费米能级分裂的宽度等于 qU_{oc}，剩余的结势垒高度为 $q(U_D - U_{oc})$。

③ 稳定光照，输出短路　原来在太阳能光伏电池 P-N 结两端积累的光生载流子通过外电路复合，光电压消去，势垒高度为 qU_D，如图 3-14(c) 所示。各区中的光生载流子被内建电场分离，源源不断流进外电路，形成短路电流 I_{sc}。

④ 稳定光照，外接负载　此时，一部分光电流在负载上建立的电压为 U，而另一部分光电流与 P-N 结电压在电压 U 的正向偏压下形成的正向电流相抵消，如图 3-14(d) 所示。费米能级分离的宽度正好等于 qU，而这时剩余的结势垒高度为 $q(U_D - U)$。

3.1.4　太阳能光伏电池的基本结构

不同基体材料和生产工艺的太阳能光伏电池，尽管基本原理相同，但结构差异很大。下文以硅太阳能光伏电池为例介绍太阳能光伏电池的基本结构。

（1）基本结构

硅太阳能光伏电池外形有圆形和方形两种，如图 3-15 所示为一个以 P 型硅材料为基底制成的 N^+/P 型太阳能光伏电池结构示意图。P 层为基体材料，称为基区层，简称基区，厚度为 0.2～0.5mm。P 层上面是 N 层，又称为顶区层，简称顶层。它是在基体材料的表面层用高温掺杂扩散的方法制成的，因此也称其为扩散层。由于它通常是重度掺杂的，常标记为 N^+，N^+ 层的厚度为 $0.2 \sim 0.5 \mu m$。扩散层处于电池的正面，也就是光照面，P 层和 N 层的交界面处是 P-N 结。扩散层上分布有与其形成良好电气接触的上电极，上电极由母线和若干条栅线组成，栅线的宽度一般为 0.2mm 左右，栅线通过母线连接起来，母线宽为 0.5mm 左右，具体尺寸视单体电池的面积而定。上电极采用栅状电极后，转换效率可以提高 1.5%～2%。基体下有与其形成欧姆接触的下电极，上下电极均由金属材料制成，并焊接有银丝作为引线，其功能是引出光生电流。为了减少对入射光的反射，在电池表面上一般还蒸镀一层天蓝色的二氧化硅或其他材料的减反射膜，其功能是减少光的反射，使电池接受更多的光。减反射膜能使电池对有效入射光的吸收率达到 90% 以上，并使太阳能光伏电池的短路电流增加 25%～30%。

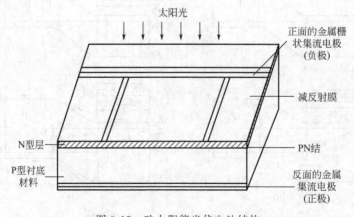

图 3-15　硅太阳能光伏电池结构

就具体产品而言，太阳能光伏电池一般可以制成 P⁺/N 型或 N⁺/P 型两种结构，如图 3-16 所示。其中，第一个符号，即 P⁺ 和 N⁺，表示光伏电池正面光照层导体材料的导电类型；第二个符号，即 N 和 P，表示光伏电池背面衬底，即基体半导体材料的导电类型。

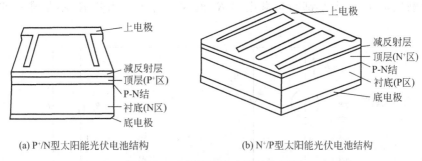

(a) P⁺/N型太阳能光伏电池结构   (b) N⁺/P型太阳能光伏电池结构

图 3-16　太阳能光伏电池结构型图

（2）太阳能光伏电池的极性

太阳能光伏电池的电性能与制造电池所用半导体材料的特性有关。在太阳光照射时，太阳能光伏电池输出电压的极性规律是 P 型—侧电极为正，N 型—侧电极为负。

当太阳能光伏电池作为电源与外电路连接时，它必须处于正向状态下工作。当太阳能光伏电池与其他电源联合使用时，如果外电源的正极与太阳能光伏电池的 P 电极连接，负极与太阳能光伏电池的 N 电极连接，则外电源向太阳能光伏电池提供正向偏压；如果外电源的正极与太阳能光伏电池的 N 电极连接，负极与太阳能光伏电池的 P 电极连接，则外电源向太阳能光伏电池提供反向偏压。

通过对太阳能光伏电池工作原理的介绍可以看出，太阳能光伏电池直接把日照能量变成电能。这一过程只涉及到半导体器件的静止运用，没有宏观运动的粒子，也不涉及到热运动工质，因此不存在传统发电设备由于透平、旋转等机械运动所引起的噪声问题，也不存在由于使用工质而引起的锈蚀和泄漏问题。可以这么讲，就其原理而言，太阳能光伏电池是迄今为止最美妙、最长寿和最可靠的发电装置，随着其制造成本的不断降低，太阳能的光电转换必将会得到更为广泛的应用。

3.2　太阳能光伏电池的基本特性

从工程观点来看，太阳能光伏电池的基本特性可用其电流和电压的关系曲线来表征，电流、电压之间的关系自然又是通过其他一系列参变量来表征，特别是与投射到太阳能光伏电池表面的日照强度有关，当然也与太阳能光伏电池的温度及光线的光谱特性等有关。

3.2.1　等效模型

（1）理想等效电路

根据前述太阳能光伏电池的工作机理，可以把太阳能光伏电池看成是一理想的、能稳定地产生光电流 I_L 的电流源（假设光源稳定），图 3-17 所示为其理想的等效电路，它表示电池受光照射时产生恒定电流 I_L 的能力。这个等效电路说明，太阳能光伏电池受光照射后产生了一定的光电流 I_L，其中一部分用来抵消 P-N 结的结电流 I_D，另一部分为供给负载的电流 I_R。其负载电压 U_R、结电流 I_D、负载电流 I_R 的大小都与负载电阻 R_L 的大小有关。当然 R_L 不是唯一的决定因素。

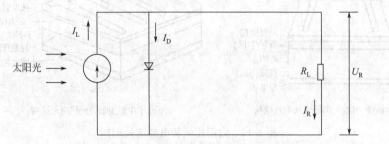

图 3-17　硅太阳能光伏电池理想的等效电路

显然，I_R 的大小为

$$I_R = I_L - I_D$$
$$= I_L - I_0 (e^{qU_i/KT} - 1) \qquad (3-6)$$

式中　I_R——稳定状态下的负载电流；

I_D——电池 P-N 结中的正向电流；

I_0——电池 P-N 结在无光照时的反向饱和电流，A；

U_i——结电压，稳定状态时等于负载电压 U_R；

q——电子电荷，1.6×10^{-19} C；

K——波尔兹曼常数，1.38×10^{-23} J/K；

T——热力学温度，K；

I_L——电池在光照下产生的光生恒流电流，其值正比于光照强度，并且与电池温度有关，其值可用下式表达，即

$$I_L = A_c (C_0 + C_1 T) S; \qquad (3-7)$$

式中　A_c——太阳能光伏电池的有效面积；

C_0，C_1——依赖于电池材料的系数；

T——太阳能光伏电池的温度；

S——光照强度。

（2）实际等效电路

图 3-18 所示是光照下太阳能光伏电池的实际等效电路，图中考虑了太阳能光伏电池本身电阻对其特性的影响。

图中，R_S 为硅片内部电阻和电极电阻构成的串联电阻，它主要由电池的体电阻、表面电阻、电极导体电阻和电极与硅表面间接触电阻所组成；R_{sh} 为 P-N 结的分路电阻，相当于漏损电阻，它是由于硅片边缘不清洁或体内固有的缺陷所引起。

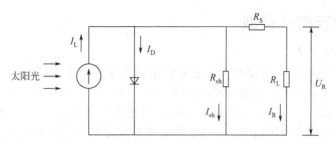

图 3-18　硅太阳能光伏电池实际的等效电路

R_S 和 R_{sh} 相比，R_S 为低电阻，通常小于 1Ω，而 R_{sh} 是高电阻，一般约几千欧姆。对一个理想的太阳能光伏电池而言，R_S 应很小，而 R_{sh} 需很大。由于 R_S 和 R_{sh} 是分别串联与并联在电路中的，所以在进行理想电路计算时，它们都可以忽略不计。显然，实际负载电流为

$$I_R = I_L - I_D - I_{sh}$$
$$= I_L - I_0 \left[e^{\frac{q}{KT}(U_R + I_R R_S)} - 1 \right] - \frac{U_R + I_R R_S}{R_{sh}} \tag{3-8}$$

（3）伏安特性曲线

若将硅太阳能光伏电池放在暗盒里，把两个电极引出盒外，当 P 型端接"正"，N 型端接"负"，随着两端外加电压的增加，通过电池的电流逐渐增加。如将外施电压反接，尽管电压加得很大，通过电池的电流仍然很小。而且如果反向电压加到超过某一电压值后，通过电池的电流迅速增大，即反向击穿。上述测试表明，在没有光照时，太阳能光伏电池的电流-电压关系和普通二极管完全相同，所以太阳能光伏电池相当于一个 P-N 结。

理想的 P-N 结特性曲线方程为

$$I_R = I_L - I_0 (e^{qU_i/KT} - 1) \tag{3-9}$$

$I_R = 0$ 时，输出开路电压 U_{oc} 可用下式表示：

$$U_{oc} = \frac{KT}{q} \ln \left(\frac{I_L}{I_0} + 1 \right) \tag{3-10}$$

根据以上两式作图，就可得到太阳能光伏电池的两条电流-电压关系曲线。这组曲线简称为 I-U 曲线或伏-安曲线，如图 3-19 所示。图中，曲线 a 是二极管的暗伏-安特性曲线，即无光照时太阳能光伏电池的 I-U 曲线；曲线 b 是电池受光照后的 I-U 曲线，它可由无光照时的 I-U 曲线向第Ⅳ象限位移 I_{sc} 量得到。经过坐标变换，最后即可得到常用的光照太阳能光伏电池的 I-U 曲线图。

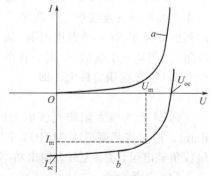

图 3-19　太阳能光伏电池的电流-电压关系曲线
a—未受光照；b—受光照

3.2.2 伏安特性参数

(1) 短路电流 I_{sc}

所谓短路电流 I_{sc}，就是将太阳能光伏电池置于标准光源的照射下，在输出端短路时，流过太阳能光伏电池两端的电流。由于 $R_L=0$，$U_R=0$，所以 $I_{sc}=I_R=I_L$，即短路电流 I_{sc} (short-circuit current) 等于光生电流 I_L，与入射光强成正比。

短路电流的大小可用内阻小于 1Ω 的电流表短接在太阳能光伏电池的两端直接测量。I_{sc} 的大小与太阳能光伏电池的面积大小有关，面积越大，I_{sc} 值越大。一般来说，$1cm^2$ 太阳能光伏电池的 I_{sc} 值约为 $16\sim30mA$。对同一块太阳能光伏电池而言，其 I_{sc} 值与入射光的辐照度成正比，且与环境温度有关。当环境温度升高时，I_{sc} 的值略有上升，一般温度每升高 $1℃$，I_{sc} 的值约上升 $78\mu A$。

(2) 开路电压 U_{oc}

当太阳能光伏电池两端处于开路状态时，将其置于 $1000W/m^2$ 的光源照射下，此时太阳能光伏电池的输出电压值叫作太阳能光伏电池的开路电压，用 U_{oc} (open circuit voltage) 表示。此时 $R_L\to\infty$，$I_R=0$，所以 $U_R=U_{oc}$。

开路电压 U_{oc} 的值可用高内阻的直流毫伏计测量。

在室温（25℃）下，$KT/q\approx0.026$，$I_L\gg I_0$，则

$$U_{oc}=0.026\ln(I_L/I_0) \tag{3-11}$$

由于 I_L 与入射光强成正比，因此开路电压 U_{oc} 也随入射光强增加而增大，即与入射光谱辐照强度的对数成正比。在 $1000W/m^2$ 的太阳光谱辐照度下，单晶硅太阳能光伏电池的开路电压大约为 $450\sim600mV$，最高可达 $690mV$。开路电压还与 I_0 的对数成反比，而 I_0 与电池基体材料的禁带宽度有关。禁带愈宽，I_0 愈小，则开路电压 U_{oc} 愈大。此外，U_{oc} 还随温度的升高而降低，一般温度每上升 $1℃$，U_{oc} 值约下降 $2\sim3mV$。

(3) 输出功率

对图 3-19 所示的太阳能光伏电池伏安特性曲线进行坐标变换，可以得到另一种表达形式的伏安特性曲线，如图 3-20 所示。

可以看出，曲线上任意一点都是太阳能光伏电池的工作点 (working point)，工作点和原点的连线都是负载线，当负载为阻性时，负载线为一直线，负载线斜率的倒数即等于 R_L，负载电阻 R_L 从电池获得的功率为 $P_R=U_RI_R$。可以调节负载电阻 R_L 到某一个数值 R_m 时，在曲线上得到一点 M，M 点对应的工作电流 I_m 和工作电压 U_m 之乘积为最大，即

$$P_m=U_mI_m \tag{3-12}$$

称 M 点为该太阳能光伏电池的最佳工作点或最大功率点（Maximum Power Point，通常将其简记为 MPP），I_m 为最佳工作电流，U_m 为最佳工作电压，R_m 为最佳负载电阻，P_m 为最大输出功率。

(4) 转换效率

太阳能光伏电池的转换效率是指在外部回路上连接最佳负载时的最大能量转换

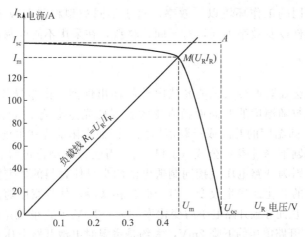

图 3-20 太阳能光伏电池伏安特性曲线

效率,即人们通常采用效率的最大值作为太阳能光伏电池的效率。它可以表示为

$$\eta=\frac{P_{\mathrm{m}}}{P_{\mathrm{in}}}\times100\%\qquad(3\text{-}13)$$

式中 P_{m}——太阳能光伏电池最大输出功率;

P_{in}——太阳能光伏电池输入功率。

要特别注意,如果太阳能光伏电池不是工作在最大功率点,则实际转换效率都是低于按此定义的效率值的,事实上实际效率可以任意地低,甚至低到零,这一概念在实际应用往往非常重要。此外,只有当所有的其他重要参数(如日照温度、入射光谱、环境温度等)都已确定时,太阳能光伏电池的效率才能被唯一地定义。

(5)填充因数

最大输出功率与 $(U_{\mathrm{oc}}I_{\mathrm{sc}})$ 之比称为填充因子(Filling Factor),用 FF 表示。对于开路电压 U_{oc} 和短路电流 I_{sc} 值一定的某特性曲线来说,填充因子越接近于 1,表明太阳能光伏电池的效率越高,伏安特性曲线弯曲越大,因此填充因子也称为曲线因子。它可表示为

$$\mathrm{FF}=\frac{P_{\mathrm{m}}}{U_{\mathrm{oc}}I_{\mathrm{sc}}}=\frac{U_{\mathrm{m}}I_{\mathrm{m}}}{U_{\mathrm{oc}}I_{\mathrm{sc}}}\qquad(3\text{-}14)$$

显然,FF 也可以看作是图 3-20 中两个虚框四边形($U_{\mathrm{m}}I_{\mathrm{m}}$ 及 $U_{\mathrm{oc}}I_{\mathrm{sc}}$)面积之比,它是用以衡量太阳能光伏电池输出特性好坏的重要指标之一。在一定的光强下,FF 愈大,曲线愈方,输出功率愈高。一般 FF 值在 0.75~0.8 之间,而电池转换效率也可表示为

$$\eta=\frac{\mathrm{FF}U_{\mathrm{oc}}I_{\mathrm{sc}}}{P_{\mathrm{in}}}\times100\%\qquad(3\text{-}15)$$

3.2.3 影响太阳能光伏电池输出特性的主要因素

(1)晶体结构对于太阳能光伏电池的影响

太阳能光伏电池在制造时,采用不同的材料和在制造中所采用的工艺流程不

同，使得其有不同的工作环境以及效率。对于不同类型材料制成的太阳能光伏电池，通常工作条件以及效率不同，对于同种材料，在采用不同的制造工艺时制出的产品也不同。

（2）温度

温度的变化会显著改变太阳能光伏电池的输出性能。由半导体基础理论可知，载流子的扩散系数随温度的升高而稍有增大，因此光生电流 I_L 也随温度的升高而有所增加，但 I_0 随温度的升高成指数倍增大，因而太阳能光伏电池的开路电压 U_{oc} 随温度的升高急剧下降［参见公式（3-11）］。用能带模型也可解释温度变化对开路电压的影响。因为开路电压直接同制造电池的半导体材料的禁带宽度有关，而禁带宽度会随温度的变化而发生改变。对于硅材料来说，禁带宽度随温度的变化率为 $-0.003eV/℃$，从而导致开路电压的变化率约为 $-2mV/℃$。也就是说，电池的工作温度每升高 1℃，开路电压约下降 2mV，大约是室温时电池开路电压 0.55V 的 0.4%。由以上分析可知，太阳能光伏电池组件的温度对其功率的输出影响较大，所以阵列要安装在通风的地方，以保持凉爽；不能在同一个支撑结构上安装过多的组件。

此外，当温度升高时，I-U 曲线形态也随之改变，填充因子下降，故光电转换效率随温度的升高而下降。图 3-21 所示为不同温度下太阳能光伏电池的伏安特性曲线组。

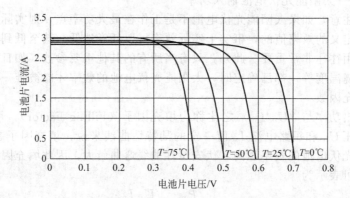

图 3-21　不同温度下太阳能光伏电池的 I-U 特性曲线组

（3）日照强度

对光电转换装置而言，太阳光强对太阳能光伏电池的性能的影响显而易见。图 3-22 所示为不同辐照强度下太阳能光伏电池的伏安特性曲线组。

太阳能光伏电池的短路电流 I_{sc} 强烈地随着日照强度 S 而改变，而开路电压 U_{oc} 仅是非常微弱地随着日照强度的变化而略有变化，这种关系可用图 3-23 所示曲线直观表示。

如果只进行较为粗略的量化分析，上述关系可以表示为

$$\begin{cases} I_{sc} \propto I_m \propto S \\ U_{oc} \propto U_m \propto \ln S \end{cases} \qquad (3\text{-}16)$$

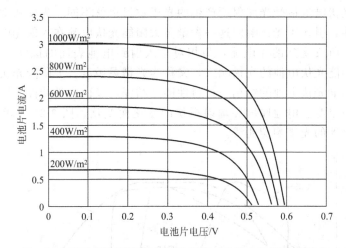

图 3-22 不同辐照强度下太阳能光伏电池的 I-U 特性曲线组

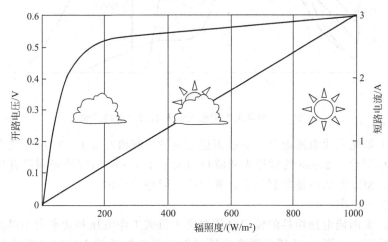

图 3-23 太阳光照强度对太阳能光伏电池 U_{oc} 和 I_{sc} 的影响

因此太阳能光伏电池的效率也可近似表示为

$$\eta = \eta_{MPP} \propto \frac{S \ln S}{S} \propto \ln S \qquad (3-17)$$

公式（3-17）表明太阳能光伏电池的效率仅是微弱地随着日照强度 S 的变化而变化，它们的关系近似于对数关系，由此表明太阳能光伏电池具有良好的"部分负荷特性"，也就是说，它在带有部分负荷时的效率不见得会比它带额定负荷时的效率低多少。实践证明也确实是这样，当日照强度不太低时，太阳能光伏电池的效率差不多是一个常数。不过这一结论有一个前提条件，即要求太阳能光伏电池的工作点始终保持在它的最大工作点上，这一点必须通过相应的控制手段予以保证。

（4）太阳能光伏电池的光谱响应

在太阳光谱中，不同波长的光具有不同的能量，所含的光子数目也不同。因此，太阳能光伏电池接受光照射所产生的光子数目也就不同。为反映太阳能光伏电池的这一特性，引入了光谱响应这一参量。太阳能光伏电池在入射光中每一种波长的光能作用下所收集到的光电流，与相对于入射到电池表面的该波长的光子数之比，叫作太阳能光伏电池的光谱响应，又称为光谱灵敏度。太阳能光伏电池的光谱响应，与太阳能光伏电池的结构、材料性能、结深、表面光学特性等因素有关，并且它还随环境温度、电池厚度和辐射损伤的变化而变化。图 3-24 所示为几种常用太阳能光伏电池的光谱响应曲线。

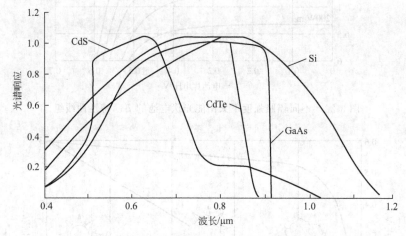

图 3-24　几种常用太阳能光伏电池的光谱响应曲线

对硅太阳能光伏电池而言，一般来说它响应的峰值在 $0.8 \sim 0.9 \mu m$ 范围内，而对于波长小于约 $0.35 \mu m$ 的紫外光和波长约大于 $1.15 \mu m$ 的红外光则没有反应，这主要是由太阳能光伏电池的制造工艺和材料电阻率决定的。

（5）负载电阻

通常，太阳能电池组件的输出电压取决于负载工作电压和功率大小以及蓄电池标称电压等因素。图 3-25 所示展现了纯阻性负载与组件的 I-U 特性曲线的匹配原理。如果负载阻抗 R_m 合适，则负载与组件的 I-U 特性处于最佳匹配，太阳能电池组件可以运行在最大功率点 P_m，此时组件工作效率最高；当负载阻抗增加到 R_H

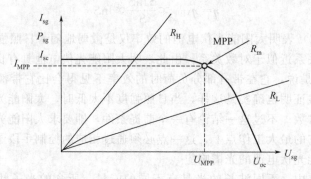

图 3-25　不同负载的工作点曲线

时，组件运行在高于最大功率点的电压水平，这时输出电压增加少许，但电流明显下降，使得组件的输出功率下降，运行效率降低。当负载阻抗减小到 R_L 时，组件运行在低于最大功率点的电压水平，这时虽然输出电流有所上升，但电压却下降了不少，同样使组件的输出功率减小，运行效率降低。

如果感性负载（例如电动机的启动）直接由太阳能电池阵列提供电能，则因负载工作点不断变化，负载与组件的匹配更为重要，通常选用"功率跟踪器"以达到此目的。

（6）阴影

太阳能光伏电池会由于阴影遮挡等造成不均匀照射。研究表明，对于非聚光系统的太阳能光伏电池，在非均匀照射情况下，辐照情况可用下述等效模型来表示：

$$S = \frac{A_u}{A_c} S_u + \frac{A_{sh}}{A_c} S_{sh} \tag{3-18}$$

这里 A_c 是太阳能电池的总面积；$A_u(A_{sh})$ 是未遮挡（遮挡）部分的面积；$S_u(S_{sh})$ 是未遮挡（遮挡）部分的辐照强度。

知道太阳能电池表面的辐照情况以后，可以按照不同辐照情况下的面积分别计算发电输出，但此计算比较复杂，这里不加论述。

3.2.4　影响太阳能光伏电池转换效率的因素

太阳能光伏电池的光电转换效率是衡量电池质量和技术水平的重要参数，它与电池的结构、P-N 结特性、材料性质、工作温度、放射性粒子辐射损伤和环境变化等因素有关，这些因素使得入射到太阳能光伏电池表面的光能仅有一小部分能有效地转换为电能。目前，各种太阳能光伏电池的转换效率普遍不高。计算表明，在大气质量为一定值的条件下测试，单晶硅太阳能光伏电池的理论转换效率可达 25.12%，但目前实际的常规单晶硅太阳能光伏电池的转换效率一般只有 $12\% \sim 15\%$，高效单晶硅太阳能光伏电池的转换效率可达 $18\% \sim 20\%$。

（1）基体材料

制造太阳能光伏电池的材料不同，其禁带宽度 E_g 也就不同，而禁带宽度 E_g 对太阳能光伏电池的效率有直接影响。

首先，禁带宽度直接影响最大光生电流即短路电流的大小。由于太阳光中光子能量有大有小，只有那些能量比禁带宽度大的光子才能在半导体中激发产生光生电子-空穴对，从而形成光生电流。所以，材料禁带宽度小，大于禁带宽度能量的光子数量就多，激发的光生电流就大，否则获得的光生电流就小。但禁带宽度太小也不合适，因为能量大于禁带宽度的光子在激发电子-空穴对后，其剩余的能量将转变为热能，从而降低了光子能量的利用率。

其次禁带宽度又直接影响了开路电压的大小。开路电压的大小和 P-N 结反向饱和电流的大小成正比。禁带宽度越大，反向饱和电流越小，开路电压越高。

不同材料的光照实验表明，在太阳光照下，短路电流随材料 E_g 的增加而减少，开路电压随 E_g 的增加而增加，在 $E_g = 1.4\mathrm{eV}$ 附近出现效率的最大值，因此用 E_g

值介于 1.2～1.6eV 的材料做成太阳能光伏电池可望达到最高效率，这表明禁带宽度在这一范围附近的碲化镉、砷化镓、磷化钼和碲化铝等可能是比硅更为优越的光电材料。目前砷化镓太阳能光伏电池的效率已做到了 24%。

（2）电池温度

太阳能光伏电池具有负低温度系数，也就是说太阳能光伏电池的转换效率随着温度的上升而下降。I_{sc} 对温度 T 也很敏感，温度还对 U_{oc} 起主要作用。对于 Si，温度每上升 1℃，U_{oc} 下降室温值的 0.4%，转换效率 η 也因而降低约同样的百分数。例如，一个硅电池在 20℃ 时的效率为 20%，当温度上升到 120℃ 时，效率仅为 12%。又如 GaAs 电池，温度每升高 1℃，U_{oc} 降低 1.7mV（0.2%）。由此可见，电池温度变化对效率的影响非常明显。所以如果要标定某一太阳能光伏电池的转换效率，也必须同时给出其相应的温度。

（3）制造工艺

对太阳能光伏电池而言，辐照激发光生载流子的复合周期越长，短路电流 I_{sc} 会越大。实现较长复合周期的关键是在材料制备和电池的生产过程中，要避免形成光生载流子的复合中心。实验表明，在生产过程中适当地进行相关的工艺处理，可以有效提高少子寿命，减少复合中心的形成，降低 P-N 结的正向电流（暗电流），进而提高电池的效率。此外，适当提高顶区半导体的掺杂浓度对提高电池的效率也有帮助。目前在硅太阳能光伏电池中，掺杂浓度大约为 $10^{16} \, cm^{-3}$；在直接带隙材料制作的太阳能光伏电池中约为 $10^{17} \, cm^{-3}$，为了减小串联电阻，前扩散区掺杂浓度经常高于 $10^{19} \, cm^{-3}$，因此重掺杂效应在扩散区是较为重要的。

（4）辐照光强

辐照光强对电池效率的影响是显而易见的。设想光强增加 X 倍，则单位光伏电池面积的输入功率和光生电流密度都将增加 X 倍，同时 U_{oc} 也随之增加（KT/q）$\ln X$ 倍，因而输出功率的增加将大大超过 X 倍。所以实际的太阳能光伏电池光伏阵列往往需采用太阳跟踪系统或聚光装置，以期通过增加辐照光强来提高转换效率。

（5）串联电阻

在任何一个实际的太阳能光伏电池中都存在着串联电阻，其来源可以是引线、金属接触栅或电池体电阻。不过，在通常情况下，串联电阻主要来自薄扩散层。P-N 结收集的电流必须经过表面薄层再流入最靠近的金属导线，这就是一条存在电阻的路线，显然通过金属线的密布可以使串联电阻减小。

太阳能光伏电池的串联电阻 R_S 是表征内部耗电损失大小的一个重要参数，它的存在降低了短路电流和填充因子值。光电流在串联电阻上的电压降使器件两端产生正向偏压，这种正偏压引起相当大的暗电流，从而抵消一部分光电流，因此 R_S 的微小变化都可能对电池的转换效率产生极大影响。这种变化往往是由于制造工艺的差异引起的，但暴露的工作环境，例如重离子辐射损害、温度变化以及湿气影响等，也可能使 R_S 发生变化。图 3-26 所示为太阳能光伏电池的 R_S 对其输出功率的影响示意图。设计时应努力减小 R_S，否则太阳能光伏电池的转换效率就很难得到提高。

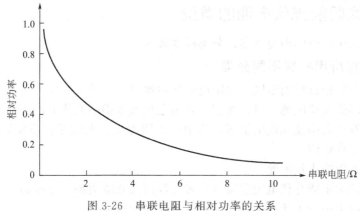

图 3-26　串联电阻与相对功率的关系

（6）并联电阻

太阳能光伏电池的并联电阻 R_{sh} 表征的是电池结构的漏电效应，其值通常很大，例如对 $1 \times 2cm^2$ 到 $2 \times 6cm^2$ 的太阳能光伏电池来说，其并联电阻通常在 $10^3 \sim 10^5 \Omega$ 之间，因此它对电池正常工作的影响可以忽略不计。理想的 R_{sh} 阻值应尽可能地大，但往往有许多原因导致并联电阻 R_{sh} 值降低，并联电阻的减小会降低填充因数和开路电压值，对短路电流也有影响。实验表明，每 $1cm^2$ 的器件表面上的并联电阻（如边缘漏电阻和接触烧结等）往往会使输出功率减小 $1 \sim 1.5mW$。由于输出电压与太阳能光伏电池的面积无关，所以一定的并联电阻对大面积器件的影响较小，对小面积器件的影响反而较大。一般来说，器件经过钝化精细处理后就不会显著地产生并联电阻的问题。

（7）金属栅线和减反射膜

由于起光生电流导出作用的金属栅线不能透过阳光，为了使 I_{sc} 最大，电池表面金属栅线占有的面积应最小。为了使 R_S 减小，一般是将金属栅线做成又密又细的形状。同时为了减少入射太阳光的反射率（裸硅表面的反射率约为 40%），在电池表面上一般还蒸镀有一层减反射膜，它能使电池对有效入射光的吸收率达到 90% 以上。

3.3　太阳能光伏电池的类型与制造工艺

不论以何种材料制造的太阳能光伏电池，其材料选用一般都应考虑以下几条原则：一是材料要易于获得，生产成本低；二是要有较高的光电转换效率；三是材料性能稳定，本身对环境不造成污染；四是材料要便于工业化生产。基于上述原则综合考虑，硅是目前最理想的太阳能光伏电池材料，这也是太阳能光伏电池以硅材料为主的最主要原因。但随着新材料的不断开发和科学技术的不断进步，以其他材料为基础的太阳能光伏电池（如有机薄太阳能电池、化合物太阳能电池等）愈来愈显示出诱人的发展前景。

3.3.1 太阳能光伏电池的类型

太阳能光伏电池的种类繁多，分类标准各异。

3.3.1.1 按所用材料不同分类

根据制造所用材料的不同，太阳能光伏电池可分为硅太阳能光伏电池、多元化合物薄膜太阳能光伏电池、聚合物多层修饰电极型太阳能光伏电池、纳米晶太阳能光伏电池、有机太阳能光伏电池等，其中硅太阳能光伏电池是目前发展最成熟的，在应用中居主导地位。

（1）硅太阳能光伏电池

目前，硅太阳能光伏电池主要有三种已经商品化的类型，即单晶硅太阳能光伏电池、多晶硅太阳能光伏电池和非晶硅太阳能光伏电池。

单晶硅太阳能光伏电池转换效率最高，技术也最为成熟，规模生产时的效率可达15％左右。在大规模工业应用中占据主导地位。由于单晶硅太阳能光伏电池所使用的单晶硅材料与半导体工业所使用的材料具有相同的品质，所以材料成本较昂贵，且短期内很难有较大幅度的降低。为了节省硅材料，近年来发展了多晶硅和非晶硅太阳能光伏电池作为单晶硅太阳能光伏电池的替代产品。

制作多晶硅太阳能光伏电池的材料，用纯度不太高的太阳级硅即可。而太阳级硅由冶金级硅用简单的工艺即可加工制成。多晶硅材料又有带状硅、铸造硅、薄膜多晶硅等多种。用它们制造出的太阳能光伏电池有薄膜和片状两种，与单晶硅太阳能光伏电池相比较，成本较为低廉。多晶硅太阳能光伏电池晶体方向的无规则性，意味着正、负电荷对并不能全部被 P-N 结电场所分离，因此光生载流子对在晶体与晶体之间的边界上可能因晶体的不规则性而损失，所以多晶硅太阳能光伏电池的效率一般要比单晶硅太阳能光伏电池稍低。其实验室最高转换效率为18％，工业规模生产的转换效率为10％左右。

非晶硅太阳能光伏电池是一种以非晶硅化合物为基本组成的薄膜太阳能电池，造价比较低，便于大规模生产，有极大的应用潜力。但目前受其材料引发的光电效率衰退效应，稳定性不高，光电转换效率还比较低，直接影响了它的实际应用范围，多用于弱光性电源，如手表、计算器等的电池。如果其稳定性及转换率问题得到有效解决，非晶硅太阳能电池将会成为太阳能光伏电池的主打产品。

（2）多元化合物薄膜太阳能光伏电池

多元化合物薄膜太阳能光伏电池主要包括砷化镓 III-V 族化合物、硫化镉、碲化镉及铜铟硒薄膜电池等类型。

砷化镓（GaAs）III-V 化合物电池的转换效率可达28％，GaAs 化合物材料具有十分理想的光学特性以及较高的吸收效率，抗辐照能力强，对热不敏感，适合于制造高效单结太阳能光伏电池。但是 GaAs 材料的价格昂贵，在很大程度上限制了 GaAs 光伏电池的普及。

硫化镉、碲化镉多晶薄膜电池的效率较非晶硅薄膜太阳能光伏电池效率高，成本较单晶硅电池低，易于大规模生产。但由于镉有剧毒，会对环境造成严重污染，因此，并不是晶体硅太阳能光伏电池最理想的替代产品。

铜铟硒薄膜电池（简称 CIS）适合光电转换，不存在光致衰退问题，转换效率与多晶硅一样，具有价格低廉、性能良好和工艺简单等优点，将成为今后发展太阳能光伏电池的一个重要方向。但由于铟和硒都是比较稀有的元素，因此，制约这类电池发展的主要瓶颈是材料的来源问题。

（3）聚合物多层修饰电极型太阳能光伏电池

以有机聚合物代替无机材料是刚刚兴起的一个太阳能光伏电池制造的研究方向。由于有机材料具有柔性好、制作容易、材料来源广泛、成本低等优势，从而对太阳能的大规模利用具有重要的实际意义。但以有机材料制备太阳能光伏电池的研究仅仅刚开始，不论是使用寿命，还是电池效率都不能与无机材料电池特别是硅电池相比，能否发展成为具有实用意义的产品，还有待于进一步的研究与探索。

（4）纳米晶体太阳能光伏电池

纳米 TiO_2 晶体化学能太阳能光伏电池的优点在于成本低廉、工艺简单、性能稳定，其光电效率稳定在 10% 以上，制作成本仅为硅太阳能光伏电池的 $1/5 \sim 1/10$，寿命可达 20 年以上。但由于此类电池的研究和开发刚刚起步，估计不久的将来会逐步走向市场。

（5）有机太阳能光伏电池

有机太阳能光伏电池，顾名思义，就是由有机材料构成核心部分的太阳能光伏电池，这种新型太阳能光伏电池所占市场份额还非常小。目前，在批量生产的光伏电池里，95% 以上是硅基的，而剩下的不到 5% 也是由其他无机材料制成的。

表 3-1 给出了主要太阳能光伏电池成本和性能比较。目前，晶硅电池是光伏电池的主流产品，市场占有率为 80% 左右，但其市场占有率会逐渐缓慢降低。薄膜

表 3-1　主要太阳能光伏电池成本和性能比较

电池类型	材料	材料与成本	光电转换效率	材料的清洁性	稳定性
硅系太阳能光伏电池	单晶硅	工艺繁琐，成本高	效率最高 技术成熟	清洁	很高
	多晶硅	生产成本较高，工艺较单晶硅简单	效率较高	清洁	高
	多晶硅薄膜	材料成本低，工艺复杂且尚未成熟	效率较高	清洁	较高
	非晶硅薄膜	材料成本低，工艺较复杂且尚未成熟	效率一般	清洁	不高
多元化合物薄膜太阳能光伏电池	砷化镓	材料成本低，工艺复杂	效率较高	原材料砷有剧毒	高
	硫化镉 碲化镉	成本较低，易于规模化生产	效率较高	原材料镉有剧毒	较高
	铜铟硒	原材料来源有限	效率最高	污染性低	较高
纳米晶体太阳能光伏电池		材料成本低，工艺复杂且尚未成熟	效率一般	清洁	一般
聚合物多层修饰电极型太阳能光伏电池		材料成本低，工艺复杂	效率较低	清洁	寿命短

电池是当前技术开发的重点，2009 年，全球范围内的市场占有率已经达到 19%，且发展势头迅猛。

紧紧围绕降低光伏发电成本的各种研究工作一直在发达国家紧张地进行，其中以晶体硅材料为基础的高效电池和各种薄膜电池为基础研究工作的热点课题。高效单晶硅电池效率已达 24.7%，高效多晶硅电池效率达到 20.3%。目前，世界上至少有 40 个国家正在开展对下一代低成本、高效率的薄膜太阳能光伏电池实用化的研究开发。

2012 年 9 月，德国 Manz 集团表示其量产的 CIGS（铜铟镓硒）太阳板已经达到了 14.6% 的转换效率，并且孔径效率也达到了 15.9%；2013 年 10 月，德国巴登-符腾堡邦太阳能暨氢能研究中心（ZSW）宣布已制造出一款刷新世界纪录的 CIGS 薄膜太阳能电池片，其转换效率达到 20.8%。在所有薄膜技术中，铜铟镓硒是进一步提高效率和降低成本最具潜力的技术，正是因为其性能优异，被国际上称为下一代的廉价太阳能电池，无论是在地面阳光发电还是在空间微小卫星动力电源的应用上具有广阔的市场前景。

近年来，业界对以薄膜取代硅晶制造太阳能光伏电池在技术上已有足够的把握。日本产业技术综合研究所早在 2007 年 2 月就已经研制出目前世界上太阳能转换率最高的有机薄膜太阳能光伏电池，其转换率已达到现有有机薄膜太阳能光伏电池的 4 倍。此前的有机薄膜太阳能光伏电池是把两层有机半导体的薄膜接合在一起，新型有机薄膜太阳能光伏电池则在原有的两层构造中间加入一种混合薄膜，变成三层构造，这样就增加了产生电能的分子之间的接触面积，从而大大提高了太阳能的转换效率。有机薄膜太阳能光伏电池使用塑料等质轻柔软的材料为基板，因此人们对其实用化的期待很高。研究人员表示，通过进一步研究，有望开发出转换率达 20%、可投入实际使用的有机薄膜太阳能光伏电池。专家认为，未来 5 年内薄膜太阳能光伏电池将大幅降低成本。

3.3.1.2　按结构不同分类

按照结构特点不同来对太阳能光伏电池进行分类，其物理意义比较明确，因而已被国家采用作为太阳能光伏电池命名方法的依据之一。

（1）同质结太阳能光伏电池

由同一种半导体材料所形成的 P-N 结或梯度结称为同质结，用同质结构成的太阳能光伏电池称为同质结电池，如硅太阳能光伏电池、砷化镓太阳能光伏电池等。

（2）异质结太阳能光伏电池

由两种禁带宽度不同的半导体材料在相接的界面上形成的 P-N 结称为异质结，用异质结构成的太阳能光伏电池称为异质结电池，如氧化锡/硅太阳能光伏电池、硫化亚铜/硫化镉太阳能光伏电池等。如果两种异质材料的晶格结构相近，界面处的晶格匹配较好，则称其为异质面太阳能光伏电池，如砷化铝镓/砷化镓异质面太阳能光伏电池等。

（3）肖特基结太阳能光伏电池

利用金属-半导体界面的肖特基势垒而构成的太阳能电池，称为肖特基结太阳能光伏电池，也称为 MS 太阳能电池，如铂/硅肖特基太阳能电池、铝/硅肖特基太阳能电池等。其原理是基于金属-半导体接触时，在一定条件下可产生整流接触的肖特基效应。目前已发展成为金属-氧化物-半导体（MOS, metal-oxide-semiconductor）结构制成的太阳能电池和金属-绝缘体-半导体（MIS, metal-insulator-semiconductor）结构制成的太阳能电池。这些又总称为导体-绝缘体-半导体（CIS, conductor-insulator-semiconductor）太阳能电池。

（4）复合结太阳能光伏电池

由多个 P-N 结形成的太阳能光伏电池称为复合结太阳能光伏电池，又称多结太阳能光伏电池，有垂直复合结太阳能光伏电池、水平复合结太阳能光伏电池等。

（5）液结太阳能光伏电池

由浸入电解质中的半导体为核心构成的太阳能光伏电池称为液结太阳能光伏电池。电解液中只含有一种氧化还原物质，电池反应为正负极间进行的氧化还原可逆反应。光照后，半导体电极和溶液间存在的界面势垒（液体结）分离出光生电子和空穴对，并向外界提供电能。由于上述工作原理，液结太阳能光伏电池也称光化学电池。

3.3.1.3 按用途分

按照应用场合的不同，太阳能光伏电池还可以分为空间太阳能光伏电池、地面太阳能光伏电池和光伏传感器等类型。

3.3.2 太阳能光伏电池的制造工艺

太阳能光伏电池的种类很多，目前应用最多的是单晶硅和多晶硅太阳能光伏电池，这两种电池技术成熟、性能稳定可靠、转换效率较高，现已产业化大规模生产。这里以单晶硅太阳能光伏电池的生产过程为例，介绍太阳能光伏电池制造的一般方法。

（1）硅片选择

硅片是制造单晶硅太阳能光伏电池的基本材料，它由纯度很高的硅单晶棒切割而成。选择硅片时，要考虑硅材料的导电类型、电阻率、晶向和寿命等。硅片通常加工成方形、长方形、圆形或半圆形，厚度约为 0.25～0.40mm。

（2）表面准备

切好的硅片，表面脏且不平。因此，在制造太阳能光伏电池之前，必须要对切好的硅片先进行清洁和平整化处理的表面准备。表面准备的基本步骤：首先用热浓硫酸做初步化学清洗，再在酸性或碱性腐蚀液中腐蚀硅片，每面大约蚀去 30～50μm 的厚度，最后用王水或其他清洗液进行化学清洗。在化学清洗和腐蚀后，要用高纯度的去离子水冲洗硅片，确保硅片表面清洁无杂质。

（3）扩散制结

P-N 结是硅太阳能光伏电池的核心部分。没有 P-N 结，便不能产生光电流，也就不成其为太阳能光伏电池了。因此 P-N 结的制造是太阳能光伏电池制备过程中最重要的工序，目前，制作 P-N 结的方法有热扩散、离子注入、外延、激光及高频电注入法等，在工业生产中通常采用热扩散法制结。

以 P 型硅片扩散施主杂质磷为例，主要制结步骤为：一是扩散源的配制，将特纯的五氧化二磷溶于适量的乙醇或去离子水中，摇匀，再稀释即成；二是涂源，从去离子水中取出经表面准备的硅片，在红外灯下烘干后滴源，使扩散源均匀地分散在硅片上，再用红外灯稍微烘干一下，然后即可把硅片放入石英舟内；三是扩散，将扩散炉预先升温到扩散温度，大约在 $900\sim1100℃$ 的温度下，通氮气数分钟。然后把装有硅片的石英舟推入炉内的石英管中，在炉门口预热数分钟，再推入恒温区，经十余分钟的扩散，将石英舟拉至炉口，缓慢冷却数分钟，取出硅片，制结工序即告完成。

（4）除去背结

去除背结常用下面三种方法：化学腐蚀法、磨片法和蒸铝或丝网印刷铝浆烧结法。

① 化学腐蚀法　化学腐蚀是一种较早使用的方法，该方法可同时除去背结和周边的扩散层。腐蚀后背面平整光亮，适合于制作真空蒸镀的电极。前结的掩蔽一般用涂黑胶的方法，黑胶是用真空封蜡或质量较好的沥青溶于甲苯、二甲苯或其他溶剂制成。硅片腐蚀去背结后用溶剂溶去真空封蜡，再经过浓硫酸或清洗液煮清洗。

② 磨片法　磨片法是用金刚砂将背结磨去，也可用压缩空气携带砂粒喷射到硅片背面除去。磨片后背面形成一个粗糙的硅表面，因此适用于化学镀镍制造的背电极。

③ 蒸铝或丝网印刷铝浆烧结法　前两种去除背结的方法对于 N^+/P 和 P^+/N 型电池都适用，蒸铝或丝网印刷铝浆烧结法仅适用于 N^+/P 型太阳电池制作工艺。

蒸铝或丝网印刷铝浆烧结法是在扩散硅片背面真空蒸镀或丝网印刷一层铝，加热或烧结到铝-硅共熔点（577℃）以上烧结合金（如图 3-27 所示）。经过合金化以后，随着降温，液相中的硅将重新凝固出来，形成含有一定量的铝的再结晶层。实际上是一个对硅掺杂的过程。它补偿了背面 N^+ 层中的施主杂质，得到以铝掺杂的 P 型层，由硅-铝二元相图可知（如图 3-28 所示），随着合金温度的上升，液相中铝的比率增加。在足够的铝量和合金温度下，背面甚至能形成与前结方向相同的电场，称为背面场。目前该工艺已被用于大批量的生产工艺，从而提高了电池的开路电压和短路电流，并减小了电极的接触电阻。

背结能否烧穿与下列因素有关：基体材料的电阻率、背面扩散层的掺杂浓度和厚度、背面蒸镀或印刷铝层的厚度、烧结的温度、时间和气氛等因素。

（5）电极制作

为使电池转换所获得的电能能够输出，必须在电池上制作正、负两个电极。电池光照面上的电极为上电极，电池背面的电极称作下电极。上电极通常制成栅线状，这有利于对光生电流的搜集，并能使电池有较大的受光面积。下电极布满电池的背面，以减小电池的串联电阻。制作电极时，把硅片置于真空镀膜机的钟罩内，真空度抽到足够高时，便凝结成一层铝薄膜，其厚度可控制在 $30\sim100\mu m$。然后再在铝薄膜上蒸镀一层银，其厚度约 $2\sim5\mu m$。为便于电池的组合装配，电极上还需钎焊一层锡-铝-银合金焊料。此外，为了得到栅线状的上电极，在蒸镀铝和银时，硅表面需放置一定形状的金属掩模。上电极栅线密度一般为每平方厘米 4 条，多的可达每平方厘米 $10\sim19$ 条，最多的可达每平方厘米 60 条。

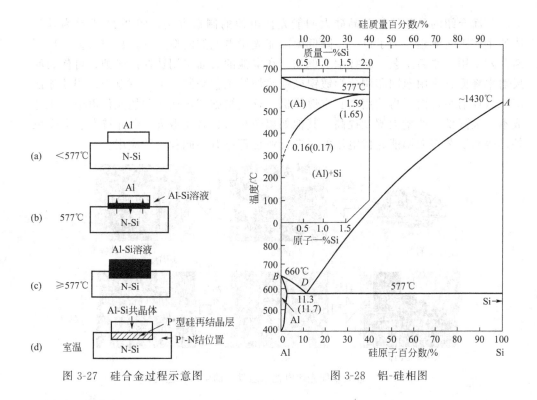

图 3-27　硅合金过程示意图　　　　　图 3-28　铝-硅相图

（6）腐蚀周边

扩散过程中，在硅片的四周表面也有扩散层形成，通常它在腐蚀背结时即已去除，所以这道工序可以省略。若钎焊时电池的周边沾有金属，则仍需通过腐蚀以除去金属杂质。这道工序对电池的性能影响很大，因为任何微小的局部短路，都会使电池性能变坏，甚至使之成为废品。腐蚀周边的方法比较简单，只要把碎片的两面涂上黑胶或用其他方法掩蔽好，再放入腐蚀液中腐蚀 0.5～1min 即可。

（7）蒸镀减反射膜

为了减少硅表面对光的反射，还要用真空镀膜法在硅片表面蒸镀一层减反射膜，其中蒸镀二氧化硅膜的工艺是成熟的，而且方法简便，为目前工业生产中所常用。

（8）检验测试

经过上述工序制得的电池，在作为成品电池入库前，均需测试，以检验其质量是否合格。在生产中主要测试的是电池的伏-安特性曲线，从这一曲线可以得知电池的短路电流、开路电压、最大输出功率以及串联电阻等参数。

（9）组件封装

一个电池所能提供的电流和电压毕竟有限，在实际使用中，需要将很多电池（通常是 36 或 72 个）并联或串联起来，并密封在透明的外壳中，组装成太阳能光伏电池组件。这种密封成的组件，可防止大气侵蚀，延长电池的使用寿命。把组件再进行串联、并联，便组成了具有一定输出功率的太阳能光伏电池阵列。

上面介绍的是传统的单晶硅太阳能光伏电池的制造方法，图 3-29 所示为其具体的生产工艺流程。为了进一步降低太阳能光伏电池的制造成本，目前很多工厂不断开发采用一些新工艺、新技术。例如，在电池的表面采用选择件腐蚀，可使表面反射率降低；采用丝网印刷化学镀镍或银浆烧结工艺来制备上、下电极；用喷涂法沉积减反射膜，而不再使用高真空镀膜机。这些措施都可使太阳能光伏电池的工艺成本大大降低，产量大幅度提高。其他如离子注入、激光退火、激光掺杂、分子束外延等新工艺在太阳能光伏电池的制造行业也都已有不同程度的应用。

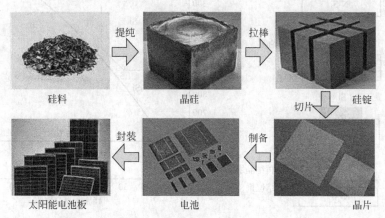

图 3-29 硅太阳能光伏电池（组件）的生产工艺流程

3.4 太阳能光伏电池组件与阵列

太阳能光伏电池单体是光电转换的最小组成单元，其尺寸一般为 $2cm \times 2cm$ 到 $15cm \times 15cm$ 不等。太阳能光伏电池单体的工作电压约为 $0.45 \sim 0.5V$，工作电流约为 $20 \sim 25mA/cm^2$，远低于实际应用所需要的电压和功率，一般不能单独作为电源使用。为了满足实际应用的需要，通常将若干个单体电池进行适当的串并联连接并经过封装后，组成一个可以单独对外供电的最小单元，这就是太阳能光伏电池组件（Solar Module 或 PV Module，也称光伏组件），其功率一般为几瓦至几十瓦、百余瓦。当应用领域需要较高的电压和功率需求，而单个组件不能满足需要时，可把多个太阳能光伏电池组件再经过串并联并装在支架上，就构成了太阳能光伏电池方阵（阵列），如图 3-30 所示。

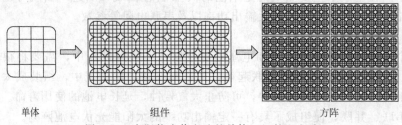

图 3-30 太阳能光伏电池的单体、组件和方阵

3.4.1　太阳能光伏电池组件

（1）组件的结构

单体电池连接后即可进行封装。近年来，国内外太阳能光伏电池组件大多采用新型结构封装：正面采用高透光率的钢化玻璃，背面是一层聚乙烯氟化物膜，电池两边用 EVA（乙烯-醋酸乙烯共聚物，ethylene-vinyl acetate copolymer）或 PVB（聚乙烯醇缩丁醛，polyvinyl butyral）胶热压封装，四周是轻质铝型材边框，有接线盒引出电极。如图 3-31 所示。

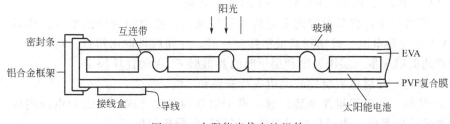

图 3-31　太阳能光伏电池组件

组件封装后，由于盖板玻璃、密封胶对透光的影响及各单体电池间性能适配等原因，组件效率一般要比电池效率低 5%～10%。但也有些由于玻璃、胶的厚度及折射率等匹配较好，封装后反而能使效率提高的。

太阳能光伏电池组件常年在室外暴晒，经受风吹雨淋，工作条件十分严酷。为了保证使用的可靠性，工厂生产的太阳能光伏电池组件在正式投产之前都要经过一系列的性能及环境试验，如湿度循环、热冲击、高温高湿老化、盐水喷雾、低温老化、室外暴晒、冲击、振动等试验。如应用在特殊场所，还要经受一些专门试验。

太阳能光伏电池通用组件一般都已经考虑了蓄电池所需要的充电电压、阻塞二极管和线路压降，以及温度变化等因素而进行了专门的设计。一个组件上太阳能光伏电池的标准数量是 36 个（10cm×10cm），这意味着一个太阳能光伏电池组件大约能产生 16V 的电压，正好能为一个额定电压为 12V 的蓄电池进行有效充电。封装好的太阳能光伏电池组件具有一定的防腐、防风、防雹、防雨等能力，广泛应用于各个领域和系统。

（2）组件的生产

组件生产线又叫封装线，封装是太阳能光伏电池生产中的关键步骤，没有良好的封装工艺，就谈不上好组件板。电池的封装不仅可使电池的寿命得到保证，而且还增强了电池的抗击强度。太阳能光伏电池组件生产工艺流程如图 3-32 所示。

图 3-32　太阳能光伏电池组件生产工艺流程

① 电池检测：通过测试电池的输出参数对其进行分类筛选，将性能一致或相近的电池组合在一起，以提高电池的利用率，做出质量合格的电池组件。

② 正面焊接：将汇流带焊接到电池正面（负极）的主栅线上，多出的焊带在背面焊接时与后面的电池片的背面电极相连。

③ 背面串接：背面串接是将单体电池串接在一起形成一个组件串，并在组件串的正负极焊接出引线。通常有串接模板，不同规格的组件使用不同的模板。

④ 层压敷设：背面串接好且经过检验合格后，将组件串、玻璃和切割好的EVA、玻璃纤维、背板按照一定的层次敷设好，准备层压。敷设层次由上向下分别为玻璃、EVA、电池、EVA、玻璃纤维、背板。

⑤ 组件层压：将敷设好的电池放入层压机内，抽空组件内的空气，然后加热使EVA熔化将电池、玻璃和背板粘接在一起，冷却后再取出组件。层压工艺是组件生产的关键一步，层压温度和层压时间要根据EVA的性质决定。

⑥ 修边：对层压后组件的毛边进行修整和清洗。

⑦ 装框：给玻璃组件加装铝框，增加组件的强度，进一步密封电池组件，延长电池的使用寿命。边框和玻璃组件的缝隙用硅酮树脂填充。

⑧ 高压测试：在组件边框和电极引线间施加一定的电压，测试组件的耐压性和绝缘强度，以保证组件在恶劣的自然条件（雷击等）下不被损坏。方法是：将组件引出线短路后接到高压测试仪的正极，将组件暴露的金属部分接到高压测试仪的负极，以不大于500V/s的速率加压，直到1000V，维持1min，如果开路电压小于50V，则所加电压为500V。

⑨ 组件测试：对太阳能光伏电池的输出功率进行标定，测试其输出特性，确定组件的质量等级。国际IEC标准测试条件为：AM1.5，$100MW/m^2$，25℃。要求检测并列出以下电池参数：开路电压、短路电流、工作电压、工作电流、最大输出功率、填充因子、光电转换效率、串联电阻、并联电阻及 I-U 曲线等。

⑩ 检验包装：给已测试好的电池组件安装接线盒，以便电气连接。按测试分档结果分贴标牌后的光伏组件即可包装入库，准备出售。

图3-33所示为不同类型和型号的晶体硅太阳能电池组件。

图3-33　不同类型和型号的晶体硅太阳能电池组件

（3）组件的特性

光伏组件的工作特性可以用工作曲线来表达，比如电流-电压曲线等。光伏组件的工作特性曲线必须要在IEC60904所规定的表征测试条件下进行测试，包括：电池温度为25℃，太阳辐射强度为$100mW/cm^2$，光谱分布为大气质量1.5时情况下的光谱分布等。表3-2为某型单晶硅光伏组件DC01-175的技术参数，其不同辐照度和不同温度下的I-U特性曲线分别如图3-34、图3-35所示。

表3-2　某型单晶硅光伏组件DC01-175技术参数

参数名称	单位	参数值
产品尺寸	mm×mm×mm	1581×809×40
质量	kg	15.6
电池片转换效率	%	16.4
组件转换效率	%	13.7
最大输出功率 P_m	W	175
功率误差	%	±3
最佳工作电压 U_m	V	36.2
最佳工作电流 I_m	A	4.85
开路电压 U_{oc}	V	43.9
短路电流 I_{sc}	A	5.30
电池片数量种类和排列方式	片	72片单晶硅电池片（6×12）
电池片尺寸	mm×mm	125×125
旁路二极管数量	个	3
最大串联保险丝	A	9
最大输出功率温度系数	%/℃	−0.45
短路电流温度系数	%/℃	0.05
开路电压温度系数	%/℃	−0.35
额定电池工作温度	℃	47±2

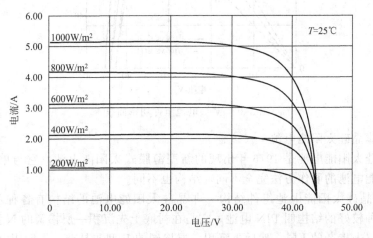

图3-34　某型单晶硅光伏组件DC01-175不同辐照度下的I-U曲线

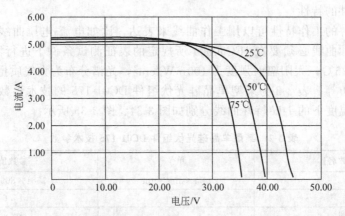

图 3-35 某型单晶硅光伏组件 DC01-175 不同温度下的 *I-U* 曲线

有些生产厂家在提供电池组件相关参数的同时也会提供组件的功率曲线以及组件的温度效应曲线，如图 3-36 所示为某型光伏组件的功率特性曲线。

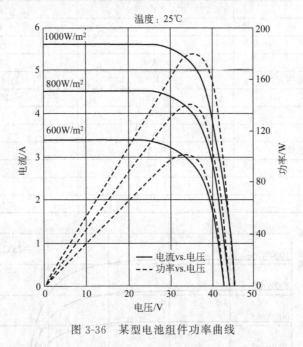

图 3-36 某型电池组件功率曲线

（4）非晶硅太阳能电池

非晶硅太阳能电池是 1976 年出现的新型薄膜式太阳能电池，它与单晶硅和多晶硅太阳能电池的制作方法完全不同，结构也不同。

① 非晶硅太阳能电池组件结构 非晶硅太阳能电池的结构有各种不同形式，其中有一种较好的结构叫 PIN 电池，它是在衬底上先沉积一层掺磷的 N 型非晶硅，再沉积一层未掺杂的 I 层，然后再沉积一层掺硼的 P 型非晶硅，最后用电子束蒸发一层减反射膜，并蒸镀银电极。此种制作工艺可以采用一连串沉积室，在生产中构

成连续程序，以实现大批量生产。同时，非晶
硅太阳能电池很薄，可以制成叠层式或采用集
成电路的方法制造，在一个平面上用适当的掩
模工艺一次制作多个串联电池，以获得较高的
电压。

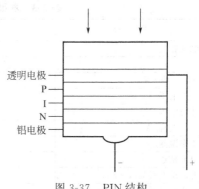

图 3-37 PIN 结构

非晶硅光电池一般采用高频辉光放电方法
使硅烷气体分解沉积而成。由于外解沉积温度
低，可在玻璃、不锈钢板、陶瓷板、柔性塑料
片上沉积约 1μm 厚的薄膜，易于大面积化，
成本较低，多采用 PIN 结构，如图 3-37 所示。
非晶硅太阳能电池子电池连接示意图如图 3-38
所示。图 3-39 所示为非晶硅太阳能电池组件的实物照片。为提高效率和改善稳定
性，有时还制成三层 PIN 等多层叠层式结构或是插入一些过渡层。

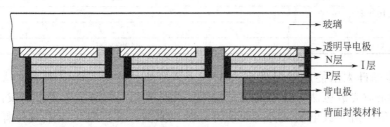

图 3-38 非晶硅太阳能电池子电池连接示意图

图 3-39 非晶硅太阳能电池组件

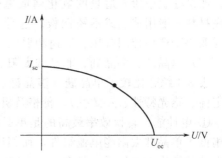

图 3-40 非晶硅太阳能电池的 $I\text{-}U$ 曲线

② 非晶硅太阳能电池组件的电气性能   目前，子电池的开路电压 U_{oc} 约为
$0.7 \sim 0.8\text{V}$，工作电压 U_m 约为 $0.45 \sim 0.6\text{V}$。非晶硅太阳能电池的 $I\text{-}U$ 曲线如图
3-40所示。显然，与晶体硅太阳能电池相比，非晶硅太阳能电池的 $I\text{-}U$ 曲线"软"
得多，即工作电流随着工作电压的升高有比较快的下降。而对于晶体硅太阳能电
池，在低于最大工作电压前，工作电流随工作电压的变化很小，在大于最大工作电
压后工作电流随工作电压升高迅速减小。

表 3-3 显示的是典型的非晶硅太阳能电池组件参数。表征太阳能电池组件的主
要参数有功率、工作电压、工作电流、开路电压和短路电流等。

表 3-3　典型的非晶硅太阳能电池参数

参　　　数	数　　　值		
电性能			
型号	JN-36	JN-38	JN-40
额定功率/W	36	38	40
工作电压/V	44	45	46
开路电压/V	59	60	61
短路电流/A	1.0		
功率误差/%	±3		
温度系数			
电流温度系数/(%/℃)	+0.09		
电压温度系数/(%/℃)	−0.28		
功率温度系数/(%/℃)	−0.19		
尺寸和质量			
长/mm	1245		
宽/mm	635		
厚(不包括接线盒)/mm	7		
质量/kg	13.2		
温度范围/℃	−40～+85		

③ 非晶硅太阳能电池组件生产工艺　制造非晶硅太阳能电池的方法有多种，最常见的是辉光放电法，还有反应溅射法、化学气相沉积法、电子束蒸发法和热分解硅烷法等。辉光放电法是将一石英容器抽成真空，充入氢气或氩气稀释的硅烷，用射频电源加热，使硅烷电离，形成等离子体，非晶硅膜就沉积在被加热的衬底上。如果硅烷中掺入适量的氢化磷或氢化硼，即可得到 N 型或 P 型的非晶硅膜，衬底材料一般用玻璃或不锈钢板。这种制备非晶硅薄膜的工艺（如图 3-41 所示）主要取决于严格控制气压、流速和射频功率，对衬底的温度也很重要。

（5）单晶硅、多晶硅、非晶硅太阳能电池组件的比较

表 3-4 综合比较了单晶硅、多晶硅、非晶硅太阳能电池组件在电性能（效率、稳定性、感光特性、一致性）、价格及机械强度方面的差别。

① 电性能　转换效率最高的是单晶硅太阳能电池组件，多晶硅太阳能电池组件稍低于单晶硅太阳能电池组件，而相比晶体硅太阳能电池组件而言，非晶硅太阳能电池的转换效率较低，只有 6%～8%。单晶硅和多晶硅太阳能电池组件的稳定性好，而非晶硅太阳能电池由于有光致衰减效应，其稳定性较差。晶体硅太阳能电池组件适合用于强光条件下，而非晶硅太阳能电池的弱光性相对较好。晶体硅太阳能电池的一致性好，而非晶硅太阳能电池一致性较差。

② 价格　硅太阳能电池的主要材料是硅，占组件制造成本的 2/3 左右，目前硅材料还比较贵。而非晶硅比晶体硅太阳能电池组件用的硅材料少得多，从而使非晶硅太阳能电池组件比晶体硅太阳能电池组件便宜。

③ 机械强度　由于制造工艺及材料的不同，尤其是受工艺条件限制，非晶硅太阳能电池组件只能选用非钢化玻璃，这就使得非晶硅太阳能电池组件的机械强度与晶体硅太阳能电池组件相比低得多，抗振性及抗冲击能力也比较差。

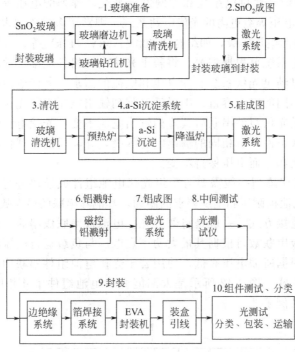

图 3-41 非晶硅太阳能电池组件生产工艺

表 3-4 三种太阳能电池组件的综合比较

组件材料 比较项	单晶硅	多晶硅	非晶硅
转换效率/%	14～16	12～15	6～8
电输出稳定性	好	好	光致衰减现象
弱光性能	一般	一般	弱光性好
电输出一致性	好	好	差
价格	高	高	较低
机械强度	具有一定抗振、抗冲击能力	具有一定抗振、抗冲击能力	抗振、抗冲击能力比较低

3.4.2 太阳能光伏电池阵列

在实际使用中，往往一块组件并不能满足使用现场的要求，可将若干组件按一定方式组装在固定的机械结构上，形成直流光伏发电系统，这种系统称为太阳能光伏电池方阵（Solar Array 或 PV Array，也称光伏阵列）。有些比较大的阵列还可以分为一些子阵列（或称为组合板）。典型的光伏发电系统是由光伏阵列、电力电缆、电力电子变换器、储能元件、负载等构成，其典型结构如图 2-4 所示。

（1）光伏阵列的连接

按电压等级来分，独立光伏系统电压往往被设计成与蓄电池的标称电压相对应或是它们的整数倍，而且与用电器的电压等级一致，如 220V、110V、48V、36V、

24V、12V等。交流光伏供电系统和并网发电系统,阵列的电压等级往往为110V、220 V、380V。对电压等级更高的光伏电站系统,则常用多个阵列进行串并联,组合成与电网等级相同的电压等级,如组合成600V、6kV、10kV等,再与电网连接。

实际光伏发电系统可根据需要,将若干光伏电池组件经串、并联,排列组成适当的光伏阵列,以满足光伏系统实际电压和电流的需求。光伏电池组件串联,要求所串联组件具有相同的电流容量,串联后的阵列输出电压为各光伏组件输出电压之和,相同电流容量光伏组件串联后其阵列输出电流不变;光伏电池组件并联,要求所并联的所有光伏组件具有相同的输出电压等级,并联后的阵列输出电流为各个光伏组件输出电流之和,而电压保持不变。

不同功率的光伏阵列一般需要若干组光伏电池组件或模块进行串、并联,光伏电池组件受光伏电池板耐压和绝缘要求的制约,其能够串联的最大数量有一定限制。

光伏阵列的连接方式,一般是将部分光伏电池板串联成串后,再将若干串进行并联。光伏电池板串联数目根据其最大功率点电压与负载运行电压相匹配的原则来设计,一般是先根据所需电压高低,使用若干光伏电池组件串联构成若干串,再根据所需电流容量并联。图 3-42 所示是太阳能光伏电池组件串并相间组成太阳能光伏电池阵列的混联例子。

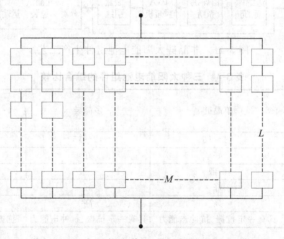

图 3-42　太阳能光伏电池组件的混联电路

由如此多的太阳能光伏电池组件连成的太阳能光伏电池阵列的可靠性究竟如何?一般的理解是一个由 $L \times M$ 个太阳能光伏电池组件按 L 个串联及 M 个并联构成一个阵列时,其阵列的电压较单个组件提高了 L 倍,而其电流则较单个组件增大了 M 倍,但其效率仍保持不变,其特性曲线也仅作相应的变化(单个组件的特性仍维持不变)。当然这仅仅是最理想情况下的近似分析,这种近似只有当所有太阳能光伏电池组件的特性都非常理想的一致,所有连接电缆、插头的影响均可以忽略不计时才成立,否则很有可能出现相当大的偏差。尤其是连接线缆和插头的影响,在设计一个大容量的阵列尤其要注意。大容量阵列往往要用到相当长的连接电缆,此时选用足够大的导线截面以有效减小线路欧姆损失是相当重要的。

至于太阳能光伏电池组件特性的一致性对阵列性能的影响，理论分析和实践验证均表明，组成太阳能光伏电池阵列的组件其特性参数统计偏差不应太大，否则将会使阵列效率明显降低，显然这一偏差的大小完全取决于太阳能光伏电池组件的质量。太阳能光伏电池组件应有尽可能好的重复性，这就要求生产制造商应采用先进的生产工艺和严谨的生产流程，以确保太阳能光伏电池组件的产品质量。

　　在实际应用过程中，可以通过对太阳能光伏电池组件进行测试、筛选（即把特性参数相近的太阳能光伏电池组件组合在一起）的方式，以避免或至少是大幅度减少系统的适配损失。特别是当组件质量特性参数分布的离散性相当大时，通过适当的筛选往往可以带来系统性能上的巨大改善。

　　（2）光伏阵列中的二极管和稳压管

　　在光伏电池组件和阵列中，二极管是很重要的元件。二极管有以下三个方面作用。

　　其一，在储能的蓄电池或逆变器与光伏阵列之间要串联一个阻塞二极管，可以防止夜间光伏电池不发电或白天光伏电池所发电压低于其供电的直流母线电压时，蓄电池或逆变器反向向光伏阵列倒送电而消耗蓄电池或逆变器的能量，并导致光伏电池板发热。这类二极管串接在电路中，称为阻塞二极管，有时也称屏蔽二极管。

　　其二，当光伏阵列由若干串阵列并列时，在每串中也要串联二极管，随后再并联，如图3-43所示，以防某串联阵列出现遮挡或故障时消耗能量（电流由强电流支路流向弱电流支路）和影响其他正常阵列的能量输出，该二极管称为隔离二极管。隔离二极管从一定意义上说也是阻塞二极管。

　　其三，当若干光伏电池组件串联成光伏阵列时，需要在光伏电池组件两端并联一个二极管。这样即使其中某组件被阴影遮挡或出现故障而停止发电时，在该二极

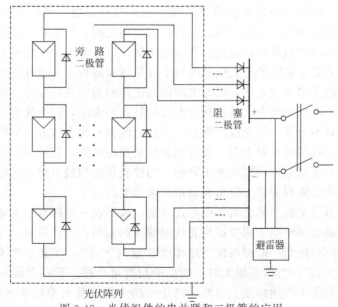

图 3-43　光伏组件的串并联和二极管的应用

管两端形成正向偏压，不至于阻碍其他正常组件发电，同时也保护光伏电池免受较高的正向偏压发热破坏。故通常在每个光伏组件上并联一个正向二极管以实现电流旁路，该二极管称为旁路二极管。其具体的连接方法是在每个光伏电池板输出端子处正向并联一个旁路二极管，人为降低光伏电池板正向的等效击穿电压。旁路二级管平时不工作，承受反向偏压，在光伏电池组件正常运行期间不存在功率消耗。

二极管通常使用整流型二极管，其容量选型要留有裕量，其电流容量应该能够达到预期最大运行电流的两倍，耐压容量应能达到反向最大电压的两倍。串联在电路中的屏蔽二极管由于存在导通状态的管压降，运行期间要消耗一定功率，一般小容量整流型硅二极管的管压降在 0.6V 左右，其消耗功率为其所通过的电流值乘以管压降。不要小看这个损耗，如光伏阵列输出的额定电压是 110V，在二极管上的功率和电压损耗将达到 0.6%，大容量整流型二极管模块由于其管压降高达 1～2V，其损耗将更大。若将此屏蔽二极管模块更换成肖特基二极管（Schottky Diode），其管压降将降为 0.2～0.3V，对节省功率损耗有较好效果，但肖特基二极管容量和耐压值一般来说相对较小。

稳压二极管一般并联于光伏阵列的输出终端，暗装在与逆变器或充电器相连的输入端子处，其作用是限制光伏电池板其后的电子产品的过电压，保护对电压敏感的电子元器件免受过压损伤。现更多的是使用金属氧化物浪涌保护装置（Metal Oxide Varistor，MOV），其过压导通速度极快，还可防止雷击浪涌等过电压作用。

（3）光伏阵列安装

地面上的阵列，多数是将太阳能光伏电池组件先装在敞开式框架上，然后装到支撑结构和桁架上。支撑结构用地脚膨胀螺栓、水泥块等固定在地面上，也可固定在建筑物上面。应注意固定组件的机械结构必须要有足够的强度和刚度，固定牢靠，能够经受最大风力。组件之间、阵列和控制器之间、系统和负载之间的连接导线要满足要求，尽量粗而短，连接点要接触牢靠，以尽量减少线路损失。

光伏阵列的发电量除了与光伏电池板本身质量和运行工作点有关外，还与其接受太阳能辐射能量多少成正比，因此太阳能光伏阵列的安装角度对其发电效率影响非常大。最佳的阵列安装方式是使其受光面始终正对太阳，让光线垂直投向光伏电池板。若入射角不为零（即光线不垂直于光伏电池板）将会造成太阳能的损失。若要保持光伏电池板始终正对太阳，需要加装机械跟踪装置，其技术难度较大，成本也高。最常用的还是采用固定式光伏阵列，为使光伏阵列最有效地接收太阳能辐射能量，确定最佳的阵列安装方位角和倾角非常重要。

由于地球自转平面与其公转平面存在夹角，太阳在一年四季中对地球的光入射角变化较大，需要每个季节都要调整光伏电池板的倾角。大体说来，在我国南方地区，比较好的阵列倾角一般可取比当地纬度增加 10°～15°，在北方地区倾角可比当地纬度增加 5°～10°。当纬度较大时，增加的角度可小些。而在青藏高原，倾角不宜过大，可大致等于当地纬度。当然，对于一些主要在夏天消耗功率的用电负载，可取阵列倾角等于当地纬度。

若采用计算机辅助设计软件，则可进行太阳能光伏电池阵列倾角的优化计算，要求在最佳倾角时冬天和夏天辐射量的差异尽可能小，而全年总辐射量尽可能大，做到二者兼顾。这对于高纬度地区尤为重要，因为在高纬度地区，其冬季和夏季水平面太阳辐射量差异较大（如我国黑龙江省这个值相差约5倍），选择了最佳倾角，太阳能光伏电池阵列面上的冬夏季辐射量之差就会变小，蓄电池的容量也可适当减小，系统造价降低，设计更为合理。

需注意的是，从气象局获得的当地平均太阳能总辐射量是水平面接收的辐射量，具体工程设计时还要折算为带有倾角的光伏电池板平面所能接收的太阳能辐射。而每月的平均太阳能总辐射是变化的，如果每月负荷也是变化的，那么光伏阵列倾角和容量就要逐月核查。在保证最不利月份的发电条件下，使用最少的光伏阵列容量，可降低系统建设成本。

（4）聚光装置

按接收光线的方式不同，太阳能光伏电池阵列可分为聚光式阵列和非聚光式阵列，前者是将太阳光通过聚光装置汇聚到太阳能光伏电池上，以提高输出功率。经过聚光后，照在太阳能光伏电池上的光强可以增加数倍到数十倍甚至上千倍，电池效率虽有提高，但并不与光强成正比，主要是由于聚光后电池的工作温度相应升高，反过来会影响电池发电效率和使用寿命，因此要采用适当的冷却方法，如风冷或水冷等以降低电池的工作温度。

实际应用中的聚光装置主要有两类。

① 反射式聚光器　根据光的反射原理，通过平面镜或抛物面、组合面来会聚阳光，如图3-44所示。

② 折射式聚光器　最简单的折射式聚光器是凸透镜，但由于重量大，常常无法使用。一般都使用经过特殊加工的菲涅尔透镜，如图3-45所示，透镜材料要求透光性好、耐老化、易加工。

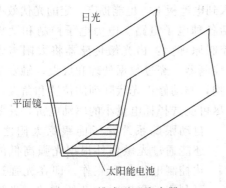

图 3-44　槽式平面聚光器

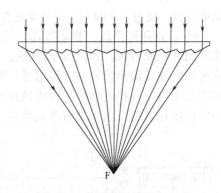

图 3-45　菲涅尔透镜聚光方式

一般来说，聚光电池阵列要采用相应的跟踪系统，否则很可能反而会影响发电量。聚光阵列需要一套聚光、跟踪、冷却等装置，增加了系统的成本和复杂程度，但由于效率有所提高，尤其是同时需供热的大型系统中，聚光系统具有突出的优越性。

（5）跟踪系统

众所周知，太阳每天早上从东方升起，中午升至天空最高点，傍晚再从西方落下，周而复始。其运动轨迹还随着季节的变化而变化，使得太阳的入射角和方位角总是变化的。另外云雾和大风的影响，也会改变太阳的辐射强度和与光伏阵列的相对位置。

为了使光伏阵列能够在不同的季节、不同的日照时间均能与太阳保持一个最佳的角度和位置，以提高太阳辐射能量的采集率，客观上需要采用太阳跟踪系统。

对于一般不带太阳跟踪系统的光伏平板阵列板（聚光倍数等于1），如平板垂面与太阳光线角存在25°偏差，就会因垂直射入的辐射能部分减少，使得光伏阵列的输出功率下降10%左右；而如果采用理想的跟踪系统，则可以使能量收集率提高30%以上。但对于带有一定弧度（如抛物面、双曲线）或角度的镜面结构，通过反射或折射原理将太阳光聚集到光伏电池上的聚光型光伏阵列，随着聚光倍数的增加，对跟踪精度的要求就越高，因跟踪偏差带来的影响也就越大。例如，聚光倍数等于40的聚光器，跟踪偏差只要为0.5°就会使输出功率下降10%，如果跟踪偏差大于5.5°聚光点将偏离光伏电池，甚至会造成功率输出为零。所以对于采用聚光器的太阳能应用系统，太阳跟踪系统是必不可少的。

根据控制太阳能采光面角度变化的驱动方式不同，跟踪系统分为手动跟踪系统和自动跟踪系统两类。手动跟踪系统呈间歇进行，跟踪的精度和效果较差。自动跟踪系统采用光敏器件或程序控制与动力驱动装置相结合，促使太阳能采光面在无人值守的条件下自动跟随太阳的位置而变化，跟踪的精度和效果较好。

① 手动跟踪系统　这种方式常用于平板式光伏阵列，每次移动的目的是尽可能使太阳光垂直射入到电池板上。由于它们对跟踪精度要求较低，工作人员每隔1～2h移动一次太阳能电池板，就可使输出维持在与最佳角度相差10%以内。对于精度要求更低的系统，根据太阳赤纬度随季节的变化规律每1～2个月移动一次太阳能电池板，使得正午时刻太阳光能垂直射入到电池板上，也能提高一定的光伏效率。

② 自动跟踪系统　自动跟踪系统包括各种电子电路、电力电子控制和微机程控等闭环控制系统，如图3-46所示。其控制原理为：由光敏传感器将太阳与光伏阵列间的位置偏差信号和光强信号反馈给控制器，经过数据处理和放大，触发相关的开关电路，使得电动机带动机械传动机构，推动修正光伏阵列的位置和角度，从而实现跟踪目的。为了节省驱动能量，要尽可能选择耗电量小的驱动电机，并要求

自动跟踪系统除了能跟踪太阳之外，还能通过光敏器件根据光强高低的变化控制电机间歇工作。即在光强达到可利用的强度时才开始跟踪，光强低于可利用强度的水平时停止跟踪，到了夜间还能自动关闭电源。

自动跟踪系统的控制流程：清晨太阳升起，当光强达到能使得光伏电

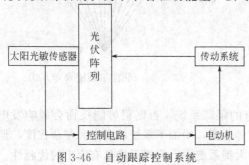

图 3-46　自动跟踪控制系统

池可输出有效功率时，启动闭环跟踪系统，电机带动光伏阵列开始"跟踪搜索"，使其逐渐对准太阳；随后进入"监测等待"状态，这时电机停止工作；当太阳偏离一个特定角度后再次开始"跟踪"过程。如遇天空有云雾，为节省驱动能量，系统处于"暂停等待"状态，电机停止工作；当天黑后，电机先带动光伏阵列由面向西方"返回初态"到面向东方的初始位置，然后将整个系统"断电停机"，只需为传感器控制子系统留有一个弱电控制电源即可。对于控制性能好的系统还应具有在恶劣条件下的自适应性，如遇到破坏性大风和雷电天气，能自动断电停机；遇到光伏电池板温度过高，可自动偏离最佳角度，以降低其聚光度，达到降温的目的。

太阳跟踪系统的支撑机构常见的有三种形式：框架式、轴架式和旋转台式。前两种形式是将光伏阵列安装在可进行太阳时角跟踪的轴向移动固定框架或轴架上。其特点是机构简单、价格便宜、安装方便。它们主要适用于支撑单轴跟踪的小功率光伏阵列，但也可额外附带简单的季节性仰角调节功能。而旋转台式太阳跟踪系统是在一个较大的可进行时角跟踪的旋转台上安装可进行仰角的光伏阵列，它适用于支撑大功率的双轴跟踪光伏阵列。其缺点是结构复杂，造价较高。

使用跟踪装置能提高太阳能光伏电池阵列的输出功率，但要增加部分投资，同时也带来了阵列结构的复杂性和不可靠因素，转动太阳能电池板也要消耗一定的能量，所以采用跟踪系统是否合算要进行综合考虑，一般小型阵列不推荐采用。

3.4.3 太阳能光伏组件与阵列的性能

（1）基本特性

太阳能光伏电池组件及阵列的基本特性同样要用在 IEC 标准条件下的开路电压 U_{oc}、短路电流 I_{sc}、最佳工作电压 U_m、最佳工作电流 I_m、最佳输出功率 P_m、填充因子 FF 以及光电转换效率 η 等参数来表示。

$$\eta = \frac{U_m I_m}{P_0 A_a} = \frac{\text{FF} \cdot I_{sc} U_{oc}}{P_0 A_a} \times 100\% \tag{3-19}$$

式中，P_0 是单位面积上接收到的太阳辐射能。按 IEC 标准，在 25℃、AM1.5 光谱条件下，$P_0 = 100\text{mW/cm}^2$。A_a 是组件及阵列面积，通常是指组件及阵列边框的实际面积。此时的效率即为组件及阵列的效率。

由组件合成阵列时，将有电压损失和电流损失，因而将有输出功率的损失。阵列的功率损失主要来源为组件的特性不一致、串并联的二极管和接线损失等。阵列的功率损失因子也可以称为光伏阵列的组合因子 η_a，当有 n 个组件被组合为阵列时，其组合因子可以用下式表示为

$$\eta_a = \frac{P_m}{\sum\limits_{i=1}^{n} P_{mi}} \tag{3-20}$$

式中 P_m——阵列的实际输出功率；

P_{mi}——n 个组件中每个组件的输出功率。

（2）"热斑"效应

太阳能光伏电池阵列在实际工作中可能会出现这样的情形：阵列可能由于外部扰动影响而被遮挡（或其中部分损坏），但阵列的其余部分仍处于阳光暴晒之下的情形；也有可能出现某一块太阳能光伏电池被遮挡，这样该局部遮挡的太阳能光伏电池或组件就必然要由其余没有被遮挡的那部分太阳能光伏电池或组件来提供负载所需要的全部或部分功率，这就使得某些太阳能光伏电池如同工作于反向电压下的二极管一样，其电阻及压降将很大，从而吸收功率导致发热，显然这容易损害其至损坏太阳能光伏电池。由于有局部高温出现，人们通常把这类故障称其为"热斑"效应。

热斑效应的机理如图 3-47 所示。在图 3-47 中，12 个太阳电池 3 并 4 串，假设每个电池都有相同的光照 I-U 特性，每 3 个电池并联后的光照 I-U 特性示于图的左侧，这 4 组并联电池串联后各结点的电压电流分别为：U_1、I，U_2、I，U_3、I，U_4、I。当由于某种原因第 2 组中左边的太阳电池突然损坏，几乎没有电流输出时，右边的两个电池中将流过整个串联电路中的总电流 $3I$。从太阳电池的并联特性可知，这两个好电池在承受超过它的光生电流时，其工作点对应的电压进入反偏区 U_2，有时 U_2 的绝对值可能比好电池的开路电压大数倍，这样，在这个与一个坏电池的并联电池组中，其他两个电池上承受的功率是 $U_2 I$，而没有坏电池的并联电

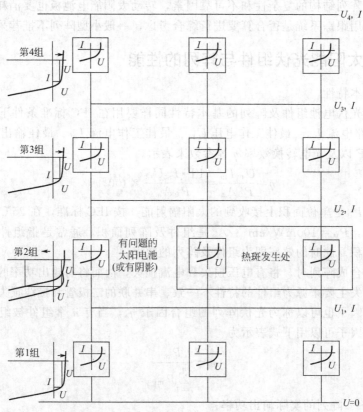

图 3-47　太阳电池组件"热斑"效应原理图

池组 1、3、4 组中承受的功率是 UI，因为 U_2 是 U 的数倍，于是两个与坏电池并联的好电池开始快速升温，整个阵列在第 2 组里出现"热斑"效应。

在不可逆变的热斑效应出现之前，阵列中其他好电池组的输出也会受到影响。由于阵列的端电压 U_4 与蓄电池或控制器相连，所以其他所有的好电池也要分担坏电池组的影响而造成阵列输出功率的下降。

造成"热斑"效应的根源是：有个别坏电池的混入、电极焊片虚焊、电池由裂纹演变为破碎、个别电池特性变坏、电池局部受到阴影遮挡等。

为了避免上述"热斑"效应产生，通常采用"旁路二极管"（bypass diodes）或"阻塞二极管"（blocking diodes），以增加阵列的可靠性，如图 3-48 所示。这样，旁路二极管可防止串联电路中个别太阳能光伏电池由于被遮挡而损坏，同时也避免了由于阵列通过该被遮挡的太阳能光伏电池放电而造成功率的损失。当阵列中某一并联支路由于被遮挡而导致与阵列解列时，由于该支路的阻塞二极管可防止阵列通过该解列支路放电，因此也可有效防止阵列中该并联支路所有相串的太阳能光伏电池被损坏。

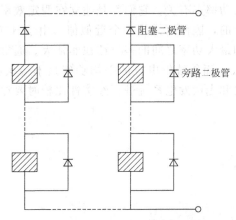

图 3-48　带有阻塞二极管和旁路二极管的光伏阵列

总的说来，这些二极管具有两个功能：一是防止那些被解列的太阳能光伏电池或组件损坏；其二是防止阵列中有部分太阳能光伏电池元件被解列时而严重降低其整体效率。

图 3-49 所示给出了太阳能光伏电池阵列未被遮挡阵列的特性曲线以及被遮挡部分太阳能光伏电池的特性曲线比较，其工作点为两个曲线的交点，由图 3-49 可以看出，阵列输出的功率有可能仍然很大。实践表明，旁路和阻塞二极管的运用对于改善阵列的特性及保持其效率十分有效。

（3）输出功率

光伏阵列的输出功率取决于瞬时的日照强度，因此人们不能像对传统发电机那样给出其确定的额定功率。对于光伏阵列这种特殊的发电形式一般这样来定义其功率输出能力，即用当它处于满日照（日照强度为 $100\mathrm{mW/cm^2}$）时所发出的峰值功率（Peak Power）来表征，其单位为峰瓦，记为 W_P（Peak Watt）。通常市场上光

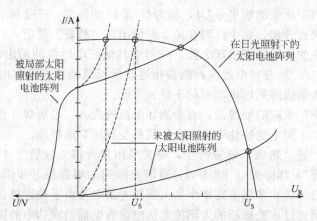

图 3-49 未被遮挡和被局部遮挡的太阳能光伏电池阵列的特性曲线

伏组件的价格也是按其峰值功率来给定的，即￥/峰瓦。而一个光伏阵列的实际输出功率与安装地点的气候条件有关，并且随时间的变化而变化。光伏阵列的所有特性数据都与阵列的最大功率点有关，它们都是建立在假定效率为恒值（即与入射光照强度无关）的基础上的，因而也只是一个近似值。由于日照时间和气候的变化，实际所得的平均功率和最大功率之间的差异往往非常大。通常，平均功率值大概是最大功率值的 1/4～1/8，而传统发电机的平均功率是不会大幅度地偏离其额定功率的，在对传统发电机和光伏发电系统进行经济性比较时要注意到它们之间的这种差异。

第4章　储能装置

储能是光伏发电系统中的重要组成部分，尤其当光伏系统作为独立电力系统运行时，储能环节更是必不可少的组成部分。能量储存的方式有多种：除常见的电化学储能（铅酸蓄电池、碱性蓄电池和锂离子电池等）外，还有超级电容器、电抗器、动能存储（飞轮）、势能存储（抽水蓄能系统）、电解作用（燃料电池）等多种方式。但使用最多的还是铅酸蓄电池储能，一般来讲，白天把太阳能转化为电能，通过充电器和蓄电池把电能储存起来，晚上再通过控制器把储存在蓄电池里的电能释放出来供用户使用。由此可见，储能装置的好坏直接影响到光伏发电系统的工作可靠性，储能装置是光伏发电系统设计的重要组成部分。

4.1　铅酸蓄电池的构造

铅蓄电池的主要部件有正负极板、电解液、隔板、电池槽和其他一些零件如端子、连接条及排气栓等。普通铅蓄电池的结构如图 4-1 所示。所谓普通铅蓄电池是指排气式的铅蓄电池，这类电池在充电后期要发生分解水的反应，表现为电解液中有激烈的冒气现象，并因此产生水的损失，因此要定期向电池内补加纯水（蒸馏水）。

阀控式密封铅蓄电池（以下用 VRLA 蓄电池表示）与普通铅蓄电池的结构基本相同，但它是密封结构。为了实现密封，就必须解决电池内部气体的析出问题，解决的途径之一就是采取特殊的电池结构。

4.1.1　电极

电极又称极板，有正、负极板之分，它们是由活性物质和板栅两部分构成。正、负极的活性物质分别是棕褐色的二氧化铅（PbO_2）和灰色的海绵状铅（Pb）。极板依其结构可分为涂膏式、管式和化成式。

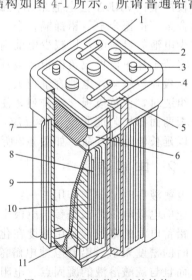

图 4-1　普通铅蓄电池的结构
（外部连接方式）

1—电池盖；2—排气栓；3—极柱；4—连接条；
5—封口胶；6—汇流排；7—电池槽；8—正极板；
9—负极板；10—隔板；11—鞍子

极板在蓄电池中的作用有两个：一是发生电化学反应，实现化学能与电能间的转换；二是传导电流。

板栅在极板中的作用也有两个：一是作活性物质的载体，因为活性物质呈粉末状，必须有板栅作载体才能成形；二是实现极板传导电流的作用，即依靠其栅格将电极上产生的电流传送到外电路，或将外加电源传入的电流传递给极板上的活性物质。为了有效保持住活性物质，常将板栅制成具有截面大小不同的横、竖筋条的栅栏状，使活性物质固定在栅栏中，并具有较大的接触面积，如图 4-2 所示。

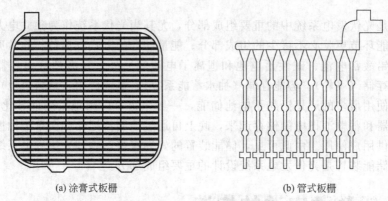

(a) 涂膏式板栅   (b) 管式板栅

图 4-2　涂膏式与管式极板的板栅

铅蓄电池的板栅分为铅锑合金、低锑合金和无锑合金三类。普通铅蓄电池采用铅锑系列合金（如铅锑合金、铅锑砷合金、铅锑砷锡合金等）作板栅，电池的自放电比较严重；VRLA 蓄电池采用低锑或无锑合金板栅，无锑合金如铅钙合金、铅钙锡合金、铅锶合金、铅锑镉合金、铅锑砷铜锡硫（硒）合金和镀铅铜等，其目的是减少电池的自放电，以减少电池内水分的损失。

将若干片正极板或负极板在极耳部焊接成正极板组或负极板组，以增大电池容量，极板片数越多，电池容量越大。通常负极板组的极板片数比正极板组的要多一片。组装时，正负极板交错排列，使每片正极板都夹在两片负极板之间，目的是使正极板两面都均匀地起电化学反应，产生相同的膨胀和收缩，减少极板弯曲的机会，以延长电池的寿命。如图 4-3 所示。

4.1.2　电解液

电解液在电池中的作用有三：一是与电极活性物质表面形成界面双电层，建立起相应的电极电位；二是参与电极上的电化学反应；三是起离子导电的作用。

铅蓄电池的电解液是用纯度在化学纯以上的浓硫酸和纯水配制而成，其浓度用 15℃时的密度表示。铅蓄电池电解液密度范围的选择，不仅与电池结构和用途有关，而且与硫酸溶液的凝固点、电阻率等性质有关。

4.1.2.1　硫酸溶液的特性

（1）硫酸溶液的凝固点

硫酸溶液的凝固点随浓度的不同而不同，如果将 15℃时密度各不相同的硫酸溶液冷却，可测得它们的凝固温度，并绘制成凝固点曲线，如图 4-4 所示。

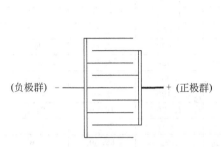

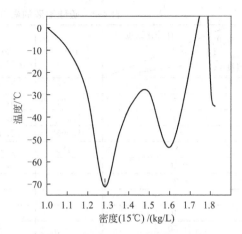

图 4-3　正负极板交错排列　　　　　图 4-4　硫酸溶液的凝固特性

由图 4-4 可见，密度为 1.290kg/L（15℃）的稀硫酸具有最低的凝固点，约为 −72℃。启动用铅蓄电池在充足电时的电解液密度为 1.28～1.30kg/L（15℃），可以保证电解液即使在野外严寒气候下使用也不凝固。但是，电池放完电后，电解液密度可低于 1.15kg/L（15℃），所以放完电的电池应避免在 −10℃ 以下的低温中放置，并应立即对电池充电，以免电池中的电解液被冻结。

（2）硫酸溶液的电阻率

作为铅蓄电池的电解液，应该具有好的导电性，使电池的内阻减小。硫酸溶液的导电特性可用电阻率来衡量，而电阻率的大小随其温度和密度的不同而不同，如表 4-1 所示。由表 4-1 可见，硫酸的密度在 1.15～1.30g/dm³（15℃）之间时，电阻较小，其导电性能良好，所以铅蓄电池都采用此密度范围内的电解液。

表 4-1　各种密度的硫酸溶液的电阻率

密度（15℃）/（kg/L）	电阻率/Ω·cm	温度系数/（Ω·cm/℃）	密度（15℃）/（kg/L）	电阻率/Ω·cm	温度系数/（Ω·cm/℃）
1.10	1.90	0.0136	1.50	2.64	0.021
1.15	1.50	0.0146	1.55	3.30	0.023
1.20	1.36	0.0158	1.60	4.24	0.025
1.25	1.38	0.0168	1.65	5.58	0.027
1.30	1.46	0.0177	1.70	7.64	0.030
1.35	1.61	0.0186	1.75	9.78	0.036
1.40	1.85	0.0194	1.80	9.96	0.065
1.45	2.18	0.0202			

（3）硫酸溶液的黏度

硫酸溶液的黏度与温度和浓度有关，温度越低和浓度越高，黏度越大。浓度较高的硫酸溶液，虽然可以提供较多的离子，但由于黏度的增加，反而影响离子的扩散，所以铅蓄电池电解液浓度并非越高越好，过高反而会降低电池的容量。同样，温度太低，电解液的黏度太大，影响电解液向活性物质微孔内扩散，使放电容量降低。硫酸溶液在各种温度下的黏度如表 4-2 所示。

表 4-2　硫酸溶液的黏度随温度和浓度的变化

黏度/$\times 10^{-3}$Pa·s　　百分比浓度/%	10%	20%	30%	40%	50%
30	0.976	1.225	1.596	2.16	3.07
25	1.091	1.371	1.784	2.41	3.40
20	1.228	1.545	2.006	2.70	3.79
10	1.595	2.010	2.600	3.48	4.86
0	2.160	2.710	3.520	4.70	6.52
−10	—	3.820	4.950	6.60	9.15
−20	—	—	7.490	9.89	13.60
−30	—	—	12.20	16.00	21.70
−40	—	—	—	28.80	
−50	—	—	—	59.50	

4.1.2.2　电解液的纯度与浓度

（1）电解液的纯度

铅蓄电池用的硫酸电解液，必须使用规定纯度的浓硫酸和纯水来配制。因为使用含有杂质的电解液，不但引起自放电，而且引起极板腐蚀，使电池的放电容量下降和寿命缩短。化学试剂的纯度按其中所含杂质量的多少，分为工业纯、化学纯、分析纯和光谱纯等。工业纯的硫酸，杂质含量较高，色泽较深，不能用于铅蓄电池。用于配制铅蓄电池电解液的浓硫酸的纯度至少应达到化学纯。分析纯的浓硫酸的纯度更高，但其价格也相应更高。配制电解液用的水必须用蒸馏水或纯水。在实际工作中常用水的电阻率来表示水的纯度，铅蓄电池用水的电阻率要求>100kΩ·cm（即体积为 1cm³ 的水的电阻值应大于 100kΩ）。

（2）电解液的浓度

铅蓄电池电解液的浓度通常用 15℃时的密度来表示。对于不同用途的蓄电池，电解液的密度也各不相同。对于防酸隔爆式电池来说，其体积和重量无严格限制，可以容纳较多的电解液，使放电时密度变化较小，因此可以采用较稀且电阻率最低的电解液。对于启动用蓄电池来说，体积和重量都有限制，必须采用较浓的电解液，以防低温时电解液发生凝固。对于阀控式密封铅蓄电池来说，由于采用贫液式结构，必须采用较高浓度的电解液。不同用途的铅蓄电池电解液的密度（充足电时）范围列于表 4-3 中。

表 4-3　铅蓄电池电解液密度

铅蓄电池用途		电解液密度(15℃)/(kg/L)	铅蓄电池用途	电解液密度(15℃)/(kg/L)
固定用	防酸隔爆式	1.200～1.220	蓄电池车用	1.230～1.280
	阀控密封式	1.290～1.300		
启动用(寒带)		1.280～1.300	航空用	1.275～1.285
启动用(热带)		1.220～1.240	携带用	1.235～1.245

VRLA 蓄电池之所以采用贫液式结构，是为了密封的需要。所谓贫液结构是指电解液全部被极板上的活性物质和隔膜所吸附，电解液处于不流动的状态，且电解液在极板和隔膜中的饱和度小于100%，目的是使隔膜中未被电解液充满的孔成为气体（氧气）扩散通道。通常电解液的饱和程度为60%～90%；低于60%的饱和度，说明电池失水严重，极板上的活性物质不能与电解液充分接触；高于90%的饱和度，则正极氧气的扩散通道被电解液堵塞，不利于氧气向负极扩散。

4.1.3 隔板（膜）

普通铅蓄电池采用隔板，而 VRLA 蓄电池采用隔膜。隔板（膜）的作用是防止正、负极因直接接触而短路，同时要允许电解液中的离子顺利通过。组装时将隔板（膜）置于交错排列的正负极板之间。用作隔板（膜）的材料必须满足以下要求。

① 化学性能稳定。隔板（膜）材料必须有良好的耐酸性和抗氧化性，因为隔板（膜）始终浸泡在具有相当浓度的硫酸溶液中，与正极相接触的一侧还要受到正极活性物质以及充电时产生的氧气氧化。

② 具有一定的机械强度。极板活性物质因电化学反应会在铅和二氧化铅与硫酸铅之间发生变化，而硫酸铅的体积大于铅和二氧化铅，所以在充放电过程中极板的体积有所变化，如果维护不好，极板会产生变形。由于隔板（膜）处于正、负极板之间，而且与极板紧密接触，所以隔板（膜）必须有一定的机械强度才不会因为破损而导致电池短路。

③ 不含有对极板和电解液有害的杂质。隔板（膜）中有害的杂质可能会引起电池的自放电，提高隔板（膜）的质量是减少电池自放电的重要环节之一。

④ 微孔多而均匀。隔板（膜）的微孔主要是保证硫酸电离出的 H^+ 和 SO_4^{2-} 能顺利地通过隔板（膜），并到达正负极与极板上的活性物质起电化学反应。隔板（膜）的微孔大小应能阻止脱落的活性物质通过，以免引起电池短路。

⑤ 电阻小。隔板（膜）的电阻是构成电池内阻的一部分，为了减小电池的内阻，隔板（膜）的电阻必须要小。

具有以上性能的材料就可以用于制作隔板（膜）。早期采用的木隔板具有多孔性和成本低的优点，但其机械强度低且耐酸性差，现已被淘汰；20 世纪 70 年代至90 年代初期主要采用微孔橡胶隔板；之后相继出现了 PP（聚丙烯）隔板、PE（聚乙烯）隔板和超细玻璃纤维隔膜及其它们的复合隔膜。

VRLA 蓄电池的隔膜除了满足上述作为隔膜材料的一般要求外，还必须有很强的储液能力才能使电解液处于不流动状态。目前采用的超细玻璃纤维隔膜具有储液能力强和孔隙率高（>90%）的优点。它一方面能储存大量的电解液，另一方面有利于透过氧气。这种隔膜中存在着两种结构的孔，一种是平行于隔膜平面的小孔，能吸储电解液；另一种是垂直于隔膜平面的大孔，在贫电解液状态下是氧气对流的通道。

4.1.4 电池槽

电池槽的作用是用来盛装电解液、极板、隔板（膜）和附件等。

用于电池槽的材料必须具有耐腐蚀、耐振动和耐高低温等性能。用作电池槽的材料有多种，根据材料的不同可分为玻璃槽、衬铅木槽、硬橡胶槽和塑料槽等。现在的铅蓄电池基本采用各种塑料作电池槽的材料。

电池槽的结构根据电池的用途和特性而有所不同，有只装一只电池的单一槽和装多只电池的复合槽两种，前者用于单体电池，后者用于串联电池组。

对于VRLA蓄电池来说，电池槽的材料还必须具有强度高和不易变形的特点，并采用特殊的结构。这是因为电池的贫电解液结构要求用紧装配方式来组装电池，以利于极板和电解液的充分接触，而紧装配方式会给电池槽带来较大的压力，所以电池的容量越大，电池槽承受的压力也就越大。此外，密封结构和电池内产生的气体使电池内部有一定的内压力，而该内压力在使用过程中会发生较大变化，使电池处于加压或减压状态。因为在内压力未达到阀压力前，电池处于加压状态；当安全阀开启排气时，电池处于减压状态。

VRLA蓄电池的电池槽材料采用的是强度大而不易发生变形的合成树脂材料，以前曾用过SAN，目前主要采用ABS、PP和PVC等材料。SAN：由聚苯乙烯-丙烯腈聚合而成的树脂。这种材料的缺点是水保持和氧气保持性能都很差，即电池的水蒸气泄漏和氧气渗漏都很严重。ABS：丙烯腈、丁乙烯、苯乙烯的共聚物。优点有硬度大、热变形温度高和电阻系数大。但水蒸气泄漏严重，仅稍好于SAN材料，且氧气渗漏比SAN还严重。PP：聚丙烯。它是塑料中耐温最高的一种，温度高达150℃也不变形，低温脆化温度为−10～−25℃。其熔点为164～170℃、击穿电压高、介电常数高达 $2.6 \times 10^6 F/m$、水蒸气的保持性能优于SAN、ABS及PVC材料。但氧气保持能力最差、硬度小。PVC：聚氯乙烯烧结物。优点有绝缘性能好、硬度大于PP材料、吸水性比较小、氧气保持能力优于上述三种材料及水保持能力较好（仅次于PP材料）等。但硬度较差、热变形温度较低。

VRLA蓄电池的电池槽采用加厚的槽壁，并在短侧面上安装加强筋，以此来对抗极板面上的压力。此外电池内壁安装的筋条还可形成氧气在极群外部的绕行通道，提高氧气扩散到负极的能力，起到改善电池内部氧循环性能的作用。

VRLA蓄电池的电池槽也有单一槽和复合槽两种结构。一般而言，小容量电池采用单一槽结构，而大容量电池则通常采用复合槽结构（如图4-5所示），如容量为1000A·h的电池分成两格[图4-5（a）]，容量为2000～3000A·h的电池分为四格[图4-5（b）]。因为大容量电池的电池槽壁必须加厚才能承受紧装配和内压力所带来的压力，但槽壁太厚不利于电池散热，所以必须采用多格的复合槽结构。大容量电池有高型和矮型之分，但由于矮型结构的电解液分层现象不明显，且具有优良的氧复合性能，所以采用等宽等深的矮型槽。若单体电池采用复合槽结构，则其串联组合方式如图4-6所示。

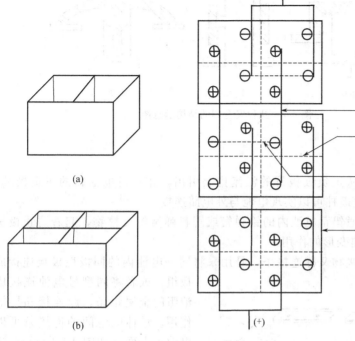

图 4-5　复合电池槽示意图　　　　图 4-6　复合槽电池的串联组合方式

电池槽面上连接

电池槽中间横格壁

电池槽内部连接

单体电池(2V)

(a)

(b)

(−)

(+)

4.1.5　排气栓

　　排气栓的作用是排出电池在充电过程中产生的气体，或在放置过程中因自放电或水蒸发等产生的气体。启动用铅蓄电池的排气装置就是注液孔盖上的小孔；防酸隔爆式铅蓄电池的排气栓为防酸隔爆帽；阀控式密封铅蓄电池的排气装置是一单向排气阀。

　　VRLA 蓄电池的排气栓又称安全阀或节流阀，其作用有二：一是当电池中积聚的气体压力达到安全阀的开启压力时，阀门打开以排出多余气体，减小电池内压；二是单向排气，即不允许空气中的气体进入电池内部，以免引起电池的自放电。

　　安全阀主要有三种结构形式：胶帽式、伞式和胶柱式，如图 4-7 所示。安全阀帽罩的材料采用的是耐酸、耐臭氧的橡胶，如丁苯橡胶、异乙烯乙二烯共聚物、氯丁橡胶等。这三种安全阀的可靠性是：柱式大于伞式和帽式，而伞式大于帽式。

　　安全阀开闭动作是在规定的压力条件下进行的，安全阀开启和关闭的压力分别称为开阀压和闭阀压。开阀压的大小必须适中，开阀压太高易使电池内部积聚的气体压力过大，而过高的内压力会导致电池外壳膨胀或破裂，影响电池的安全运行；若开阀压太低，安全阀开启频繁，使电池内部水分损失严重，并因失水而失效。

　　闭阀压的作用是让安全阀及时关闭，其值大小以接近于开阀压值为好。及时关闭安全阀是为了防止空气中的氧气进入电池，以免引起电池负极的自放电。

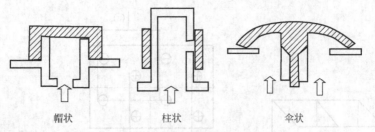

帽状　　　　　柱状　　　　　伞状

图 4-7　几种安全阀的结构示意图

4.1.6　附件

① 极柱：是指从正负极板群的汇流排上引出，并穿过电池盖的正负极端子，如图 4-8 所示。通过极柱可以实现电池与外电路连接。

② 支撑物：普通铅蓄电池内的铅弹簧或塑料弹簧等支撑物，起着防止极板在使用过程中发生弯曲变形的作用。

③ 连接物：连接物又称连接条，是用来将同一电池内的同极性极板连接成极板组，或者将同型号电池连接成电池组的金属铅条，起连接和导电的作用。单体电池间的连接条可以在电池盖上面（如图 4-8 所示），也可以采用穿壁内连接方式连接电池（如图 4-8 所示），后者可使电池外观更整洁、美观。

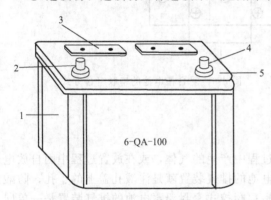

图 4-8　铅蓄电池结构（穿壁内连接方式）

1—电池槽；2—负极柱；3—防酸片；
4—正极柱；5—电池盖

④ 绝缘物：在安装固定用铅蓄电池组时，为了防止蓄电池漏电，在电池和木架之间，以及木架和地面之间要放置绝缘物，一般为玻璃或瓷质（表面上釉）的绝缘垫脚。为使电池平稳，还需加软橡胶垫圈。

这些绝缘物应经常清洗保持清洁，不让酸液及灰尘附着，以免引起漏电。

4.1.7　装配方式

所谓装配就是指将隔板（膜）置于如图 4-3 所示的已交错排列的正负极板群的每两片极板之间后，放入电池槽内并注入电解液，然后加盖封装。蓄电池的装配方式有两种：一是非紧装配方式，如普通铅蓄电池；二是紧装配方式，如 VRLA 蓄电池。

VRLA 蓄电池之所以采用紧装配方式，是因为其电解液处于贫液状态。如果极板和隔膜不能紧密接触，会使极板不能接触到电解液，也就不能保证极板上的活性物质与电解液发生反应，电池也就不能正常工作。为了使 VRLA 蓄电池的电化学反应能正常进行，只有采取紧装配的组装方式，才能做到极板和电解液的充分接触。紧装配可以达到以下三个目的：一是使隔膜与极板紧密接触，有利于活性物质与电解液的充分接触；二是保持住极板上的活性物质，特别是减少正极活性物质的脱落；三是防止正极在充电后期析出的氧气沿着极板表面上窜到电池顶部，使氧气充分地扩散到负极被吸收，以减少水分的损失。

综上所述，VRLA 蓄电池为了达到密封的目的，在极板、电解液、隔膜、容器、排气栓和装配方式等方面均与普通铅蓄电池有不同之处，如表 4-4 所示。

表 4-4　VRLA 蓄电池与普通铅蓄电池的结构比较

组成部分 ＼ 电池种类	富液式铅蓄电池	VRLA 蓄电池
电极	铅锑合金板栅	无锑或低锑合金板栅
电解液	富液式	贫液式或胶体式
隔膜	微孔橡胶、PP、PE	超细玻璃纤维隔膜
容器	无机或有机玻璃、塑料、硬橡胶等	SAN、ABS、PP 和 PVC
排气栓	排气式或防酸隔爆帽	安全阀
装配方式	非紧装配	紧装配

此外，同样是阀控密封结构的胶体密封铅蓄电池（指用胶体电解液作电解质的密封铅蓄电池，简称胶体电池），与 VRLA 蓄电池在结构上也有所不同，其区别在于以下几点。

① 胶体密封铅蓄电池为富液式电池，电解液的量比 VRLA 蓄电池要多 20%；而 VRLA 蓄电池为了给正极析出的氧提供向负极的通道，必须使隔膜保持有 10% 的孔隙不被电解液占有，即为贫液式电池。

② 胶体密封铅蓄电池的装配方式与普通铅蓄电池相同，为非紧装配结构；而 VRLA 蓄电池为了使电解液与极板充分接触而采用了紧装配方式。

③ 胶体密封铅蓄电池的胶体电解质是硅酸凝胶，为多孔道的高分子聚合物，内部呈相互交错的细线状结构，铅蓄电池所需的硫酸溶液就固定在它的孔道中，其密度低于 VRLA 蓄电池的电解液密度，为 $1.26 \sim 1.28 \mathrm{g/cm}^3$；而 VRLA 蓄电池的硫酸溶液密度为 $1.29 \sim 1.30 \mathrm{g/cm}^3$，固定在极板和超细玻璃纤维隔膜中。

④ 胶体密封铅蓄电池的隔板与普通铅蓄电池相同，但在隔板的不起伏面有一层很薄的的超细玻璃纤维隔膜（约 0.4mm 厚），目的是让电解液能与极板活性物质充分接触，而 VRLA 蓄电池的隔膜是超细玻璃纤维隔膜。

⑤ 胶体密封铅蓄电池的正极板栅材料可采用低锑合金，也可采用管状电池正极板，同时，为了提高电池容量而又不减少电池寿命，极板可以做得薄一些，电池槽内部空间也可以扩大一些；而 VRLA 蓄电池为了保证电池有足够的寿命，极板应设计得较厚，正板栅合金采用 Pb-Ca-Sn-Al 四元合金。

胶体密封密封铅蓄电池的上述结构特点，使其具有以下优点。

① 电解液不流动、不易渗漏，电池可在任意方向上使用；

② 与 VRLA 蓄电池相比，在正常充电条件下，电池内部水的损耗非常小；

③ 富电解液结构使胶体铅蓄电池的散热能力较好，使其对温度的敏感程度远小于阀控式密封铅蓄电池，不易发生热失控，因而可在较高温度下使用；

④ 采用无锑或低锑铅合金（如铅-钙-锡合金）板栅，电池的自放电小；

⑤ 电解液无分层现象，可减少电池因电液分层而引起的自放电；

⑥ 胶体电解质可防止活性物质脱落。

4.2 铅酸蓄电池的工作原理

经长期的实践证明，"双极硫酸盐化理论"是最能说明铅蓄电池工作原理的学说。该理论可以描述为：铅蓄电池在放电时，正负极的活性物质均变成硫酸铅（$PbSO_4$），充电后又恢复到初始状态，即正极转变成二氧化铅（PbO_2），负极转变成海绵状的铅（Pb）。

4.2.1 放电过程

当铅蓄电池接上负载时，外电路便有电流通过。图 4-9 表明了放电过程中两极发生的电化学反应。有关的电化学反应为：

① 负极反应 $\qquad Pb - 2e + SO_4^{2-} \longrightarrow PbSO_4$ （4-1）

② 正极反应 $\qquad PbO_2 + 2e + 4H^+ + SO_4^{2-} \longrightarrow PbSO_4 + 2H_2O$ （4-2）

③ 电池反应 $\quad Pb + 4H^+ + 2SO_4^{2-} + PbO_2 \longrightarrow 2PbSO_4 + 2H_2O$

$\qquad$ 或 $\quad Pb + 2H_2SO_4 + PbO_2 \longrightarrow PbSO_4 + 2H_2O + PbSO_4$ （4-3）

$\qquad$ 负极 $\quad$ 电解液 $\quad$ 正极 $\qquad$ 负极 $\quad$ 电解液 $\quad$ 正极

从上述电池反应可以看出，铅蓄电池在放电过程中两极都生成了硫酸铅，随着放电的不断进行，硫酸逐渐被消耗，同时生成水，使电解液的浓度（密度）逐渐降低。因此，电解液密度的高低反映了铅蓄电池的放电程度。对富液式铅蓄电池来说，密度可以作为其放电终了标志之一。通常，当电解液密度下降到 $1.15 \sim 1.17g/cm^3$ 左右时，应停止放电，否则电池会因为过量放电而损坏。

4.2.2 充电过程

当铅蓄电池接上充电器时，外电路便有充电电流通过。图 4-10 表明了充电过程中两极发生的电化学反应。有关的电极反应为：

① 负极反应 $\qquad PbSO_4 + 2e \longrightarrow Pb + SO_4^{2-}$ （4-4）

② 正极反应 $\qquad PbSO_4 - 2e + 2H_2O \longrightarrow PbO_2 + 4H^+ + SO_4^{2-}$ （4-5）

③ 电池反应 $\qquad 2PbSO_4 + 2H_2O \longrightarrow Pb + 4H^+ + 2SO_4^{2-} + PbO_2$

$\qquad$ 或 $\quad PbSO_4 + 2H_2O + PbSO_4 \longrightarrow Pb + 2H_2SO_4 + PbO_2$ （4-6）

$\qquad$ 负极 $\quad$ 电解液 $\quad$ 正极 $\qquad$ 负极 $\quad$ 电解液 $\quad$ 正极

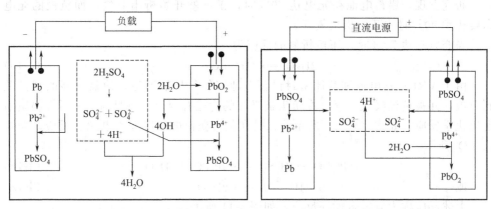

图 4-9　放电过程中的电化学反应示意图　　　图 4-10　充电过程中的电化学反应示意图

从以上可以看出，铅蓄电池的充电反应恰好是其放电反应的逆反应，即充电后极板上的活性物质和电解液的密度都恢复到原来的状态。所以，在充电过程中，电解液的密度会逐渐升高。对富液式铅蓄电池来说，可以通过电解液密度的大小来判断电池的荷电程度，也可用密度值作为充电终了标志，如启动用铅蓄电池的充电终了密度为 $d_{15}=1.28\sim1.30g/cm^3$，固定用防酸隔爆式铅蓄电池的充电终了密度是 $d_{15}=1.20\sim1.22g/cm^3$。

④ 充电后期分解水的反应　铅蓄电池在充电过程中还伴随有电解水反应。分解水的反应在充电初期是很微弱的，但当单体电池的端电压达到 2.3V/只时，水的电解开始逐渐成为主要反应。这是因为端电压达 2.3V/只时，正负极板上的活性物质已大部分恢复，硫酸铅的量逐渐减少，使充电电流用于活性物质恢复的部分越来越少，而用于电解水的部分越来越多。

负　极	$4H^++4e \xrightarrow{\hspace{1cm}} 2H_2$	(4-7)
正　极	$2H_2O-4e \xrightarrow{\hspace{1cm}} 4H^++O_2$	(4-8)
总反应	$2H_2O \xrightarrow{\hspace{1cm}} 2H_2+O_2$	(4-9)

对于普通铅蓄电池来说，电解液为富液式，此时可观察到有大量的气泡逸出，并且冒气越来越激烈，因此可用充电末期电池冒气的程度作为充电终了标志之一。但对于阀控式密封铅蓄电池来说，因为是密封结构，其充电后期为恒压充电（恒定的电压在 2.3V/只左右），充电电流很小，而且正极析出的氧气能在负极被吸收，所以不能观察到冒气现象。

4.2.3　阀控式密封铅蓄电池的密封原理

（1）负极吸收原理

负极吸收原理就是利用负极析氢比正极析氧晚的特点，并采用特殊结构，使铅蓄电池在充电后期负极不能析出氢气，同时能吸收正极产生的氧气，从而实现电池的密封。VRLA 蓄电池和胶体密封铅蓄电池就是利用负极吸收原理实现氧复合循环，以达到密封的目的。

研究发现，铅蓄电池在充电达 70％时，正极就开始析出氧气，而负极的充电态要达到 90％时才开始析出氢气。

当充电态达 70％时，正极析氧的反应为

$$2H_2O \longrightarrow 4H^+ + O_2 + 4e \tag{4-10}$$

由于 VRLA 蓄电池和胶体密封铅蓄电池有氧气扩散通道，使氧气能顺利扩散到负极，并被负极吸收。氧气在负极被吸收的途径有两个：一是与负极活性物质铅发生化学反应，如式（4-11）所示；二是在负极获得电子后发生电化学反应，如式（4-12）所示。

$$2Pb + O_2 + 2H_2SO_4 \longrightarrow 2PbSO_4 + 2H_2O \tag{4-11}$$

或

$$O_2 + 4H^+ + 4e \longrightarrow 2H_2O \tag{4-12}$$

上述反应称为氧复合循环反应，如图 4-11 所示。

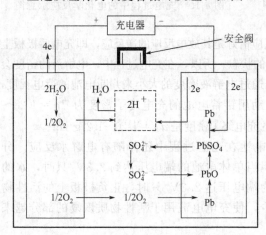

图 4-11　VRLA 蓄电池的密封原理示意图

（2）氧气的传输

实际上，充电末期正极析出氧气，在正极附近形成轻微的过压，而负极吸收氧气使负极产生轻微的负压，于是在正、负极之间压差的作用下，氧能够通过气体扩散通道顺利地向负极迁移。

正极析出的氧气要能在负极充分地被吸收，就必须先顺利地传输到负极。氧以两种方式在电池内传输：一是溶解在电解液中，即通过液相扩散到负极表面；二是以气体形式经气相扩散到负极表面。

显然，氧的扩散过程越容易，则氧从正极向负极迁移并在负极被吸收的量越多，因此就允许电池通过较大的电流而不会造成电池中水的损失。如果氧能以气体的形式向负极扩散，那么氧的扩散速度就比单靠液相中溶解氧的扩散速度大得多。所以在 VRLA 蓄电池和胶体密封铅蓄电池中，为了有效地吸收氧气，分别采用了不同的电池结构，为氧气提供气相扩散通道。

VRLA 蓄电池采取如下特殊的电池结构：一是贫电解液结构，就是使超细玻璃纤维隔膜中大的孔道不被电解液充满，作为氧气扩散通道，使氧气能顺利地扩散到负极；二是紧密装配，能使极板表面与隔膜紧密接触，一方面使电解液能充分湿润极板，另一方面保证氧气经隔膜孔道无阻地扩散到负极，而不至于使氧气沿着极板向上逸出。

胶体密封铅蓄电池利用凝胶形成的裂缝：硅酸凝胶是以 SiO_2 质点作为骨架构成的三维多孔网状结构，它将电解液固定在其中。当硅酸溶胶灌注到电池中后变成凝胶，然后凝胶在使用过程中骨架要进一步收缩，使凝胶出现裂缝贯穿于正负极板之间，给正极析出的氧提供了到达负极的通道。

（3）氧复合效率及其影响因素

密封铅蓄电池中氧气在负极被吸收的效率称氧复合效率 η_{OC}。理论上，氧复合的效率可达到100%，但由于各种因素的影响，氧复合效率不可能为100%。影响VRLA蓄电池氧复合效率的因素主要有以下几个方面。

① 细玻璃纤维隔膜中电解液饱和的程度　电解液的饱和度越低，隔膜中氧气的扩散通道越多，氧复合效率越高，反之则越低。但并不是饱和度越低越好，因为当电解液的饱和度下降到一定程度后，极板上的活性物质因没有电解质的作用而不能发生电化学反应，使电池会因失水过多而容量下降。所以电解液的饱和度应保持在一定范围，才能既有利于氧气的扩散，又能保证电池的放电容量。通常要求隔膜中电解液的饱和度为60%～90%。

② 氧分压　氧分压就是电池内部气相空间中氧气所占有的分压力。氧分压越高，氧复合效率 η_{OC} 越高；反之，则 η_{OC} 越低。但是不能为了提高氧复合效率而无限制地增大氧分压，因为紧装配方式已使电池槽承受了很大的压力，而电池槽的耐压能力是有限的，使其不能承受过高的氧分压；另一方面，过高的氧分压使电池不能及时释放多余的气体，因而影响电池的散热。所以氧分压应在一定的范围内，其大小是通过安全阀的开阀压和闭阀压来控制的。

③ 充电电流　图4-12所示是充电电流与氧复合效率间的关系。由图可见，充电电流对氧复合效率的影响很大，特别是当充电电流达到一定程度后，电流增大，η_{OC} 快速下降。这是因为电池在充电时，正极上析出氧气的速率与充电电流或充电电压成正比，即充电电流越大或电压越高，单位时间内析出的氧气越多。然而氧气传输到负极进行氧复合反应的速度是有限的，即氧的析出快于氧的复合，使得氧复合效率降低。所以在阀控式密封铅蓄电池中，要求充电时控制充电电流和充电电压，如浮充使用的电池的浮充电压应保持在 $2.23\sim2.27V$/只（25℃）；循环使用的电池电压最高为 $2.4V$/只，初始充电电流不大于 $0.3C_{10}$，以维持氧的析出与复合处于平稳状态。

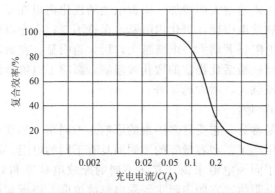

图4-12　氧复合效率与充电电流的关系

④ 隔膜的压缩　对隔膜进行压缩，一是为了使极板与电解液充分接触；二是使超细玻纤隔膜与电极间的距离小于隔膜与电极中的大孔，否则正极析出的氧气会从隔膜与电极间的空隙逸到电池的气室，从而降低 η_{OC}。为了达到这一设计要求，

必须采用紧装配方式来组装电池，并控制适当的装配压力；另一方面，还要求隔膜具有很强的储液能力和良好的抗拉强度和压缩性。

与 VRLA 蓄电池一样，胶体密封铅蓄电池的氧复合效率同样要受到充电电流和氧分压的影响，但在使用的不同阶段，其氧复合效率会发生从低到高的变化。

① 使用初期：因为胶体电解质在形成初期，内部没有或极少有裂缝，不能给正极析出的氧气提供足够的扩散通道，使氧复合效率较低。

② 使用中、后期：因为在使用过程中，胶体会逐渐收缩，并形成越来越多的裂缝，这些裂缝便是氧气扩散的通道，因此，氧气的复合效率也随之逐渐提高。在运行数月后，氧复合效率可达 95% 以上。

4.3 铅酸蓄电池的性能

4.3.1 内阻

（1）内阻的含义

电池的内阻有两个含义，其一是指欧姆电阻，由这部分电阻引起的电压降遵守欧姆定律；其二是指全内阻，它包括欧姆电阻和极化电阻两部分，其中极化电阻不遵守欧姆定律。由于内阻的存在，电池放电时的端电压小于电动势，而充电时的端电压大于电动势。

① 欧姆内阻　电池的欧姆电阻就单体电池而言，它等于极板、电解液和隔板的电阻之和。在实际应用中，往往是多只单体电池连接成电池组，所以还包括有连接物的电阻。串联后的总内阻等于各单体电池的内阻之和。

② 极化内阻　极化电阻也称表观电阻或假电阻，它是当电池在充电或放电时，由于其电极上有电流通过，引起极化现象而随之出现的一种电阻，其值大小与电流有关，随充、放电电流的增大而增加。铅蓄电池的极化内阻在充电或放电初期增加速度较快；在充电和放电中期，极化内阻基本保持不变；在充电后期，当两极开始析出气体时，极化电阻显著增大，电流越大，增大越明显；在放电后期，由于硫酸铅的体积较大，致使极板活性物质的微孔被阻塞，影响了电解液的扩散，使电池的极化内阻增加，电流越大，增大越显著。

（2）影响内阻的因素

电池的内阻不是常数，它受许多因素的影响。不同型号和规格的铅蓄电池，会因为其结构、极板生产工艺和容量等的不同而具有不同的电阻。通常电池的容量越大，内阻越小。对于同一电池来说，它在不同的充放电状态和处于不同的寿命时期，也具有不同的电阻值，它的内阻主要受电解液浓度、极板荷电程度、充放电电流和电解液温度等因素的影响。

① 电解液浓度　电池内阻随着电解液密度的变化而变化。这是因为在铅蓄电池的电解液密度正常值范围内（15℃），硫酸溶液的电阻率随密度的增加而减小，当密度为1.200（15℃）时，电阻率最小，然后随密度的增加而有所增加，如表4-1所示。

② 极板荷电程度　极板的荷电程度就是极板的充放电状态，它与极板上活性物质的状态有关。在充电过程中，正、负极上的活性物质二氧化铅和海绵状铅的量越来越多，即极板上的荷电程度越来越高；反之，在放电过程中，正、负极的活性物质逐渐生成放电产物硫酸铅，极板的荷电程度越来越低。因为硫酸铅的导电能力差，其欧姆电阻远大于铅和二氧化铅的欧姆电阻，所以极板的荷电程度越高，极板的电阻值越小；极板的荷电程度越低，极板的电阻值越大。在放电开始后，极板电阻缓慢增加，而当放电接近终期则急剧增加，其值达到放电开始时的 2～3 倍。这是因为硫酸铅体积较大，放电后期硫酸铅的含量增多，致使极板活性物质的微孔被阻塞，影响了电解液的扩散，因而不仅极板的欧姆内阻增大，而且极化内阻增大。在充电过程中，极板的电阻逐渐减小，且在气体析出前因微孔增大而极化内阻减小。但当气体开始析出后，电池的极化内阻又增大，这是因为气体析出时电化学极化较严重。

③ 充放电电流　充放电电流的大小主要影响极化电阻。小电流充放电时，极化内阻很小，特别是在放电时负载电阻很大的情况下，极化内阻对电池端电压的影响可忽略。反之，电流越大，极化内阻越大，电池的全内阻相应增大。大电流放电时，电压降损失可达数百毫伏，对电池的放电电压影响很大。而当大电流充电时，电池的电压上升过快、过高，致使电池两极过早析出气体，充电效率降低。

④ 电解液温度　阀控式密封铅蓄电池内阻与温度的关系如图 4-13 所示。由图可见，在 －10～＋30℃ 环境温度下放电，电池内阻随温度的升高而减小，反之，当温度降低时，其内阻逐渐增大，电池内阻与温度呈线性变化关系。温度自 25℃ 以下，每降低 1℃，内阻增加约 $1.7\%～2.0\%$。

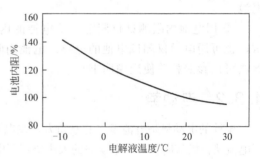

图 4-13　内阻与电解液温度的关系

⑤ 电池的容量　由欧姆定律知道，物体的电阻与其长度成正比，与截面积成反比。即导体的截面积越大，其欧姆电阻越小。对于蓄电池来说，为了增大其容量，可增大极板面积和增加极板的片数。所以，电池的容量越大，其极板的面积越大，即电池的欧姆内阻也就越小。表 4-5 列出了不同容量的铅蓄电池（同一厂家生产的相同结构电池）欧姆电阻的近似值。

表 4-5　不同容量的铅蓄电池的欧姆内阻

容量/A·h	内阻/$\times 10^{-4}\Omega$	容量/A·h	内阻/$\times 10^{-4}\Omega$
1～2	100～400	1000	2～7
10	50～100	5000	0.6～2
50	25～80	10000	0.35～0.8
100	10～65	15000	0.1～0.3

（3）内阻的测定

① 公式作近似计算　蓄电池在充放电过程中的内阻可由下式求出：

$$r_{充} = \frac{U_{充} - E}{I_{充}}(\Omega) \tag{4-13}$$

$$r_{放} = \frac{E - U_{放}}{I_{放}}(\Omega) \tag{4-14}$$

式中，E 为电池的电动势，V；$U_{充}$、$U_{放}$ 为电池充、放电时的端电压，V；$I_{充}$、$I_{放}$ 为充、放电电流，A。由于电池在充放电时有电流通过，所以式中的内阻 r 为全电阻，即包括极化内阻和欧姆内阻。

例如，某铅蓄电池接上负载后，通过线路的电流是 12A，放电至端电压为 1.95V 时，将电路断开，测得电池的开路电压为 2.05V，则该蓄电池放电至此时的内阻为

$$r_{放} = \frac{E - U_{放}}{I_{放}} = \frac{2.05 - 1.95}{12} = 0.008(\Omega)$$

由上述计算结果及表 4-5 中的数据可知，铅蓄电池的欧姆内阻非常小，必须要防止电池的短路，否则，一旦电池短路会产生很大的短路电流，该电流会严重损害电池。

② 用电池内阻测试仪测定　蓄电池的内阻可用专门的电池内阻测试仪进行测试，也可用电导仪测试电池的电导。电池内阻测试仪或电导仪的种类很多，其使用方法可以参照相关使用说明书。

4.3.2　电动势

电池的电动势是电池工作的原动力，在电动势的作用下，电子将从负极移向正极，即电流从正极流向负极。电动势的大小决定了电池的开路电压和工作电压的大小。

电池的电动势就是电池的正极和负极的电极电位之差。铅蓄电池的正负极的标准电极电位分别为 $\varphi^{\circ}_{PbO_2/PbSO_4} = 1.685V$ 和 $\varphi^{\circ}_{PbSO_4/Pb} = -0.36V$，所以其标准电动势为：

$$E^{\circ} = \varphi^{\circ}_{PbO_2/PbSO_4} - \varphi^{\circ}_{PbSO_4/Pb} = 1.685 - (-0.36) = 2.041V$$

（1）电动势的形成

电动势的形成实际上就是电极电位的形成过程，即电极活性物质表面与电解液形成界面双电层的过程。负极电极电位的形成如图 4-14 所示。负电极上海绵状的铅是由 Pb^{2+} 和电子组成，当负极插入稀硫酸溶液中时，其表面会受到极性水分子的攻击，使 Pb^{2+} 脱离表面进入溶液，电子则留在极板表面上。随着 Pb^{2+} 不断进入溶液，极板上带的负电荷不断增加，它对进入溶液中的 Pb^{2+} 有吸引作用，使 Pb^{2+} 重新获得电子并在极板上析出。刚开始时，铅溶解的速度大于析出的速度，随着溶解的 Pb^{2+} 浓度增大，溶解的速度减小而析出的速度增大。当溶解与析出的速度相等时，达到动态平衡，此时在铅电极与电解液的接界面上形成稳定的双电层结构（电极带负电，溶液带正电），其电位差就是负极的电极电位 $\varphi_{PbSO_4/Pb}$。

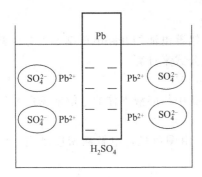

图 4-14　负极电极电位的形成

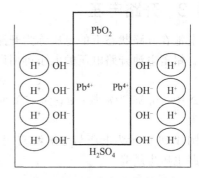

图 4-15　正极电极电位的形成

正极电极电位的形成如图 4-15 所示。正极上的二氧化铅是一种碱性氧化物，它在稀硫酸中先与水分子作用，生成可电离的物质 $Pb(OH)_4$，然后电离成 Pb^{4+} 和 OH^-，即

$$PbO_2 + 2H_2O \Longleftrightarrow Pb(OH)_4$$

$$Pb(OH)_4 \Longleftrightarrow Pb^{4+} + OH^-$$

电离生成的 Pb^{4+} 留在极板上使极板带正电，OH^- 则受溶液中 H^+ 的吸引进入溶液，但由于 OH^- 受极板上正电荷的吸引，不可能远离极板去和 H^+ 结合成水分子，它只能在极板表面附近，使极板表面附近溶液带负电荷。当 OH^- 进入溶液与 OH^- 返回极板表面的速度相等时，在正极板与溶液的接界处形成稳定的双电层，其结果是正极板带正电，溶液带负电，它们之间的电位差就是正极电极电位 $\varphi_{PbO_2/PbSO_4}$。

（2）电动势的计算

首先根据电极反应写出正、负极的能斯特方程式。

负极反应：　　　　　　　$Pb - 2e + SO_4^{2-} \Longleftrightarrow PbSO_4$

负极电极电位：　　$\varphi_{PbSO_4/Pb} = \varphi^\circ_{PbSO_4/Pb} + \dfrac{0.059}{2} \lg \dfrac{1}{a_{SO_4^{2-}}}$

正极反应：　　　　$PbO_2 + 2e + 4H^+ + SO_4^{2-} \Longleftrightarrow PbSO_4 + 2H_2O$

正极电极电位：　　$\varphi_{PbO_2/PbSO_4} = \varphi^\circ_{PbO_2/PbSO_4} + \dfrac{0.059}{2} \lg a_{SO_4^{2-}} a_{H^+}^4$

所以铅蓄电池的电动势：

$$E = \varphi_{PbO_2/PbSO_4} - \varphi_{PbSO_4/Pb}$$

$$= (\varphi^\circ_{PbO_2/PbSO_4} - \varphi^\circ_{PbSO_4/Pb}) + \dfrac{0.059}{2} \lg a_{SO_4^{2-}}^2 a_{H^+}^4$$

$$= E^\circ + 0.059 \lg a_{SO_4^{2-}} a_{H^+}^2 \tag{4-15}$$

4.3.3　开路电压

电池在开路状态下的电压称为开路电压。铅蓄电池的开路电压基本上等于其电动势。铅蓄电池开路电压的大小可用以下经验公式来计算：

$$U_{开} = 0.85 + d_{15}(\mathrm{V}) \tag{4-16}$$

式中，0.85 为常数；d_{15} 为 15℃时极板微孔中与溶液本体的电解液密度相等时的密度。

图 4-16 所示为电压与电解液密度的关系。由图可见，电解液密度越高，电池的开路电压也越高。

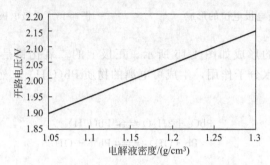

图 4-16　开路电压与电解液密度的关系

在充电过程中，由于极板微孔中的密度大于溶液本体的密度，所以，充电结束后，电池的开路电压随着微孔中的硫酸逐渐向外扩散而逐步降低，当极板微孔中的密度与溶液本体的密度一致时，开路电压也就固定下来。同样，在放电过程中，由于极板微孔中的密度小于溶液本体的密度，所以，放电结束后，随着溶液本体的硫酸逐渐向微孔中扩散，电池的开路电压也逐渐增加，当微孔中与溶液本体的电解液密度相一致时，开路电压也保持不变。

式（4-16）在 15℃时，电解液密度在 1.050～1.300g/dm³ 范围内是准确的。如 15℃时，防酸隔爆式铅蓄电池和启动用铅蓄电池在充足电后，电解液密度分别为 1.20～1.22g/dm³ 和 1.28～1.30g/dm³，则用式（4-16）可以计算出它们相应的开路电压分别为 2.05～2.07V 和 2.13～2.15V。

4.3.4　端电压

4.3.4.1　充放电过程中端电压的变化

电池端电压是指电池与外电路相连接且电极上有电流通过时正、负极两端的电位差。电池的端电压与电动势、内阻、电流及电解液的密度等均有关系。当用恒定的电流进行充放电时，电池的端电压可用下式表示：

$$U_{充} = E + \eta_v + I_{充} r_{内} \tag{4-17}$$

$$U_{放} = E + \eta_v + I_{放} r_{内} \tag{4-18}$$

式中，$U_{充}$ 和 $U_{放}$ 为充放电时蓄电池的端电压，V；$I_{充}$ 和 $I_{放}$ 为蓄电池的充电电流和放电电流，A；E 为蓄电池的电动势，V；$r_内$ 为蓄电池的欧姆内阻，Ω；η_v 为蓄电池充放电时的超电压，V。

超电压就是为了克服极化电阻而引起的充电电压增加或放电电压减小的那一部分电压值。超电压与电流密度的大小有关。电流密度越大，极化电阻越大，超电压越大。所以，大电流充放电时，极化内阻不能忽视，它将严重影响电池性能，即放电时使端电压下降，电池的放电容量减小；而充电时又使端电压过高，引起水的大量分解，降低电池的充电效率。超电压对端电压的影响与内阻压降对端电压的影响在方向上是一致的，所以可以将它们合并为一项，都用 Ir 表示，此时的 r 应理解为全内阻，即：

$$U_充 = E + I_充 r_内 \tag{4-19}$$

$$U_放 = E - I_放 r_内 \tag{4-20}$$

（1）放电过程中端电压的变化

用恒定的电流对铅蓄电池进行放电时，其端电压将随放电时间发生变化，这种放电电压随时间变化的曲线称为放电特性曲线。图 4-17 中的曲线 1 为铅蓄电池标准放电电流放电时的放电曲线。

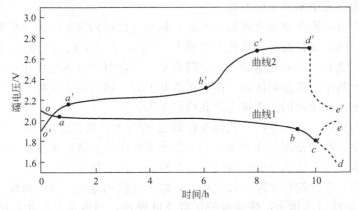

图 4-17　铅蓄电池的充放电端电压变化曲线

由图可见，放电时端电压的变化分为三个阶段。在放电初始的很短时间内，端电压急剧下降，然后端电压缓慢下降，当接近放电终期时，端电压又在很短时间内迅速下降。当电压降到一定值时，必须停止放电，否则端电压很快降到零伏。其中第二阶段维持时间越长，铅蓄电池的特性越好。

在放电之前，极板上活性物质微孔中硫酸溶液的密度与本体溶液的密度相等，电池的电压为开路电压。

在放电初期，极板微孔中硫酸首先被消耗，微孔内溶液密度立即下降，而本体溶液中的硫酸向微孔内扩散的速度很慢，不能立即补充所消耗的硫酸，使微孔中硫酸浓度下降，故本体溶液与微孔中的溶液形成较大的浓度差，即此阶段的浓差极化较大，结果导致电池端电压明显下降（o—a 段）。随着浓度差的增大，使硫酸的扩散速度增加，当电极反应消耗硫酸的速度与硫酸扩散的速度相等时，此阶段结束。

在放电中期，由于电子移动速度、电极反应速度与硫酸扩散速度达成一致，即极化引起的超电压基本稳定，因此该阶段的端电压主要与蓄电池的电动势和欧姆内阻有关。而电动势与电解液的浓度有关，所以端电压随电解液浓度的逐渐减小和欧姆内阻的逐渐增大而缓慢下降（a—b 段）。

在放电后期，正、负极活性物质逐渐转变成硫酸铅，并向极板深处扩展，使极板活性物质微孔被体积较大的硫酸铅阻塞，本体溶液中的硫酸向微孔内扩散变得越来越困难，导致微孔中硫酸密度急剧下降，因此浓差极化也急剧增大。此外，放电产物硫酸铅是不良导体，使电池欧姆内阻增大，所以此阶段的端电压下降速度很快（b—c 段）。

当端电压下降到 c 点后，如果再继续放电，端电压下降的速度更快（c—d 段）。这是因为微孔中硫酸的浓度由于得不到补充已降至很低，使放电反应无法进行。所以 c 点为放电终止电压。

当蓄电池停止放电后，放电反应不再发生，本体溶液中的硫酸逐渐向微孔中扩散，使微孔中的溶液浓度逐渐上升，并最终与本体溶液的浓度相等，使电池的开路电压逐渐上升并稳定下来（c—e 段）。

（2）充电过程中端电压的变化

用恒定电流对铅酸蓄电池进行充电时，其端电压将随充电时间发生变化，这种充电电压随时间的变化曲线称充电特性曲线。图 4-17 中的曲线 2 为标准充电电流对普通铅蓄电池充电时的充电曲线。由图可见，充电时端电压的变化也可分为三个阶段。在充电初始的很短时间内，端电压急剧上升，然后端电压缓慢上升，在充电后期，端电压又在短时间内迅速上升并稳定下来。

在充电初期，由于充电反应使硫酸铅转变成铅和二氧化铅，同时释放出硫酸，使极板微孔中硫酸的密度迅速增大，而微孔中硫酸向外扩散的速度低于充电反应生成硫酸的速度，因而微孔中硫酸的密度上升很快，使本体溶液与微孔中的溶液形成较大的浓度差，即此阶段的浓差极化较大，结果导致端电压上升的速度很快（o'—a' 段）。随着浓度差的增大，使硫酸的扩散速度增加，当电极反应生成硫酸的速度与硫酸扩散的速度相等时，此阶段结束。

在充电中期，由于电子移动速度、电极反应速度与硫酸扩散速度达成一致，即极化引起的超电压基本稳定，因此该阶段的端电压主要与电池的电动势有关。而电动势与电解液的浓度有关，所以端电压随电解液浓度的逐渐减大而缓慢上升（a'—b' 段）。

在充电末期，当蓄电池端电压上升到水的分解电压 2.3V（b' 点）时，两极就有大量均匀的气体（氢气和氧气）析出，而氢、氧气体析出的超电位较大，因此，此阶段因气体析出超电位而快速上升（b'—c' 段）。当端电压上升到 2.6～2.7V 后就稳定下来，该电压就是充电终止电压，当电压稳定下来后，应停止充电（c'—d' 段）。

充电结束后，蓄电池的开路电压会逐渐下降。这是因为在充电过程中微孔中硫酸的密度始终大于本体溶液的密度，所以刚停止充电时，开路电压较高（约

2.3V），随着微孔内硫酸逐渐向外扩散，直到微孔内外硫酸的密度相等时，开路电压也逐渐下降至 2.1V 左右并稳定下来（$d'—e'$ 段）。

4.3.4.2 影响端电压的因素

（1）温度

电池端电压与温度的关系，与温度对电解液黏度和电阻的影响密切相关。温度升高，硫酸的黏度减小，溶液中硫酸根离子和氢离子扩散的速度加快，将有利于电化学反应，使电池的极化作用减小；温度降低，硫酸的黏度增大，减低了影响电解液中离子的扩散速度，并降低了电化学反应的速度，使电池的极化作用增大。因此，温度升高使电池在充电时的端电压下降，而放电时的端电压升高；温度降低使电池的充电电压升高，而放电电压降低。图 4-18 所示是温度对铅蓄电池充放电时端电压的影响。

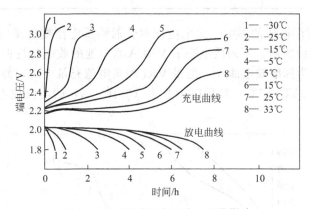

图 4-18　温度对充放电端电压的影响

（2）电流（充放电率）

某一电流值对于具体的蓄电池而言，究竟是大电流还是小电流，与电池的容量大小有关。比如 10A 的电流，对于 100A·h 的电池来说是一个合适的电流，但对于 10A·h 的电池来说就是大的电流，而对于 1000A·h 的电池则又是很小的电流。因此电流的大小必须相对蓄电池的容量大小而言。通常用充电率和放电率来表示蓄电池充放电电流的大小。

蓄电池放电或充电至终止电压的速度，称放电率或充电率。放电率或充电率有小时率和倍率（电流率）两种表示方法。

小时率是指蓄电池应在多少时间内（小时）充进或放出额定容量值。如 10h 率就是指在 10h 内放出或充入的容量为额定容量值，即放电或充电电流为

$$I = C_额 / H \tag{4-21}$$

式中，I 为放（充）电电流，A；$C_额$ 为额定容量，A·h；H 为放（充）电率，h。

例如，某蓄电池的额定容量为 120A·h，用 10h 率充电，然后用 5h 率放电，则放电电流为 24A，充电电流为 12A。

倍率是指放电电流的数值为额定容量数值的倍数，即

$$I = KC_{额} \qquad (4\text{-}22)$$

式中，K 为倍率的系数，$K = 1/H$。

例如，某蓄电池的额定容量为 60A·h，用 0.2C 充电和 3C 放电，则充电电流为 12A，放电电流为 180A。

小时率和倍率之间的关系见表 4-6。由此可见，放电率或充电率越快，充、放电电流越大，小时率的值越小，倍率越大；反之，放电率或充电率越慢，充、放电电流越小，小时率的值越大，倍率越小。

表 4-6　小时率与倍率之间的关系

小时率/h	0.5	1	4	5	10	20
倍率/A	2C	1C	0.25C	0.2C	0.1C	0.05C

① 放电率对端电压的影响　放电电流对普通铅蓄电池端电压的影响情况如图 4-19 中的放电曲线所示。不同放电率下 VRLA 蓄电池的放电特性曲线如图 4-20 所示，其中曲线 5 为标准放电曲线，是将 VRLA 蓄电池充足电后，静置 1~24h，使电池表面温度为 25℃±5℃，然后以 10h 率（$0.1C_{10}$A）的电流放电至 1.8V/只所得到的曲线。

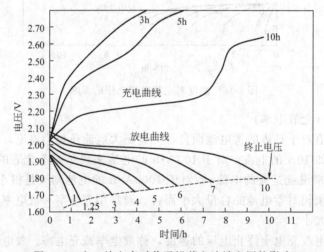

图 4-19　充、放电率对普通铅蓄电池端电压的影响

由图可见：放电率快，即放电电流大时，其端电压下降的速度也快。这是因为大电流放电时，因极化引起的超电位和电池的欧姆内阻压降增大，所以电池的端电压下降的速度快。

当放电率慢，即放电电流小时，端电压下降的速度慢。这是因为小电流放电时，因极化引起的超电位和电池的欧姆内阻压降小，所以电池的端电压下降的速度慢。值得注意的是，用小电流放电时，容易引起过量放电。而过量放电一方面使 $PbSO_4$ 的生成过量，引起极板上活性物质膨胀，进而造成极板弯曲和活性物质脱

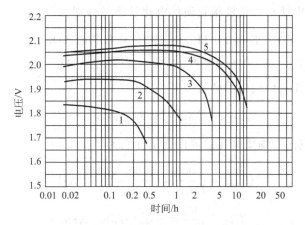

图 4-20　几种放电率下 VRLA 端电压的变化曲线

1—15min 率；2—1h 率；3—3h 率；4—8h 率；5—10h 率

落，结果使电池寿命缩短；另一方面，小电流过放后经正常充电后可能会充电不足，如果不及时过量充电，电池的容量会下降。因此为了防止过量放电，应将放电终止电压规定得高一些。

蓄电池放电终止电压是指其放电时应当停止的电压。由图 4-19 可见，不同的放电率规定有不同的放电终止电压，放电率越快，放电终止电压越低。这是因为大电流放电时，虽然端电压低而且下降的速度快，但极板上仍有活性物质未能参与反应，所以可以适当降低放电终止电压。

② 充电率对端电压的影响　充电电流对端电压的影响情况如图 4-19 所示。由图可见，充电率越快，即充电电流越大时，端电压越高而且上升的速度越快，这是因为大电流充电时，极化内阻增大，电池的内阻压降增大。反之，充电率越慢，即充电电流越小时，端电压越低而且上升的速度缓慢。这是因为小电流充电时，极化内阻小，电池的内阻压降小。一般地说，用较大电流充电固然可以加快充电过程，但因充电终期大部分能量用以产生热的分解水，能量损失较大，所以一般在充电后期要减小电流。

4.3.5　容量

4.3.5.1　容量表示方法

（1）理论容量

理论容量是指极板上的活性物质全部参加电化学反应所能放出的电量，它可以根据活性物质的质量，按照法拉第电解定律计算出来。

根据法拉第电解定律，铅蓄电池每放出或充入 1 法拉第（96500C 或 26.8A·h）的电量，正极板上要消耗或生成 1 克当量的 PbO_2(119.6g)，负极板上要消耗或生成 1 克当量的 Pb(103.6g)。根据铅蓄电池的电化学反应可知，为了同时满足正负极电化学反应的需要，电解液中要消耗或生成 2 克当量的硫酸（2×49g）。

所以，铅蓄电池正、负极板物质的电化学当量分别为

$$K_{PbO_2} = 119.6 \div 26.8 = 4.46 g/A \cdot h$$
$$K_{Pb} = 103.6 \div 26.8 = 3.87 g/A \cdot h$$

而两极要消耗或生成硫酸的量分别为

$$K_{H_2SO_4} = 49 \div 26.8 = 1.68 g/A \cdot h$$

因此，每千克活性物质具有的理论容量分别为

$$C^\circ_{PbO_2} = \frac{1000}{K_{PbO_2}} = \frac{1000}{4.46} = 224.2 A \cdot h$$

$$C^\circ_{Pb} = \frac{1000}{K_{Pb}} = \frac{1000}{3.87} = 258.4 A \cdot h$$

正极需要硫酸的质量为　　　$M_{H_2SO_4} = 224.2 \times 1.68 = 410.3 g$
负极需要硫酸的质量为　　　$M'_{H_2SO_4} = 258.4 \times 1.68 = 472.9 g$

实际上，每千克活性物质所具有的容量就是理论比容量，所以 PbO_2 和 Pb 的理论比容量分别为

$$C'_{PbO_2} = \frac{1}{K_{PbO_2}} = \frac{1}{4.46} = 0.2242 A \cdot h/kg$$

$$C'_{Pb} = \frac{1}{K_{Pb}} = \frac{1}{3.87} = 0.2584 A \cdot h/kg$$

（2）实际容量

电池的实际容量小于理论容量。在最佳放电条件下，铅蓄电池的实际容量也只有理论容量的 $45\% \sim 50\%$ 左右，这与活性物质的利用率有关。

在正常放电情况下，负极活性物质的利用率为 55% 左右，正极活性物质的利用率在 45% 左右。由于铅蓄电池放电时，电极上生成的 $PbSO_4$ 的密度小于 PbO_2 和 Pb 的密度，体积变大，使极板上的微孔逐渐减小甚至堵塞，影响了电解液的扩散和电化学反应，使活性物质得不到充分利用。因此，铅蓄电池的实际容量小于理论容量。另外，正极活性物质的利用率低于负极，其主要原因是正极的浓差极化大于负极的浓差极化，因为正极反应使微孔中除 SO_4^{2-} 浓度变化以外，H^+ 浓度也发生变化，同时有 H_2O 的消耗与生成。

（3）额定容量

额定容量是在指定放电条件下电池应能放出的最低限度的电量，也称保证容量。额定容量是厂方的规定容量，是设计和生产电池时必须考虑的一个指标。额定容量在电池型号中标出，它是使用者选择电池和计算充放电电流的重要依据。蓄电池的额定容量和实际容量一样，也小于理论容量。对于不同用途的电池，其额定容量的指定条件也有所不同，表 4-7 列出了几种铅蓄电池的额定容量的指定放电条件。

表 4-7　不同用途铅蓄电池额定容量的指定条件和容量的温度系数

用途	放电率/h	温度/℃	终止电压/V	容量温度系数/℃$^{-1}$
固定用	10	25	1.8	0.008
启动用	20	25	1.75	0.01
摩托车用	10	25	1.8	0.01
蓄电池车用	5	30	1.7	0.006
内燃机车用	5	30	1.7	0.01

4.3.5.2　影响容量的因素

影响蓄电池容量的因素很多，主要取决于活性物质的量和活性物质的利用率。活性物质的利用率又与极板的结构形式（如涂膏式、管式、形成式等）、放电制度（放电率、温度、终止电压）、原材料及制造工艺等因素有关。

（1）放电率对容量的影响

放电率快，即放电电流大时，电池的放电容量小。这是因为大电流放电时，极板上活性物质发生电化学反应的速度快，使微孔中 H_2SO_4 的密度下降速度也快，而本体溶液中的 H_2SO_4 向微孔中扩散的速度缓慢，即浓差极化增大。因此，电极反应优先在离本体溶液最近的表面上进行，即在电极的表层优先生成 $PbSO_4$。而 $PbSO_4$ 的体积比 PbO_2 和 Pb 的体积大，于是放电产物 $PbSO_4$ 堵塞电极外部的微孔，电解液不能充分扩散到电极的深处，使电极内部的活性物质不能进行电化学反应，这种影响在放电后期更为严重。所以，大电流放电时，极化现象严重，使活性物质的利用率低，放电容量也随之降低。

放电率慢，即放电电流小时，电池的放电容量大。这是因为小电流放电时，本体溶液的硫酸能及时扩散到极板微孔深处，极化作用较小，使活性物质的利用率提高。所以，小电流放电时，蓄电池的放电容量增大。值得注意的是，小电流放电可能使电池过量放电，引起电池损坏，必须严格控制放电终止电压。

另外，间隙式放电也容易引起电池过量放电。所谓间隙式放电，就是放电过程不是连续进行，中间有多次停止放电的时间间隔。停止放电可以起到去极化的作用，因为电池停止放电后，电解液的扩散作用可使微孔中重新被硫酸充满，消除了浓差极化。这样，在下一次放电时，有利于极板深处的活性物质发生反应，提高了活性物质的利用率，使电池的放电容量高于连续放电时的容量。

图 4-21 表示固定用铅蓄电池的放电率与容量的关系。由图可知，用 1h 率放电时，蓄电池只能放出额定容量的 50% 左右；5h 率放电时，

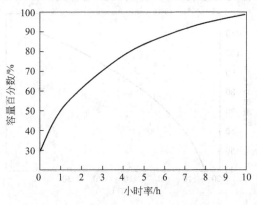

图 4-21　放电率与容量百分数的关系

能放出额定容量的 83% 左右；而用 10h 率放电时，蓄电池能放出的电能接近其额定容量。

放电率对蓄电池容量的影响可用容量增大系数 K 来表示，其值与放电率有关，如表 4-8 所示。容量增大系数的含义是，大电流放电使电池放电容量小于额定容量，为了满足负载要求，必须选用额定容量等于 K 倍于实际容量（负载所需容量）的电池。同样，根据 K 值可以计算出蓄电池在不同放电率下的实际放电容量。容量增大系数 K 等于额定容量与指定放电率下的实际容量之比，即

$$K = C_{额} / C_{实} \tag{4-23}$$

当放电率小于 10h 率时，实际容量小于额定容量，$K > 1$；当放电率大于或等于 10h 率时，实际容量等于额定容量（大于 10h 率时，控制终止电压使 $C_{额} = C_{实}$），$K = 1$。

表 4-8　放电率与容量增大系数 K

放电率/h	16	10	9	8	7.5	7	6	5	4	3	2	1.5	1.25	1
K	1	1	1.03	1.07	1.09	1.11	1.14	1.20	1.28	1.34	1.58	1.72	1.85	1.96

（2）温度对容量的影响

温度对铅蓄电池的容量影响较大，主要是由于温度变化引起电解液性质（主要是黏度和电阻）发生变化，进而影响电池的容量。当电解液的温度较高时，离子的扩散速度增加，有利于极板活性物质发生反应，使活性物质的利用率增加，因而容量较大。当电解液的温度较低时，则上述各方面变化刚好相反，使放电容量减小，尤其在零下温度条件下，电解液黏度增大的幅度随温度的降低而增大。电解液的黏度越大，离子扩散所受到的阻力越大，使电化学反应的阻力增加，结果导致电池的容量下降。

温度对铅蓄电池的影响可用温度系数来表示。容量的温度系数是指温度每变化 1℃ 时蓄电池容量发生变化的量。

容量的温度系数不是一个常数，它在不同的温度范围有不同的值，而且与电池的种类（见表 4-7）和新旧程度有关。如图 4-22 所示为固定型铅蓄电池容量与温度的关系曲线。由图可见，温度与容量并非线性关系，在较低温度范围内，容量随温度上升而增加的幅度大，因而容量的温度系数较大，但在较高温度范围内，温度系数较小。

由表 4-7 可见，对于固定型蓄电池来说，额定容量的规定温度为 25℃，温度系数为 0.008。所以每升高或降低 1℃，固定型蓄电池的容量相应地增加或减小 25℃ 时容量的 0.008 倍。设温度为 T 时的容量为

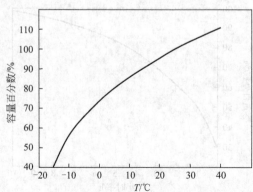

图 4-22　电解液温度与容量的关系曲线

C_T，25℃时的容量为 C_{25}，则它们之间的关系可表示为

$$C_{25} = \frac{C_T}{1+0.008(T-25)} \qquad (4\text{-}24)$$

式中，C_T 和 C_{25} 是指相同放电率时的放电容量，当以 10h 率放电时，C_{25} 就是额定容量。

例如，某铅蓄电池额定容量为 1200Ah，当电解液平均温度为 15℃，放电电流为 120A 时，能放出的容量为

$C_{15} = C_{25}[1+0.008(T-25)] = 1200 \times [1+0.008(15-25)] = 1104\text{A} \cdot \text{h}$

能放电的时间为 $\qquad t = C_{15} \div I = 1104 \div 120 = 9.2\text{h}$

值得注意的是，当电解液温度升高时，蓄电池的容量相应增大，但当温度过高（超过 40℃），会加速蓄电池的自放电，并造成极板弯曲而导致其容量下降。所以，蓄电池的环境温度不能太高，即使在充电过程中，电解液温度也不得超过 40℃。对于阀控式密封铅蓄电池来说，环境温度宜保持在 20℃左右，最高不得超过 30℃。

（3）终止电压对容量的影响

由蓄电池放电曲线可知，当蓄电池放电至某电压值时，电压急剧下降，若在此时继续放电，已不能获得多少容量，反而会对电池的使用寿命造成不良影响，所以必须在某一适当的电压值（放电终止电压）停止放电。

在一定的放电率条件下，放电终止电压规定得高，电池放出的容量就低；反之，放电终止电压规定得低，电池的放电容量就高。如果放电终止电压规定得过低，就会造成电池的过量放电，使电池过早损坏。

在不同的放电率条件下，必须规定不同的放电终止电压。在大电流放电时，活性物质的利用率低，电池的放电容量小，可以适当降低终止电压；在小电流放电时，活性物质的利用率高，电池的放电容量大，应适当提高终止电压，否则会引起电池的过量放电，对电池造成危害。不同放电率下的放电终止电压如表 4-9 所示。

表 4-9　放电率与放电终止电压的关系

放电率/h		10	5	3	1	0.5	0.25
放电终止电压 /V	普兰特式极板	1.83	1.80	1.78	1.75	1.70	1.65
	涂膏式极板	1.79	1.76	1.74	1.68	1.59	1.47
	管式	1.80	1.75	1.70	1.60	—	—

4.3.5.3　电池连接方式与容量的关系

电池在制造或使用时，需要将其连接起来，成为电池组。电池的连接方式有多种，即串联、并联及串并联相结合等方式，如图 4-23 所示。

（1）串联

串联是电池的几种连接方式中使用最多的一种连接方式。因为单体电池的电压很低，如铅蓄电池的电压为 2.0V/只，而用电设备的电压通常高于单体电池的电压，所以为了提高电池的电压，必须将其串联成电池组。串联电池组可以提高电池

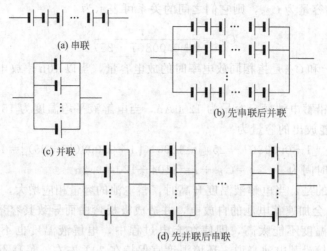

(a) 串联

(b) 先串联后并联

(c) 并联

(d) 先并联后串联

图 4-23 电池的几种连接方式

的电压，但电池组的容量与单体电池的容量是相等的，即

$$U_串＝U_1＋U_2＋U_3＋\cdots\cdots＋U_n \tag{4-25}$$

$$C_串＝C_1＝C_2＝C_3＝\cdots\cdots＝C_n \tag{4-26}$$

式中，$U_串$ 为串联电池组的总电压，V；$C_串$ 为串联电池组的总容量，A·h；U_1、U_2、U_3、$\cdots\cdots$、U_n 为各单体电池的电压，V；C_1、C_2、C_3、$\cdots\cdots$、C_n 为各单体电池的容量，A·h。

（2）并联

电池并联的目的是提高电池的容量。在实际使用中，如果用电设备需要大容量电池，则直接选用相应大容量的电池，而不是将小容量并联起来以提高容量。只有当所需电池容量太大，又没有相应的型号的电池时，才通过并联方式以提高电池的容量。并联电池组可以提高电池的容量，但电池组的电压与单体电池的电压是相等的，即

$$U_并＝U_1＝U_2＝U_3＝\cdots\cdots＝U_n \tag{4-27}$$

$$C_并＝C_1＋C_2＋C_3＋\cdots\cdots＋C_n \tag{4-28}$$

式中，$U_并$ 为并联电池组的总电压，V；$C_并$ 为并联电池组的总容量，A·h。

通常情况下不采用并联方式，是因为并联回路上的各只电池在制造过程中，受技术、材料、工艺等因素的影响，各电池的性能参数不可能完全一致，使电池在运行过程中，会出现个别异常电池。

现假设在并联电池组中出现了一只落后电池 b（如图 4-24 所示），即电池 b 的内阻高于电池 a 和 c，则充电时电池 b 的电流 I_b 将减小。因为 $I_1＝I_a＋I_b＋I_c$，所以电池 a 和 c 的电流 I_a 和 I_c 将增大。对于电池 b 来说，I_b 的减小会造成充电不足，其内阻也会越来越大，相应的电流 I_b 也会越来越小，如此循环的结果是其容量越来越低。反之，对于电池 a 和 c 来说，电流 I_a 和 I_c 因 I_b 的越来越小而逐渐增大，使得这两只电池的浮充电流超过正常值，而过大的电流会引起电池失水，缩短电池的寿命。

如果在放电时出现了落后电池 b（如图 4-25 所示），即电池 b 的端电压低于电池 a 和 c 的端电压，则电池 b 由于其容量小而先放完电，另两只电池仍在继续放电。这时，电池 a 和 c 不仅给负载提供电流，而且对电池 a 进行充电。由图可见：

$$I_2 = I_a + I_c - 2I_{环}$$
$$I_a = I_c = 1/2 I_2 + I_{环}$$

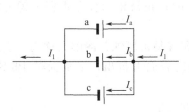 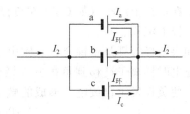

图 4-24　充电时并联电池组的电流分布　　图 4-25　放电时并联电池组产生的环流

而在正常状态下，并联电池组中的三只电池的放电电流 $I_a = I_b = I_c = I_2/3$。所以，电池 a 和 c 的放电电流大大超过正常值，亦将提早放完自身的容量。所以，如果将电池并联放电使用，由于各单体电池之间的电压不可能完全相等，则会发生电压高的电池对电压低的电池充电的现象。

（3）串并联结合

电池串并联结合通常用于没有通信设备所需的大容量电池时。

根据以上关于并联方式的分析可知，一旦并联电池组中出现一只落后电池，就会影响电池组中的其他电池，所以只是在万不得已的情况下才使用并联与串并联结合的方式。

4.3.6　自放电

4.3.6.1　蓄电池的自放电现象

有三种作用会引起蓄电池的自放电，即化学作用、电化学作用和电作用。其中电作用主要是内部短路，引起铅蓄电池内部短路的原因主要有：极板上脱落的活性物质、负极析出的铅枝晶和隔膜被腐蚀而损坏等。而化学作用和电化学作用主要与活性物质的性质及活性物质或电解液中的杂质有关，包括正负极的自溶解、各种杂质与正极或负极物质发生化学反应或形成微电池而发生电化学反应等。

（1）负极的自放电

① 海绵状铅的自溶解　由于铅电极的电极电位小于氢的电极电位，所以铅与硫酸能发生以下化学反应：

$$Pb + H_2SO_4 \longrightarrow PbSO_4 + H_2$$

上述铅的自溶解反应是引起负极自放电的主要原因。不过氢气在铅上的析出超电位比较大，使得铅的自溶解速度很慢。但是，当负极上含有氢超电位较低的金属如 Pt、Sb 时，会加快负极的自放电。对于用铅锑合金板栅制成的铅蓄电池，负极的析氢超电位约降低 0.5V。所以，为了减小自放电（如阀控式密封铅蓄电池），必须采用无锑或低锑的合金板栅。

② 形成微电池的自放电　当蓄电池负极上存在电极电位比 Pb 高的不活泼金属时，则负极的 Pb 将会与该金属形成微电池，这些不活泼金属的来源有以下几种途径：活性物质中存在的不活泼金属杂质（如 Cu 和 Ag 等）；电解液中不活泼杂质金属离子在负极上沉积（如 Cu^{2+} 在负极上析出 Cu）；正极铅锑合金板栅上锑的溶解并在负极上沉积。

如果正极板栅是铅锑合金，则由于正极板栅容易被腐蚀并溶解出锑离子进入溶液，充电时锑离子迁移到负极并在活性物质铅的表面上析出，形成无数 Pb-Sb 微电池，使负极发生自放电。形成的微电池为

$$(-)Pb \mid H_2SO_4 \mid Sb(+)$$

电极反应为
$$(-)Pb - 2e + SO_4^{2-} \longrightarrow PbSO_4 \tag{4-29}$$

$$(+)2H^+ + 2e \longrightarrow H_2\uparrow \tag{4-30}$$

反应的结果是负极逐渐转变成 $PbSO_4$，同时有 H_2 产生，导致负极容量下降。

如果是富液式铅蓄电池，在补加蒸馏水的过程中可能会引进杂质，其中不活泼的杂质金属离子在充电时迁移到负极并在铅的表面上析出，形成无数微电池后发生与式 (4-29) 和式 (4-30) 相同的自放电反应。所以，对于富液式铅蓄电池来说，由于采用铅锑合金板栅和经常补加蒸馏水，使其自放电比阀控式密封铅蓄电池的自放电严重得多，而且使用时间越长，其自放电越严重。

③ 溶解氧引起的自放电　电池充电时会在正极产生氧气，对于富液式铅蓄电池来说，有少量氧气溶解于电解液中并扩散至负极，使负极自放电，其反应为

$$2Pb + O_2 + 2H_2SO_4 \longrightarrow 2PbSO_4 + 4H_2O$$

如果采用微孔橡胶隔板，可有效阻止溶解氧和锑离子向负极扩散。但对于阀控式密封铅蓄电池来说，贫电解液结构和超细玻璃纤维隔膜使正极的氧气能顺利扩散到负极引起负极的放电，这个过程是氧复合循环的需要，是在充电过程中发生的，不属于自放电范畴。

④ Fe^{3+} 引起的自放电　铁离子是极易引入富液式铅蓄电池电解液中的杂质，如果补加的水不纯就有可能引入杂质铁离子。Fe^{3+} 引起负极自放电的反应为

$$2Fe^{3+} + Pb + SO_4^{2-} \longrightarrow PbSO_4 + 2Fe^{2+} \tag{4-31}$$

上述反应产生的 Fe^{2+} 又能扩散到正极，引起正极的自放电。

(2) 正极的自放电

① 正极的自溶解　正极上的二氧化铅能与硫酸溶液发生自溶解，同时析出氧气，其化学反应方程式为：

$$PbO_2 + H_2SO_4 \longrightarrow PbSO_4 + H_2O + 1/2O_2\uparrow$$

上述反应与氧气在 PbO_2 上的超电位大小有关，凡是引起氧超电位降低的因素，均增大正极的自溶解速度。当温度升高时，氧超电位降低；正极板栅上的锑（铅锑合金）或银（银可以降低板栅的腐蚀速度），能降低氧的超电位。

② PbO_2 与板栅构成微电池　正极 PbO_2 与板栅相接触部位可构成如下微电池：

$$Pb(\text{板栅})|H_2SO_4|PbO_2$$
$$Sb(\text{板栅})|H_2SO_4|PbO_2$$

这些微电池引起的自放电反应为

Pb-PbO$_2$ 微电池 　　　$(-)Pb+SO_4^{2-}-2e \longrightarrow PbSO_4$

　　　　　　　　　　$(+)PbO_2+4H^++SO_4^{2-}+2e \longrightarrow PbSO_4+2H_2O$

Sb-PbO$_2$ 微电池 　　　$(-)Sb+2H_2O-5e \longrightarrow SbO_2^++4H^+$

　　　　　　　　　　或 $Sb+H_2O-3e \longrightarrow SbO^++2H^+$

　　　　　　　　　　$(+)PbO_2+4H^++SO_4^{2-}+2e \longrightarrow PbSO_4+2H_2O$

从以上反应可见，正极板栅与 PbO$_2$ 形成的微电池放电会析出 SbO$_2^+$ 或 SbO$^+$，这些离子迁移到负极后还原成金属 Sb，并与负极 Pb 形成微电池引起自放电。

③ 电解液中杂质离子引起的自放电　对于富液式电池来说，维护过程中要经常给电池补加蒸馏水，如果直接向电池中加自来水或不纯水，则会使电解液中的杂质离子增多，如 Cl$^-$（氯离子）、Fe^{2+} 等。

自来水中含有大量的 Cl$^-$，如果不慎引入，它会与正极的 PbO$_2$ 发生如下氧化还原反应：

$$PbO_2+4HCl \longrightarrow PbCl_2+2H_2O+Cl_2\uparrow$$

PbCl$_2$ 继续与硫酸反应：$PbCl_2+H_2SO_4 \longrightarrow PbSO_4+2HCl$

由上述反应可见，Cl$^-$ 反应后产生 Cl$_2$ 不断逸出电池，使 Cl$^-$ 逐渐减少，即因 Cl$^-$ 引起的自放电逐渐减弱，但产生的 Cl$_2$ 对隔板有腐蚀作用。

Fe^{2+} 与正极发生的自放电反应为

$$2Fe^{2+}+PbO_2+4H^++SO_4^{2-} \longrightarrow PbSO_4+2Fe^{3+}+2H_2O \qquad (4\text{-}32)$$

生成的 Fe^{3+} 又会迁移到负极并引起负极的自放电。所以两种价态的铁离子不断往返于正负极之间，循环往复地使正负极发生式（4-31）和式（4-32）所示的自放电反应，引起电池容量的迅速下降。

④ 有机物引起的自放电　若电解液中含有还原性的有机物如淀粉、葡萄糖和酒精等，则充电时被氧化成醋酸，而醋酸能与铅生成可溶性的醋酸铅，醋酸铅再与硫酸生成硫酸铅。如果在活性物质与板栅交界处存在醋酸，则使板栅受到腐蚀。有关的化学反应为

$$Pb+2HAc \Longleftrightarrow PbAc_2+H_2$$
$$PbAc_2+H_2SO_4 \Longleftrightarrow PbSO_4+2HAc$$

由上述化学反应可见，醋酸对正极的影响很大，不过在充电时，醋酸可在正极进一步氧化成 CO$_2$ 析出。

（3）浓度差引起的自放电

当电极上活性物质处于有浓度差的电解液中时，会形成浓差微电池而引起自放电。刚充完电的电池，微孔中 H$_2$SO$_4$ 的浓度高于本体的 H$_2$SO$_4$ 浓度，会形成微电池。对负极来说，内层电位低而表面电位高，即浓差电池的负极在微孔内部，正极在极板表面，对正极来说，其浓差电池的正极在微孔内部，而负极在极板表面。不过，随着放置时间的延长，微孔内外的浓度达成一致时，浓度差消失，浓差引起

的自放电也消失。有关的电极反应为

负极的浓差微电池　　　　$(-)Pb+SO_4^{2-}-2e \longrightarrow PbSO_4$　　　　　（微孔内部）

　　　　　　　　　　　　$(+)\ 2H^++2e \longrightarrow H_2\uparrow$　　　　　　　　（极板表面）

正极的浓差微电池　　　　$(-)H_2O-2e \longrightarrow 2H^++1/2O_2\uparrow$　　　　（极板表面）

　　　　　　　　　　　　$(+)PbO_2+4H^++SO_4^{2-}+2e \longrightarrow PbSO_4+2H_2O$　（微孔内部）

　　另一种情况也会出现浓差自放电。对于大容量富液式铅蓄电池来说，在浮充工作时，容易出现电解液分层的现象，即出现上小下大的浓度差。该浓度差引起的结果是，正、负极板下部发生放电反应，而极板上部有 O_2 和 H_2 析出。不过，只要适当提高浮充电压，利用充电时产生的气体便能消除电解液的分层现象。

4.3.6.2　影响自放电的因素

　　（1）杂质的影响

　　由上述一系列的化学反应可见，杂质可通过化学作用（如 Fe^{2+}/Fe^{3+}、Cl^- 等）、电化学作用（形成微电池）引起电池的自放电。

　　（2）板栅合金的影响

　　普通铅蓄电池采用的是铅锑合金，其自放电比较严重，并随着使用时间或循环次数的增加，自放电也会越来越严重。在正常情况下，每昼夜因自放电而损失的容量可达额定容量的 1%～2%。一般新电池的自放电率较小，约为 1%左右，而旧电池的自放电率可增加到 3%～5%。图 4-26 所示是高锑和低锑合金板栅以及铅-钙合金板栅引起的电池容量损失情况。由图可见，电池的自放电随锑含量的增加而增大，无锑合金板栅电池的自放电较小。所以，阀控式密封铅蓄电池为了减小其自放电，采用的板栅是无锑的铅-钙或铅-钙-锡合金等。

　　（3）温度的影响

　　温度对蓄电池自放电的影响很大。随着温度的提高，电池搁置时，内部发生的一系列化学与电化学反应速度加快，进而引起自放电率增加。图 4-27 所示是用硫酸浓度降低来表示的随温度增加自放电增加的情况。由图可见，温度越低，蓄电池的自放电速度越小，所以低温有利于电池的储存。

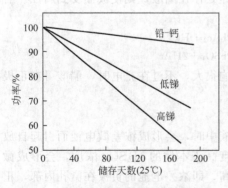

图 4-26　25℃下搁置时电池容量的损失

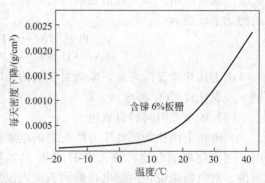

图 4-27　电解液密度与温度的关系

4.3.6.3　几种电池的自放电比较

（1）VRLAB 与普通电池比较

图 4-28 所示为 VRLA 蓄电池与普通铅蓄电池相比较的自放电特性曲线。由图可见，VRLA 蓄电池的自放电速度小于普通铅蓄电池的自放电速度，20℃时储存 1 年后的容量损失约为 22%，仅为普通铅蓄电池的 1/4～1/5。

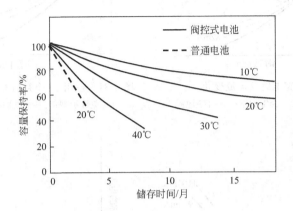

图 4-28　阀控式密封铅蓄电池的自放电特性

VRLA 蓄电池的自放电量较小，这是因为：极板板栅采用无锑的 Pb-Ca-Sn 等合金，减少了因锑污染而引起的自放电；采用优质的超细玻璃纤维隔膜，使电池内部各部分电解液密度保持一致，无普通铅蓄电池的分层现象，减少了因浓差而引起的自放电；全密封结构，不需补加纯水，即不存在维护过程中引入杂质的可能性，减少了外来杂质引起的自放电。

（2）启动用密封电池与普通电池比较

① 搁置后剩余容量　免维护电池（使用铅-钙合金）和少维护电池（使用低锑合金）与普通电池在搁置期间的容量保持性能比较如图 4-29 所示。由图可见，免维护电池的自放电率远小于普通电池，少维护电池的自放电优于普通电池，但比免维护电池要差一些。

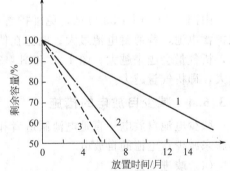

图 4-29　蓄电池搁置时剩余容量
1—免维护型；2—少维护型；3—普通型

② 充电时的析气性能　电池在充电终期的电流绝大部分用于水的分解，故在恒压充电条件下，电流的大小就意味着水的分解量，故可用充电终期的电流值表征水损失的程度。图 4-30 为定电压 14.4V 充电终期三种类型电池电流的变化情况。图 4-31 为使用 18 个月后，三种类型电池充电终期电流的变化。图 4-32 和图 4-33 为三种类型电池在 26.6℃和 51.6℃下，充电终期电流随时间的变化情况。

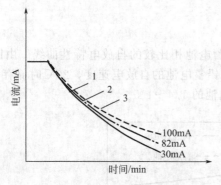

图 4-30 充电终期电流变化
1—免维护型；2—少维护型；3—普通型

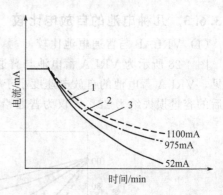

图 4-31 使用 18 个月后充电终期电流变化
1—免维护型；2—少维护型；3—普通型

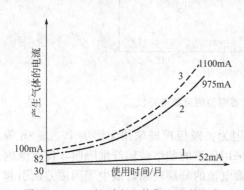

图 4-32 26.6℃时充电终期电流的变化
1—免维护型；2—少维护型；3—普通型

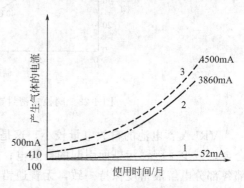

图 4-33 51.6℃时充电终期电流的变化
1—免维护型；2—少维护型；3—普通型

由图 4-30～图 4-33 可见，免维护蓄电池在充电终期的析气量最小，其次是少维护蓄电池，普通蓄电池最大；电池在使用初期的析气量较小，随着使用时间的延长，析气量会越来越大。图 4-32 和图 4-33 显示的情形是温度越高，充电终期电流越大，即析气量越大。

4.3.6.4 减少自放电的措施

减少电池自放电一直是电池制造者和使用者所期望的，可以从以下两方面采取措施来减少蓄电池的自放电。

（1）改进工艺

由于铅蓄电池自放电的主要原因有铅负极的自溶解、正极板栅上锑溶解后对负极活性物质的污染以及电解液中和活性物质中存在的杂质的影响等，以上影响因素都可通过工艺上的改进得到解决。

① 负极添加剂降低负极自溶解的速度。如作为膨胀剂的腐殖酸和木素磺酸盐等负极添加剂就能抑制氢的析出和铅的自溶解。

② 采用低锑合金或不含锑的铅合金（如铅-钙合金）制作板栅，以避免正极板栅腐蚀产生的锑离子在负极析出，使负极因锑污染而发生自放电。

③ 严格控制原材料如铅、锑、硫酸、隔板等的纯度，避免生产过程中引入杂质。

（2）做好维护工作

旧电池的自放电大于新电池，部分原因是使用和维护不当造成的。

对于普通铅蓄电池来说，如果添加的水纯度太低、盛水的容器和密度计不洁净、配电解液的硫酸杂质太多等，都会增加电解液中的杂质含量，使电池的自放电增加。另一方面，普通铅蓄电池正极板栅的铅锑合金，在充电时特别是在过充电时容易发生腐蚀，腐蚀产物锑离子扩散到负极后引起负极的自放电，所以要避免经常进行过充电。

对于VRLA蓄电池来说，使用过程中不需补加水，其板栅也不含锑，所以其自放电率的变化相对普通铅蓄电池来说要小。但是，在使用过程中可能由于充放电方法不当，导致铅枝晶的生长，使正负极板之间发生微短路，电池因微短路而自放电率增大。所以，正确的使用方法对减少VRLA蓄电池的自放电同样重要。

4.3.7 寿命特性

铅蓄电池启用后，在其初期的充放电循环中，容量逐渐增大，然后达到容量最大值。此后，其容量会逐渐下降，在使用后期容量下降速度有所加快，当容量下降到额定容量的75%～80%时，被认为是到了寿命终期，如图4-34所示。铅蓄电池的寿命与运行方式和使用维护方法密切相关。

按充放电运行方式工作的蓄电池，其寿命比较短，因为反复的充电和放电循环，容易引起活性物质的脱落和正极板栅的腐蚀，对于阀控式密封铅蓄电池还会导致失水故障。按浮充运行方式工作的蓄电池，其寿命较长，因为这种工作方式的蓄电池被全充电和全放电次数很少，且经常处于充足电的状态，有利于提高电池的寿命。对于VRLA蓄电池来说，为了防止电池失水，适合于这种运行方式。

铅蓄电池的循环寿命与放电深度有关。放电深度越深，电池的循环次数越少，其寿命越短；放电深度越浅，电池的循环次数越多，其寿命越长。图4-35所示是阀控式密封铅蓄电池的循环寿命与放电深度之间的关系。

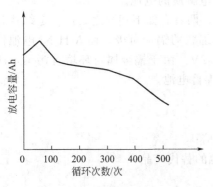

图 4-34　电池容量随充放电循环的变化

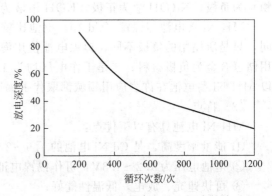

图 4-35　电池循环寿命与放电深度的关系

由此可见，为了提高铅蓄电池的使用寿命，一定要做好平时的维护保养工作。对于 VRLA 蓄电池来说，提高电池寿命应做到以下几个方面：一是电池工作环境的温度最好有空调控制；二是选择合适的容量大小，使电池放电深度不要太深；三是选择合适的运行方式，避免经常大电流的充放电。

4.4 其他储能装置简介

在太阳能光伏发电系统中，除铅酸蓄电池储能外，还有碱性电池（氢化物-镍蓄电池、镉镍电池等）、锂电池（又称为锂一次电池或锂原电池）、锂离子电池（又称为锂二次电池）、超级电容器、电抗器、飞轮、抽水蓄能系统、燃料电池等多种方式储能。本节仅对较常见的氢化物-镍蓄电池、锂离子电池和超级电容器作简要介绍。

4.4.1 氢化物-镍蓄电池

氢化物-镍蓄电池是碱性蓄电池中的一种，简记为 MH-Ni 蓄电池。所谓碱性蓄电池是指用强碱溶液作电解液的蓄电池，如镉镍蓄电池、锌银蓄电池和氢镍蓄电池等。

4.4.1.1 型号与特点

MH-Ni 蓄电池是在氢镍蓄电池的基础上发展而来的。氢镍蓄电池是以氢气为负极，氧化镍为正极，氢氧化钾为电解质的碱性蓄电池。MH-Ni 蓄电池包括高压 MH-Ni 蓄电池和低压 MH-Ni 蓄电池。由于高压 MH-Ni 蓄电池在安全性、经济性、体积、重量等方面不如低压 MH-Ni 蓄电池，因此在太阳能光伏发电系统中所使用的大多为低压 MH-Ni 蓄电池。

（1）低压 MH-Ni 蓄电池的种类

低压 MH-Ni 蓄电池分为两种：一种是在 MH-Ni 蓄电池中放入具有可逆吸放氢的储氢合金，以降低氢压，如在 MH-Ni 蓄电池中，放入某种储氢合金，经充电后，电池的氢压只有 $6 \times 10^5 Pa$；另一种低压 MH-Ni 蓄电池以储氢合金（金属氢化物）为负极，$Ni(OH)_2$ 为正极，KOH 溶液为电解质的电池。

MH-Ni 蓄电池与镉镍（Cd-Ni）电池比较，两者有如下相同之处：一是结构相同，只是所使用的负极不同，镉镍电池使用海绵状的镉为负极，而 MH-Ni 电池使用储氢合金为负极材料；二是工作电压均为 1.2V。由于镉金属对环境有污染，所以 MH-Ni 蓄电池在许多应用领域都取代了镉镍蓄电池。

（2）特点

MH-Ni 电池具有以下优点：

① 能量密度高，是 Cd-Ni 电池的 1.5～2 倍；

② 电池电压为 1.2～1.3V，可作镉镍电池的替代产品；

③ 可快速充、放电，低温性能好；

④ 可密封，耐过充、过放电能力强；

⑤ 无毒，无环境污染，不使用贵金属；

⑥ 记忆效应小；

⑦ 循环寿命较长。

（3）型号

MH-Ni 蓄电池的型号用汉语拼音字母与阿拉伯数字相结合的方式来表示，包括以下几部分内容。

① 单体电池串联数：用阿拉伯数字表示，如果是单体电池则不标出。

② 系列代号：用汉语拼音字母 QN 表示氢化物-镍蓄电池。

③ 电池形状：用 Y、B、F 分别表示圆形、扁形（扣式）和方形。

④ 额定容量：用阿拉伯数字表示。

如 QNY1.25 表示额定容量为 1.25A·h 的圆柱形氢化物-镍蓄电池。

4.4.1.2 结构与工作原理

（1）结构

密封 MH-Ni 蓄电池的主要组件包括正极板（羟基氧化镍板）、负极板（储氢合金板）隔板/膜（一般为无纺布，如聚丙烯和聚酰胺等）、电解液（氢氧化钾溶液）、密封垫片、绝缘盖板、金属外壳、塑料套管、正极盖和负极筒等。

目前 MH-Ni 蓄电池产品主要有圆柱形、方形和扣式三类，其结构如图 4-36、图 4-37和图 4-38所示。从结构图中可以看出，不论哪种结构的电池，均由外壳、正极片、负极片以及正负极极耳（导电带）、密封圈、放气阀帽（正极）和隔膜等组成。

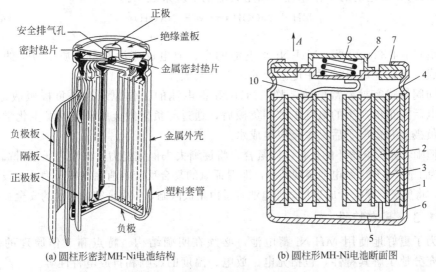

(a) 圆柱形密封MH-Ni电池结构　　(b) 圆柱形MH-Ni电池断面图

图 4-36　圆柱形 MH-Ni 电池

1—正极；2—负极；3—隔膜；4—由 1、2、3 卷绕的电极组；5—负极极耳；6—外壳；

7—密封圈；8—正极帽兼放气阀；9—弹簧；10—正极极耳

圆柱形密封 MH-Ni 蓄电池的结构如图 4-36（a）所示。它由正极板、负极板、隔板、安全排气孔等部分组成。正极板的材料为（羟基）氧化镍（NiOOH），负极

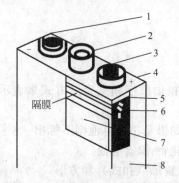

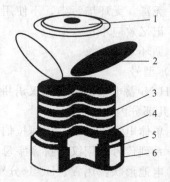

图 4-37　方形 MH-Ni 电池结构图　　　　图 4-38　扣式 MH-Ni 电池结构图

1—负极柱；2—安全阀；3—正极柱；4—上盖；　　　1—正极盖；2—正极片；3—隔膜；

5—密封圈；6—正极片；7—负极片；8—壳体　　　　4—负极片；5—密封圈；6—负极壳

板的材料为储氢合金。当 MH-Ni 蓄电池过充电时，金属壳内的气体压力将逐渐上升，当该压力达到一定数值后，顶盖上的限压安全排气孔打开，可避免因电池内部气体压力过大而爆炸。

由活性物质构成电极极片的工艺方式主要有烧结式、拉浆式、泡沫镍式、纤维镍式、嵌渗式等，不同工艺制备的电极在容量、大电流放电性能上存在较大差异，一般依据使用条件的不同，采用不同的工艺制成电池。

（2）工作原理

MH-Ni 蓄电池的工作原理可以用其电池反应来表示：

$$MH + NiOOH \rightleftharpoons M + Ni(OH)_2 \qquad (4-33)$$
$$(-) \qquad (+) \qquad (-) \qquad (+)$$

由式（4-33）可见，MH-Ni 蓄电池的充、放电反应没有电解质 KOH 的消耗和生成，所以充放电过程中电解液的浓度不会改变。

同阀控式密封铅蓄电池一样，MH-Ni 蓄电池的工作原理也是负极吸收原理，即充电后期正极产生的氧气扩散到负极后，通过与负极的金属氢化物发生化学反应或在负极上获得电子后发生反应生成水。

但随着充放电循环的进行，储氢合金将逐渐失去催化能力，电池内压便升高。所以，为了使 MH-Ni 蓄电池实现密封，即保证氧的复合反应，消除氧气压力，在设计电池时，将负极容量设计成过量，即电池容量由正极限制，以保证密封电池的安全。

4.4.1.3　基本特性

为了更好地使用 MH-Ni 蓄电池，必须在明确结构、特点和工作原理的基础上，充分地了解其特性，包括充电、放电、温度的影响和自放电特性等。

（1）充电特性

如图 4-39 所示，MH-Ni 蓄电池充电曲线与镉镍（Cd-Ni）蓄电池相似，只是充电后期 MH-Ni 蓄电池的充电电压比 Cd-Ni 蓄电池低。充电速率对 MH-Ni 蓄电池充电电压的影响如图 4-40 所示，充电速率对充电电压有明显的影响，从图中可以看出，充电电压随充电速率的提高而增大，而且在充电后期影响更为明显。

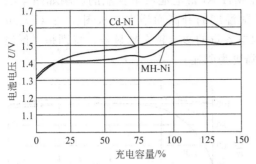

图 4-39　MH-Ni 电池与 Cd-Ni 电池
充电曲线（1C，20℃）

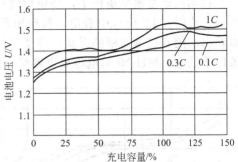

图 4-40　充电速率对 MH-Ni 电池
充电电压的影响（20℃）

（2）放电特性

MH-Ni 蓄电池的放电电压与 Cd-Ni 电池基本相似，但其放电容量几乎是 Cd-Ni 电池的两倍。电池放电过程中的容量和电压与使用条件有关，如放电倍率，环境温度等。放电倍率越大，放电容量与放电电压越低，如图 4-41 所示。

（3）温度特性

在相同充电速率条件下，环境温度对 MH-Ni 蓄电池充电特性的影响如图 4-42 所示。由图可以看出，温度对充电电压有明显的影响，充电电压随温度升高而降低。当充电容量接近额定容量的 75% 时，正极产生的氧气使得电池电压升高；当充电容量达额定容量的 100% 时，电池电压达到最大值。当充电容量超过额定容量时，由于电池自身温度的升高，导致电池的充电电压反而有所降低。引起这种现象的原因是电池电压有一个负的温度系数，由于充电效率依赖于温度，因此，在较高的温度下充电时，电池的放电容量会降低。

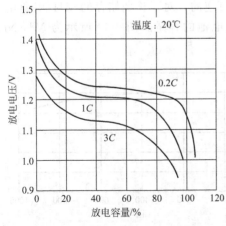

图 4-41　不同放电速率下 MH-Ni
电池的放电曲线

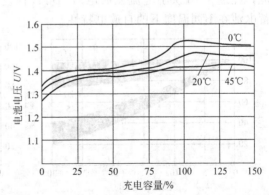

图 4-42　温度对 MH-Ni 电池
充电性能的影响（0.3C）

在相同放电速率条件下，环境温度对 MH-Ni 蓄电池放电性能的影响如图 4-43 所示。由图 4-43（a）中看出，放电电压随温度的升高而增大。从图 4-43（b）可以看出，随着放电速率的提高，温度对放电容量的影响越来越显著，特别是在低温条件下放电，MH-Ni 蓄电池放电容量下降更为明显。

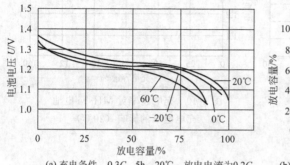
(a) 充电条件：0.3C，5h，20℃；放电电流为0.2C

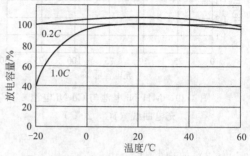
(b) 充电条件为0.3C，5h，20℃；放电电流为0.2C，1.0C

图 4-43　环境温度对 MH-Ni 电池放电性能的影响

（4）自放电特性

MH-Ni 蓄电池的自放电速率比 Cd-Ni 电池大，一般为 25％～35％/月。影响 MH-Ni 蓄电池自放电的因素很多，其中储氢合金的组成、使用温度和电池的组装工艺影响较大。

储氢合金的析氢平台压力越高，氢气越容易从合金中逸出，自放电越明显，一般控制储氢合金的析氢平台压力在 10^{-4}～0.1MPa 之间；温度越高，MH-Ni 蓄电池自放电速率越大；隔膜选择不当或者电池组装不合理，随着电池充放电次数的增加，合金粉末出现脱落或形成枝晶等现象，都会加速自放电，甚至短路。

MH-Ni 蓄电池自放电引起的容量损失是可逆的，对于长期储存的 MH-Ni 蓄电池，经过 3～5 次小电流充放电后，可以恢复电池的容量。图 4-44 所示为 MH-Ni 蓄电池在不同温度下的自放电特性。

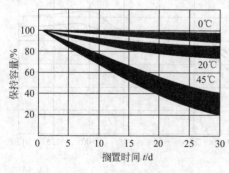

图 4-44　MH-Ni 蓄电池在不同
温度下的自放电特性

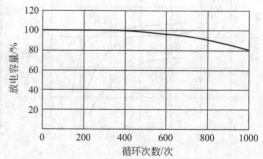

图 4-45　MH-Ni 蓄电池的循环寿命
充电：0.25C，3.2h，20℃；放电：1.0C，1.0V，20℃

（5）循环寿命

图 4-45 所示为 MH-Ni 蓄电池的电池容量与循环次数的关系，从图上曲线可以看出 MH-Ni 蓄电池的容量随着充放电次数的增加而减小。对于 MH-Ni 蓄电池，由于正极析出的氧气中一部分与合金粉末表面的稀土元素（Re）发生反应，生成稀土氢氧化物 [Re(OH)$_3$]，减少了活性物质，从而导致电池容量降低。密封 MH-Ni 蓄电池在充放电循环过程中，容量降低经历了如下几个步骤。

① Re(OH)$_3$ 的形成　在实际的过度充放电过程中，正极析出的氧气总有一部分没有与吸收在负极合金中的氢气发生复合反应，而是与合金粉末表面的稀土元素（Re）发生反应，生成稀土氢氧化物 [Re(OH)$_3$]，即

$$Re + 3OH^- - 3e \longrightarrow Re(OH)_3$$

② Re(OH)$_3$ 的增长　随着 MH-Ni 蓄电池充放电次数的增加，储氢合金表面的 Re(OH)$_3$ 的厚度会不断增加，致使储氢合金的吸氢减少，氢是以氢气形式存在电池内，从而导致电池内部氢气的分压会逐渐增大。

③ 氢气泄漏和电解质溶液损失　当 MH-Ni 蓄电池的内压高于密封通气孔所允许的最大压力时，就会发生氢气的泄漏，同时引起电解质溶液损失，随着电解质溶液的减少，电池的内阻增大，电池的容量减小。

从上述分析可知，要想提高 MH-Ni 蓄电池的循环寿命，必须从改善电极性能和提高电池组装工艺两个方面下功夫。

4.4.1.4　使用与维护

使用 MH-Ni 蓄电池与使用其他类型的蓄电池一样，也要掌握其使用方式和方法、运行方式和常用的充放电方法，同时还要注意对已投入运行的蓄电池做好维护工作，以保证 MH-Ni 蓄电池能够发挥应有的效能。由于 MH-Ni 蓄电池的使用方式和方法、运行方式和常用的充放电方法等方面与 VRLA 蓄电池有许多相同之处，所以在此只将使用与维护中有差异的或特殊的地方给予重点说明。

（1）新电池启用

一般情况下，新电池只含有少量的电量，应充电后再使用。这是因为 MH-Ni 蓄电池的自放电率比较高，出厂时间长，必然导致电池处于放电态。但如果电池出厂时间较短，电量很足，可先放电后再充电。新电池一般要经过 3～5 次循环后，性能才能发挥到最佳状态。

（2）充、放电温度

蓄电池充电时的环境温度应在 10～40℃。这是因为充电效率受环境温度的影响较大，当环境温度在 10～30℃ 时，充电效率最佳；当环境温度低于 0℃ 或高于 40℃ 时，充电效率会明显下降，使电池内气体吸收反应不充分，造成电池内压升高而打开安全阀，使电池泄漏，性能恶化。放电时环境温度应在 -10～45℃。当放电温度在 -10℃ 以下和 45℃ 以上时，蓄电池的放电容量会明显下降。

（3）串联与并联

MH-Ni 蓄电池可以串联或并联使用，应将同批次、同规格、新旧程度相同的电池串联使用，否则容量小或旧的电池有可能在放电后期被反充，造成电池的损坏，甚至爆炸。

（4）充电方法

一般采用恒流充电法，根据充电率的大小不同分为慢充和快速，如：

① $0.1C_5A$ 充电 16h；

② $0.4C_5A$ 充电 3.5h；

③ $1C_5A$ 充电至 $-\Delta U \leqslant 10\text{mV}$/只 或 $dT/dt = 1.6\text{℃}/3\text{min}$，再以 $0.1C_5A$ 补充电 2h。

其中，$-\Delta U$ 表示电池充电后期电池电压的下降值，该值应根据设备精度尽量取小；dT/dt 表示电池内部温度的变化速率。

（5）放电终止电压

终止电压为 1.0V（20℃），超过 1.0V 的放电为过放电，过放电会使储氢合金被氧化而丧失储氢能力，影响电池寿命。

（6）避免反极充电

MH-Ni 蓄电池反极充电是指充电器输出正极接在了蓄电池的负极，而充电器输出负极接在了蓄电池的正极，对电池组进行充电的现象。反极充电的会引起MH-Ni 蓄电池内压升高，使电池因安全阀开启而泄漏，造成电池性能恶化，甚至电池会破裂。因此，在安装新的电池组、为电池组充电等工作中，一定要避免MH-Ni 蓄电池反极性充电。

（7）储存方法

长时间不用的电池，应先将其充足电，然后从电池仓中取出，置于干燥的环境中，最好放入专门的电池盒中，以避免电池短路。

① 短期储存：将电池储存在温度在 $-20 \sim 45$℃、通风干燥、无腐蚀性气体的地方。如果将电池储存在相对湿度特别高或温度低于 -20℃ 或高于 45℃ 的地方，会使电池金属部件锈蚀、电池泄漏或有机材料部分收缩。

② 长期储存：由于长期储存会加速蓄电池自放电和活性物质钝化，所以环境温度为 10℃ $\sim$ 30℃ 之间较合适；长期储存后由于活性物质的钝化，电池电压和容量会下降，启用时，需重复 $3 \sim 5$ 次充放电循环，方可使电池恢复原有性能。储存时间超过一年时，最好每年充一次电，以避免自放电引起电池泄漏或性能恶化。

（8）防止记忆效应

MH-Ni 蓄电池的记忆效应较小，但在使用中应尽量做到每次使用完后再充电。为防止记忆效应，可每个月（或每 30 次循环）进行一次深放电（放电到 1.0V/只）。如果已经出现记忆效应，可用以下方法进行恢复。

方法一：先正常充电（$0.2C_5$ 率）至完全充电状态；再正常放电（$0.2C_5$ 率）至 1.0V/只后，用小电流（如 $0.1C_5A$）放电至 1.0V/只；再用 $0.1C_5$ 率充 20h 以上；最后正常充放电循环 $3 \sim 5$ 次至容量恢复为止；

方法二：先用 $0.1C_5A$ 放电至 0.6V/只；再正常充放电循环 $3 \sim 5$ 次至容量恢复为止。

4.4.2　锂离子电池

锂离子电池是指以锂离子嵌入化合物为正、负极材料的一类电池的总称，锂离子电池是在锂二次电池的基础上发展起来的。锂二次电池是以金属锂作负极，以具有层状结构的硫化物（如 TiS_2）为正极，有机电解质溶液作电解液的蓄电池。但金属锂负极在充放电过程中容易形成锂枝晶，刺穿电池隔膜，引起电池内部短路，使电池充放电效率降低，循环寿命缩短，安全性能变差。所以，锂二次电池至今尚未实现产业化，而锂离子电池的发展速度很快，其在通信、交通（电动汽车）、新能源、航空航天等领域应用广泛。

4.4.2.1　分类与命名

（1）分类

锂离子电池按电解质溶液的状态一般分为以下几种。

① 液态锂离子电池。即通常所说的锂离子电池。

② 聚合物锂离子电池。通常指电解质呈凝胶状的聚合物电解质的锂离子电池，但必须指出它也属锂离子电池的范畴；除了电解质由液态转化为凝胶状，从而可以包装在密度较低的铝塑复合包装袋中，并可以按需要制成各种形状和尺寸外，与液态电池并无本质的差别。然而，由于壳体很轻，这类电池容易设计得到更高的比能量。因此，使聚合物锂离子电池对研究人员和市场消费者都具有极大的吸引力。

③ 全固态锂离子电池。它是真正的固体电解质锂离子电池，但由于固体电解质的常温电导率非常低（一般为 $10^{-6} \sim 10^{-8} \Omega^{-1} \cdot cm^{-1}$），因此目前只能制备成薄膜状电池，又称为微电池。

其中，液态锂离子电池已得到大规模生产与应用；液态锂离子电池的产量与应用仍在不断扩大之中；而全固态电池依然处于开发实验阶段。

锂离子电池按照采用正极材料体系的不同又可分为钴基（以 $LiCoO_2$ 为代表）、锰基（以 $LiMn_2O_4$ 为代表）和镍基（以 $LiNiCoO_2$）等。

另外，锂离子电池从外形上一般可分为圆柱形和方形两种（聚合物锂离子电池可以根据需要制成任意形状）。

（2）特点

与其他蓄电池相比，锂离子电池具有下列优点。

① 比能量高，锂离子电池的体积比能量和质量比能量分别可以达到 $350W \cdot h/L$ 和 $125W \cdot h/kg$ 以上。

② 平均输出电压高，一般大于 $3.6V$，是 Cd-Ni 和 MH-Ni 电池的三倍。

③ 自放电率低，每月自放电率不超过 10%，不到 Cd-Ni 和 MH-Ni 电池的一半。

④ 无记忆效应。

⑤ 循环性能好、放电时间和使用寿命长，锂离子电池在 100% DOD（放电深度，deep of discharge）下充放电循环寿命可达 1200 次以上。

⑥ 充放电效率高，化成后的锂离子电池充放电安时效率一般在 99% 以上。

⑦ 工作温度范围宽，一般可达到－25～60℃。

⑧ 环境友好，没有环境污染，锂离子电池被称为"绿色电池"。

与其他二次电池相比，锂离子电池在比能量、循环性能以及荷电保持能力等方面存在明显的优势（详见表4-10）。

表 4-10　锂离子蓄电池与其他蓄电池的性能比较

电池类型	工作电压 /V	体积比能量 /(W·h/L)	质量比能量 /(W·h/kg)	循环寿命 (100%DOD)/次	自放电率 (室温)/(%/月)
锂离子电池	3.70	300	110	1200	10
聚合物锂离子电池	3.70	250	120	1200	10
阀控式铅酸电池	2.00	80	35	300	5
Cd-Ni	1.20	120	40	500	20
MH-Ni	1.20	120	50	1000	30

（3）型号

由于锂离子电池产品应用广泛，所以国际电工委员会（IEC，International Electrotechnical Commission）和我国都制定了锂离子电池的型号命名标准（国内标准等同采用IEC相应标准），锂离子电池的命名一般是由英文字母和阿拉伯数字组成。具体命名方法如下。

① 第一个字母表示电池采用的负极体系，字母 I 表示采用具有嵌入特性负极的锂离子电池体系，字母 L 表示金属锂负极体系或锂合金负极体系。

② 第二个字母表示电极活性物质中占有最大质量比例的正极体系。字母 C 表示钴基正极，字母 N 表示镍基正极，字母 M 表示锰基正极，字母 V 表示钒基正极。

③ 第三个字母表示电池形状，字母 R 表示圆柱形电池，字母 P 表示方形电池。

④ 圆柱形锂离子电池在三个字母后用两位阿拉伯数字表示电池的直径，单位为 mm，取为整数。三个字母和两位阿拉伯数字后用两位阿拉伯数字表示电池的高度，单位为 mm，取为整数。当电池上述两个尺寸中至少有一个尺寸大于或等于 100mm 时，在表示直径的数字和表示高度的数字之间添加分隔符"/"，同时该尺寸数字的位数相应增加。

例如，ICR1865 表示直径为 18mm，高度为 65mm，以钴基材料为正极的圆柱形锂离子电池 [如图 4-46（a）所示]；又如，ICR20/105 表示直径为 20mm，高度为 105mm，以钴基材料为正极的圆柱形锂离子电池。

⑤ 方形锂离子电池在三个字母后用两位阿拉伯数字表示电池的厚度，单位为 mm，取为整数。三个字母和两位阿拉伯数字后用两位阿拉伯数字表示电池的宽度，单位为 mm，取为整数。最后用两位阿拉伯数字表示电池的高度，单位为 mm，取为整数。

当锂离子电池的上述三个尺寸中至少有一个尺寸大于或等于 100mm 时，在表示其厚度、宽度和高度的数字之间添加分隔符"/"，同时该尺寸数字的位数相应增

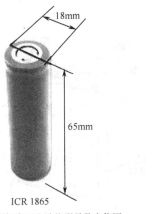

18mm

65mm

53mm

33mm

5mm

ICR 1865

ICP 053353

(a)圆柱形锂离子电池的型号及实物图

(b)方形锂离子电池的型号及实物图

图 4-46　锂离子电池的型号及其实物图

加。当电池的上述三个尺寸中至少有一个尺寸小于 1mm，用 mm 数×10（取为整数）来表示该尺寸，并在该整数前添加字母 τ。

　　例如，ICP053353 表示厚度为 5mm，宽度为 33mm，高度（长度）为 53mm，以钴基材料为正极的方形锂离子电池［如图 4-46（b）所示］；又如，ICP08/34/150 表示厚度为 8mm，宽度为 34mm，高度为 150mm，以钴基材料为正极的方形锂离子电池。再如，ICPτ73448 表示厚度为 0.7mm，宽度为 34mm，高度为 48mm，以钴基材料为正极的方形锂离子电池。

4.4.2.2　结构与工作原理

　　（1）结构

　　常见的小型锂离子电池主要有圆柱形和方形两种，内部皆由正极、负极、隔膜、电解质溶液、外壳以及各种绝缘、安全装置组成，其典型结构如图 4-47（a）、（b）所示，对应的产品外形如图 4-46（a）、（b）。图 4-48 所示为典型聚合物锂离子电池的结构示意图，实际上聚合物电池的电极群可以是叠片结构，也可采用与方形液体电池相同的卷绕式结构。

　　① 正极　锂离子电池的正极活性物质有钴酸锂（$LiCoO_2$）、镍酸锂（$LiNiO_2$）、锰酸锂（$LiMn_2O_4$）和磷酸铁锂（$LiFePO_4$）等，它们均具有层状结构，有锂离子嵌入和脱嵌的扩散通道。在正极活性物质中加入导电剂、树脂黏合剂，然后涂覆在铝基体上，使之呈细薄层分布，即可制成锂离子蓄电池的正极。

　　② 负极　负极活性物质采用的是碳材料，如石墨、石油焦、碳纤维、热解炭、中间相沥青集碳微球、炭黑和玻璃碳等，这些材料也具有层状结构，能与锂离子生成锂离子嵌入化合物。将碳材料与黏合剂和有机溶剂一起调和成糊状，然后涂覆在铜基体上，使之呈薄层状分布，即可制成锂离子电池的负极。

　　③ 电解质溶液　是由电解质锂盐溶解在有机溶剂中形成的有机电解液。常用的电解质锂盐有 $LiClO_4$、$LiPF_6$、$LiBF_4$、$LiAsF_6$、$LiCF_3SO_3$ 和 $LiN(SO_2CF_3)_2$

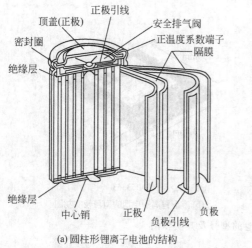

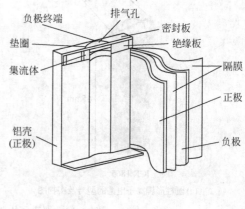

(a) 圆柱形锂离子电池的结构　　　　　　　　(b) 方形锂离子电池的结构

图 4-47　锂离子电池的结构

等，其中 $LiPF_6$ 以较好的电导率、电化学稳定性和环境友好性而在商品化的锂离子电池中获得了广泛应用；有机溶剂主要有 EC（碳酸乙烯酯）、PC（碳酸丙烯酯）、CMC（碳酸二甲酯）、DEC（碳酸二乙酯）以及 EMC（碳酸甲乙酯）等，为了获得具有高离子导电性的溶液，一般都采用混合有机溶剂，如 PC＋DME、PC＋EC、EC＋DEC 和 EC＋DMC 等。有时为提高电池的性能，也可采用三元及三元以上电解质溶液，例如，在 EC＋DEC＋$LiPF_6$ 电解质溶液体系中加入 DMC 或 EMC 可以提高电池的低温性能。一般情况下，它们都能与正极相匹配，因为它们都能在 4.5V 或以上电位下耐氧化；而对负极而言，则更关心的是电解质溶液能不能在比较高的电位下还原形成致密、稳定的钝化膜。

④ 隔膜　电池隔膜的作用是使电池的正、负极分隔开来，防止两极接触而短路，此外还要作为电解质溶液离子传输的通道。一般要求其电绝缘性好，电解质离子透过性好，对电解质溶液化学和电化学稳定，对电解质溶液浸润性好，具有一定机械强度，厚度尽可能小。根据隔膜材料的不同，可分成天然或合成高分子隔膜和无机隔膜等，而根据隔膜材料的特点和加工方法的不同，又可分成有机材料隔膜、编织隔膜、毡状膜、隔膜纸和陶瓷隔膜等。对于锂离子电池体系，需要与有机溶剂有相容性的隔膜材料，一般选用高强度薄膜化的聚烯烃多孔膜，如聚乙烯（PE）、聚丙烯（PP）以及 PP/PE/PP 复合膜等。

⑤ 电池壳　采用钢或铝作电池壳材料，对于软包装系列电池则采用铝塑复合膜。聚合物锂离子电池的正极、负极与液态锂离子电池基本一样，只是原来的液态电解质改成聚合物电解质。聚合物锂离子电池的结构不同于传统电池，它没有刚性的壳体，不需昂贵的隔膜，而是由薄层软塑料层组合而成。采用工业化的塑料制膜技术，再将压合层剪切成需要的任意形状和尺寸，活化后用铝塑膜包装成产品（如图 4-48 所示）。

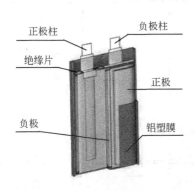

图 4-48 聚合物锂离子电池的结构

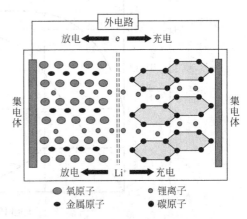

图 4-49 锂离子电池充放电过程示意图

（2）工作原理

当对电池进行充电时，电池的正极上有锂离子生成，生成的锂离子经过电解液运动到负极。而作为负极的碳呈层状结构，它有很多微孔，达到负极的锂离子就嵌入到碳层的微孔中，嵌入的锂离子越多，电池的充电容量就越高。同样，当对电池进行放电时（即用户使用电池的过程），嵌在负极碳层中的锂离子脱出，又运动回正极。返回正极的锂离子越多，电池放出的电容量就越高。人们将这种靠锂离子在正、负极之间转移来完成电池充、放电工作的锂离子电池形象地称其为"摇椅式电池"。上述锂离子电池的充放电过程可用图 4-49 表示。图的右半部是碳负极材料的结构，左半部是正极材料的结构，它们都是层状结构，锂离子就是在正负极材料的层间进行嵌入和脱嵌。

4.4.2.3 基本性能

（1）充电特性

典型锂离子电池的充电曲线如图 4-50 所示。从图中可以看出，锂离子电池采用恒流与恒压相结合的方法进行充电（先恒流后恒压）。当电池先以恒流充电时，电池电压逐渐上升，一旦电池电压达到 4.2V 时，即转为恒定 4.2V 电压继续充电。除选择 4.2V 恒压外，在恒定电压下，电池的充电电流先急速下降然后缓慢下降并稳定下来，当电流降至一定数值时，即可停止充电，并视为充电完成。选择上述充电方法是由锂离子电池本身固有特性所决定的，这是因为锂离子电池不具有水溶液电解质蓄电池中常有的过充电保护机制。一旦过充电，不仅在正极上由于脱嵌过多锂而发生结构不可逆变化，负极上可能形成金属锂的表面析出，而且可能发生电解质的分解等副反应。由此导致电池循环寿命的急速衰减，甚至由于反应激烈导致热失控引起电池燃烧与爆裂等严重安全事故。由此可知，锂离子电池的充电特性和充电控制是必须予以特别了解与重视的问题。

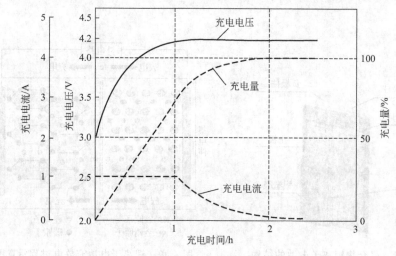

图 4-50　小型锂离子电池的典型充电特性曲线

（2）放电特性

　　锂离子电池典型放电曲线分别如图 4-51 和图 4-52 所示。其中图 4-51 显示出电池的典型倍率放电能力，而图 4-52 显示出电池的放电特性与温度的关系。显然，锂离子电池常温下具有高放电倍率能力，以 2C 连续放电，仍可获得接近 95％的标称容量和高的放电电压平台（3.5～3.7V）；宽广的工作温度区间（25～60℃），经过特别设计和选择合适的电解质配方，还可延至－40℃环境下工作。

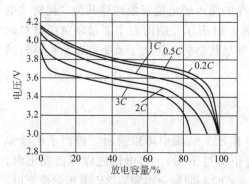

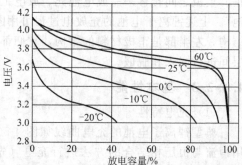

图 4-51　不同电流条件下的放电特性曲线
充电：4.2Vmax，1C max，2.5h
温度：25℃
放电：终止电压 3.0V

图 4-52　不同温度条件下的放电特性曲线
充电：4.2Vmax，1C max，2.5h
温度：20℃
放电：0.5C，终止电压 3.0V

（3）温度特性

　　锂离子电池可在－25～60℃温度范围内使用，但大于 45℃时其自放电比较严重，容量下降，同时也不宜快速充电。锂离子电池的温度特性曲线如图 4-52 所示。

（4）自放电特性

　　锂离子电池的自放电特性曲线如图 4-53 所示。由图可见，20℃时，当电池放置 90 天后，容量保持率仍在 90%，即容量损失仅为 10%，说明锂离子电池的自放电速度比较小。但是温度过高会使电其自放电速度加快。

（5）循环寿命特性

锂离子电池的循环寿命特性曲线如图 4-54 所示。由图可见，额定容量为 1400mAh 的电池在经过 500 次循环后，其容量仍有 1200mA·h 以上。正常情况下，锂离子电池的循环寿命最高可达 1200 次。一般便携式电器要求循环寿命 300～500 次，电动汽车要求 500～1000 次，因此，锂离子电池在通信、交通（电动汽车）、新能源等领域得到广泛应用。

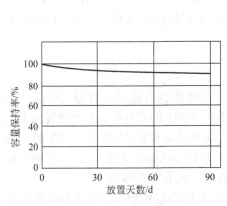

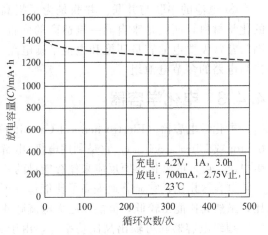

图 4-53　自放电特性曲线
充电：4.2Vmax，1Cmax，2.5h；温度：20℃
放电：200mA，终止电压 2.50V

图 4-54　循环寿命特性曲线

4.4.2.4　使用与维护

正确的使用方法对于锂离子电池的寿命起着至关重要的作用。有很多因素影响锂离子电池的寿命，其中最重要的是电池化学材料、充放电深度、使用温度和电池容量终止值等。因此在使用过程中，要注意以下几点。

① 充电方法。锂离子电池的充电方式采用先恒流后恒流恒压，即 4.20V 恒压，恒流电流一般为 0.1C～1.0C。其充电方法为：开始阶段采用恒流方法，在充电后期当电池电压接近 4.2V 时，改为恒压方式充电，当电流逐渐减少到接近零时，充电终止。

② 放电方法。放电电流一般为 0.5C 以下，电池的放电平台在 3.60～3.80V。

③ 新电池充电方法。锂离子电池出厂时已充电到约 50% 的容量，新购的电池如果仍可有一部分电量可直接使用。当电池第一次完全放电完毕后应充足电后再使用，这样连续三次，电池方可达到最佳使用状态。

④ 防止过放电。对锂离子电池来说，单体电池电压降到 3V 以下，即为过放电。如果长期不用，应以 40%～60% 的充电量储存。如果电池电量过低，可能因

电池自放电导致其过放。储存期间要注意防潮，每6个月检测电压一次，并进行充电，保证电池电压在安全电压值（3V以上）范围内。

⑤ 防止过充电。锂离子电池任何形式的过充都会导致电池性能受到严重破坏，甚至发生爆炸事故。

⑥ 锂离子电池充电必须使用专用充电器。

⑦ 使用环境条件。锂离子电池要远离高温（高于60℃）和低温（-20℃）环境，如果在高温条件下使用电池，轻则缩短寿命，严重者可引发爆炸。不要接近火源，防止剧烈振动和撞击，不能随意拆卸电池，禁止用榔头敲打新、旧电池。

⑧ 电池的串联与并联。并联是为了提高电池容量，并联的电池必须采用相同的化学材料，而且是来自同一制造商的同批次同规格产品。串联时则更需要小心，因为常常需要电池容量匹配和电池平衡电路，最好直接从电池制造商购买已装配了恰当电路的多节电池组。

4.4.3 电化学容器

电化学电容器（Electrochemical Capacitor），一般称其为超级电容器（Super Capacitor 或 Ultracapacitor），它是利用电极/电解质交界面上的双电层或在电极界面上发生快速、可逆的氧化还原反应来储存能量的一类新型储能和能量转换器件或装置。与一般电容器相比，它显著地提高了比能量（可达 $10W·h/kg$,甚至更高）；与蓄电池相比，虽然其比能量较低，但能以超大电流脉冲放电，输出更高的比功率。

超级电容器除可输出高比功率外，由于其在充放电过程中只有离子和电荷的传递，没有电池中化学反应引起的相变等影响，几乎没有衰减容量，所以超级电容器还具有优异的循环寿命（可达 10^5 次），或者大于 5 年以上的使用时间和充电速度（$1\sim30s$）、安全性好和工作温度范围宽（$-40\sim70℃$）等优点。由此可以看出，超级电容器的出现，填补了普通电解电容器和蓄电池间的空档。

4.4.3.1 原理与分类

按照工作原理分类，电化学电容器目前可以分为三种类型：（电子）双电层电容器（Electronic Double Layer Capacitor，EDLC）、赝电容器（Pseudo-Capacitor）和混合型电容器（Hybrid Capacitor）。

按照采用电极材料的类型，可以将电化学电容器分为四种类型：碳材料（Carbon）电化学电容器、金属氧化物（Metal Oxides）电化学电容器、导电聚合物电化学电容器和混合材料体系电化学电容器。

按照采用的电解质不同，可以将电化学电容器分为两种类型：有机电解质电化学电容器和水溶液电解质电化学电容器。

（1）（电子）双电层电容器

这是由高表面碳电极在水溶液电解质（如硫酸等）或有机电解质溶液中形成的双电层电容，如图 4-55 所示。该图还表示出一个典型双电层的形成原理，显然双电层是在电极材料（包括其空隙中）与电解质交界面两侧形成的，双电层电容量的大小取决于双电层上分离电荷的数量，因此电极材料和电解质对电容量的影响最大。一般都采用多孔高表面积炭作为双层电容器电极材料，其比表面积可达 $1000 \sim 3000\text{m}^2/\text{g}$，比电容可达 280 F/g。

（2）赝电容器

这是由电极表面上或者体相中的二维或准二维空间上发生活性材料的欠电位沉积，形成高度可逆的化学吸附/脱附或氧化/还原反应产生与电极充电电位有关的电容，又称为法拉第准电容；典型的赝电容器是由金属氧化物（如氧化钌）构成的，其比电容高达 760F/g。但由于氧化钌价格太贵，由此已开始采用氧化钴、氧化镍和二氧化锰来取代。

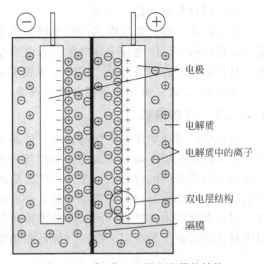

图 4-55　碳/碳双电层电容器的结构及双电层形成原理示意图

在法拉第电荷传递的电化学变化过程中，H 或一些金属（如 Pb、Bi 或 Cu 等）在 Pt 或 Au 上发生单层欠电势沉积，或在多孔过渡金属氧化物（如 RuO_2、IrO_2 等）发生氧化还原反应时，其放电和充电过程有如下现象。

① 两极电位与电极上施加或释放的电荷几乎成线性关系。

② 如果该系统电压随时间呈线性变化，则产生恒定或几乎恒定的电流。

此过程高度可逆，具有电容特征，为了与双电层电容相区别，称这样得到的电容为赝电容或法拉第准电容。其原理如图 4-56 所示。

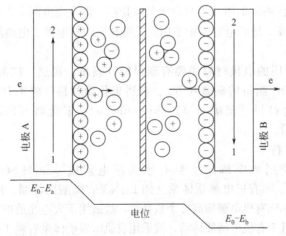

E_0-E_a：充电状态正极电位
E_0-E_b：充电状态负极电位

图 4-56　赝电容器在荷电状态下的示意图

（3）混合型电容器

这是由半个形成双层电容的碳电极与半个导电聚合物或其他无机化合物的表面反应或电极嵌入反应电极等构成的混合电容器，目前在水溶液电解质体系中，已有碳氧化镍混合电容器的产品。同时正在发展有机电解质体系的碳/碳（锂离子嵌入反应碳材料）、碳二氧化锰等混合型电容器。

4.4.3.2 基本结构

电化学电容器单体和组件与蓄电池外观相似，如图 4-57 所示。图 4-57（a）为典型的圆柱形超级电容器，其内部采用与电池一样的卷绕式结构；图 4-57（b）为单体电容器构成的电容器组。显然，作为储能与能量转换产品，电化学电容器也像蓄电池一样，必须通过串并联形成具有一定输出电压、能量和功率的组件或组合系统。进行电容器串并联设计时，一般可采用与普通电容器完全相同的计算方法，求得组件或组合系统的电阻、电压、能量和功率等电气参数。

(a)单体电化学电容器   (b)电化学电容器组件

图 4-57 典型的单体电化学电容器及其组件

超级电容器单体内部的组成也与电池基本相同，即主要由两个电极（正极与负极）、电解质和隔膜等组成。超级电容器中使用的关键材料包括电极、电解质和隔膜材料。

（1）电极材料

超级电容器使用的电极材料主要有碳材料（碳布、炭黑、碳凝胶、由 SiC 制备的碳微粒以及由 TiC 制备的碳微粒等）、金属氧化物材料（脱水 RuO_2、水合 RuO_2 等）和导电聚合物材料 [聚噻吩（Polythiophene）、聚吡咯（Polypyrrole）、聚苯胺（Polyaniline）]。

（2）电解质材料

超级电容器使用的电解质主要有水溶液电解质 [如 H_2SO_4、KOH、KCl 和 $(NH_4)_2SO_4$ 体系等] 和有机电解质体系（如 Et_4NBF_4/碳酸丙烯醋、Et_4NBF_4/乙腈等）。水溶液电解质电导率比有机电解质高 2 个数量级，故适用于大电流放电型超级电容器；但水溶液工作电压远低于有机电解质体系，故采用有机电解质体系有利于获得高比能量。此外，固体聚合物电解质因其电导率非常低，所以仅适合用于全固态小型化电容器的开发。

（3）隔膜材料

如同在电池中的功能和要求，超级电容器使用的隔膜基本上都是电池采用的隔膜，如聚丙烯隔膜、聚乙烯微孔膜、玻璃纤维膜、非编织尼龙膜和无纺布等。

4.4.3.3　基本特性

超级电容器也是一种典型的储能和能量转换装置，因此用于表达蓄电池的特性参数大多数都适用于对超级电容器的性能表征，但唯电容量的表征不同。超级电容器的电容量表达式与普通电容器的是一致的，即

$$C = Q/U$$

式中　C——电容量，F；

　　　Q——电容器储蓄的电量，C；

　　　U——电容器两端的电压。

超级电容器的电压取决于所采用的电解质类型，一般水溶液为 2V 以下，而有机电解质体系为 $2.5\sim3.5V$。

由此也可以推导出电容器储存能量表达式为

$$E = CU^2/2$$

此式中的能量单位可用 J（焦耳）表示。

作为储能和可以提供高功率脉冲的能量转换装置，超级电容器的最重要性能参数是在特定比功率输出条件下的有用比能量（即在特定的 W/kg 输出下的 W·h/kg）和在充放电效率为 95％（$U_P/U_{理想值}$）条件下的输出比功率（W/kg）；在全放电条件下的循环寿命（即循环次数）和荷电条件下的自放电（％）；事实上，电容器的串并联电阻对于其输出能量、输出功率以及充放电效率有着重要影响，因此电容器本身的电阻、组件或组合系统的串并联电阻也是一个重要参数；此外，还有环境温度变化下的电容器参数，如电容量和电阻（特别是低温下）以及自放电和寿命（特别在高温下）的依赖关系等。由于双电层电容器在充放电过程中，电极上不发生电化学反应，只进行离子和电荷的转移。因此，上述电极过程常称为理想的极化过程，其恒电流条件下的充放电曲线呈现典型的对称锯齿波形状，如图 4-58 所示。

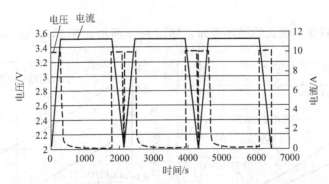

图 4-58　一个碳/碳型超级电容器（有机电解质体系）
的典型循环充放电曲线

由图 4-58 可以看出，放电起始有一段电压急剧下降，表征了电容器内阻上的电压降，由此可计算出电容器内阻。对于一个好的电容器而言，内阻低是一个重要标志。要想降低电容器内阻，必须选择高导电性电极活性材料和集流体材料、低电

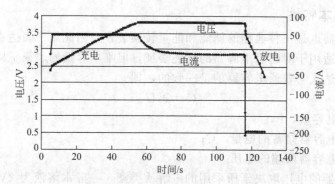

图 4-59 某种碳金属氧化物混合型超级电容器
(有机电解质) 的典型充放电曲线

阻隔膜材料和高导电电解质材料，同时要有合适的工艺保证电极活性材料与集流体的低电阻接触等。

与其相比，混合型电化学电容器的充放电曲线具有不同的特征，如图 4-59 所示。可以看出，放电时电压下降较平缓，显示出金属氧化物电极部分理想非极化特征的叠加作用。

实际上，超级电容器在放电时的输出功率和可利用能量都与电池设计和采用的工作电压区间有关，如图 4-60 (a) 和图 4-60 (b) 所示。它们分别表示出两种设计的 C/NiO 碱性水溶液电解质混合电容器的比能量与比功率的关系以及与所取电压区间对其影响。显然，脉冲型电容器显示高的比功率和低的比能量，但比能量随比功率增高下降得较缓慢，这是因为电极设计得较薄，比容量低，但放电利用率较高，且随放电电流增高变化较小。相反，牵引型电容器采用厚电极，比能量增大，但比功率下降，对功率增加特别敏感。在上述两种情况下，电压区间的选择都有显著影响。

超级电容器显示极长的循环寿命，如图 4-61 所示，在 150C 放电率下的实际测

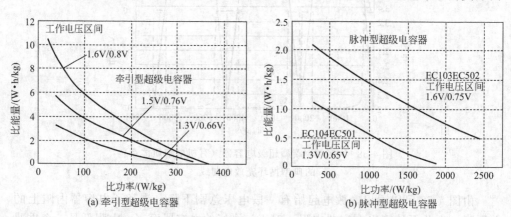

(a) 牵引型超级电容器　　　　　　　(b) 脉冲型超级电容器

图 4-60 混合超级电容器的输出比能量与输出比功率的关系
以及所取电压区间的影响

试寿命达到 2700000 次，而且还有进一步增长的潜力。超级电容器的自放电特性如图 4-62 所示，超级电容器的充放电循环寿命曲线性能可以用储存期间的电压变化来表征，如图 4-62 所示。显然，超级电容器充电后搁置初期电压下降较快，然后就趋于平稳下来。同时注意到，初始电压越高，初始电压下降得越快。

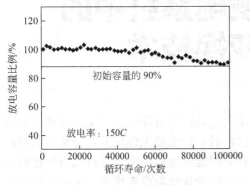

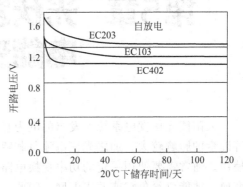

图 4-61　超级电容器的循环寿命曲线　　　图 4-62　超级电容器的自放电特性曲线

4.4.3.4　使用注意事项

① 超级电容器具有固定的极性。在使用前，应确认极性。

② 超级电容器应在标称电压下使用，当电容器电压超过标称电压时，将会导致电解液分解，同时电容器会发热，容量下降，而且内阻增加，寿命缩短，在某些情况下，可导致电容器性能崩溃。

③ 超级电容器不可应用于高频率充放电的电路中，高频率的快速充放电会导致电容器内部发热，容量衰减，内阻增加，在某些情况下会导致电容器性能崩溃。

④ 超级电容器安装完毕后，不可强行倾斜或扭动电容器，这样会导致其引线松动，甚至会导致其性能劣化。

⑤ 在焊接过程中避免使电容器过热：如果在焊接中使电容器出现过热现象，会降低电容器的使用寿命。例如：如果使用厚度为 1.6mm 的印制线路板，在焊接过程中的温度应不超过 260℃，时间不超过 5s。

⑥ 当超级电容器进行串联使用时，存在单体间的电压均衡问题，单纯的串联会导致某个或几个单体电容器过压，从而损坏这些电容器，整体性能受到影响。

第5章 光伏发电系统中的电能变换技术

太阳能光伏发电系统所发出的电为直流电，其供电可靠性受气象、环境、负荷等因素的影响较大，加之光伏电池负载特性较软，供电稳定性较差，一般无法直接使用。通常需要使用一定的功率变换电路对太阳能电池板的电能进行适当的控制与变换，才能供给负载或并入电网。因此，在太阳能光伏发电系统中，电能的控制与变换，即电力电子变换电路占有相当重要的地位。而光伏发电系统的性能除了受太阳能电池板的固有特性影响外，主要决定于系统中的电能变换电路。现在市场上提到的光伏发电系统"控制器"，其核心就是电力电子变换电路，辅之以或简或繁的保护、显示、通信及能量管理等功能。

5.1 光伏发电系统对电能变换的要求

光伏发电系统大多可分为独立光伏发电系统和并网光伏发电系统。

对于独立光伏发电系统，根据负载类型，通常需要进行直流-直流变换（DC/DC变换器）或直流-交流变换（DC/AC变换器，或称为逆变器）。此外，独立光伏发电系统供电持续性相对较差，为了提高光伏电池发电的利用率，需要使用一定容量的储能装置。而现阶段的储能装置大多为蓄电池，因而在独立光伏发电系统中，为合理高效使用蓄电池，需要一定的电能变换电路为蓄电池进行充放电控制与管理。

对于并网光伏发电系统，通常需要直流-交流变换电路即逆变器，将光伏电池所发出的直流电能变换为与电网同步（同频、同幅、同相）的交流电能传送给电网。此外，在有些场合还需要在光伏电池和逆变器之间加一级直流变换电路对光伏电池的电能进行预变换，以减轻并网光伏发电系统对逆变电路的要求。

同一般的电力电子变换电路类似，光伏发电系统中的电能变换无论是直流-直流变换或是直流-交流变换系统，一般都由功率变换主电路和控制系统两部分构成。鉴于光伏发电系统的特殊性，除了常规的性能指标之外，其对电能变换还有些特殊要求。

5.1.1 最大功率点跟踪

光伏阵列输出特性具有非线性特性，并且其输出受光照强度、环境温度和负载情况等因素的影响。在一定的光照强度和环境温度等条件下，光伏电池可工作在不同的输出电压。然而，只有在某一输出电压值时，光伏电池输出的功率才能达到最大。作为有限的功率源，为提高光伏电池的利用率，提高系统的整体效率，一个重要的途径就是实时调整光伏电池的工作点，使之始终工作在最大功率点附近。而调整光伏电池工作点的任务就是由光伏发电系统中的电能变换系统来具体完成的。因而，一个性能优良的光伏发电系统，其电能变换电路必须具备最大功率点跟踪（MPPT）功能。

5.1.2　提高变换效率

在太阳能光伏发电系统中，电能变换电路占主导地位。以独立光伏电站为例，通常有直流-直流变换电路、直流-交流变换电路（逆变电路），蓄电池充电电路等。光伏发电系统中的光伏电池所发出的电能通常至少经过一级电能变换电路，有时还需多级变换。为充分发挥有限的光伏电池资源，电能变换电路必须降低损耗，尽可能提高变换效率。

5.1.3　绿色无污染

光伏发电系统绿色化的要求主要是针对并网光伏发电系统而言。由于并网光伏发电系统直接与电网连接，系统与电网的接口是电力电子变换电路，而电力电子变换电路由于其本身的非线性特性，会产生较多谐波。如果不采取一定的措施进行合理的抑制，必将对公共电网造成严重污染。因此，在并网光伏发电系统中，网侧接口必须尽可能降低谐波污染，实现绿色无污染供电。与此同时，电力电子变换电路还应具有把市电电网谐波污染隔离的功能，以免其影响到光伏发电系统本身的性能。

5.1.4　能量管理

能量管理除了控制光伏阵列工作在最大功率点外，还需要管理光伏发电能量在电气负载和充电控制器之间的分配，使太阳能能量得到最合理的使用，并对蓄电池提供合理的充放电管理策略，控制蓄电池充放电和管理负载用电。通常大容量的光伏发电系统的能量管理非常复杂，要预测天气、负荷情况，评估负载的类型和性质以及蓄电池的工作状态，然后实现光伏电能的合理调度。而这些负载的能量管理功能通常由控制系统来完成。无一例外，这些都需要光伏发电系统中的电能变换电路具体实施。

除了上述几点要求之外，光伏发电系统中的电能变换电路通常还需要具有：负载对电能稳定性的要求、完善的保护措施以及较高的可靠性等。

5.2　直流-直流变换技术

对直流电压幅值或极性的变换称之为直流-直流变换。实现这种变换的电路称之为直流变换电路或直流斩波电路，即 DC/DC 变换器。这种变换电路广泛应用于开关电源、小型直流电机的传动以及电动汽车的驱动控制等领域。在光伏发电系统中，由于太阳能电池阵列所发出的是不稳定的直流电，因此直流变换电路通常情况下是光伏发电系统中不可或缺的重要组成部分。此外，对配有储能装置的光伏发电系统，完成为蓄电池的充放电管理功能的也是直流变换电路。

5.2.1 直流-直流变换基本原理

图 5-1 所示为直流-直流变换电路的结构框图。

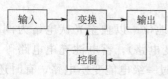

图 5-1 直流-直流变换电路
的结构框图

由图可知，直流变换电路主要由两部分所组成，一部分是实现直流变换的主电路，另一部分是实现直流变换的控制电路。直流变换电路的功能是，直流变换主电路在控制电路的作用下将不可控的直流输入变为可控的直流输出。在光伏发电系统中，其输入通常是太阳能电池或储能装置（蓄电池组）。因为这种电路的作用相当于某一直流电压为负载供电时，在其中间串入一个可控开关，通过有规律的控制开关的通与断，将输入斩开很多缺口，从而达到控制负载两端直流电压平均值的目的，故这种电路也被称为斩波电路。

在直流变换电路中，输出直流电压平均值的大小是可控的。若假定输入电压是固定不变的，则可利用控制开关的开通和关断时间 t_{on} 和 t_{off} 来控制输出电压的平均值。为了说明开关式变换电路的工作原理，给出如图 5-2 所示的直流变换电路基本工作原理示意图。

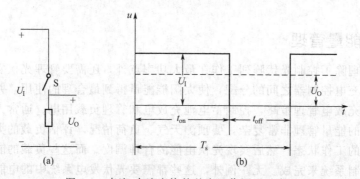

图 5-2 直流-直流变换的基本工作原理示意图

如图 5-2（a）所示，假设输入直流电压为 U_I，可变输出平均电压为 U_O。要想控制输出电压的方法有多种，其中最常用的方法是在开关频率不变的情况下，改变开关 S 在每个周期内的导通时间，即可控制平均输出电压 U_O 的大小，其波形如图 5-2（b）所示。这种方法称为脉冲宽度调制（PWM）法或称为定频调宽法。开关的导通时间 t_{on} 与开关周期 T_s 之比定义为开关的占空比 δ，即

$$\delta = t_{on}/T_s$$

式中，t_{on} 为开关每次接通的时间；T_s 为开关通断的工作周期（即开关接通时间 t_{on} 和关断时间 t_{off} 之和）。改变开关接通时间和工作周期的比例，U_O 的平均值也随之改变。因此，随着负载及电源 E 的电压变化，自动调整 t_{on} 和 T_s 的比例便能使输出电压 U_O 维持不变。

改变接通时间 t_{on} 和工作周期 T_s 的比例亦即改变脉冲的占空比的这种方法，称为"时间比率控制法"（Time Ratio Control，简记为 TRC）。实现 TRC 控制有三种方式，即脉冲宽度调制方式、脉冲频率调制方式和混合调制方式。

（1）脉冲宽度调制（Pulse Width Modulation，简记为 PWM）

脉冲宽度调制方式指开关周期恒定，通过改变脉冲宽度来改变占空比的方式。因为功率开关器件开关周期恒定，因而滤波电路的设计容易。在实际应用过程中，脉冲宽度调制（PWM）是应用最多、最成功的调制方式。

（2）脉冲频率调制（Pulse Frequency Modulation，简记为 PFM）

脉冲频率调制方式是指导通脉冲宽度恒定，通过改变开关工作频率来改变占空比的调制方式，因为 t_{on}/T_s 可以在很宽的范围内变化，输出电压的可调范围较 PWM 方式为大，与此同时，只需极小的假负载。当然，滤波电路要能适应较宽的频段，因而，滤波器体积较大是脉冲频率调制的不足之处。

（3）混合调制

混合调制方式是指导通脉冲宽度和开关工作频率均不固定，彼此都能改变的方式，它是以上两种方式的混合。如果 t_{on} 和 T_s 都可变化，在频率变化不大的情况下，可以得到非常大的输出电压调节范围，因此，用来制作要求能宽范围输出电压的实验室电源非常合适。

实现直流-直流变换的电路其具体的结构形式有多种，按照输入与输出是否有隔离措施来看，可分为非隔离型与隔离型两种。其中隔离型变换电路是从非隔离型变换电路派生发展而来的。典型的非隔离型变换电路有降压式变换器（Buck）、升压式变换器（Boost）、反相（降-升压）式变换器（Buck-Boost）以及库克变换器（Cuk）等；隔离型变换电路为了实现输入和输出的电隔离，功率变换主电路往往包含高频变压器。根据隔离变压器的工作模式，可分为单端和双端两种，其中典型的单端变换器可分为单端正激（Foward）和单端反激（Flyback）变换器，典型的双端变换器可分为推挽、全桥和半桥变换器。

本节首先讨论降压式、升压式、反相（降-升压）式等非隔离型变换电路，然后讨论单端正激、单端反激、推挽、全桥和半桥式五种隔离型直流变换电路。

5.2.2 非隔离型直流变换器

非隔离型直流变换器，有三种基本的电路拓扑：降压（Buck）型、升压（Boost）型、反相（Buck-Boost 即降压-升压）型。此外还有库克（Cuk）型、Sepic 型和 Zeta 型。本节讲述降压式、升压式和反相式直流变换器三种基本的电路拓扑。

降压型、升压型和反相型等非隔离型直流变换器的基本特征是：用功率开关晶体管把输入直流电压变成脉冲电压（直流斩波），再通过储能电感、续流二极管和输出滤波电容等元件的作用，在输出端得到所需平滑直流电压，输入与输出之间没有隔离变压器。

在分析电路工作原理时，为了便于抓住主要矛盾，掌握基本原理，简化公式推导，将功率开关晶体管和二极管都视为理想器件，可以瞬间导通或截止，导通时压降为零，截止时漏电流为零；将电感和电容都视为理想元件，电感工作在线性区且漏感和线圈电阻都忽略不计，电容的等效串联电阻和等效串联电感都为零。

各种直流变换器电路都存在电感电流连续模式（Continuous Conduction Mode，CCM）和电感电流不连续模式（Discontinuous Conduction Mode，DCM）两种工作模式，本书着重讲述电感电流连续模式。

5.2.2.1　降压式直流变换器

（1）工作原理

降压（Buck）式直流变换器（简称降压变换器）的电路图如图 5-3 所示，它由功率开关管 VT（图中为 N 沟道增强型 VMOS 功率场效应晶体管）、储能电感 L、续流二极管 VD、输出滤波电容 C_O 以及控制电路组成，R_L 为负载电阻。输入直流电源电压为 U_I，输出电压瞬时值为 u_O，输出直流电压（即瞬时输出电压 u_O 的平均值）用 U_O 表示，输出直流电流 $I_O = U_O/R_L$。

功率开关管 VT 的导通与截止受控制电路输出的驱动脉冲控制。如图 5-3 所示，当控制电路有脉冲输出时，VT 导通，续流二极管 VD 反偏截止，VT 的漏极电流 i_D 通过储能电感 L 向负载 R_L 供电；此时 L 中的电流逐渐上升，在 L 两端产生左端正右端负的自感电势抗拒电流上升，L 将电能转化为磁能储存起来。经过 t_{on} 时间后，控制电路无脉冲输出，使 VT 截止，但 L 中的电流不能突变，这时 L 两端产生右端正左端负的自感电势抗拒电流下降，使 VD 正向偏置而导通，于是 L 中的电流经 VD 构成回路，其电流值逐渐下降，L 中储存的磁能转化为电能释放出来供给负载 R_L。经过 t_{off} 时间后，控制电路输出脉冲又使 VT 导通，重复上述过程。滤波电容 C_O 是为了降低输出电压 u_O 的脉动而加入的。续流二极管 VD 是必不可少的元件，倘若无此二极管，电路不仅不能正常工作，而且在 VT 由导通变为截止时，L 两端将产生很高的自感电势而使功率开关管击穿损坏。

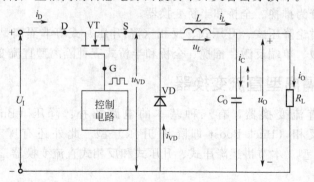

图 5-3　降压变换器电路

在 L 足够大的条件下，降压变换器工作于电感电流连续模式，假设 C_O 也足够大，则波形图如图 5-4 所示。

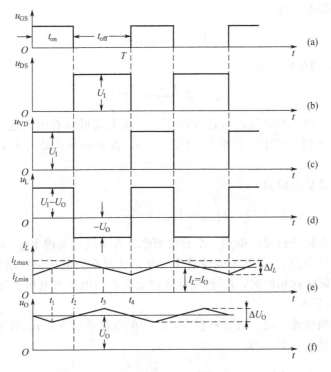

图 5-4 降压变换器波形图

控制电路输出的驱动脉冲宽度为 t_{on}，无脉冲的持续时间为 t_{off}，开关周期 $T = t_{on} + t_{off}$。栅-源间驱动脉冲 u_{GS} 的波形如图 5-4（a）所示；功率开关管漏-源间电压 u_{DS} 和续流二极管阴极-阳极两端电压 u_{VD} 的波形分别如图 5-4（b）、（c）所示。在 t_{on} 期间，VT 导通，$u_{DS} = 0$，VD 截止，$u_{VD} = U_I$；在 t_{off} 期间，VT 截止而 VD 导通，$u_{VD} = 0$，$u_{DS} = U_I$。

t_{on} 期间 L 两端电压为

$$u_L = L \frac{\mathrm{d}i_L}{\mathrm{d}t} = U_I - u_O$$

其极性是左端正右端负。符合使用要求的直流变换器在稳态情况下 u_O 波形应相当平滑，即 $u_O \approx U_O$，因此上式可以近似地写成

$$u_L = L \frac{\mathrm{d}i_L}{\mathrm{d}t} = U_I - U_O$$

这期间 L 中的电流 i_L 按线性规律从最小值 $I_{L\min}$ 上升到最大值 $I_{L\max}$，即

$$i_L = \int \frac{U_I - U_O}{L} \mathrm{d}t = \frac{U_I - U_O}{L} t + I_{L\min}$$

L 中的电流最大值为

$$I_{L\max} = \frac{U_I - U_O}{L} t_{on} + I_{L\min}$$

L 中储存的能量为

$$W = \frac{1}{2} I_{L\max}^2 L$$

t_{off} 期间 L 两端电压为

$$u_L = L \frac{\mathrm{d}i_L}{\mathrm{d}t} = -U_O$$

其极性是右端正左端负,与正方向相反。从上式可以看出,这时 L 中的电流 i_L 按线性规律下降,其下降斜率为 $-U_O/L$。i_L 按此斜率从最大值 $I_{L\max}$ 下降到最小值 $I_{L\min}$。

L 中的电流最小值为

$$I_{L\min} = I_{L\max} - \frac{U_O}{L} t_{off}$$

通过以上定量分析可以得到一个重要概念:在一段时间内电感两端有一恒定电压时,电感中的电流 i_L 必然按线性规律变化,其斜率为电压值与电感量之比。当电流与电压实际方向相同时,i_L 按线性规律上升;当电流与电压实际方向相反时,i_L 按线性规律下降。

在 VT 周期性地导通、截止过程中,L 中的电流增量(即 t_{on} 期间 i_L 的增加量和 t_{off} 期间 i_L 的减小量)为

$$\Delta I_L = I_{L\max} - I_{L\min} = \frac{U_I - U_O}{L} t_{on} = \frac{U_O}{L} t_{off} \tag{5-1}$$

如上所述,u_L 和 i_L 的波形分别如图 5-4(d)、(e)所示。从图 5-3 可以看出,储能电感中的电流 i_L 等于流过负载的输出电流 i_O 与滤波电容充放电电流 i_{C_O} 的代数和。由于电容不能通过直流电流,其电流平均值为零,因此储能电感的电流平均值 I_L 与输出直流电流 I_O(即 i_O 的平均值)相等,即

$$I_L = (I_{L\max} - I_{L\min})/2 = I_O \tag{5-2}$$

输出电压瞬时值 u_O 也就是滤波电容 C_O 两端的电压瞬时值,它实际上是脉动的,当 C_O 充电时 u_O 升高,在 C_O 放电时 u_O 降低。滤波电容的电流瞬时值为

$$i_{C_O} = i_L - i_O$$

其中输出电流瞬时值

$$i_O = u_O / R_L$$

符合使用要求的直流变换器虽然输出电压 u_O 有脉动,但 u_O 与其平均值 U_O 很接近,即 $u_O \approx U_O$,于是 $i_O \approx I_O$。因此

$$i_{C_O} \approx i_L - I_O$$

当 $i_L > I_O$ 时,$i_{C_O} > 0$(i_{C_O} 为正值),C_O 充电,u_O 升高;当 $i_L < I_O$ 时,$i_{C_O} < 0$(i_{C_O} 为负值),C_O 放电,u_O 降低。u_O 的波形如图 5-4(f)所示(为了便于看清 u_O 的变化规律,图中 u_O 的脉动幅度有所夸张,实际上 u_O 的脉动幅度应很小)。

假设电路已经稳定工作，来观察 u_O 的具体变化规律：在 $t=0$ 时，VT 受控由截止变导通，但此刻 $i_L=I_{Lmin}<I_O$，因此 C_O 继续放电，使 u_O 下降；到 $t=t_1$ 时，i_L 上升到 $i_L=I_O$，C_O 停止放电，u_O 下降到了最小值；此后 $i_L>I_O$，C_O 开始充电，使 u_O 上升；在 $t=t_2$ 时，VT 受控由导通变截止，然而此刻 $i_L=I_{Lmax}>I_O$，故 C_O 继续充电，u_O 继续上升；到 $t=t_3$ 时，i_L 下降到 $i_L=I_O$，C_O 停止充电，u_O 上升到了最大值；此后 $i_L<I_O$，C_O 开始放电，使 u_O 下降；在 $t=t_4$ 时又重复 $t=0$ 时的情况。输出脉动电压（即纹波电压）的峰-峰值用 ΔU_O 表示。

（2）输出直流电压 U_O

电感两端直流电压为零（忽略线圈电阻），即电压平均值为零，因此在一个开关周期中 UL 波形的正向面积必然与负向面积相等。由图 5-4（d）可得

$$(U_I-U_O)t_{on}=U_Ot_{off}$$

由此得到降压变换器在电感电流连续模式时，输出直流电压 U_O 与输入直流电压 U_I 的关系式为

$$U_O=\frac{t_{on}}{t_{on}+t_{off}}U_I=\frac{t_{on}}{T}U_I=DU_I \tag{5-3}$$

式中，t_{on} 为功率开关管导通时间；t_{off} 为功率开关管截止时间；T 为功率开关管开关周期，即

$$T=t_{on}+t_{off} \tag{5-4}$$

D 为开关接通时间占空比，简称占空比，即

$$D=t_{on}/T \tag{5-5}$$

由式（5-3）可知，改变占空比 D，输出直流电压 U_O 也随之改变。因此，当输入电压或负载变化时，可以通过闭环负反馈控制回路自动调节占空比 D 来使输出直流电压 U_O 保持稳定。这种方法称为"时间比率控制"。

改变占空比的方法有下列三种。

① 保持开关频率 f 不变（即开关周期 T 不变，$T=1/f$），改变 t_{on}，称为脉冲宽度调制（Pulse Width Modulation，PWM），这种方法应用得最多。

② 保持 t_{on} 不变而改变 f，称为脉冲频率调制（Pulse Frequency Modulation，PFM）。

③ 既改变 t_{on}，也改变 f，称为脉冲宽度频率混合调制。

从式（5-3）还可以看出，由于占空比 D 始终小于 1，必然 $U_O<U_I$，所以图 5-3 所示电路称为降压式直流变换器或降压型开关电源。

（3）元器件参数计算

① 储能电感 L 储能电感的电感量 L 足够大才能使电感电流连续。假如电感量偏小，则功率开关管导通期间电感中储能较少，在功率开关管截止期间的某一时刻，电感储能就释放完毕而使电感中的电流、电压都变为零，于是 i_L 波形不连续，相应地 u_{DS}、u_{VD} 波形出现台阶，如图 5-5（a）所示。由于 i_L 为零期间仅靠 C_O 放电提供负载电流，因此，这种电感电流不连续模式将使直流变换器带负载能力降

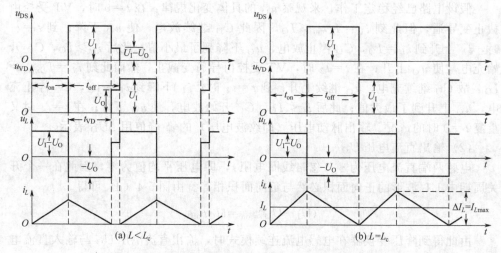

图 5-5　降压变换器 L 值对电压、电流波形的影响

低、稳压精度变差和纹波电压增大。若要避免出现这种现象，就要 L 值较大，但 L 值过大会使储能电感的体积和重量过大。通常根据临界电感 L_c 来选取 L 值，即

$$L \geqslant L_c \tag{5-6}$$

临界电感 L_c 是使通过储能电感的电流 i_L 恰好连续而不出现间断所需要的最小电感量。当 $L = L_c$ 时，相关电压、电流波形如图 5-5（b）所示，i_L 在功率开关管截止结束时刚好下降为零。这时 $I_{L\min} = 0$，并且

$$\Delta I_L = 2I_L \tag{5-7}$$

由式（5-7）和式（5-1）、式（5-2），可求得降压变换器的临界电感为

$$L_c = \frac{U_O}{2I_O t_{\text{off}}} = \frac{U_O T(1-D)}{2I_O} = \frac{U_O T}{2I_O}\left(1 - \frac{U_O}{U_I}\right) \tag{5-8}$$

式中，I_O 应取最小值（但输出不能空载，即 $I_O \neq 0$），为了避免电感体积过大，也可以取额定输出电流的 $0.3 \sim 0.5$ 倍；$U_O/U_I = D$ 应取最小值（即 U_I 取最大值），U_O 应取最大值。从式（5-8）可以看出，开关工作频率愈高，即 T 愈小，则所需电感量愈小。

观察图 5-3 可知，忽略 L 中的线圈电阻，降压变换器输出直流电压 U_O 等于续流二极管 VD 两端瞬时电压 u_{VD} 的平均值。对照 $L > L_c$、$L < L_c$ 和 $L = L_c$ 的 u_{VD} 波形图可以看出，当输入电压 U_I 和占空比 D 不变时，因为 $L < L_c$ 时 u_{VD} 波形中多一个台阶，所以 $L < L_c$（电感电流不连续模式）的 U_O 值大于 $L \geqslant L_c$（电感电流连续模式）的 U_O 值。计算 U_O 的式（5-3）仅适用于 $L \geqslant L_c$ 的情形。

式（5-8）表明，当输入电压 U_I、输出电压 U_O 和开关周期 T 一定时，输出电流 I_O 愈小（即负载愈轻），则临界电感值 L_c 愈大。假如设计直流变换器时没有按实际的最小 I_O 值来计算 L_c，并取 $L > L_c$，就会出现这样的现象：只有负载较重时，I_O 较大，直流变换器才工作在 $L \geqslant L_c$ 的状态；而轻载时 I_O 小，直流变换器变为处于 $L < L_c$ 的状态，这时 $I_{L\max}$ 值较小，电感中储能少，不足以维持 i_L 波形连续，U_O 将比按式（5-3）计算的值大，要使 U_O 不升高，应减小占空比 D。

储能电感的磁芯，通常采用铁氧体，在磁路中加适当长度的气隙；也可采用磁粉芯。由于磁粉芯是将铁磁性材料与顺磁性材料的粉末复合而成，相当于在磁芯中加了气隙，因此具有在较高磁场强度下不饱和的特点，不必加气隙；但磁粉芯非线性特性显著，其电感量随工作电流的增加而下降。

② 输出滤波电容 C_O 从图 5-4（f）看出，降压变换器的输出纹波电压峰-峰值 ΔU_O，等于 $t_1 \sim t_3$ 期间 C_O 上的电压增量，因此

$$\Delta U_O = \frac{\Delta Q}{C_O} = \frac{1}{C_O} \int_{t_1}^{t_3} i_C \, \mathrm{d}t$$

虽然在整个 $t_1 \sim t_3$ 期间，$i_{C_O} \approx i_L - I_O > 0$，$C_O$ 充电，使 u_O 升高，但其中 $t_1 \sim t_2$ 期间（其持续时间约为 $t_{on}/2$）i_{C_O} 值上升，而 $t_2 \sim t_3$ 期间（其持续时间约为 $t_{off}/2$）i_{C_O} 值下降，两个期间 i_{C_O} 变化规律不同，所以要把积分区间分为两个部分，即

$$\Delta U_O = \frac{1}{C_O} \left(\int_{t_1}^{t_2} i_C \, \mathrm{d}t + \int_{t_2}^{t_3} i_C \, \mathrm{d}t \right)$$

$$= \frac{1}{C_O} \left[\int_{\frac{t_{on}}{2}}^{t_{on}} \left(\frac{U_I - U_O}{L} t + I_{L\min} - I_O \right) \mathrm{d}t + \int_0^{\frac{t_{off}}{2}} \left(I_{L\max} - \frac{U_O}{L} t - I_O \right) \mathrm{d}t \right]$$

注：为便于计算，上述第二项积分移动纵坐标使积分下限为坐标原点。

经过数学运算求得

$$\Delta U_O = \frac{U_O T t_{off}}{8LC_O} = \frac{U_O T^2 t_{off}}{8LC_O} \left(1 - \frac{U_O}{U_I} \right)$$

根据允许的输出纹波电压峰-峰值 ΔU_O（或相对纹波 $\Delta U_O/U_O$，通常相对纹波小于 0.5%），可利用上式确定输出滤波电容所需的电容量为

$$C_O \geqslant \frac{U_O T^2}{8L \Delta U_O} \left(1 - \frac{U_O}{U_I} \right) \tag{5-9}$$

从上式可以看出，开关频率愈高，即 T 愈小，则所需电容量 C_O 愈小。

输出滤波电容 C_O 采用高频电解电容器，为使 C_O 有较小的等效串联电阻（ESR）和等效串联电感（ESL），常用多个电容器并联。电容器的额定电压应大于电容器上的直流电压与交流电压峰值之和，电容器允许的纹波电流应大于实际纹波电流值。电解电容器是有极性的，使用中正、负极性切不可接反，否则，电容器会因漏电流很大而过热损坏，甚至发生爆炸。

③ 功率开关管 VT（VMOSFET）

a. VMOSFET 的最大漏极电流 $I_{D\max}$ 与漏极电流有效值 I_{Dx}。

降压变换器等非隔离型开关电源，功率开关管导通时，漏极电流 i_D 等于 t_{on} 期间的电感电流 i_L，因此最大漏极电流 $I_{D\max}$ 与储能电感中的电流最大值 $I_{L\max}$ 相等。当 $L \geqslant L_c$ 时

$$I_{L\max} = I_L + \frac{\Delta I_L}{2} \tag{5-10}$$

在降压变换器中，$I_L = I_O$，将 ΔI_L 用式（5-1）代入，得

$$I_{L\max} = I_O + \frac{U_O}{2L} t_{off}$$

而 $\qquad t_{off} = T - t_{on} = T(1-D) = T(1 - U_O/U_I)$

所以

$$I_{D\max} = I_{L\max} = I_O + \frac{U_O T}{2L}\left(1 - \frac{U_O}{U_I}\right) \qquad (5\text{-}11)$$

漏极电流有效值为

$$I_{Dx} = \sqrt{\frac{\int_0^T i_D^2 \,\mathrm{d}t}{T}} \approx \sqrt{\frac{\int_0^{t_{on}} I_L^2 \,\mathrm{d}t}{T}} = \sqrt{\frac{t_{on}}{T}} I_L = \sqrt{D}\, I_L \qquad (5\text{-}12)$$

在降压变换器中

$$I_{Dx} \approx \sqrt{D}\, I_O \qquad (5\text{-}13)$$

b. VMOSFET 的最大漏-源电压 $U_{DS\max}$。

功率开关管的漏-源电压 u_{DS} 在它由导通变为截止时最大，在降压变换器中其值为

$$U_{DS\max} = U_I \qquad (5\text{-}14)$$

c. VMOSFET 的耗散功率 P_D。

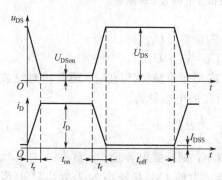

图 5-6　功率开关管漏极电压
电流开关工作波形

在前面的讨论中，把功率开关管视为理想器件，既没有考虑它的"上升时间" t_r 和"下降时间" t_f 等动态参数及开关损耗，也没有考虑它的通态损耗。实际上功率开关管在工作过程中是存在功率损耗的，开关工作一周期可分为 4 个时区，即上升期间 t_r、导通期间 t_{on}、下降期间 t_f 和截止期间 t_{off}，除了 t_{off} 期间损耗功率很小外，在 t_r、t_f 和 t_{on} 期间的损耗功率都不能忽略。

深入讨论 t_r 和 t_f 的过程很复杂，为简化分析，将开关工作波形理想化，如图 5-6 所示。VMOS 场效应管各时区的损耗功率在一个周期内的平均值分别如下。

上升损耗：

$$P_r = \frac{1}{T}\int_0^{t_r} U_{DS}\left(1 - \frac{t}{t_r}\right) I_D \frac{t}{t_r}\,\mathrm{d}t = \frac{U_{DS} I_D}{6T} t_r$$

通态损耗：

$$P_{on} = U_{DSon} I_D \frac{t_{on}}{T} = U_{DSon} I_D D$$

下降损耗：

$$P_f = \frac{1}{T}\int_0^{t_f} U_{DS}\left(1-\frac{t}{t_f}\right)I_D\,\frac{t}{t_f}\,dt = \frac{U_{DS}I_D}{6T}t_f$$

截止损耗：

$$P_{off} = U_{DS}I_{DSS}\frac{t_{off}}{T} = U_{DS}I_{DSS}(1-D)$$

因此，VMOSFET 的耗散功率为

$$P_D = P_r + P_{on} + P_f + P_{off}$$

$$= \frac{U_{DS}I_D}{6T}(t_r+t_f) + U_{DSon}I_D D + U_{DS}I_{DSS}(1-D) \tag{5-15}$$

式中，U_{DS} 为 VMOSFET 截止时的 D、S 极间电压；I_D 为 VMOSFET 导通期间的漏极平均电流；T 为开关周期；t_r 为 VMOSFET 的开关参数"上升时间"；t_f 为 VMOSFET 的开关参数"下降时间"；U_{DSon} 为 VMOSFET 的通态压降，$U_{DSon}=I_D R_{on}$（R_{on} 为 VMOSFET 的导通电阻）；I_{DSS} 为 VMOSFET 的零栅压漏极电流，即 VMOSFET 截止时的漏极电流；D 为占空比。

P_r 与 P_f 之和称为开关损耗，P_{on} 与 P_{off} 之和称为稳态损耗。

通常 VMOSFET 的 I_{DSS} 很小，使 P_{off} 可以忽略不计，因此 VMOSFET 的耗散功率可近似为

$$P_D = \frac{U_{DS}I_D}{6T}(t_r+t_f) + U_{DSon}I_D D \tag{5-16}$$

也就是说，P_D 近似等于开关损耗与通态损耗之和。为了避免开关损耗过大，$t_r + t_f$ 应比 T 小得多。

式（5-16）具有通用性，不仅适用于降压式直流变换器，而且对其他类型的直流变换器也适用。需要说明的是，该式仅适用于粗略估算，因为它所依据的是功率开关管的理想开关波形，同实际开关波形有些差别，式中的开关损耗部分有可能出现较大误差（计算开关损耗比较精确的方法是：根据实测的 i_D、u_{DS} 波形，用图解法求出，不过这种方法很复杂）。用该式计算的结果选管时，VMOSFET 允许的耗散功率要有一定余量。

对降压变换器而言，$U_{DS}=U_I$，$I_D=I_O$，$D=U_O/U_I$，故

$$P_D = \frac{U_I I_O}{6T}(t_r+t_f) + \frac{U_{DSon}I_O U_O}{U_I} \tag{5-17}$$

选择 VMOSFET 的要求是：漏极脉冲电流额定值 $I_{DM} > I_{Dmax}$，漏极直流电流额定值大于 I_{Dx}，漏-源击穿电压 $U_{(BR)DSS} \geqslant 1.25\,U_{DSmax}$（考虑 25% 以上的余量），最大允许耗散功率 $P_{DM} > P_D$，导通电阻 R_{on} 小，开关速度快。

④ 续流二极管 VD 续流二极管 VD 在功率开关管 VT 截止时导通，其电流值等于 t_{off} 期间的 i_L。从图 5-4（e）可以看出，续流二极管中的电流平均值为

$$I_{VD} = \frac{t_{off}}{T}I_L = (1-D)I_L \tag{5-18}$$

在降压变换器中，由于 $I_L=I_O$，$D=U_O/U_I$，因此

$$I_{\text{VD}} = \left(1 - \frac{U_O}{U_I}\right)I_O \tag{5-19}$$

续流二极管承受的反向电压为

$$U_R = U_I \tag{5-20}$$

选择续流二极管的要求是：额定正向平均电流 $I_F \geqslant (1.5 \sim 2)I_{\text{VD}}$，反向重复峰值电压 $U_{\text{RRM}} \geqslant (1.5 \sim 2)U_R$，正向压降小，反向漏电流小，反向恢复时间短并具有软恢复特性。

上述选择 VMOSFET 和二极管的要求，不仅适用于降压式直流变换器，对其他直流变换器也适用。

（4）优缺点

1）降压变换器的优点

① 若 L 足够大（$L \geqslant L_c$），则电感电流连续，不论功率开关管导通或截止，负载电流都流经储能电感，因此输出电压脉动较小，并且带负载能力强。

② 对功率开关管和续流二极管的耐压要求较低，它们承受的最大电压为输入最高电源电压。

2）降压变换器的缺点

① 当功率开关管截止时，输入电流为零，因此输入电流不连续，是脉冲电流，这对输入电源不利，加重了输入滤波的任务。

② 功率开关管和负载是串联的，如果功率开关管击穿短路，负载两端电压便升高到输入电压 U_I，可能使负载因承受过电压而损坏。

限于篇幅，对后面其他类型的变换器不讲述元器件参数的计算。不同的直流变换器，虽然元器件参数的计算公式不同，但分析方法相似。对于其他类型的直流变换器，在掌握其工作原理和波形图的基础上，可借鉴上述方法计算元器件参数。

5.2.2.2　升压式直流变换器

（1）工作原理

升压（Boost）式直流变换器（简称升压变换器）的电路如图 5-7 所示。当控制电路有驱动脉冲输出时（t_{on}期间），功率开关管 VT 导通，输入直流电压 U_I 全部

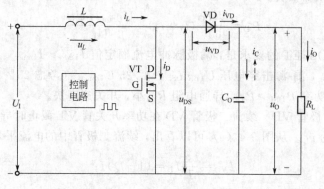

图 5-7　升压变换器电路

加在储能电感 L 两端，其极性为左端正右端负，续流二极管 VD 反偏截止，电流从电源正端经 L 和 VT 流回电源负端，i_L 按线性规律上升，L 将电能转化为磁能储存起来。经过 t_{on} 时间后，控制电路无脉冲输出（t_{off} 期间），使 VT 截止，L 两端自感电势的极性变为右端正左端负，使 VD 导通，L 释放储能，i_L 按线性规律下降；这时 U_I 和 L 上的电压 u_L 叠加起来，经 VD 向负载 R_L 供电，同时对滤波电容 C_O 充电。经过 t_{off} 时间后，VT 又受控导通，VD 截止，L 储能，已充电的 C_O 向负载 R_L 放电。经 t_{on} 时间后，VT 受控截止，重复上述过程。开关周期 $T = t_{on} + t_{off}$。

假设 L 和 C_O 都足够大，电路工作于电感电流连续模式，则升压变换器的波形如图 5-8 所示。在 t_{on} 期间，VT 受控导通，$u_{DS} = 0$；VD 截止，其阴极-阳极间电压 $u_{VD} = u_O \approx U_O$；两端电压为（极性左端正右端负）$u_L = U_I$；在 t_{off} 期间，VT 截止，VD 导通，$u_{VD} = 0$，$u_{DS} = u_O \approx U_O$；L 两端电压为（极性右端正左端负）$u_L = -(u_O - U_I)$，在 t_{on} 期间，C_O 放电，u_O 有所下降；在 t_{off} 期间，C_O 充电，故 u_O 有所上升（为了便于说明问题，图中 u_O 脉动幅度有所夸张，实际上 u_O 脉动很小）。

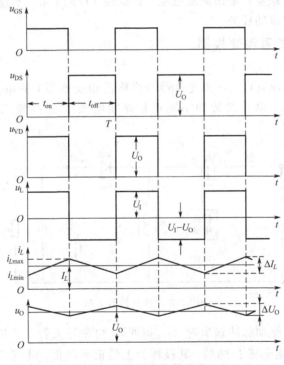

图 5-8　升压变换器波形

（2）输出直流电压 U_O

电感两端直流电压为零（忽略线圈电阻），即电压平均值为零。据此利用 u_L 波形可求得升压变换器电感电流连续模式的输出直流电压（即 u_O 的平均值）为

$$U_O = \frac{T}{t_{off}} U_I = \frac{U_I}{1-D} \tag{5-21}$$

由于 $t_{\text{off}} < T$，$0 < D < 1$，因此输出直流电压 U_O 始终大于输入直流电压 U_I，这就是升压式直流变换器名称的由来。

需要指出的是，在升压变换器中，储能电感 L 的电流平均值 I_L 大于输出直流电流 I_O。与降压变换器不同，L 中的电流就是升压变换器的输入电流。忽略电路中的损耗，输出直流功率与输入直流功率相等，即

$$U_O I_O = U_I I_L$$

因此

$$I_L = \frac{U_O}{U_I} I_O = \frac{I_O}{1-D} \tag{5-22}$$

（3）优缺点

升压变换器的优点：① 输出电压总是高于输入电压，当功率开关管被击穿短路时，不会出现输出电压过高而损坏负载的现象；② 输入电流（即 i_L）是连续的，不是脉冲电流，因此对电源的干扰较小，输入滤波器的任务较轻。

升压变换器的缺点：输出侧的电流（指流经 VD 的 i_{VD}）不连续，是脉冲电流，从而加重了输出滤波的任务。

5.2.2.3　反相式直流变换器

（1）工作原理

反相（Buck-Boost）式直流变换器（简称反相变换器）的电路如图 5-9 所示。与降压变换器相比，电路结构的不同点是储能电感 L 和续流二极管 VD 对调了位置。

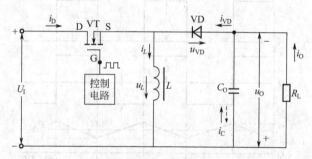

图 5-9　反相变换器电路

当控制电路有驱动脉冲输出时（t_{on} 期间），功率开关管 VT 导通，输入直流电压 U_I 全部加在储能电感 L 两端，其极性为上端正下端负，续流二极管 VD 反偏截止，储能电感 L 将电能转化为磁能储存起来，电流从电源正端经 VT 和 L 流回电源负端，i_L 按线性规律上升，L 将电能转化为磁能储存起来。经过 t_{on} 时间后，控制电路无脉冲输出（t_{off} 期间），使 VT 截止，L 两端自感电势的极性变为下端正上端负，使 VD 导通，L 所储存的磁能转化为电能释放出来，向负载 R_L 供电，并同时对滤波电容 C_O 充电，i_L 按线性规律下降。经过 t_{off} 时间后，VT 又受控导通，VD 截止，L 储能，已充电的 C_O 向负载 R_L 放电。经 t_{on} 时间后，VT 受控截止，重复上

述过程。开关周期 $T = t_{on} + t_{off}$。由以上讨论可知，这种电路输出直流电压 U_O 的极性和输入直流电压 U_I 的极性是相反的，故称为反相式直流变换器。

假设 L 和 C_O 都足够大，电路工作于电感电流连续模式，则反相变换器的波形图如图 5-10 所示。在 t_{on} 期间，VT 受控导通，$u_{DS} = 0$；VD 截止，其阴极-阳极间电压 $u_{VD} = U_I + u_O \approx U_I + U_O$；$L$ 两端电压为 $u_L = U_I$（极性上端正下端负）；在 t_{off} 期间，VT 截止，VD 导通，$u_{VD} = 0$，$u_{DS} = U_I + u_O \approx U_I + U_O$；$L$ 两端电压为 $u_L = -u_O \approx -U_O$（极性下端正上端负，与正方向相反）。

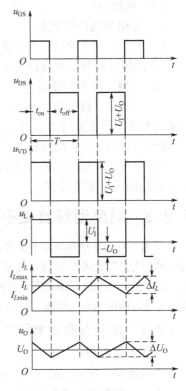

L 中的电流平均值为 I_L。根据电荷守恒定律，当电路处于稳态时，储能电感 L 在 t_{off} 期间所释放的电荷总量等于负载 R_L 在一个周期（T）内所获得的电荷总量，即

$$I_L t_{off} = I_O T$$

所以

$$I_L = \frac{T}{t_{off}} I_O = \frac{I_O}{1-D} \qquad (5\text{-}23)$$

图 5-10　反相变换器波形

可见在反相变换器中，$I_L > I_O$。

输出电压瞬时值 u_O 等于滤波电容 C_O 两端的电压瞬时值。在 VT 导通、VD 截止时（即 t_{on} 期间），C_O 放电，u_O 有所下降；在 VT 截止、VD 导通时（即 t_{off} 期间），C_O 充电，u_O 有所上升。因此，u_O 波形如图 5-10 所示（图中 u_O 脉动幅度有所夸张）。

（2）输出直流电压 U_O

利用 u_L 波形可求得反相变换器电感电流连续模式的输出直流电压为

$$U_O = \frac{t_{on}}{t_{off}} U_I = \frac{D}{1-D} U_I \qquad (5\text{-}24)$$

式中，D 为占空比，$D = t_{on}/T$

从式（5-24）可知：

当 $t_{on} < t_{off}$ 时，$D < 0.5$，$U_O < U_I$，电路属于降压式；

当 $t_{on} = t_{off}$ 时，$D = 0.5$，$U_O = U_I$；

当 $t_{on} > t_{off}$ 时，$D > 0.5$，$U_O > U_I$，电路属于升压式。

由此可见，这种电路的占空比 D 若能从小于 0.5 变到大于 0.5，输出直流电压 U_O 就能由低于输入直流电压 U_I 变为高于输入直流电压 U_I，所以反相式直流变换器又称为降压-升压式直流变换器，使用起来灵活方便。

（3）优缺点

1）反相变换器的优点

① 当功率开关管被击穿短路时，不会出现输出电压过高而损坏负载的现象。

② 既可以降压，也可以升压。

2）反相变换器的缺点

① 在续流二极管截止期间，负载电流全靠滤波电容 C_O 放电来提供，因此带负载能力较差，稳压精度亦较差。这种电路输入电流（指 VT 的 i_D）与输出侧的电流（指流经 VD 的 i_{VD}）都是脉冲电流，从而加重了输入滤波和输出滤波的任务。

② 功率开关管或续流二极管截止时承受的反向电压较高，都等于 $U_I + U_O$，因此对器件的耐压要求较高。

5.2.3 隔离型直流变换器

隔离型直流变换器的基本工作过程是：输入直流电压先通过功率开关管的通断把直流电压逆变为占空比可调的高频交变方波电压加在变压器初级绕组上，然后经过变压器变压、高频整流和滤波，输出所需直流电压。在这类直流变换器中均有高频变压器，可实现输出与输入侧间的电气隔离。高频变压器的磁芯通常采用铁氧体或铁基纳米晶合金。

5.2.3.1 单端反激式直流变换器

（1）工作原理

单端反激（Flyback）式直流变换器（简称单端反激变换器）的电路如图 5-11（a）所示，简化电路如图 5-11（b）所示。这种变换器由功率开关管 VT、高频变压器 T、整流二极管 VD 和滤波电容 C_O、负载电阻 R_L 以及控制电路组成。变压器初级绕组为 N_p、次级绕组为 N_s，同名端如图中所示，当 VT 导通时，VD 截止，故称为反激式变换器。在这种电路中，变压器既起变压作用，又起储能电感的作用。所以，人们又把这种电路称为电感储能式变换器。

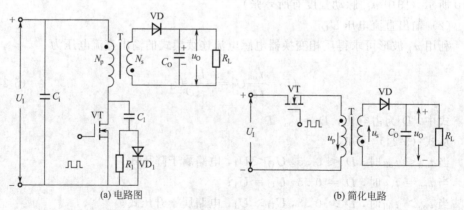

(a) 电路图   (b) 简化电路

图 5-11　单端反激变换器电路

功率开关管 VT 的导通与截止由加于栅-源极间的驱动脉冲电压（u_{GS}）控制，开关工作周期 $T = t_{on} + t_{off}$。

① t_{on}期间　VT 受控导通，忽略 VT 的压降，可近似认为输入直流电压 U_I 全部加在变压器初级绕组两端，变压器初级电压 $u_p=U_I$，于是变压器次级电压为

$$u_s=u_p/n=U_I/n$$

式中，$n=u_p/u_s=N_p/N_s$ 为变压器的变比，即变压器初、次级绕组匝数比。

如图 5-11 所示，此时变压器初级绕组的电压极性为上端正下端负，次级绕组的电压极性由同名端决定，为下端正上端负，故 VD 反向偏置而截止，次级绕组中无电流通过。由于变压器初级电压为

$$u_p=N_p\frac{\mathrm{d}\Phi}{\mathrm{d}t}=L_p\frac{\mathrm{d}i_p}{\mathrm{d}t}=U_I$$

因此变压器初级绕组的电流（即 VT 的漏极电流）为

$$i_p=\int\frac{U_I}{L_p}\mathrm{d}t=\frac{U_I}{L_p}t+I_{p0} \tag{5-25}$$

式中，L_p 为变压器初级励磁电感；I_{p0} 为初级绕组的初始电流。

由上式可知，在 t_{on} 期间 i_p 按线性规律上升，L_p 储能。变压器初级绕组中的电流最大值 I_{pm} 出现在 VT 导通结束的 $t=t_{on}$ 时刻，其值为

$$I_{pm}=\frac{U_I}{L_p}t_{on}+I_{p0}$$

L_p 中的储能为

$$W_p=\frac{1}{2}I_{pm}^2L_p$$

该能量储存在变压器的励磁电感中，即储存在磁芯和气隙的磁场中。

② t_{off}期间　VT 受控截止，变压器初级电感 L_p 产生感应电势反抗电流减小，使变压器初、次级电压反向（初级绕组电压极性变为下端正上端负，而次级绕组电压极性变为上端正下端负），于是 VD 正向偏置而导通，储存在磁场中的能量释放出来，对滤波电容 C_O 充电，并对负载 R_L 供电，输出电压等于滤波电容 C_O 两端电压。假设电路已处于稳态，C_O 足够大，使输出电压瞬时值 u_O 近似等于平均值——输出直流电压 U_O，忽略整流二极管 VD 的正向压降，则 VD 导通期间（t_{VD}）变压器次级电压为

$$u_s=N_s\frac{\mathrm{d}\Phi}{\mathrm{d}t}=L_s\frac{\mathrm{d}i_s}{\mathrm{d}t}=-U_O \tag{5-26}$$

式中，L_s 为变压器次级电感，它是变压器初级电感折算到次级的量。这时变压器次级电压绝对值为 U_O，上式中的负号表示电压方向与次级电压正方向（下端正上端负）相反。

由上式可解得变压器次级绕组中的电流为

$$i_s=I_{sm}-\frac{U_O}{L_s}t \tag{5-27}$$

当 $t=0$ 时，$i_s=I_{sm}$。I_{sm} 为变压器次级电流最大值，它出现在 VT 由导通变为截止的时刻，即 VD 由截止变为导通的时刻。由于变压器的磁势 $\sum iN$ 不能突变，

因此

$$I_{\mathrm{sm}} = n I_{\mathrm{pm}}$$

式中，n 是变压器的变比。

设 T 为全耦合变压器 [全耦合变压器是指无漏磁通（即无漏感）、无损耗但励磁电感为有限值（不是无穷大）的变压器，它等效为励磁电感与理想变压器并联]，则储能为

$$\frac{1}{2} I_{\mathrm{pm}}^2 L_{\mathrm{p}} = \frac{1}{2} I_{\mathrm{sm}}^2 L_{\mathrm{s}}$$

用上式求得变压器次级电感 L_{s} 与变压器初级电感 L_{p} 的关系为

$$L_{\mathrm{s}} = L_{\mathrm{p}} / n^2 \tag{5-28}$$

由式（5-27）可知，在 t_{off} 期间，i_{s} 按线性规律下降，其下降速率取决于 $U_{\mathrm{O}} / L_{\mathrm{s}}$。$L_{\mathrm{s}}$ 小，则 i_{s} 下降得快，L_{s} 大，则 i_{s} 下降得慢，而 L_{s} 与 L_{p} 的值是密切关联的。在单端反激变换器中同样存在临界电感：变压器初级的临界电感值为 L_{pc}，对应地变压器次级临界电感值为 L_{sc}（$L_{\mathrm{sc}} = L_{\mathrm{pc}} / n^2$）。在 $L_{\mathrm{p}} < L_{\mathrm{pc}}$（$L_{\mathrm{s}} < L_{\mathrm{sc}}$）、$L_{\mathrm{p}} > L_{\mathrm{pc}}$（$L_{\mathrm{s}} > L_{\mathrm{sc}}$）时，电路的波形分别如图 5-12（a）、（b）所示。

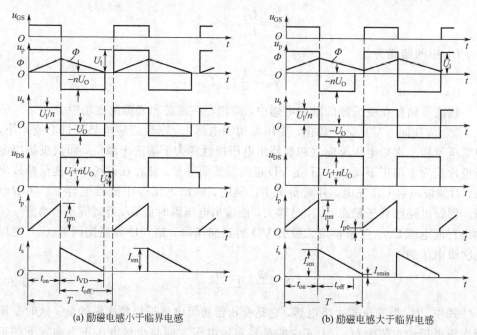

(a) 励磁电感小于临界电感   (b) 励磁电感大于临界电感

图 5-12　单端反激变换器波形

a. 当 $L_{\mathrm{s}} < L_{\mathrm{sc}}$ 时，i_{s} 下降较快，VT 受控截止尚未结束，变压器的电感储能便释放完毕，使 VD 截止。VD 的导通时间 $t_{\mathrm{VD}} < t_{\mathrm{off}}$，变压器次级电流最小值 $I_{\mathrm{smin}} = 0$，相应地变压器初级初始电流 $I_{\mathrm{p0}} = 0$。从 VD 开始导通到它截止的 t_{VD} 期间，变压器次级电压 $u_{\mathrm{s}} = -U_{\mathrm{O}}$，初级电压 $u_{\mathrm{p}} = n u_{\mathrm{s}} = -n U_{\mathrm{O}}$，VT 的漏-源电压 $u_{\mathrm{DS}} = U_{\mathrm{I}} + n U_{\mathrm{O}}$。VD 截止后到 t_{off} 结束期间，变压器次级和初级电压均为零，VT 的漏-源电压 $u_{\mathrm{DS}} = U_{\mathrm{I}}$。

b. 当 $L_s > L_{sc}$ 时，i_s 下降较慢。在 t_{off} 期末，即 VT 截止结束时，i_s 按式（5-27）的规律尚未下降到零，i_s 的最小值为

$$I_{smin} = I_{sm} - \frac{U_O}{L_s} t_{off} > 0$$

但此刻 VT 再次受控导通，变压器初、次级电压反向，使 VD 加上反向电压而截止，另一个开关周期开始。因变压器的磁势 $\sum iN$ 不能突变，故在 VD 截止、变压器次级电流由 I_{smin} 突变为零的同时，变压器初级电流由零突变为初始电流，即

$$I_{p0} = I_{smin}/n$$

显然，当 $L_s > L_{sc}$ 时，$t_{VD} = t_{off}$，在整个 t_{off} 期间，$u_s = -U_O$，$u_p = -nU_O$，$u_{DS} = U_1 + nU_O$。

c. 当变压器电感为临界电感（$L_{sp} = L_{pc}$、$L_s = L_{sc}$）时，恰好在 t_{off} 结束的时刻 i_s 下降到零，相应地 $I_{p0} = 0$。也就是说，这时磁化电流（t_{off} 期间的 i_p 和 t_{off} 期间的 i_s）恰好连续而不间断。t_{off} 期间结束，又转入 t_{on} 期间。在 t_{on} 期间靠 C_O 放电供给负载电流。

由于这种直流变换器当功率开关器件 VT 导通时，整流二极管 VD 截止，电源不直接向负载传送能量，而由变压器储能；当 VT 变为截止时，VD 导通，储存在变压器磁场中的能量释放出来供给负载 R_L 和输出滤波电容 C_O，因此称为反激式变换器。

图 5-11（a）中，C_i 用于输入滤波；C_1、R_1、VD_1 为关断缓冲电路，用于对功率开关管进行保护，并吸收高频变压器漏感释放储能所引起的尖峰电压。

在 VT 由导通变为截止时，电容 C_1 经二极管 VD_1 充电，C_1 的充电终了电压为 $U_{C_1} = U_1 + nU_O$。由于电容电压不能突变，VT 的漏-源电压被 C_1 两端电压钳制而有个上升过程，因此不会出现漏-源电压与漏极电流同时达到最大值的情况，从而避免了出现最大的瞬时尖峰功耗。C_1 储存的能量为 $C_1 U_{C_1}^2/2$。当 VT 由截止变为导通时，C_1 经 VT 和 R_1 放电，其放电电流受 R_1 限制，电容 C_1 储存的能量大部分消耗在电阻 R_1 上。由此可见，在加入关断缓冲电路后，VT 关断时的功率损耗，一部分从 VT 转移至缓冲电路中，VT 承受的电压上升率和关断损耗下降，从而受到保护，但是，总的功耗并未减少。

此外，当 VT 由导通变为截止时，高频变压器漏感中储存的能量，也经 VD_1 向 C_1 充电，使漏感的 di/dt 值减小，因而变压器漏感释放储能所引起的尖峰电压受到一定抑制。

（2）变压器的磁通

由于变压器初级电压

$$u_p = N_p \frac{d\Phi}{dt}$$

因此变压器磁芯中的磁通为

$$\Phi = \int \frac{u_p}{N_p} dt$$

在 VT 导通的 t_{on} 期间：

$$u_p = U_I$$

故

$$\Phi = \frac{U_I}{N_p}t + \Phi_0$$

式中，Φ_0 为磁通初始值。

由此可见，在 t_{on} 期间，Φ 按线性规律上升，最大磁通为

$$\Phi_m = \frac{U_I}{N_p}t_{on} + \Phi_0$$

磁通增量为正增量：

$$\Delta\Phi_{(+)} = \frac{U_I}{N_p}\Delta t = \frac{U_I}{N_p}t_{on}$$

在 VD 导通的 t_{VD} 期间：

$$u_p = -nU_O$$

此期间 Φ 按线性规律下降，磁通增量为负增量：

$$\Delta\Phi_{(-)} = -\frac{nU_O}{N_p}\Delta t = -\frac{nU_O}{N_p}t_{VD}$$

在稳态情况下，一周期内磁通的正增量 $\Delta\Phi_{(+)}$ 必须与负增量的绝对值 $\Delta\Phi_{(-)}$ 相等，称为磁通的复位。磁通复位是单端变换器必须遵循的一个原则。在单端变换器中，磁通 Φ 只工作在磁滞回线的一侧（第一象限），假如每个开关周期结束时 Φ 没有回到周期开始时的值，则 Φ 将随周期的重复而渐次增加，导致磁芯饱和，于是 VT 导通时磁化电流很大（即漏极电流 i_D 很大），造成功率开关管损坏。因此，每个开关周期结束时的磁通必须回复到原来的起始值，这就是磁通复位的原则。

（3）输出直流电压 U_O

① 磁化电流连续模式　当 $L_p \geqslant L_{pc}$（$L_s \geqslant L_{sc}$）时，磁化电流连续。忽略变压器线圈电阻，变压器上应直流电压为零，即变压器初级电压 u_p（或次级电压 u_s）的平均值应为零。也就是说，波形图上 u_p 波形在 t_{on} 期间与时间 t 轴所包络的正向面积，应和它在 t_{off} 期间与时间 t 轴所包络的负向面积相等。由图 5-12（b）中 u_p 波形图可得

$$U_I t_{on} = nU_O t_{off}$$

由上式求得，单端反激变换器磁化电流连续模式的输出直流电压为

$$U_O = \frac{U_I t_{on}}{n t_{off}} = \frac{DU_I}{n(1-D)} \tag{5-29}$$

式中，$D = t_{on}/T$，为占空比。

这时输出直流电压取决于占空比 D、变压器的变比 n 和输入直流电压 U_I，同负载轻重几乎无关。

② 磁化电流不连续模式　当 $L_p < L_{pc}$（$L_s < L_{sc}$）时，磁化电流不连续。整流二极管 VD 的导通时间 $t_{VD} < t_{off}$，因此需要用与上面不同的方法来求得 U_O 值。

功率开关管 VT 导通期间变压器初级电感中储存的能量为

$$W_\mathrm{p} = \frac{1}{2} I_\mathrm{pm}^2 L_\mathrm{p}$$

在 $L_\mathrm{p} < L_\mathrm{pc}$ 时，初始电流 $I_\mathrm{p0} = 0$，故

$$I_\mathrm{pm} = \frac{U_\mathrm{I}}{L_\mathrm{p}} t_\mathrm{on}$$

因此

$$W_\mathrm{p} = \frac{U_\mathrm{I}^2 t_\mathrm{on}^2}{2 L_\mathrm{p}}$$

其功率为

$$P = \frac{W_\mathrm{p}}{T} = \frac{U_\mathrm{I}^2 t_\mathrm{on}^2}{2 L_\mathrm{p} T}$$

负载功率为

$$P_\mathrm{O} = U_\mathrm{O}^2 / R_\mathrm{L}$$

理想情况下，效率为 100%，变压器在功率开关管导通期间所储存的能量，全部转化为供给负载的能量，即

$$P = P_\mathrm{O}$$

由此求得单端反激变换器磁化电流不连续模式的输出直流电压为

$$U_\mathrm{O} = U_\mathrm{I} t_\mathrm{on} \sqrt{\frac{R_\mathrm{L}}{2 L_\mathrm{p} T}} \qquad (5\text{-}30)$$

可见在励磁电感小于临界电感的条件下，如果 U_I、t_on、T 和 L_p 不变，输出直流电压 U_O 随负载电阻 R_L 增大而增大，当负载开路（$R_\mathrm{L} \longrightarrow \infty$）时，$U_\mathrm{O}$ 将会升得很高；功率开关管在截止时，$u_\mathrm{DS} = U_\mathrm{I} + n U_\mathrm{O}$ 也将很高，可能击穿损坏。因此在开环情况下，注意不要让负载开路。闭环时（接通负反馈自动控制），如果电路的稳压性能良好，在负载电阻 R_L 增大时，占空比 D 会自动调小，即 t_on 减小，从而使 U_O 保持稳定。在输出滤波电容 C_O 两端并联一只约流过 1% 额定输出电流的泄放电阻（死负载），使单端反激式直流变换器实际上不会空载，可以防止产生过电压。

（4）性能特点

① 利用高频变压器初、次级绕组间电气绝缘的特点，当输入直流电压 U_I 是由交流电网电压直接整流滤波获得时，可以方便地实现输出端和电网之间的电气隔离。

② 能方便地实现多路输出。只需在变压器上多绕几组次级绕组，相应地多用几只整流二极管和滤波电容，就能获得不同极性、不同电压值的多路直流输出电压。

③ 保持占空比 D 在最佳范围内的情况下，可适当选择变压器的变比 n，使直流变换器满足对输入电压变化范围的要求。

【例 5-1】 某单端反激变换器应用在无工频变压器开关整流器中作辅助电源，用交流市电电压直接整流滤波获得输入直流电压 U_I，允许市电电压变化范围为

150~290V，要求占空比 D 的变化范围在 0.2~0.4 以内，验证能否实现输出电压 $U_O = 18V$ 保持不变？

解 由式（5-29）可得

$$U_I = \frac{n(1-D)}{D} U_O$$

设变压器的变比 $n = N_p / N_s = 5$，并将 $D = 0.2$ 及 $D = 0.4$ 分别代入上式，得

$$U_{I(max)} = \frac{5 \times (1-0.2)}{0.2} \times 18 = 360V$$

$$U_{I(min)} = \frac{5 \times (1-0.4)}{0.4} \times 18 = 135V$$

单相桥式不控整流电容滤波电路，其输出直流电压 U_I 与输入交流电压有效值 U_{AC} 之间的关系式为

$$U_I = 1.2 U_{AC}$$

故

$$U_{AC(max)} = U_{I(max)}/1.2 = 360/1.2 = 300V$$
$$U_{AC(min)} = U_{I(min)}/1.2 = 135/1.2 = 113V$$

由此可见，选变比 $n=5$，在 $D = 0.2~0.4$ 范围内，交流市电电压有效值在 113~300 V 之间变化，可以保持输出直流电压 $U_O = 18V$ 不变，所以市电电压变化范围 150~290V 完全能够满足 $U_O = 18V$ 不变的要求。

以上①~③是各种隔离型直流变换电路的共同优点，以后不再重述。

④ 抗扰性强。由于 VT 导通时 VD 截止，VT 截止时 VD 导通，能量传递经过磁的转换，因此通过电网窜入的电磁骚扰不能直接进入负载。

⑤ 功率开关管在截止期间承受的电压较高。

当 $L_p \geq L_{pc}$（$L_s \geq L_{sc}$）时，功率开关管 VT 截止期间的漏-源电压为

$$U_{DS} = U_I + nU_O = \frac{U_I}{1-D} \tag{5-31}$$

占空比 D 越大，功率开关管截止期间的 U_{DS} 就越高。在无工频变压器开关电源中，由于我国交流市电电压 U_{AC} 为 220V，因此整流滤波后的直流电压 $U_I = (1.2~1.4)U_{AC}$，约 300V，若占空比 $D = 0.5$，则 $U_{DS} = 2U_I = 600V$；假如 $D = 0.9$，则 $U_{DS} \approx 3000V$。考虑到目前功率开关管大多耐压在 1000V 以下，在设计无工频变压器开关电源中的单端反激变换器时，通常选取占空比 $D < 0.5$。

⑥ 单端反激变换器在隔离型直流变换器中结构最简单，但只能由变压器励磁电感中的储能来供给负载，故常用于输出功率较小的场合，常在开关电源中作辅助电源。

⑦ 单端变换器的变压器中，磁通 Φ 只工作在磁滞回线的一侧，即第一象限。为防止磁芯饱和，使励磁电感在整个周期中基本不变，应在磁路中加气隙。单端反激变换器的气隙较大，杂散磁场较强，需要加强屏蔽措施，以减小电磁干扰。

5.2.3.2 单端正激式直流变换器

单端正激（Forward）式直流变换器，简称单端正激变换器。它既可采用单个功率晶体管电路，也可采用双功率晶体管电路。

图 5-13 所示为双晶体管单端正激式直流变换器，功率开关管 VT_1 和 VT_2 受控同时导通或截止，但两个栅极驱动电路必须彼此绝缘。高频变压器 T 初级绕组 N_p、次级绕组 N_s 的同名端如图中所示，其连接同单端反激变换器相反，当功率开关 VT_1 和 VT_2 受控导通时，整流二极管 VD_1 也同时导通，电源向负载传送能量，电感 L 储能。当 VT_1 和 VT_2 受控截止时，VD_1 承受反压也截止，续流二极管 VD_2 导通，L 中的储能通过续流二极管 VD_2 向负载释放。输出滤波电容 C_O 用于降低输出电压的脉动。由于这种变换器在功率开关管导通的同时向负载传输能量，因此称为正激式变换器。

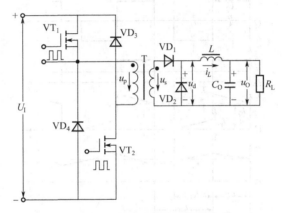

图 5-13 双晶体管单端正激变换器

当储能电感 L 的电感量足够大，而使电感电流（i_L）连续时，电路相关波形如图 5-14 所示。在 t_{on} 期间，VT_1 和 VT_2 导通，变压器初、次级绕组电压极性均为上端正下端负，$u_p = U_I$，$u_s = U_I/n$（n 为变压器变比），整流二极管 VD_1 正向偏置而导通，电源向负载传送能量；储能电感 L 储能，i_L 按线性规律上升，同时高频变压器中励磁电感 L_p 储能。此时，变压器初级绕组电流 i_p 等于磁化电流 i_j 与次级绕组电流 i_s 折算到初级的电流 i_s' 之和，即

$$i_p = i_j + i_s'$$

其中

$$i_s' = i_s/n = i_L/n \approx I_O/n$$

$$i_j = \frac{U_I}{L_p}t$$

磁化电流 i_j 按线性规律上升，其最大值为

$$I_{jm} = \frac{U_I}{L_p}t_{on}$$

在 t_{off} 期间，VT_1 和 VT_2 截止，VD_1 承受反压而截止，续流二极管 VD_2 导通，L 中的储能释放出来供给负载，i_L 按线性规律下降。

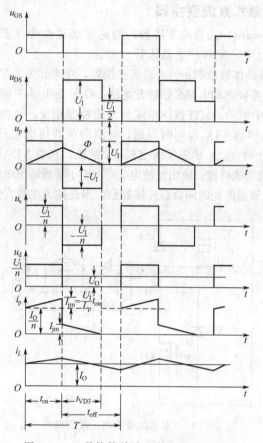

图 5-14 双晶体管单端正激变换器波形图

VD₃ 和 VD₄ 用于实现磁通复位，并起钳位作用。在 t_{on} 期间它们承受反压（其值为 U_I）而截止；当 VT₁ 和 VT₂ 受控由导通变为截止时，变压器初、次级绕组电压极性均变为下端正上端负，VD₃ 和 VD₄ 正向偏置而导通，变压器励磁电感 L_p 中的储能经 VD₃ 和 VD₄ 回送给电源。变压器初级绕组电流 i_p 的回路为：N_p 下端→VD₃→$U_{I(+)}$→$U_{I(-)}$→VD₄→N_P 上端→N_P 下端。忽略 VD₃ 和 VD₄ 的正向压降，在变压器励磁电感储能释放过程中，$u_p = -U_I$（负号表示电压极性与规定正方向相反），VT₁ 和 VT₂ 的 $u_{DS} = U_I$，变压器初级绕组 N_p 中的电流 i_p 按线性规律下降。即

$$i_p = i_{jm} - \frac{U_1}{L_p}t = \frac{U_1}{L_p}(t_{on} - t)$$

式中，当 VT₁ 和 VT₂ 刚由导通变为截止时，$t = 0$，$i_p = I_{jm}$；当变压器励磁电感储能释放完毕时，$i_p = 0$，对应地 $t = t_{VD3} = t_{on}$，即 VD₃ 和 VD₄ 的导通持续时间 t_{VD3} 在量值上等于 t_{on}。

为了保证磁通复位，必须满足 $t_{off} \geqslant t_{VD3} = t_{on}$，也就是说，必须占空比 $D \leqslant 0.5$。在 t_{VD3} 结束至 t_{off} 期末这段时间，变压器励磁电感的储能已经释放完毕而 VT₁ 和 VT₂ 尚未受控导通，变压器初、次级绕组的电压均为零，VT₁ 和 VT₂ 的 $u_{DS} = U_I/2$。

在单端反激变换器中，t_{on} 期间的变压器初级电流 i_p 就是磁化电流，由于通过 i_p 在 L_p 中的储能来供给负载，因此磁化电流的最大值较大，为了防止变压器磁芯饱和，磁芯中的气隙应较大。而在单端正激变换器中，变压器励磁电感的储能不用于供给负载，故磁化电流应相应小（$I_{jm} \ll I_o/n$），变压器磁芯中的气隙也就较小。

利用 u_d 波形可求得双功率晶体管单端正激变换器电感电流（i_L）连续模式的输出直流电压为

$$U_O = DU_1/n \tag{5-32}$$

式中，占空比 $D = t_{on}/T$，必须满足 $D \leqslant 0.5$。

如前所述，单端正激变换器中的整流二极管 VD_1，在功率开关管导通时导通，功率开关管截止时截止。若把整流二极管 VD_1 看成输出回路中的功率开关，把高频变压器次级绕组电压 $u_s = U_1/n$ 看成输出回路的输入电压，则单端正激变换器的输出回路不仅在电路形式上和降压变换器的主回路一样，而且工作原理也相同。

采用单个晶体管的单端正激变换器如图 5-15 所示。图中，N_F 是变压器中的去磁绕组，通常这个绕组和初级绕组的匝数相等，即 $N_F = N_p$，并且保持紧耦合，它和储能反馈二极管 VD_3 用以实现磁通复位（VD_3 在 VT 由导通变截止后导通），N_F 和 VD_3 绝不可少。这种电路的 U_O 仍用式（5-32）计算，同样必须满足 $D \leqslant 0.5$；但当功率开关管 VT 截止

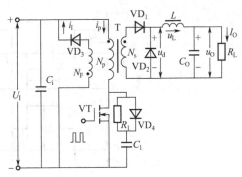

图 5-15　单端正激变换器电路

时，在 VD_3 导通期间，漏-源极间电压 $U_{DS} = 2U_1$；VD_3 截止后，$U_{DS} = U_1$。

在实际应用中，单端正激式直流变换器采用双晶体管电路的比较多。

单端正激式直流变换器具有类似降压变换器输出电压脉动小、带负载能力强等优点。但高频变压器磁芯仅工作在磁滞回线的第一象限，其利用率较低。

5.2.3.3　推挽式直流变换器

单端直流变换器不论是正激式还是反激式，其共同的缺点是高频变压器的磁芯只工作于磁滞回线的一侧（第一象限），磁芯的利用率较低，且磁芯易于饱和。双端直流变换器的磁芯是在磁滞回线的一、三象限工作，因此磁芯的利用率高。双端直流变换器有推挽式、全桥式和半桥式三种。

（1）工作原理

推挽（Push-Pull）式直流变换器，简称推挽变换器，其电路如图 5-16 所示。VT_1 和 VT_2 为特性一致、受驱动脉冲控制而轮换工作的功率开关管，每管每次导通的时间小于 0.5 周期；T 为高频变压器，初级绕组 $N_{p1} = N_{p2} = N_p$，次级绕组 $N_{s1} = N_{s2} = N_s$；VD_1 和 VD_2 为整流二极管，L 为储能电感，C_O 为输出滤波电容，电路是对称的。

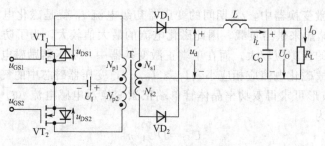

图 5-16　推挽变换器电路

假设功率开关管和整流二极管都为理想器件，L 和 C_O 均为理想元件，高频变压器为紧耦合变压器，储能电感的电感量大于临界电感而使电路工作于电感电流连续模式，则波形如图 5-17 所示。

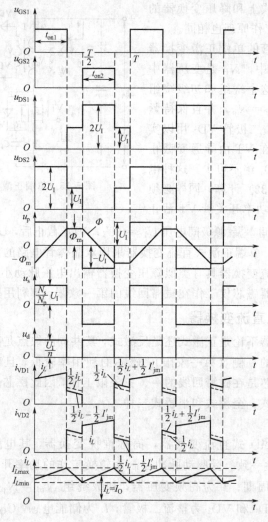

图 5-17　推挽变换器波形

VT_1 的栅极驱动脉冲电压为 u_{GS1}，VT_2 的栅极驱动脉冲电压为 u_{GS2}，彼此相差半周期，其脉冲宽度 $t_{on1} = t_{on2} = t_{on}$。电路稳定工作后，工作过程及原理如下。

① VT_1 导通、VT_2 截止　在 t_{on1} 期间，VT_1 受控导通，VT_2 截止。输入直流电压 U_1 经 VT_1 加到变压器初级 N_{p1} 绕组两端，VT_1 的 D、S 极间电压 $u_{DS1} = 0$，N_{p1} 上的电压 $u_{p1} = U_1$，极性是下端正上端负。因 $N_{p1} = N_{p2}$，故 N_{p2} 上的电压 $u_{p2} = u_{p1}$，u_{p2} 的极性由同名端判定，也是下端正上端负。因此变压器初级电压为

$$u_p = u_{p1} = u_{p2} = L_p\frac{di}{dt} = N_p\frac{d\Phi}{dt} = U_1$$

这时 VT_2 的 D、S 极间电压 $u_{DS2} = 2U_1$，即截止管承受两倍的电源电压。

变压器次级绕组 N_{s1} 上的电压为 u_{s1}，N_{s2} 上的电压为 u_{s2}。变压器次级电压为

$$u_s = u_{s1} = u_{s2} = \frac{N_s}{N_p}u_p = \frac{U_1}{n}$$

式中，$n = N_p/N_s$ 为变压器的变比，即初、次级匝数比。

由同名端判定，此时 u_{s1} 和 u_{s2} 的极性都是上端正下端负，因此整流二极管 VD_1 导通，VD_2 截止，它承受的反向电压为 $2U_1/n$。储能电感 L 两端电压 $u_L = U_1/n - U_O$，极性是左端正右端负，流过电感 L 的电流 i_L（同时也是 N_{s1} 绕组的电流 i_{s1}）按线性规律上升，L 储能。与此同时，电源向负载传送能量。

t_{on1} 期间变压器中磁通 Φ 按线性规律上升，由 $-\Phi_m$ 升至 $+\Phi_m$，在 $t_{on1}/2$ 处过零点。当 t_{on1} 结束时，N_{p1} 绕组中的磁化电流升至最大值 I_{jm}。

② VT_1 和 VT_2 均截止　在 t_{on1} 结束到 t_{on2} 开始之前，VT_1 和 VT_2 均截止。当 $t = t_{on1}$ 时，VT_1 由导通变为截止，N_{p1} 绕组中的电流由 $i_{p1} = i'_{s1} + i_{jm}$ 变为零（其中 i'_{s1} 是负载电流分量，即变压器次级电流 i_{s1} 折算到初级的电流值，$i'_{s1} = i_L/n$，变压器初级磁化电流的最大值 I_{jm} 通常不超过折算到初级的额定负载电流的 10%）。只要磁化电流最大值小于负载电流分量，则从 t_{on1} 结束到 t_{on2} 开始前，变压器中励磁磁势（安匝）不变，使磁通保持 Φ_m 不变，即 $d\Phi/dt = 0$，于是变压器各绕组的电压都为零。VT_1 和 VT_2 承受的电压均为电源电压，即 $u_{DS1} = u_{DS2} = U_1$。

在此期间，储能电感 L 向负载释放储能，i_L 按线性规律下降，u_L 的极性变为右端正左端负，整流二极管 VD_1 和 VD_2 都正向偏置而导通，同时起续流二极管的作用，这时 $u_L = -U_O$。将变压器次级磁化电流最大值记为 I'_{jm}，则流过 VD_1 的电流（即 N_{s1} 中的电流）为

$$i_{VD_1} = i_{s1} = \frac{i_L}{2} - \frac{I'_{jm}}{2}$$

流过 VD_2 的电流（即 N_{s2} 中的电流）为

$$i_{VD_2} = i_{s2} = \frac{i_L}{2} + \frac{I'_{jm}}{2}$$

变压器的磁势为

$$\sum i_s N_s = (i_{s2} - i_{s1})N_s = I'_{jm} N_s$$

在电感电流连续模式，该磁势与 $t = t_{on1}$ 时变压器初级励磁磁势相等，即

$$I'_{jm} N_s = I_{jm} N_p$$

可得变压器次级磁化电流最大值

$$I'_{jm} = \frac{N_p}{N_s} I_{jm} = n I_{jm}$$

由变压器的结构原理可知，在此期间要磁通保持 Φ_m 不变，必须是 $i_{VD_2} > i_{VD_1}$，并且二者之差等于 I'_{jm}；而 i_{VD_1} 与 i_{VD_2} 之和等于 i_L。

③ VT$_2$ 导通，VT$_1$ 截止 在 t_{on2} 期间，VT$_2$ 受控导通，VT$_1$ 仍然截止。输入电压 U_1 经 VT$_2$ 加到变压器初级 N_{p2} 绕组两端，变压器初级电压极性为上端正下端负，与 t_{on1} 期间的极性相反。

$$u_p = u_{p2} = u_{p1} = L_p \frac{di_j}{dt} = N_p \frac{d\Phi}{dt} = -U_1$$

此时 $u_{DS2} = 0$，而 $u_{DS1} = 2U_1$；变压器次级电压为

$$u_s = u_{s2} = u_{s1} = -U_1/n$$

其极性是下端正上端负，因此整流二极管 VD$_2$ 导通，VD$_1$ 截止，它承受的反向电压为 $2U_1/n$；$u_L = U_1/n - U_O$，极性又变为左端正右端负，i_L（同时也是 N_{s2} 绕组的电流 i_{s2}）按线性规律上升，L 储能，同时电源向负载传送能量。

t_{on2} 期间，变压器中磁通 Φ 按线性规律下降，由 $+\Phi_m$ 降至 $-\Phi_m$，在 $t_{on2}/2$ 处过零点。当 t_{on2} 结束时，N_{p2} 绕组中的励磁电流为 $-I_{jm}$。

④ VT$_2$ 和 VT$_1$ 均截止 从 t_{on2} 结束至下一个周期 t_{on1} 开始之前，VT$_2$ 和 VT$_1$ 均截止。在 t_{on2} 结束的瞬间，VT$_2$ 由导通变为截止，N_{p2} 绕组中的电流由 $i_{p2} = -(i'_{s2} + i_{jm})$ 变为零。若磁化电流最大值小于负载电流分量，则从 t_{on2} 结束到下个周期开始前，变压器励磁磁势维持不变，使磁通保持 $-\Phi_m$ 不变，即 $d\Phi/dt = 0$，因此变压器各绕组电压都为零，$u_{DS1} = u_{DS2} = U_1$。

在此期间，L 对负载释放储能，i_L 按线性规律上降，VD$_1$ 和 VD$_2$ 都导通，其电流分别为

$$i_{VD_1} = i_{s1} = \frac{i_L}{2} + \frac{I'_{jm}}{2}$$

$$i_{VD_2} = i_{s2} = \frac{i_L}{2} - \frac{I'_{jm}}{2}$$

此时变压器的磁势为

$$\sum i_s N_s = (i_{s2} - i_{s1}) N_s = -I'_{jm} N_s$$

它与 t_{on2} 结束瞬间的变压器初级励磁磁势相等，即

$$-I'_{jm} N_s = -I_{jm} N_p$$

这种电路每周期都按上述四个过程工作，不断循环。滤波前的输出电压瞬时值为 u_d，忽略整流二极管的正向压降，在 t_{on1} 和 t_{on2} 期间，$u_d = U_1/n$，其余时间 $u_d = 0$。

需要指出，图 5-17 所示的是推挽变换器的理想波形，其实际有关电压、电流波形如图 5-18 所示。在开关的暂态过程中，当功率开关管开通时，由于变压器次级在整流二极管反向恢复时间内所造成的短路，漏极电流将出现尖峰；在功率开关管关

断时，尽管当负载电流较大时变压器中励磁磁势不变，使主磁通保持 Φ_m 或 $-\Phi_m$ 不变，但高频变压器的漏磁通下降，漏感仍将释放它的储能，在变压器绕组上，相应地在功率开关管漏-源稳态截止电压上，会出现电压尖峰，经衰减振荡变为终值。在功率开关管的 D、S 极间并联 RC 吸收网络（即接上关断缓冲电路），可以减小尖峰电压。

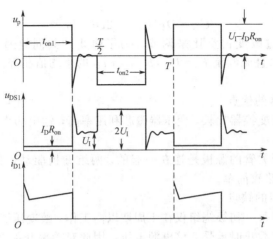

图 5-18　推挽变换器实际电压、电流波形

（2）防止"共同导通"

功率开关管有个动态参数叫"存储时间" t_s。对双极型晶体管而言，它是指消散晶体管饱和导通时储存于集电结两侧的过量电荷所需要的时间；对 VMOSFET 而言，则是对应于栅极电容存储电荷的消散过程。由于存储时间的存在，在驱动脉冲结束后，晶体管要延迟一段时间才能关断，使晶体管的导通持续时间大于驱动脉冲宽度 t_{on}。当晶体管的导通宽度超过工作周期的一半时，该晶体管尚未关断而另一个晶体管已经得到驱动脉冲而导通。这样，一对晶体管将在一段时间里共同导通，输入电源将被它们短接，产生很大的电流，从而使晶体管损坏。

在推挽式等双端直流变换器中，为了防止"共同导通"，要求功率开关管的存储时间 t_s 尽可能地小；同时，必须限制驱动脉冲的最大宽度，以保证一对晶体管在开关工作中有共同截止的时间。驱动脉冲宽度在半个周期中达不到的区域称为"死区"。在提供驱动脉冲的控制电路中，必须设置适当宽度的"死区"——驱动脉冲的死区时间要大于功率开关管的"关断时间"：$t_s + t_f$，并有一定的余量。正因为如此，图 5-16 中 VT_1 和 VT_2 每管每次导通的时间要小于 0.5 周期。

（3）输出直流电压 U_O

如图 5-17 所示，每个功率开关管的工作周期为 T，然而输出回路中滤波前方波脉冲电压 u_d 的重复周期为 $T/2$。输出直流电压 U_O 等于 u_d 的平均值，由 u_d 波形求得推挽变换器电感电流连续模式的输出直流电压为

$$U_O = \frac{U_I t_{on}/n}{T/2}$$

每个功率开关管的导通占空比为

$$D = t_{on}/T$$

滤波前输出方波脉冲电压的占空比为

$$D_O = \frac{t_{on}}{T/2} = \frac{2t_{on}}{T} = 2D \tag{5-33}$$

所以

$$U_O = D_O U_1/n = 2DU_1/n \tag{5-34}$$

U_O 的大小通过改变占空比来调节。为了防止"共同导通"，必须满足 $D <$ 0.5、$D_O < 1$。输出直流电流 $I_O = U_O/R_L$，与 i_L 的平均值相等。

（4）优缺点

1）推挽变换器的优点

① 同单端直流变换器比较，变压器磁芯利用率高，输出功率较大，输出纹波电压较小。

② 两只功率开关管的源极是连在一起的，两组栅极驱动电路有公共端而无需绝缘，因此驱动电路较简单。

2）推挽变换器的缺点

① 高频变压器每一初级绕组仅在半周期以内工作，故变压器绕组利用率低。

② 功率开关管截止时承受 2 倍电源电压，因此对功率开关管的耐压要求高。

③ 存在"单向偏磁"问题，可能导致功率开关管损坏。

尽管选用功率开关管时两管是配对的，但在整个工作温度范围内，两管的导通压降、存储时间等不可能完全一样，这将造成变压器初级电压正负半周波形不对称。例如，两功率开关管导通压降不同将引起正负半周波形幅度不对称，两管存储时间不同将引起正负半周波形宽度不对称。只要变压器的正负半周电压波形稍有不对称（即正负半周"伏秒"积绝对值不相等），磁芯中便产生"单向偏磁"，形成直流磁通。虽然开始时直流磁通不大，但经过若干周期后，就可能使磁芯进入饱和状态。一旦磁芯饱和，则变压器励磁电感减至很小，从而使功率开关管承受很大的电流电压，耗散功率增大，管温升高，最终导致功率开关管损坏。

解决单向偏磁问题较为简便的措施，一是采用电流型 PWM 集成控制器使两管电流峰值自动均衡；二是在变压器磁芯的磁路中加适当气隙，用以防止磁芯饱和。

推挽式直流变换器用一对功率开关管就能获得较大的输出功率，适宜在输入电源电压较低的情况下应用。

5.2.3.4　全桥式直流变换器

（1）工作原理

全桥（Full-Bridge）式直流变换器，简称全桥变换器，其电路如图 5-19 所示。特性一致的功率开关管 VT_1、VT_2、VT_3 和 VT_4 组成桥的四臂，高频变压器 T 的初级绕组接在它们中间。对角线桥臂上的一对功率开关管 VT_1、VT_4 或 VT_2、VT_3，受栅极驱动脉冲电压的控制而同时导通或截止，驱动脉冲应有死区，每一对功率开关管的导通时间小于 0.5 周期；VT_1、VT_4 和 VT_2、VT_3 轮换通断，彼此间隔半周期。图中，C 为耦合电容，其容量应足够大，它能阻隔直流分量，用以防止变压器产生单向偏磁，提高电路的抗不平衡能力（采用电流型 PWM 集成控制器时可以不接 C）。
$VD_1 \sim VD_4$ 对应为 $VT_1 \sim VT_4$ 的寄生二极管。变压器次级输出回路的接法同推挽式
直流变换器完全一样。理想情况下电感电流连续模式的波形如图 5-20 所示。

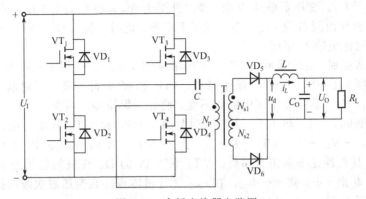

图 5-19　全桥变换器电路图

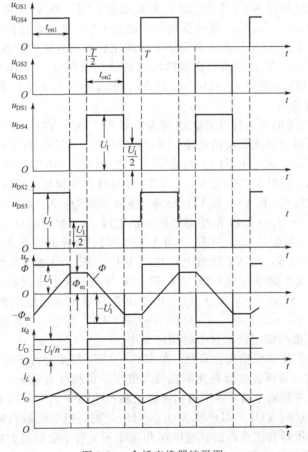

图 5-20　全桥变换器波形图

在 t_{on1} 期间，VT_1 和 VT_4 受控同时导通，VT_2 和 VT_3 截止。电流回路为：$U_{I(+)} \rightarrow VT_1 \rightarrow C \rightarrow N_p \rightarrow VT_4 \rightarrow U_{I(-)}$。忽略 VT_1、VT_4 的压降以及 C 上的压降，变压器初级绕组电压 $u_p = U_1$，其极性是上端正下端负。VT_2 和 VT_3 的 D、S 极间电压分别等于 U_1。变压器磁通 Φ 由 $-\Phi_m$ 升至 $+\Phi_m$，在 $t_{on1}/2$ 处过零点。变压器次级电压的极性由同名端决定，亦上端正下端负，此时整流二极管 VD_5 导通，VD_6 反偏截止，储能电感 L 储能。

从 t_{on1} 结束到 t_{on2} 开始前，$VT_1 \sim VT_4$ 都截止，$u_p = 0$，每个功率开关管的 D、S 极间电压都为 $U_1/2$。这时 L 释放储能，VD_5 和 VD_6 都导通，同时起续流作用；$\sum i_s N_s = I_{jm} N_p$，维持变压器中磁势不变，使磁通保持 Φ_m 不变。

在 t_{on2} 期间，VT_2 和 VT_3 受控同时导通，VT_1 和 VT_4 截止。电流回路为：$U_{I(+)} \rightarrow VT_3 \rightarrow N_p \rightarrow C \rightarrow VT_2 \rightarrow U_{I(-)}$。忽略 VT_2、VT_3 的压降以及 C 的压降，$u_p = -U_1$，其极性是下端正上端负。VT_1 和 VT_4 的 D、S 极间电压分别等于 U_1。变压器磁通 Φ 由 $+\Phi_m$ 降至 $-\Phi_m$，在 $t_{on2}/2$ 处过零点。在变压器次级回路中，VD_6 导通，VD_5 反偏截止，L 又储能。

从 t_{on2} 结束到下个周期 t_{on1} 开始前，$VT_1 \sim VT_4$ 都截止，$u_p = 0$，每个功率开关管的 D、S 极间电压都为 $U_1/2$。这时 L 释放储能，VD_5 和 VD_6 都导通，同时起续流作用；$\sum i_s N_s = -I_{jm} N_p$，维持变压器中磁势不变，使磁通保持 $-\Phi_m$ 不变。

$t_{on1} = t_{on2} = t_{on}$，在变压器初级绕组上形成正负半周对称的方波脉冲电压，它传递到次级，经 VD_5、VD_6 整流后得到滤波前的输出电压 u_d，忽略整流二极管的正向压降，在 t_{on1} 和 t_{on2} 期间 $u_d = U_1/n$，其余时间 $u_d = 0$。u_d 经 L 和 C_0 滤波，向负载供给平滑的直流电。

图 5-19 中与功率开关管反并联的寄生二极管 $VD_1 \sim VD_4$，在换向时起钳位作用：为高频变压器提供能量反馈通路，抑制尖峰电压。例如，当 VT_1、VT_4 由导通变为截止时，尽管高频变压器的主磁通保持不变，但是变压器漏的磁通下降，漏感释放储能，在 N_p 绕组上产生与 VT_1、VT_4 导通时极性相反的感应电压，这个下端正上端负的感应电压，使 VD_3 和 VD_2 导通，电流回路为：N_p（下）$\rightarrow VD_3 \rightarrow U_{I(+)} \rightarrow U_{I(-)} \rightarrow VD_2 \rightarrow C \rightarrow N_p$（上），漏感储能回送给电源，$u_p$ 被钳制为 $-U_1$；这时 $u_{DS2} \approx 0$，$u_{DS3} \approx 0$，$u_{DS1} \approx U_1$，$u_{DS4} \approx U_1$。当 VT_2、VT_3 由导通变截止时，高频变压器的漏感也要释放储能，在 N_p 绕组上产生与 VT_2、VT_3 导通时极性相反的感应电压，此上端正下端负的感应电压使 VD_1 和 VD_4 导通，其电流回路为：N_p（上）$\rightarrow C \rightarrow VD_1 \rightarrow U_{I(+)} \rightarrow U_{I(-)} \rightarrow VD_4 \rightarrow N_p$（下），漏感储能又回送给电源，$u_p$ 被钳制为 U_1；此时 $u_{DS1} \approx 0$，$u_{DS4} \approx 0$，$u_{DS2} \approx U_1$，$u_{DS3} \approx U_1$。寄生二极管的导通持续时间，等于漏感放完储能所需时间，这个时间应很短。

此外，如果变换器突然失去负载，在 $VT_1 \sim VT_4$ 都变为截止时，因变压器保持磁势不变的条件（变压器初级磁化电流最大值小于负载电流分量）已经丧失，变压器磁势下降，使主磁通下降，变压器初级绕组将产生与 $VT_1 \sim VT_4$ 都截止前极性相反的感应电压，这时 VD_3、VD_2 或 VD_1、VD_4 导通，把变压器励磁电感中的储能回送给电源，变压器初级绕组的感应电压和功率开关管承受的最大电压都被钳制为 U_1 值，从而达到保护功率开关管的目的。

电路中的有关实际电压、电流波形如图 5-21 所示。其中功率开关管关断时的电压尖峰，是变压器漏感释放储能造成的；功率开关管开通时的电流尖峰，是整流二极管反向恢复时间内在变压器次级形成短路电流而造成的；u_p 波形顶部略倾斜，主要是受耦合电容 C 压降的影响。

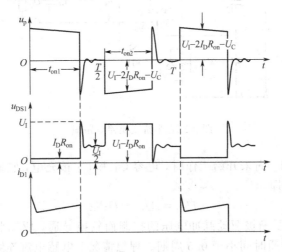

图 5-21　全桥变换器实际电压、电流波形

（2）输出直流电压 U_O　如图 5-20 所示，全桥变换器每对功率开关管的工作周期为 T，而滤波前输出电压 u_d 的重复周期为 $T/2$，输出直流电压 U_O 为 u_d 的平均值。U_O 与 U_I 的关系同推挽变换器一样，即电感电流连续模式的输出直流电压为

$$U_O = D_O U_I / n = 2DU_I / n$$

为防止两对功率开关管"共同导通"，占空比的变化范围必须限制为 $D < 0.5$，$D_O < 1$。

（3）优缺点

1）全桥变换器的优点

① 变压器利用率高，输出功率大，输出纹波电压较小。

② 对功率开关管的耐压要求较低，比推挽式变换器低一半。

2）全桥变换器的缺点

① 要用四个功率开关管。

② 需要四组彼此绝缘的栅极驱动电路，驱动电路复杂。

全桥式直流变换器适宜在输入电源电压高、要求输出功率大的情况下应用。

5.2.3.5　半桥式直流变换器

（1）工作原理

半桥（Half-Bridge）式直流变换器，简称半桥变换器，电路如图 5-22 所示。四个桥臂中两个桥臂采用特性相同的功率开关管 VT_1、VT_2，故称为半桥。另外两个桥臂是电容量和耐压都相同的电容器 C_1、C_2，它们起分压等作用，其电容量应足够大。

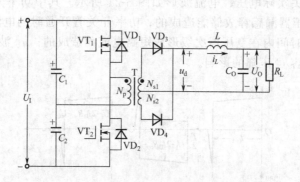

图 5-22　半桥变换器电路图

当 VT_1 和 VT_2 尚未开始工作时，电容 C_1 和 C_2 被充电，它们的端电压均等于电源电压的一半，即

$$U_{C_1} = U_{C_2} = U_1/2$$

VT_1 和 VT_2 受栅极驱动脉冲电压的控制而轮换导通，驱动脉冲应有死区，每个功率开关管的导通时间小于 0.5 周期。理想情况下电感电流连续模式的波形如图 5-23 所示。

t_{on1} 期间，VT_1 受控导通，VT_2 截止。电流回路为 $U_{I(+)} \rightarrow VT_1 \rightarrow N_p \rightarrow C_2 \rightarrow U_{I(-)}$；$C_{1(+)} \rightarrow VT_1 \rightarrow N_p \rightarrow C_{1(-)}$。这时 C_1 放电，C_2 充电；U_{C_1} 逐渐下降，U_{C_2} 逐渐上升，保持 $U_{C_1} + U_{C_2} = U_1$。C_1 两端电压 U_{C_1} 经 VT_1 加到高频变压器 T 的初级绕组 N_p 上，忽略 VT_1 压降，变压器初级电压为

$$u_p = U_{C_1} \approx U_1/2$$

其极性是上端正下端负。VT_2 的 D、S 极间电压 $u_{DS2} = U_1$。

t_{on2} 期间，VT_2 受控导通，VT_1 截止。电流回路为 $U_{I(+)} \rightarrow C_1 \rightarrow N_p \rightarrow VT_2 \rightarrow U_{I(-)}$；$C_{2(+)} \rightarrow N_p \rightarrow VT_2 \rightarrow C_{2(-)}$。此时 C_2 放电，C_1 充电；U_{C_2} 逐渐下降，U_{C_1} 逐渐上升，保持 $U_{C_1} + U_{C_2} = U_1$。C_2 两端电压 U_{C_2} 经 VT_2 加到 N_p 上，忽略 VT_2 的压降，变压器初级电压为

$$u_p = -U_{C_2} \approx -U_1/2$$

其极性是下端正上端负。VT_1 的 D、S 极间电压 $u_{DS1} = U_1$。

由于 C_1 或 C_2 在放电过程中端电压逐

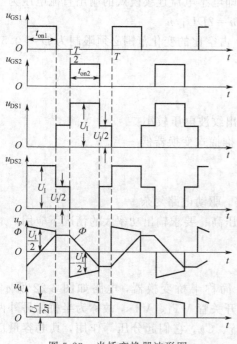

图 5-23　半桥变换器波形图

渐下降，因此 u_p 波形的顶部略呈倾斜状。当电路对称时，U_{C_1} 与 U_{C_2} 的平均值为 $U_1/2$。

当 VT_1 和 VT_2 都截止时，只要变压器初级磁化电流最大值小于负载电流分量，则 $u_\mathrm{p}=0$，$u_\mathrm{DS1}=u_\mathrm{DS2}=U_1/2$。

$t_\mathrm{on1}=t_\mathrm{on2}=t_\mathrm{on}$，在变压器初级绕组上形成正负半周对称的方波脉冲电压。次级绕组 $N_\mathrm{s1}=N_\mathrm{s2}=N_\mathrm{s}$，每个次级绕组的电压为

$$u_\mathrm{s}=\frac{N_\mathrm{s}}{N_\mathrm{p}}u_\mathrm{p}=\frac{u_\mathrm{p}}{n}$$

其极性根据同名端来判定。

t_on1 期间

$$u_\mathrm{s}=\frac{U_1}{2n}$$

t_on2 期间

$$u_\mathrm{s}=-\frac{U_1}{2n}$$

次级绕组电压经 VD_3、VD_4 整流后得 u_d，如果忽略整流二极管的正向压降，在 t_on1 和 t_on2 期间，$u_\mathrm{d}=\dfrac{U_1}{2n}$，其余时间 $u_\mathrm{d}=0$。

变压器次级输出回路的工作情形，除 u_s 的幅值变为 $U_1/2n$ 外，同推挽式以及全桥式直流变换器一样。

半桥变换器自身具有一定的抗不平衡的能力。例如，若 VT_1 和 VT_2 的存储时间 t_s 不同，$t_\mathrm{s1}>t_\mathrm{s2}$ 而使 VT_1 比 VT_2 的导通时间长，则电容 C_1 的放电时间比 C_2 的放电时间长，C_1 放电时两端的平均电压将比 C_2 放电时两端的平均电压低。因此，在 VT_1 导通的正半周，N_p 绕组两端的电压幅值较低而持续时间较长；在 VT_2 导通的负半周，N_p 绕组两端的电压幅值较高而持续时间较短。这样可使 u_p 正负半周的"伏秒"积相等而不产生单向偏磁现象。由于半桥变换器自身具有一定的抗不平衡能力，因此可以不接与变压器初级绕组串联的耦合电容。有的半桥变换器仍接耦合电容，是为了进一步提高电路的抗不平衡能力，更好地防止因电路不对称（例如两个功率开关管的特性差异）而造成变压器磁芯饱和。

图 5-22 中的 VD_1、VD_2 分别为 VT_1、VT_2 的寄生二极管，它们在换向时起钳位作用：为高频变压器提供能量反馈通路，抑制尖峰电压。当 VT_1 由导通变截止时，高频变压器的漏感释放储能，在 N_p 绕组上产生与 VT_1 导通时极性相反的感应电压，这个下端正上端负的感应电压使 VD_2 导通，漏感储能给 C_2 充电并回送电源，电流回路为 N_p（下）$\rightarrow C_2 \rightarrow VD_2 \rightarrow N_\mathrm{p}$（上）；$N_\mathrm{p}$（下）$\rightarrow C_1 \rightarrow U_{I(+)} \rightarrow U_{I(-)} \rightarrow VD_2 \rightarrow N_\mathrm{p}$（上）。这时 $u_\mathrm{p}=-U_{C_2}\approx -U_1/2$，$u_\mathrm{DS2}\approx 0$，$u_\mathrm{DS1}\approx U_\mathrm{I}$。

当 VT_2 由导通变截止时，高频变压器的漏感也要释放储能，在 N_p 绕组上产生与 VT_2 导通时极性相反的感应电压，该上端正下端负的感应电压使 VD_1 导通，漏感储能给 C_1 充电并回送电源，电流回路为 N_p（上）$\rightarrow VD_1 \rightarrow C_1 \rightarrow N_\mathrm{p}$（下）；$N_\mathrm{p}$（上）$\rightarrow VD_1 \rightarrow U_{I(+)} \rightarrow U_{I(-)} \rightarrow C_2 \rightarrow N_\mathrm{p}$（下）。此时 $u_\mathrm{p}=U_{C_1}\approx U_1/2$，

$u_{DS1} \approx 0$，$u_{DS2} \approx U_1$。

VD$_1$ 或 VD$_2$ 的导通持续时间等于漏感放完储能所需时间。

电路中的有关实际电压、电流波形如图 5-24 所示。

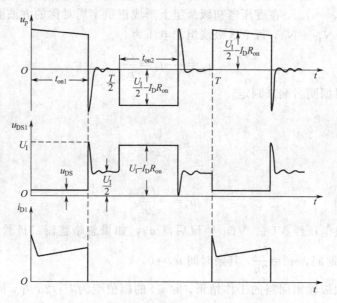

图 5-24　半桥变换器实际电压、电流波形

（2）输出直流电压 U_O

输出直流电压 U_O 为滤波前输出方波脉冲电压 u_d 的平均值，据图 5-23 中所示 u_d 波形可以求得半桥变换器电感电流连续模式的输出直流电压为

$$U_O = \frac{D_O U_1}{2n} = \frac{D U_1}{n} \tag{5-35}$$

式中，$n = N_p/N_s$ 是变压器的变比；$D = t_{on}/T$ 是每个功率开关管的导通占空比；$D_O = 2D$ 是滤波前输出方波脉冲电压的占空比。

为了防止"共同导通"，必须满足 $D < 0.5$，$D_O < 1$。

（3）优缺点

1）半桥变换器的优点

① 抗不平衡能力强。

② 同推挽式电路比，变压器利用率高，对功率开关管的耐压要求低（低一半）。

③ 同全桥式电路比，少用两只功率开关管，相应地驱动电路也较为简单。

2）半桥变换器的缺点

① 同推挽式电路比，驱动电路较复杂，两组栅极驱动电路必须绝缘。

② 同全桥式及推挽式电路比，获得相同的输出功率，功率开关管的电流要大一倍；若功率开关管的电流相同，则输出功率少一半。

半桥式直流变换器适宜在输入电源电压高、输出中等功率的情况下应用。

5.2.4 直流-直流变换器的控制与驱动

5.2.4.1 直流-直流变换器的控制电路

（1）控制电路的功能

控制电路的作用是向驱动电路提供一对前沿陡峭，相位差180°，对称和宽度可变的矩形脉冲列（有时还要求彼此绝缘；对于单端变换器而言，只要一组脉冲列），通过这一对脉冲电压的有和无、脉冲的宽与窄、脉冲宽度的变化量和输出电压变化量的关系及从一个脉宽变换到另一脉宽的速度等关系来实现设计目标。具体地说，控制电路必须具备的基本功能如下。

① 要有足够的电路增益。在输入电网电压以及负载电流允许的变化范围内，使变换器输出电压达到规定的精度（往往还包括温度漂移和时间漂移）。

② 获得规定的输出电压值以及调节范围。

③ 实现输出电压的软启动。

④ 实现输入电压的软启动。

⑤ 负载发生过流或短路时应能限制变换器的输出电流或切断电源输出，以对负载和稳压电源提供保护。

⑥ 当稳压电源输出过电压时，应能迅速切断输出以对负载提供保护。

⑦ 大多数场合下要求控制电路实现输入和反馈输入之间绝缘。

（2）控制电路的结构形式

如前所述，控制电路通常采用时间比例控制技术，脉宽调制（PWM）和脉频调制（PFM）是两种常见的形式，因而，控制电路的结构也按上述形式分为两类。PWM型控制电路的基本结构框图如图5-25所示。

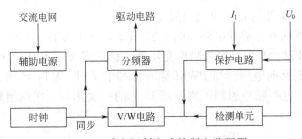

图5-25 脉宽调制方式控制电路框图

时钟振荡器产生恒定频率的脉冲作为时间比较的基准，"电压-脉宽转换"电路（简称V/W电路）将电压信号转换成脉冲宽度信号，V/W电路的输入控制电压由误差放大电路检测电源输出电压的误差信号并经过比较放大后提供；V/W电路输出的一组脉冲列经分频电路分频，变成1、3、5、7、9……以及2、4、6、8、10……两列彼此交替出现的脉冲，送至驱动电路，以激励功率开关管使稳压电源输出电压达到要求。

PFM型控制电路的基本结构框图如图5-26所示。它与PWM型控制电路的差别仅在于：PWM型控制电路必须要有恒频振荡器和V/W电路，而PFM型控制电路则一定要有恒定脉宽发生电路，以及"电压-频率转换"电路（简称V/f电路）。

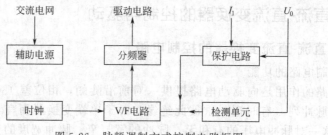

图 5-26 脉频调制方式控制电路框图

两种电路的控制方式如下。

PWM 型控制电路：U_0 增加——W 减小；U_0 减小——W 增大。

PFM 型控制电路：U_0 增加——T 增加；U_0 减小——T 减小。

5.2.4.2 开关电源的驱动电路

根据驱动电路的输入与输出是否电气隔离，驱动电路可分为直接（非隔离）驱动电路和隔离驱动电路。直接驱动电路又分为简单直接驱动、互补直接驱动和 PWM 集成控制器直接驱动；隔离驱动电路又分为变压器隔离驱动和光耦隔离驱动。

在直接驱动电路中，PWM 集成控制器直接驱动应用最为广泛。随着集成电路的不断发展，出现了多种类型的 PWM 集成控制器，其内部不仅包含 PWM 脉冲控制，而且其输出还具有一定的驱动能力。PWM 控制器主要包括电压模式控制器（如 SG3524、SG3525、TL494 等）和电流模式控制器（如 UC3842、UC3846 等）。

非隔离驱动电路的缺点是输入和输出之间没有电气绝缘，这在某些场合是不允许的，此时，必须采用隔离驱动电路。隔离驱动电路可采用隔离变压器或光电耦合器实现隔离。

（1）带隔离变压器的互补驱动电路

带隔离变压器的互补驱动电路如图 5-27 所示，其中 VT$_1$、VT$_2$ 组成互补驱动电路，输入受 PWM 脉冲控制，T 为隔离变压器，稳压管 VS$_1$ 和 VS$_2$ 可限制 MOSFET（VT）栅极上的正反向电压。当 PWM 脉冲为高电平时，VT$_1$ 导通、VT$_2$ 关断，经隔直电容 C，将高电平脉冲加到隔离变压器 T 的一次侧，二次绕组输出感应正脉冲

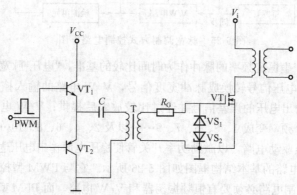

图 5-27 带隔离变压器的互补驱动电路

通过电阻 R_G 加到 MOSFET 的栅极，使 MOSFET 导通。当 PWM 脉冲为低电平时，VT_2 导通、VT_1 关断，同理可使 MOSFET 关断。该电路的优点是：①电路结构简单可靠，具有电气隔离作用，当脉宽变化时，驱动的关断能力不会随着变化；②该电路只需一个电源，即为单电源工作，隔直电容 C 可在关断所驱动的开关管时提供一个负电压，从而加速其关断，且有较高的抗干扰能力。但该电路也存在一个较大的缺点：变压器输出电压的幅值会随着占空比的变化而变化。当占空比较小时，负向电压小，该电路的抗干扰性变差，且正向电压较高，应注意使其幅值不超过 MOSFET 栅极的允许电压。当占空比较大时，驱动电压正向电压小于其负向电压，此时应注意使其负向电压值不超过 MOSFET 栅极允许电压。所以，该电路中使用稳压管 VS_1、VS_2，以保证 MOSFET 栅源间的电压稳定并达到限制栅源电压范围的目的。

（2）光电耦合器隔离驱动电路

隔离变压器虽然能使驱动电路的输入和输出实现有效的电气隔离，但体积大且存在噪声干扰。而光电耦合器隔离驱动电路是一种简单、方便的电气隔离方案，并且性价比高。该电路电气隔离可通过隔离元件把噪声干扰切断，从而达到抑制噪声干扰的效果。光电耦合器隔离驱动电路常见的有三种：采用光耦隔离的基本驱动电路；555 定时器驱动电路；专用驱动模块（如日本富士的 EXB 系列、日本东芝的 TK 系列、美国摩托罗拉的 MPD 系列等）。

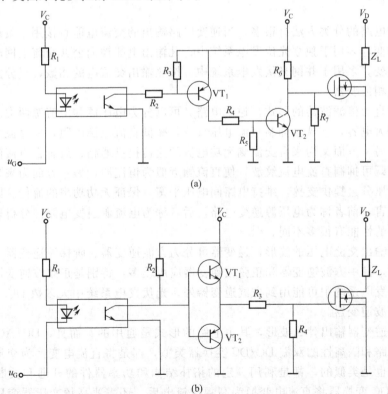

图 5-28　采用光耦隔离的基本驱动电路

图 5-28 所示为采用光电耦合器隔离的基本驱动电路。图（a）中由 VT_1 和 VT_2 组成脉冲放大器，其输出阻抗可根据栅极要求进行设计。该电路的缺点是 R_6 作为 VT_2 集电极负载电阻，因而其阻值不能太小，但这将造成对输入电容充电时间过长的缺点。图（b）中采用了由 VT_1 和 VT_2 组成的推挽电路，VT_1 始终不进入饱和状态，因而脉冲的延迟比前者小。

5.3 直流-交流变换技术

直流-交流变换是实现直流电能到交流电能的转换，简称逆变，或 DC/AC 变换。众所周知，蓄电池和太阳能电池等都属于直流电源，当需要由这些电源向交流负载供电时，必须经过 DC/AC 变换；此外，有相当一部分的用电负载对供电质量有特殊要求，难以实现公共电网或通用交流电源（其中心频率为 50Hz）直接向这些负载供电，于是在电网和负载之间必须插入变换装置，电能通过这些变换电源向交流负载供电是最普遍的方式。在光伏发电系统中，光伏电池阵列输出直流电能。在独立光伏发电系统中，当负载需要交流供电时，必须采用 DC/AC 变换电路；在并网光伏发电系统中，光伏电池的能量同样需要 DC/AC 变换电路才能供给电网。因而，直流-交流变换技术是光伏发电系统中重要的电能变换形式。

逆变电路的分类方法有很多，当逆变电路输出的交流电能直接用于负载时，称为无源逆变，多用于独立光伏发电系统中；凡输出电能馈向公共交流电网时，则称为有源逆变，多用于并网光伏发电系统中。按照输出交流电的相数，可分为单相逆变器和三相逆变器。

根据直流侧滤波器的形式，逆变电路又可以分为电压源和电流源两类。前者直流端并联大电容，它既可抑制直流电压纹波，减低直流电源内阻，使直流侧近似为恒压源，另一方面又为来自交流侧无功电流的流传提供通路；后者在直流侧串联大电感，它既可抑制直流电流纹波，使直流侧近似为恒流源，另一方面为来自逆变侧的无功电压分量提供支撑，维持电路间电压平衡，保证无功功率的流传。因而对逆变电路而言，前者称为电压源逆变电路，后者称为电流源逆变电路。分析表明，这两类电路的性能有很多不同。

按照输出交流电压的波形，逆变器可分为方波逆变器、阶梯波逆变器、正弦波逆变器等，其中方波逆变器和正弦波逆变器应用较多，特别是正弦波逆变器。除了独立光伏发电系统中可能用到方波逆变器外，光伏发电系统中大多数 DC/AC 变换都是正弦波逆变器。

无论逆变器输出什么波形，其主电路的形式是通用的。而且，DC/AC 变换电路的主电路和隔离性的双端 DC/DC 变换器类似，都是将直流电变换为交流电。其变换原理也是类似的，都是利用一定的拓扑结构和功率器件的开通和关断实现变换。DC/DC 变换器将直流电变换为高频交流电后，还需要高频变压器变压、整流滤波等环节，而 DC/AC 变换器将直流电变换为交流电后，可直接供给负载，也可经过简单滤除谐波供给负载。下面简单介绍 DC/AC 变换器的主电路及其工作原理，在介绍单相逆变电路的基本工作原理时，将以方波逆变器为例，正弦波逆变器主电路的工作原理与方波逆变器类似。

5.3.1　单相逆变电路

（1）单相全桥式逆变电路

单相全桥式逆变电路的基本结构如图 5-29 所示，它是由直流电源 E，输出变压器 B，四个功率开关器件（即图中的四只 IGBT）及四个二极管组成。

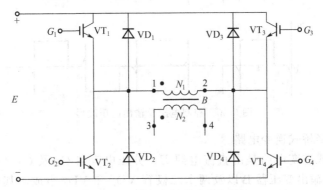

图 5-29　单相全桥式逆变电路

在图 5-29 所示电路中，首先令 VT_2 和 VT_3 的控制电压 U_{G2} 和 U_{G3} 为负值，使 VT_2 和 VT_3 截止；令 VT_1 和 VT_4 的控制电压 U_{G1} 及 U_{G4} 为正值，使 VT_1 和 VT_4 导通，在如图 5-30 所示的 $t_1 \sim t_2$ 时间段。VT_1 和 VT_4 导通后，电流的流通路径为：$E^+ \rightarrow VT_1 \rightarrow$ 变压器初级 $\rightarrow VT_4 \rightarrow E^-$。如果忽略 VT_1 和 VT_4 导通后的管压降，则变压器初级电压为 $U_{12}=E$，变压器 B 的次级电压为 $U_{34}=E \times N_2/N_1$（N_1 和 N_2 分别为变压器 B 的初、次级匝数）。VT_1 和 VT_4 在 t_2 时刻关断，此后四只功率开关器件均截止。至 t_3 时刻，VT_2 和 VT_3 导通，电流经 $E^+ \rightarrow VT_3 \rightarrow$ 变压器初级 $\rightarrow VT_2 \rightarrow E^-$ 流动。在忽略 VT_2 和 VT_3 的导通压降情况下，$U_{12}=-E$、$U_{34}=-N_2E/N_1$。VT_2 和 VT_3 在 t_4 时刻关断。若电路按上述方式周而复始地工作，则可在变压器次级获得交变电压，从而实现直流变交流的功能。

需要说明的两点是：如果只是想实现直流变交流，则可不用变压器；如要隔离和变压就必须要有输出变压器。一般在小型 UPS 中，所采用的电池组电压均较低，因此多采用有变压器的电路，也有一些产品采用先隔离升压后直接逆变的方法。其次，图 5-29 中的四只二极管是电路必备元件，这是因为无论是有无变压器的电路，总是要考虑图 5-29 中端"1"和端"2"间的等效串联电感。正是等效串联电感的存在，使 VT_1 和 VT_4 关断时，由 VD_2 和 VD_3 为其能量释放回电源 E 提供了通路。同理，在 VT_2 和 VT_3 关断时，VD_1 和 VD_2 也起同样的作用。如果在电路中不接入二极管，则在功率开关器件关断瞬间，会因电感的作用使其两端呈现极高的电压尖峰，严重时会导致功率开关器件击穿损坏。

图 5-30 为控制电压及输出电压的波形。图中，t_2 时刻所对应输出电压的反向尖峰电压是等效串联电感通过二极管释放能量所致。

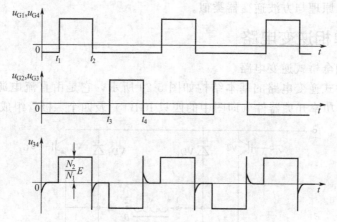

图 5-30　控制电压及输出电压波形

（2）单相半桥式逆变电路

单相半桥式逆变电路是由直流电源 E、分压电容器 C_1 及 C_2、功率开关器件 VT_1 及 VT_2、输出变压器 B 以及两个二极管 VD_1 和 VD_2 组成，其电路结构如图 5-31 所示。

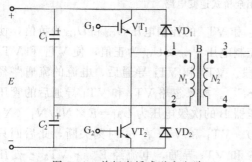

图 5-31　单相半桥式逆变电路

在说明半桥式逆变电路的工作原理之前，要明确的是电路中的分压电容器 C_1 与 C_2 的容量相等，即 $C_1 = C_2$。同时，假设电容器的容量足够大，以至于在电路工作过程中 C_1 和 C_2 两端电压几乎不变，即时刻有 $U_{C_1} = U_{C_2} = E/2$。下面来说明电路的工作原理。

在 $t_1 \sim t_2$ 期间，$U_{G1} > 0$、$U_{G2} < 0$，VT_1 导通，VT_2 截止。期间 C_1 放电，其路径为 $C_1{}^+ \rightarrow VT_1 \rightarrow$ 变压器初级绕组 $\rightarrow C_1{}^-$；电容器 C_2 充电，其路径为 $E^+ \rightarrow VT_1 \rightarrow$ 变压器初级绕组 $\rightarrow C_2 \rightarrow E^-$。如前假定条件，在 U_{C_1} 和 U_{C_2} 均不变的前提条件下，变压器初级的两端电压 $U_{12} = U_{C_1} = E/2$，变压器的次级电压为 $U_{34} = N_2/N_1 \cdot U_{12} = N_2 \cdot E/2N_1$。当然，这是在忽略 VT_1 导通时的管压降并设初级与次级匝数分别为 N_1 和 N_2 时得到的结果。

t_2 时刻，VT_1 关断，电路中"1"端和"2"端间的等效串联电感通过 VD_2 向电容 C_2 释放能量。此后，即 $t_2 \sim t_3$ 期间，因 $U_{G1} < 0$、$U_{G2} < 0$，VT_1 和 VT_2 均截止。

$t_3 \sim t_4$ 期间，$U_{G2} > 0$，$U_{G1} < 0$。VT_1 截止而 VT_2 导通。期间 C_1 充电，其路径为 $E^+ \rightarrow C_1 \rightarrow$ 变压器初级绕组 $\rightarrow VT_2 \rightarrow E^-$；电容器 C_2 放电，其路径为 $C_2{}^+ \rightarrow$ 变压器初级绕组 $\rightarrow VT_2 \rightarrow C_2{}^-$。与 $t_1 \sim t_2$ 期间的假定一样，此时可以得到变压器初级的两端

电压 $U_{12} = -U_{C_2} = -E/2$，变压器次级电压为 $U_{34} = N_2/N_1 U_{12} = -N_2E/2N_1$

t_4 时刻，VT_2 关断，电路中"1"端和"2"端间的等效串联电感通过 VD_1 向电容器 C_1 释放能量。此后 VT_1 和 VT_2 又均处于截止状态。

综上所述，如果使电路按上述过程周而复始地工作，则可在变压器次级获得交变的电压输出，这样该电路就实现了直流变交流的目的。在该电路工作过程中，控制电压 U_{G1} 和 U_{G2} 及 U_{34} 的波形如图 5-32 所示。

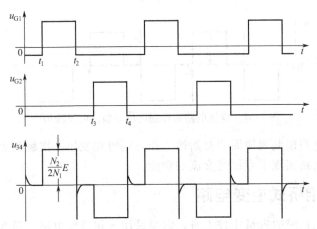

图 5-32　半桥电路的控制电压及输出电压波形

（3）单相推挽式逆变电路

单相推挽式逆变电路是由直流电源 E、输出变压器、功率开关器件 VT_1 和 VT_2 以及两个二极管 VD_1 和 VD_2 组成，其电路结构如图 5-33 所示。在这种结构的电路中，要求两个初级绕组的匝数必须相等，即 $N_1 = N_2$。下面仍以单脉宽调制方式讨论电路的工作原理。

设功率开关器件 VT_1 和 VT_2 的栅极分别加上如图 5-34 所示的控制电压 U_{G1} 和 U_{G2}，则在 $t_1 \sim t_2$ 期间，VT_1 导通 VT_2 截止。在此期间若忽略 VT_1 的管压降，则变压器初级的电压为 $U_{12} = -E$，变压器次级电压为 $U_{45} = -N_3E/N_1$，VT_2 承受的电压为 $2E$。t_2 时刻，VT_1

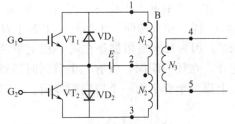

图 5-33　单相推挽式逆变电路

关断，变压器初级等效串联电感力图维持原电流不变，因而导致初级绕组的电压极性与 VT_1 导通时相反，即 N_1 绕组的"1"端为正而"2"端为负，N_2 绕组的"2"端为正而"3"端为负。因此该等效电感的能量只能通过 VD_2 向直流电源 E 反馈。

在 $t_3 \sim t_4$ 期间，VT_1 截止而 VT_2 导通。VT_2 导通时若忽略其管压降，则变压器初级绕组的电压为 $U_{21} = -U_{23} = -E$，变压器的次级电压为 $U_{45} = N_3E/N_2$，期间 VT_1 承受的电压为 $2E$。t_4 时刻，VT_2 关断，变压器初级等效串联电感的能量通过 VD_1 向直流电源 E 反馈。

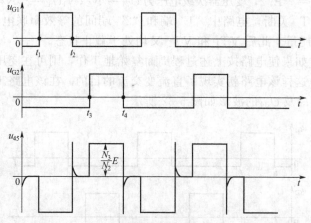

图 5-34　推挽电路的控制电压及输出电压波形

　　此后，使电路按此规律周而复始地工作，则可在变压器次级获得交变的输出电压，从而使该电路实现了直流变交流的功能。

5.3.2　三相桥式逆变电路

　　当光伏发电系统的容量比较大时，需要采用三相逆变电路。逆变器可以是半桥式的，也可以是全桥式的。三相逆变电路可用三个单相逆变器组成，也可采用三个独立桥臂组成。逆变器的触发脉冲间彼此相差 120°（超前或滞后），以便获得三相平衡（基波）的输出。在实际中，广泛采用的是三相桥式逆变电路。

5.3.2.1　电压型三相桥式逆变电路

　　电压型三相桥式逆变电路如图 5-35 所示。电路由三个半桥组成，每个半桥对应一相。它的基本工作方式是 180°导电（方波）方式，即每个桥臂的导电角度为 180°。同一相（即同一半桥）上下两个臂交替导电，各相开始导电的时间依次相差 120°。因为每次换相都是在同一相上下两个桥臂之间进行的，因此称为纵向换相。这样，在任一瞬间，就有三个臂同时导通。可能是上面一个臂下面两个臂，也可能是上面两个臂下面一个臂同时导通。

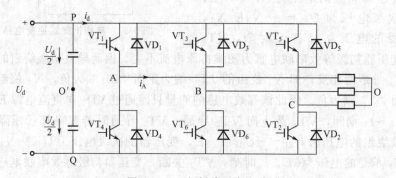

图 5-35　三相桥式逆变电路

为了分析方便起见，在直流侧标出了假想的中点 O'，但在实际电路中直流侧只有一个电容器。若三相桥式逆变电路的工作方式是 180°导电式，即每个桥臂的导通角为 180°，则同一相（即同一半桥）上下两个桥臂交替导通，各相开始导通的角度依次相差 120°，控制信号如图 5-36（a）所示。这样在任何时刻将有 3 个桥臂同时导通，导通的顺

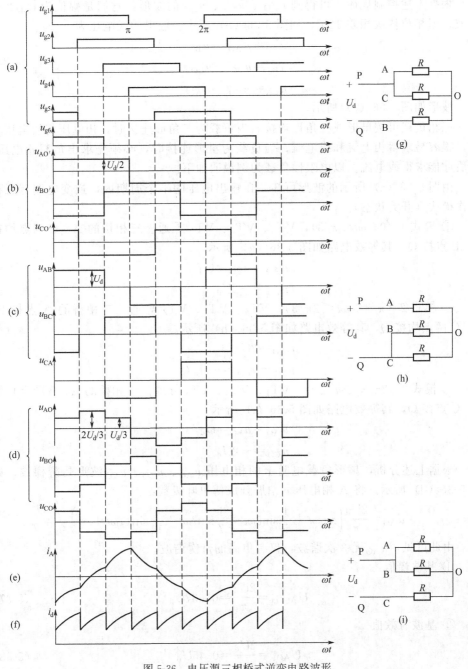

图 5-36　电压源三相桥式逆变电路波形

序为 1、2、3→2、3、4→3、4、5→4、5、6→5、6、1→6、1、2。即可能是上面一个桥臂和下面两个桥臂同时导通，也可能是上面两个桥臂和下面一个桥臂同时导通。因为每次换流都是在同一相上下两个桥臂之间进行，因此被称为纵向换流。

（1）输出电压分析

根据上述控制规律，可得到 $u_{AO'}$、$u_{BO'}$、$u_{CO'}$ 的波形，它们是幅值为 $U_d/2$ 的方波，但相位依次相差 120°，如图 5-36（b）所示。输出的线电压为

$$
\begin{aligned}
u_{AB} &= u_{AO'} - u_{BO'} \\
u_{BC} &= u_{BO'} - u_{CO'} \\
u_{CA} &= u_{CO'} - u_{AO'}
\end{aligned}
\tag{5-36}
$$

波形如图 5-36（c）所示。

三相负载可按星形或三角形连接。当负载为三角形连接时，相电压与线电压相等，很容易求得相电流和线电流；当负载为星形连接时，必须先求出负载相电压，然后才能求得线电流。以电阻性负载为例说明如下。

由图 5-36（a）所示的波形可知，在输出电压的半个周期内，逆变电路有三种工作模式（开关状态）。

① 模式 1（$0 \leqslant \omega t \leqslant \pi/3$），$VT_5$、$VT_6$、$VT_1$ 导通。三相桥的 A、C 两点均接 P，B 点接 Q，其等效电路如图 5-36（g）所示。

$$
\begin{aligned}
u_{AO} &= u_{CO} = U_d/3 \\
u_{BO} &= -2U_d/3
\end{aligned}
$$

② 模式 2（$\pi/3 \leqslant \omega t \leqslant 2\pi/3$），$VT_6$、$VT_1$、$VT_2$ 导通。三相桥的 A 点接 P，B、C 两点均接 Q，其等效电路如图 5-36（h）所示。

$$
\begin{aligned}
u_{AO} &= 2U_d/3 \\
u_{BO} &= u_{CO} = -U_d/3
\end{aligned}
$$

③ 模式 3（$2\pi/3 \leqslant \omega t \leqslant \pi$），$VT_1$、$VT_2$、$VT_3$ 导通。三相桥的 A、B 两点均接 P，C 点接 Q，其等效电路如图 5-36（i）所示。

$$
\begin{aligned}
u_{AO} &= u_{BO} = U_d/3 \\
u_{CO} &= -2U_d/3
\end{aligned}
$$

根据上述分析，星形负载电阻上的相电压 u_{AO}、u_{BO}、u_{CO} 波形是阶梯波，如图 5-36（d）所示。将 A 相电压 u_{AO} 展开成傅里叶级数：

$$
u_{AO} = \frac{2U_d}{\pi} \left(\sin\omega t + \frac{1}{5}\sin5\omega t + \frac{1}{7}\sin7\omega t + \frac{1}{11}\sin11\omega t + \cdots \right)
$$

由此可见，u_{AO} 无 3 次谐波，仅有更高的奇次谐波。

① 基波幅值

$$
U_{AO1m} = \frac{2U_d}{\pi} = 0.637U_d
\tag{5-37}
$$

② 基波有效值

$$
U_{AO1} = \frac{2U_d}{\sqrt{2}\pi} = 0.45U_d
\tag{5-38}
$$

③ 负载相电压的有效值

$$U_{AO} = \sqrt{\frac{1}{2\pi}\int_0^{2\pi} u_{AO}^2 \mathrm{d}(\omega t)} = 0.472U_d \qquad (5\text{-}39)$$

线电压和相电压的基波及各次谐波与一般对称三相系统一样，存在 $\sqrt{3}$ 倍的关系。

④ 线电压 u_{AB} 的基波幅值

$$U_{AB1m} = \sqrt{3}U_{AO1m} = 1.1U_d \qquad (5\text{-}40)$$

⑤ 线电压 u_{AB} 的基波有效值

$$U_{AB1} = U_{AB1m}/\sqrt{2} = 0.78U_d \qquad (5\text{-}41)$$

⑥ 负载线电压的有效值

$$U_{AB} = \sqrt{\frac{1}{2\pi}\int_0^{2\pi} u_{AB}^2 \mathrm{d}(\omega t)} = 0.817U_d \qquad (5\text{-}42)$$

(2) 输出和输入电流分析

不同负载参数，其阻抗角 φ 不同，则负载电流的波形形状和相位都有所不同。当负载参数一定时，可由 u_{AO} 的波形求出 A 相电流 i_A 的波形。如图 5-36（e）所示是在感性负载下 i_A 的波形。上、下桥臂间的换流过程和半桥电路一样。如上桥臂 1 中的 VT_1 从通态转换到断态时，因负载电感中的电流不能突变，下桥臂 4 中的 VD_4 导通续流，待负载电流下降到零，桥臂 4 中的电流反向时，VT_4 才开始导通。负载阻抗角 φ 越大，VD_4 导通的时间越长。i_A 的上升段即为桥臂 1 导电的区间，其中 $i_A < 0$ 时为 VD_1 导通，$i_A > 0$ 时为 VT_1 导通；i_A 的下降段即为桥臂 4 导电区间，其中 $i_A > 0$ 时为 VD_4 导通，$i_A < 0$ 时为 VT_4 导通。

i_B、i_C 的波形和 i_A 形状相同，相位依次相差 120°。把桥臂 1、3、5（或 2、4、6）的电流叠加起来，就可得到直流侧电流 i_d 的波形，如图 5-36（f）所示。i_d 的波形均为正值，但每隔 60° 脉动一次。说明逆变桥除了从直流电源吸取直流电流外，还要与直流电源交换无功电流。当负载阻抗角 $\varphi > \pi/3$ 时直流侧的电流波形也是脉动的，且既有正值也有负值，负值表示负载中的无功能量通过二极管反馈回直流侧。此外，当负载为纯电阻负载时，三相桥式逆变电路中所有反并联二极管都不会导通，直流电源吸取无脉动的直流电流。

比较图 5-36 中线电压和相电压的波形可知，负载的线电压为准方波，而相电压为更接近正弦的阶梯波。这对于抑制输出电压中的谐波成分和得到正弦波输出电压极为有利。

在上述 180° 导电型逆变器中，为了防止同一相上下两臂的可控元件同时导通而引起直流电源短路，要采取"先断后通"的方法。即先给应关断的器件关断信号，待关断后留一定的时间裕量，然后再给应导通的器件开通信号，两者之间留一个短暂的死区时间。

除 180° 导电型外，还有 120° 导电型的控制方式，即每个臂导电 120°，同一相上下两臂的导通有 60° 的间隔，各相的导通仍依次相差 120°。这样，每次的换相都是在上面三个桥臂内或下面120°三个桥臂内依次进行，因此称为横向换相。在任何一个瞬间，上下三个桥臂都各有一个臂导通。120°导电型不存在同一相上下直通短路的问题，但输出的交流线电压有效值$U_{AB} = 0.707 U_d$，比180°导电型的U_{AB}低得多，直流电源电压利用率低，因此一般电压型逆变电路都采用180°导电型。

5.3.2.2　电流型三相桥式逆变电路

电流型三相桥式逆变电路如图5-37所示。因该电路各开关器件主要起改变直流电流流通路径的作用，故交流侧电流为矩形波，与负载性质无关，而交流侧电压波形和相位因负载阻抗角不同而异，其波形接近正弦波。另外，直流侧电感起缓冲无功能量的作用，因电流不能反向，故可控器件不必反并联二极管，但要给每个器件串联一个二极管以承受反向电压。

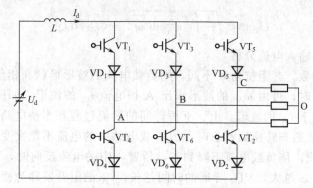

图5-37　电流型三相桥式逆变电路拓扑结构

电流型三相桥式逆变电路的基本工作方式为120°导通方式。即每个臂导通120°，按VT_1到VT_6的顺序每隔60°依次导通。这样，每个时刻上桥臂组和下桥臂组中都各有一个臂导通。换相时，是在上桥臂组或下桥臂组内依次换相，是横向换相。输出相电流及线电压波形如图5-38所示。

电流型三相桥式逆变电路的输出电路的基波有效值I_{A1}和直流电流I_d的关系为

$$I_{A1} = \frac{\sqrt{6}}{\pi} I_d = 0.78 I_d \qquad (5-43)$$

由以上分析可以看出，电流型和电压型三相桥式逆变电路中输出线电压基波有效值的系数相同。电压型和电流型逆变器在电路结构、直流侧电源、输出波形等方面都有着对偶关系。电压型逆变器在直流电源侧并联滤波电容器，逆变桥臂的开关上有反并联续流二极管，逆变器的输出阻抗很小，输出为电压源，在一

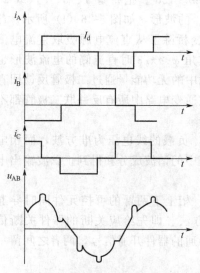

图5-38　电流型三相桥式逆变
电路工作波形

般情况下，输出电压波形是不等宽的脉冲列；而电流型逆变器在直流电源侧串联电抗器，电源阻抗较大，输出为电流源，桥臂结构采用可控开关器件和二极管相串联的方式，输出电流波形是不等宽的脉冲列。电压型逆变器的换相在上下桥臂之间进行，而电流型逆变器的换相要在不同的相间进行。从开关暂态特性上看，电压型逆变器负载短路时的过电流危害比较严重，应予以重点保护，而其过电压保护维护相对较轻；电流型由于电源阻抗很大，所以负载短路时的过电流危害不严重，而其过电压危害较为严重，其保护也相对困难。

5.3.3 新型逆变电路

前述的传统单相和三相逆变电路均比较成熟，在直流-交流变换领域发挥了重要作用。但传统逆变电路存在一些缺陷，限制了其在某些场合下性能的进一步提高和应用的进一步广泛。例如，在高压大容量逆变场合，虽然近年来各种新型器件，如高压 IGBT (Insulated Gate Bipolar Transistor，绝缘栅双极型晶体管)、IGCT (Intergrated Gate Commutated Thyristors，集成门极换流晶闸管) 以及 IEGT (Injection Enhanced Gate Transistor，注入增强栅晶体管) 等纷纷出现，单管容量和开关速度也有了较大提高。但即便如此，传统的两电平变换器拓扑仍然不能满足人们对高压大功率的要求；此外，目前电力电子器件的功率处理能力和开关频率之间是矛盾的，往往功率越大，开关频率越低，高性能的控制实现起来就愈发困难。因此，对于大容量光伏发电系统，在功率器件水平没有本质突破的情况下，有效的手段是从电路拓扑和控制方法上寻求创新，多电平变换器正是在这一背景下应运而生的。

此外，由于传统的电压型逆变电路是降压工作模式，传统的电流型逆变电路是升压工作模式。因而，在直流侧电压变换范围较大 (光伏电池阵列) 或负载要求输出范围比较宽的场合，单一的电压型或电流型逆变电路可能不能满足变换要求，必须增加一级功率变换，带来电路复杂、效率降低的问题。针对这一问题，Z 源 (Z-Source) 逆变器应运而生。

本节将对大容量逆变电路和 Z 源逆变电路进行简要介绍。

5.3.3.1 二极管中点钳位 (Neutral Point Clamped，NPC) 多电平逆变器

德国学者 Holtz 于 1977 年提出三电平逆变器主电路及其方案，其中每相桥臂带一对开关管，以辅助中点钳位。1981 年，日本长冈科技大学的学者 Nabae 在此基础上继续发展，将这些辅助开关变成为一对二极管，分别与上下桥臂串联的主管中点相连，以辅助中点钳位，称为二极管中点钳位式三电平变换器。该电路比前者更易于控制，且主管关断时仅承受直流母线一半的电压，因此更为实用。1983 年，Bhagwat 和 Stefanovic 将这种电路结构由三电平推广到多电平，进一步奠定了 NPC 结构的多电平模式。

图 5-39 所示给出了二极管钳位三电平逆变器的电路拓扑结构。与传统的两电平拓扑结构不同，三电平逆变器每个桥臂由 4 个功率开关管 ($S_1 \sim S_4$)、4 个

反并联二极管（VD₁～VD₄）构成。此外，每个桥臂还有2个钳位二极管（VDz1、VDz2），其中点与母线电容中点连在一起。当 S₁ 和 S₂ 导通时，A 相输出端和母线正端接通，输出对地电压为 $+U_d/2$；当 S₃ 和 S₄ 导通时，A 相输出端和母线负端接通，输出对地电压为 $-U_d/2$；当 S₂ 和 S₃ 导通时，A 相输出端和母线中点接通，输出对地电压为 0。显然，二极管钳位三电平逆变电路比传统二电平逆变电路多一个工作状态，即 S₂ 和 S₃ 导通时的情况，因而其输出也多一个电平，即零电平。

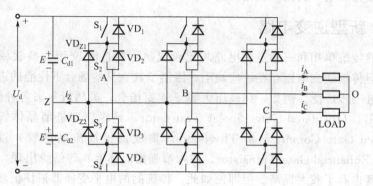

图 5-39　二极管钳位三电平逆变电路

　　二极管钳位三电平逆变电路输出的典型波形如图 5-40 所示。其中 u_{AZ} 是 A 相电压的波形，u_{AB} 是 AB 线电压波形。从线电压波形可以直观看出：三电平输出波形比传统二电平更接近正弦波，在相同开关频率下，与传统二电平变换器相比，其电压 THD（Total Harmonic Distortion，总谐波失真）将大大降低。

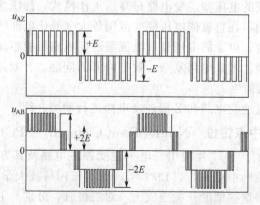

图 5-40　二极管钳位三电平逆变电路典型输出波形

　　对三电平变换器的拓扑结构稍加改动，可扩展为任意电平的多电平变换器。其电平数越多，则输出波形越接近正弦，谐波含量越小。然而在实际应用中，由于受到硬件条件和控制复杂性的制约，通常在满足性能指标的前提下，并不追求过多的电平数，目前三电平结构最为成熟，应用最多。与传统的二电平相比，二极管钳位三电平变换器具有以下突出特点。

① 主电路中的每个开关器件仅承受一半的直流侧电压，因此可以采用较低耐压器件的组合实现高压输出，且无需动态均压电路。

② 由于电平数的增加，改善了输出电压波形，减小了谐波含量。

③ 可以以较低的开关频率获得与高开关频率下二电平变换器相同的输出电压波形，因而其开关损耗较小，效率高。

④ 在相同直流母线电压下，输出的相电压或线电压幅值跳变减小了一半，有利于交流侧负载的绝缘和安全运行。

⑤ 三电平开关状态比较多，可供选择的余地大，开关顺序灵活多样，为逆变系统性能的提高提供了可能。

此外，二极管钳位三电平逆变器也有相应的缺点，例如钳位二极管承压不均匀，流过功率开关器件的电流有效值大小不一定相等，其最突出的缺点就是必须时时刻刻保证母线电容中点电位的基本平衡。如果中点电位由于电容的充放电导致不平衡到一定程度后，轻则致使逆变器输出性能恶化，重则造成功率开关器件由于承受过电压而损坏。而要保证母线电压平衡，就必须在逆变控制策略上采取一定的措施，导致系统控制复杂。

钳位型多电平变换器还有一种类型，即用电容代替钳位二极管，对电路在开关状态变化过程中功率器件的承压进行钳位，称为飞跨电容钳位（Flying Capacitor）多电平变换器，由法国学者 T. A. Meynard 和 H. Foch 在 1992 年电力电子专家会议年会（PESC，Power Electronics Specialists Conference）上提出。最初的目的是为了减少二极管钳位多电平变流器在较多电平情况下过多的钳位二极管，即采用悬浮电容器来代替钳位二极管工作，而直流侧的电容不变。其工作原理与二极管钳位式变换器相似，但在电压合成方面，开关状态的选择比二极管钳位式变换器具有更大的灵活性。五电平飞跨电容逆变器电路拓扑如图 5-41 所示。

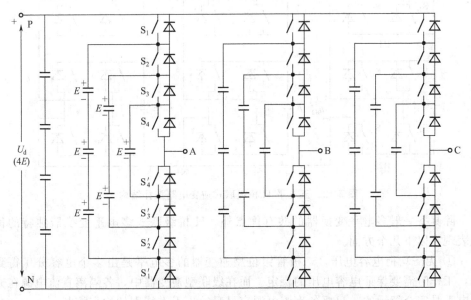

图 5-41 飞跨电容钳位五电平逆变电路拓扑结构

如图 5-41 所示，4 个主开关元件和 4 个电容均串联，对直流母线电压 U_d 分压，并另行采用一些电容对称地跨接于开关器件之间，得到 5 级多电平逆变器。跨接电容钳位式变换器输出电平级数的定义与二极管钳位相同，5 电平逆变器的相电压具有 5 个电平，线电压具有 9 个电平。飞跨电容钳位多电平逆变电路输出电压波形与二极管钳位多电平类似，在此不再赘述。由于电路中需要多个有一定容量的直流电容器钳位，不仅带来成本、体积等多方面的问题，而且电容的预充电和电位的平衡是该电路的难点，因而在实际中很少使用。

对于钳位型多电平逆变器，要输出 N 个电平，则直流侧需要 $N-1$ 个钳位二极管或钳位电容，输出线电压就有 $2N-1$ 个电平。

5.3.3.2 级联式（Cascaded）多电平变换器

除了钳位型多电平变换器外，研究和应用较多的是级联式多电平变换器。常见的级联式多电平变换器是具有独立直流电压源的级联型逆变器，通过叠加低压逆变器的输出获得高压输出，包括 H 桥（即全桥）串联式多电平电路和三相逆变桥串联式多电平电路。图 5-42 所示为五电平 H 桥级联式逆变器电路拓扑结构。

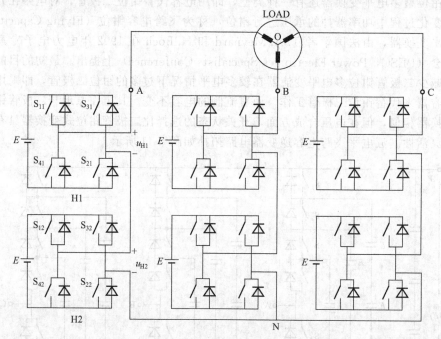

图 5-42　五电平 H 桥级联式逆变电路拓扑结构

除具备一般多电平变换器的共有优点外，H 桥级联式多电平变换器独特的优点表现在以下几个方面。

① 无需均衡电容电压。二极管钳位型逆变器的多电平是由多个电容分压得到的，工作时需要保证电容电压的稳定。而在级联型逆变器中，各隔离直流电源在充放电上是完全解耦的，只要各直流电源容量足够，无需特别的均衡控制。

② 结构上易于模块化和扩展。级联型逆变器是一种松散的串联结构，每个 H 桥臂结构相同，易于模块化生产，容易采用冗余方式实现高可靠性，逆变器的拆卸与扩展都比较方便，控制也相对容易，这是其他多电平逆变器所不具有的。

③ 级联型逆变器除具有多电平逆变器共同的线电压冗余特性外，还具有相电压冗余的特性。对于每相某一输出电压，存在多种级联单元的状态组合。各级联单元的工作是完全独立的，其输出只影响输出总电压，不会对其他级联单元造成影响。相电压冗余可用于均衡各单元的利用率。

④ 级联型逆变器是多电平逆变器中输出同样数量电平而所需器件最少的一种，特别适用于电平数较高的场合。

当然，级联式多电平变换器也有相应的缺点，主要是需要大量的隔离直流电源。实际使用时通常采用工频的曲折连接变压器来产生独立电源，系统结构复杂，增加了体积、重量和造价。此外，由于具有多个直流电源和器件，级联型逆变器需要均衡各单元的利用率。在级联单元较多的情况下，故障检测和诊断变得比较困难。

5.3.3.3　Z 源（Z-Source）逆变器

传统的电压型和电流型逆变器其输出特性均有一定的局限。对于电压型逆变器，其拓扑可看作是由 Buck 变换电路拓展而来，这将使得逆变器输出电压总是低于直流输入电压。因此，在一些需要高电压输出的场合，通常要在逆变器输入前端增加升压电路或在逆变器输出级加入升压变压器。前者由于多了 DC/DC 变换器，使得系统存在两级变换，从而降低了效率，且增加了控制电路的复杂程度；后者因变压器的引入，导致系统的成本、体积增加，且变压器低压侧的电流相对较大，在设计时将必须考虑开关电流应力等问题。此外，电压型逆变器直流侧的电容低阻特性将禁止逆变器工作在一相桥臂的上下开关管直通状态，否则，如果电容短路，功率开关管会因过流而损坏。考虑到开关管的开通、关断及驱动电路的延迟时间，为避免直通状态的发生，逆变器功率开关必须加入死区时间，使桥臂开关管先关断、后导通，而死区则会带来输出电压波形的畸变。

对于电流型逆变器，其拓扑可看作是由 Boost 变换电路拓展而来的，这将使得逆变器输出电压总是高于直流输入电压。因此，在一些需要低电压输出的场合，往往要在逆变器输入前级加入降压电路或在逆变器输出级加入降压变压器，这两种解决方案也会带来系统效率下降，控制电路复杂化以及成本增加等与电压型逆变器相同的问题。此外，电流型逆变器直流侧的电感高阻特性将禁止逆变器工作在上桥臂开关管全部关断或下桥臂开关管全部关断的开关状态，否则，如果电感开路，功率开关管会因过压而损坏。考虑到开关管的开通、关断及驱动电路的延迟时间，为避免上述被禁止的开关状态发生，电流型逆变器也必须加入死区时间使得桥臂开关管先导通，后关断。

为了克服传统电压源和电流源逆变器的不足，美国密歇根州立大学的彭方正教授（浙江大学电力电子及电力传动学科点教育部"长江学者奖励计划"特聘教授）于 2002 年提出了 Z 源逆变器，为逆变器提供了一种新的拓扑。图 5-43 所示为 Z 源

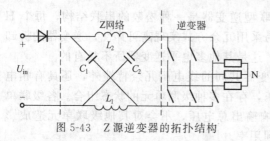

图 5-43　Z 源逆变器的拓扑结构

逆变器的拓扑结构。

Z 源逆变器引进了一个 Z 源网络：由一个包含电感 L_1、L_2 和电容器 C_1、C_2 的二端口网络接成 X 形，将逆变器和直流电源耦合在一起。由于 Z 源逆变器用独特的 X 形 L、C 网络代替了传统的电压源逆变器中的直流母线电容器和电流源逆变器中的直流电抗器，因而 Z 源逆变器的直流输入端可以是电压源形式也可以是电流源形式。对于电压型 Z 源逆变器，输入电源为电压源，逆变器为电压型逆变器，此时逆变器可以承受短路（直通），并通过特殊的控制方法能够使得系统工作在升压模式；对于电流型 Z 源逆变器，输入电源为电流源，逆变器为电流型逆变器，此时逆变器可以承受开路，并通过特殊的控制方法能够使得系统工作在降压模式。下面以电压型 Z 源逆变器为例，简要介绍其工作原理。

Z 源逆变器的最大特点是可实现直接升降压功能。图 5-44 和图 5-45 所示分别给出了 Z 源逆变器两个基本工作状态时直流端的等效电路。其中图 5-44 表示 Z 源逆变器工作在传统逆变状态，相应的图 5-45 则表示 Z 源逆变器工作在直通状态。传统的电压源逆变器包括有效状态和零矢量状态，而 Z 源逆变器则有一个独特的工作状态，即直通零矢量状态，意思是逆变器的上、下桥臂短路。Z 源逆变器正是利用这个状态来实现升压功能的。这样一个直通零矢量状态可以通过任一个桥臂直通或所有桥臂同时直通的方式来实现。

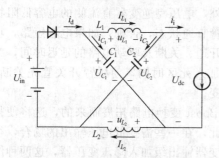

图 5-44　传统工作状态等效电路

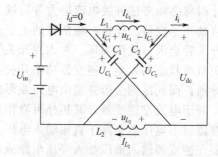

图 5-45　直通工作状态等效电路

假设 Z 源网络是对称的，即 $L_1 = L_2$，$C_1 = C_2$，在稳态情况下，由于电路的对称性，有 $u_{L_1} = u_{L_2} = u_L$，$U_{C_1} = U_{C_2} = U_C$。对于图 5-44 所示的传统工作状态，有

$$U_{in} = U_{C_1} + u_{L_2} = U_{C_2} + u_{L_1} = U_C + u_L \tag{5-44}$$

$$U_{dc} = U_{C_1} - u_{L_1} = U_{C_2} - u_{L_2} = U_C - u_L \tag{5-45}$$

从而得到

$$U_{dc} = 2U_C - U_{in} \tag{5-46}$$

对于图 5-45 所示的直通工作状态，若一个开关周期 T_s 内直通状态时间为 T_0，传统工作状态时间为 T_1，且 $T_0 = T_s - T_1$，则有

$$U_{C_1} = U_{C_2} = U_C = u_{L_2} = u_{L_1} = u_L \tag{5-47}$$

稳态情况下，Z 源电感 L_1 和 L_2 在开关周期 T_s 内应满足伏秒特性，即

$$(U_{in} - U_C)T_1 + U_C T_0 = 0 \tag{5-48}$$

整理上式，可得 Z 网络电容电压

$$U_C = \frac{T_1}{T_1 - T_0} U_{in} \tag{5-49}$$

根据非直通状态下 Z 网络输出端（即逆变器母线）电压及直通和非直通状态的持续时间，求得逆变器母线电压的平均值为

$$U_{dc} = \frac{U_{dc1} T_1 + 0 T_0}{T_s} = \frac{(2U_C - U_{in})T_1}{T_s} = \frac{T_1}{T_1 - T_0} U_{in} \tag{5-50}$$

如前所述，在非直通工作状态下

$$U_{dc} = 2U_C - U_{in} = \frac{2T_1}{T_1 - T_0} U_{in} - U_{in} = \frac{T_1 + T_0}{T_1 - T_0} U_{in} = \frac{T_s}{T_1 - T_0} U_{in} = BU_{in} \tag{5-51}$$

式中，B 显然大于等于 1，称为升压因子。

对于 Z 网络后面的三相逆变桥，其输出相电压基波峰值和母线电压的关系为

$$U_{1m} = m \frac{U_{dc}}{2} \tag{5-52}$$

式中，m 通常称为调制度，与逆变器调制策略有关系，且与升压因子 B 不相关。将上两式合并，得到

$$U_{1m} = Bm \frac{U_{in}}{2} \tag{5-53}$$

显然，对于一个确定的 Z 源逆变器，只要选择合适的调制度 m 和升压因子 B，就可以实现逆变器输出电压高于或低于直流输入电压，且不需要加中间变换电路。

Z 源逆变器突出的优点是其在可再生能源、电力传动控制、电能质量控制等无源、有源逆变场合有广阔的应用前景。对于光伏发电系统而言，利用 Z 源逆变器来取代传统的电压源型逆变器，将使得系统具有一些独特的优势。例如利用 Z 源逆变器独特的升/降压功能，可以放宽太阳能阵列电池的电压输入范围，非常适合因光照强度的变化而导致光伏阵列电压大范围波动的情况；另外，Z 源逆变器无需死区时间，并网电流的谐波畸变率（THD）相比传统电压源型光伏系统的并网电流 THD 要小，从而提高了回馈电能的质量。

5.3.4 逆变控制技术

在早期的电压源逆变电路控制策略中绝大多数的被控量都是输出电压，除了要求输出电压的幅值和频率能连续可调外，对输出电压的谐波含量（或失真度）要求尽可能小，即对输出电压进行控制，以求得到纯正的正弦波电压。例如在并网光伏

发电系统中，电网电压为正弦波，光伏阵列的直流电能若要回馈给电网，必须将其利用逆变电路逆变为正弦波。而方波输出的逆变电路输出的电压或电流为矩形波，谐波分量很大。显然，在这种场合，方波输出的逆变电路就不能胜任。

　　全控型电力电子器件特别是 IGBT 广泛使用后，逆变电路的可控性相对于早期的基于晶闸管的逆变电路提高了很多。通过控制功率器件高速开通与关断，能够使得逆变电路的输出比方波更加逼近正弦波。以输出正弦波为目标，逆变电路的控制方式有多种，如多脉冲 PWM、正弦脉冲 PWM（SPWM，Sinusoidal Pulse Width Modulation）、空间电压矢量 PWM（SVPWM，Space Vector Pulse Width Modulation）、电流跟踪 PWM、单周（one-cycle）控制、特定消谐 PWM（SHEPWM，Selective Harmonic Elimination Pulse Width Modulation）等，各种 PWM 方式各有其优缺点并适应不同的应用场合。在光伏发电系统中，SPWM 和 SVPWM 应用最为广泛，下面重点介绍这两种 PWM 控制技术。

5.3.4.1　正弦脉宽 PWM 技术

　　正弦波脉宽调制的控制思想，是利用逆变器的开关元件，由控制线路按一定的规律控制开关元件的通断，从而在逆变器的输出端获得一组等幅、等距而不等宽的脉冲序列。其脉宽基本上按正弦分布，以此脉冲列来等效正弦电压波。如图 5-46 所示，将正弦波的正半周划分为 N 等份（图中为 12 等份），这样就可把正弦半波看成由 N 个彼此相连的脉冲所组成的波形。这些脉冲的宽度相等，都等于 π/N，但幅值不等，且脉冲顶部是曲线，各脉冲的幅值按正弦规律变化。如果将每一等份的正弦曲线与横轴所包围的面积用一个与此面积相等的等高矩形脉冲代替，就得到图示的脉冲序列。这样，由 N 个等幅而不等宽的矩形脉冲所组成的波形与正弦波的正半周等效，正弦波的负半周也可用相同的方法来等效。

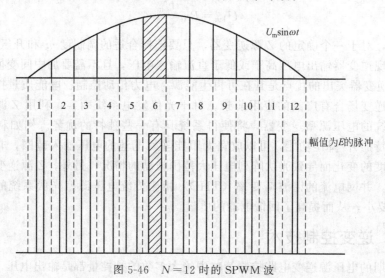

图 5-46　$N=12$ 时的 SPWM 波

　　在理论上可以严格地计算出各分段矩形脉冲的宽度，作为控制逆变电路开关元件通断的依据，但计算过程十分繁琐。较为实用的方法是采用调制的方法，即把希望得到的波形作为调制信号，把接受调制的信号作为载波，通过对载波的调制得到期望的 PWM 波形。实现 SPWM 一般比较容易理解的方法是：采用一个正弦波 u_g（调制信号）与等腰三角波 u_c（载波信号）相交的方案确定各分段矩形脉冲的宽度。如果在交点时刻控制电路中开关器件的通断，就可得到宽度正比于调制信号波幅值的脉冲，这正好符合 SPWM 控制要求。

在采用 SPWM 方式控制时，控制电路可分为单极性 PWM 和双极性 PWM 电路，两种控制方式所对应的控制波形分别如图 5-47 和图 5-48 所示。

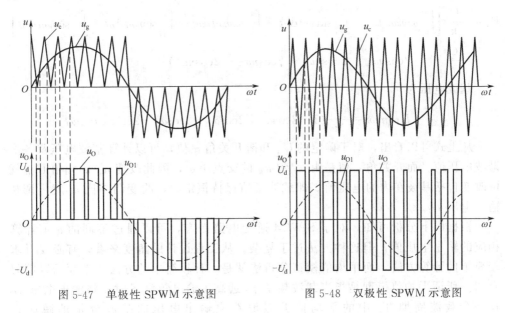

图 5-47　单极性 SPWM 示意图　　　　图 5-48　双极性 SPWM 示意图

为了讨论方便，下面以双极性 SPWM 控制方式的电压型单相桥式逆变电路为例（见图 5-29），讨论其调压原理。

首先，设载波信号 u_c 的波形为等腰三角波，重复频率为 f_c，幅值为 U_{cm}。而调制信号 u_g 为正弦波

$$u_g = U_{gm}\sin\omega t \tag{5-54}$$

式中，$\omega = 2\pi f$。

u_c 和 u_g 的波形如图 5-48 所示，仿照 DC/DC 电路，调制比为

$$m = \frac{U_{gm}}{U_{cm}} \tag{5-55}$$

载波和调制波的频率比（即载波比）为

$$K = f_c/f = T/T_c \tag{5-56}$$

根据 u_c 和 u_g 的交点可得到相位互补的两列脉冲，见图 5-48 所示。这两列脉冲作为全桥电路 VT_1、VT_3 和 VT_2、VT_4 的控制脉冲，再注意到感性负载时 VD_1、VD_3 和 VD_2、VD_4 的续流作用，则输出电压 u_O 可表示为

$$u_O = \begin{cases} U_d & VT_1 、 VT_4 \text{ 或 } VD_1 、 VD_4 \text{ 导通} \\ -U_d & VT_2 、 VT_3 \text{ 或 } VD_2 、 VD_3 \text{ 导通} \end{cases}$$

u_O 波形如图 5-48 所示。

由于 u_O 具有奇函数和半波对称的性质，因此将其展成傅里叶级数时，展开式中只含奇次正弦相，即

$$u_O = \sum_{n=1}^{\infty} B_{2n-1} \sin(2n-1)\omega t \tag{5-57}$$

式中

$$B_n = \frac{4U_d}{\pi} \left[\int_0^{\alpha_1} \sin n\omega t \, \mathrm{d}\omega t - \int_{\alpha_1}^{\alpha_2} \sin n\omega t \, \mathrm{d}\omega t + \int_{\alpha_2}^{\alpha_3} \sin n\omega t \, \mathrm{d}\omega t - \int_{\alpha_3}^{\alpha_4} \sin n\omega t \, \mathrm{d}\omega t + \int_{\alpha_4}^{\frac{\pi}{2}} \sin n\omega t \, \mathrm{d}\omega t \right]$$

$$= \frac{4U_d}{\pi}(1 - 2\cos n\alpha_1 + 2\cos n\alpha_2 - 2\cos n\alpha_3 + 2\cos n\alpha_4)$$

基波电压为

$$u_{O1} = B_1 \sin \omega t = \frac{4U_d}{\pi}(1 - 2\cos\alpha_1 + 2\cos\alpha_2 - 2\cos\alpha_3 + 2\cos\alpha_4)\sin\omega t$$

从上式可以看出，对于确定的 U_d 和诸开关角 α 值，可以计算基波电压及各次谐波电压值。而开关角 α 值是由 u_c 和 u_g 的交点决定，因此改变 u_g 的幅值 U_{gm} 就可改变包括基波在内的电压值。即载波幅值保持恒定时，改变调制比 m 就可调整输出电压 u_O。

根据以上分析可知，对于 SPWM 逆变电路而言，可以通过不同的 α 值计算相应的输出电压值，但这种方法过于复杂。从工程设计的角度来看，有必要寻求较简单的计算方法，而平均值模型分析法就是一种较简单的方法，下面予以简要介绍。所谓平均值模型是指当载波频率 f_c 远高于输出频率 f 时，将输出电压 u_O 在一个载波周期 T_c 中的平均值近似地看成输出电压的基波分量的瞬时值 u_{O1}，即

$$\overline{u}_O \approx u_{O1}|_{f_c \gg f} \tag{5-58}$$

由图 5-48 有

$$\overline{u}_O = \frac{1}{T_c}\int_0^{T_c} u_O \mathrm{d}t = [2D(t) - 1]U_d \tag{5-59}$$

式中

$$D(t) = \tau(t)/T_c \tag{5-60}$$

由于 $T_c \ll T$，因此在一个载波周期中，原来按输出频率随时间变化的正弦调制信号 u_g 可近似视为恒值，于是图 5-48 的关系可改画成图 5-49。并利用几何关系可得到平均值模型中 u_c 和 u_g 几何关系：

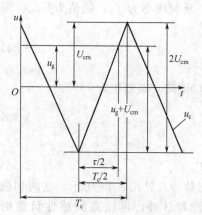

图 5-49　平均调制原理

$$D(t) = \frac{\tau(t)}{T_c} = \frac{u_g(t) + U_{cm}}{2U_{cm}} = \frac{1}{2}\left[\frac{u_g(t)}{U_{cm}} + 1\right]\Big|_{u_g(t) < U_{cm}} \tag{5-61}$$

将上两式合并有

$$\bar{u}_O = \frac{U_d}{U_{cm}} u_g(t) \tag{5-62}$$

上式表明，在 U_d 和 U_{cm} 为恒定值的条件下，一个载波周期中输出电压的平均值 $\bar{u}_O$ 与调制信号 u_g 成正比，于是当 u_g 是连续模拟变量时，$\bar{u}_O$ 和 u_{O1} 也将是连续模拟变量，将正弦参考波的表达式代入上式得

$$\bar{u}_O = \frac{U_d}{U_{cm}} U_{gm}\sin\omega t = mU_d\sin\omega t \approx U_{O1m}\sin\omega t \tag{5-63}$$

可得

$$U_{O1m} = mU_d\,|_{m<1} \tag{5-64}$$

上式是 SPWM 的一个基本关系，它表明在 $U_{gm} < U_{cm}$ 条件下（即 $m \leqslant 1$），SPWM 基波幅值随调制比 m 线性增加，令 $C_1 = \pi U_{O1}/4U_d$，有

$$C_1 = \frac{\pi}{4}m = 0.785m \tag{5-65}$$

直流电压利用率

$$A_V = \frac{U_{O1}}{U_d} = \frac{m}{\sqrt{2}} = 0.707m \tag{5-66}$$

显然，当 $m=1$ 时，$A_V = 0.707$。

对于三相 SPWM 型逆变电路中，U、V 和 W 三相的 SPWM 的控制通常公用一个等腰的三角波载波 u_c，三相调制信号 u_{ga}、u_{gb} 和 u_{gc} 的相位依次相差 120°，其表达式为

$$u_{ga} = U_{gm}\sin\omega t \tag{5-67}$$

$$u_{gb} = U_{gm}\left(\omega t - \frac{2\pi}{3}\right) \tag{5-68}$$

$$u_{gc} = U_{gm}\sin\left(\omega t + \frac{2\pi}{3}\right) \tag{5-69}$$

U、V 和 W 各相功率开关器件的控制规律相同，均以正弦规律和互补方式轮流导通，每一相的控制脉冲如图 5-50 所示。

每一相对电源的中性点而言，其输出为双极性 SPWM 波，因此其相电压的调整和抑制谐波原理与单相逆变电路类似，故在此不过多讨论。

在实现 SPWM 脉宽调制时，根据载波比的变换，有同步调制和异步调制两种模式。

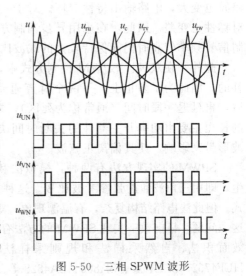

图 5-50　三相 SPWM 波形

载波比 K 等于常数，并在变频时使载波信号和调制信号保持同步的调制方式称为同步调制方式。在基本同步调制方式中，调制信号频率变化时载波比 K 不变。调制信号半个周期内输出的脉冲数是固定的，脉冲相位也是固定的。在三相 PWM 逆变电路中，通常公用一个三角波载波信号，且取载波比 K 为 3 的整数倍，以使三相输出波形严格对称。同时，为了使一相的波形正、负半周也对称，K 应取为奇数。图 5-50 所示的例子是 $K=9$ 时的同步调制三相 PWM 波形。

当逆变电路的输出频率很低时，因为在半周期内输出脉冲的数目是固定的，所以由 SPWM 调制而产生的谐波频率也相应降低，这种频率较低的谐波通常不易滤除。为了克服这一缺点，通常采用分段同步调制，即把逆变电路的输出频率范围划分成若干个频段，每个频段内都保持载波比 K 恒定，而不同频段的载波比不同。在输出频率的高频段采用较低的载波比，以使载波频率不致过高。在输出频率的低频段采用较高的载波比，以便载波频率不致过低而对负载产生不利影响。各频段的载波比应该都取 3 的整数倍且为奇数。

当采用分段同步调制时，在不同的频率段内，载波频率的变化范围应该保持一致。提高载波频率可以更好地抑制谐波，使输出波形更接近正弦，但载波频率的提高受到功率开关器件允许最高频率的限制。

载波信号与调制信号不保持同步的调制方式称为异步调制方式。在异步调制方式中，当调制信号频率变化时，通常保持载波频率固定不变，因而载波比 K 是变化的。于是在调制信号的半个周期内，输出脉冲的个数和脉冲相位是不固定的，正负半周期的脉冲不对称，半周期内前后 1/4 周期的脉冲也不对称。

当调制信号频率较低时，载波比 K 较大，半周期内的脉冲数较多，正负半周期脉冲不对称和半周期内前后 1/4 周期脉冲不对称的影响都较小，输出波形接近正弦波。当调制信号频率增高时，载波比 K 减小，半周期内的脉冲数减少，输出脉冲的不对称性影响就变大，还会出现脉冲的跳动。同时，输出波形和正弦波之间的差异也变大，电路输出特性变坏。对于三相 SPWM 型逆变电路来说，三相输出的对称性也变差。因此，在采用异步调制方式时，希望尽量提高载波频率，以使在调制信号频率较高时仍能保持较大的载波比，改善输出特性。

此外，在双极性 SPWM 控制方式中，由于同一相上、下两臂的驱动信号是互补的，因此为了防止上、下两个臂直通而造成短路，在给一个桥臂施加关断信号后，再延迟一段时间（通常称为死区），才给另一个桥臂施加导通信号，延迟时间的长短主要由功率开关器件的关断时间决定。这个延迟时间将会给输出的 SPWM 波形带来影响，使其偏离正弦波。

SPWM 的实现方法有两种：模拟法和数字法。模拟法 SPWM 是用模拟电路产生，即用三角波和正弦参考波比较。这种方法原理简单直观，是早期主要的应用方式。但此法电路结构复杂，有温漂现象，难以实现精确控制，数字法则有效地解决了这一问题。目前数字实现 SPWM 的方法有两种，其一是用单片机或 DSP 实现，有等效面积法、自然采样法和规则采样法等；其二是用专用 SPWM 产生器，如 HEF4752、SLE4520、SA866、SA4828 等。目前以数字法实现 SPWM 已成为主流。

5.3.4.2 空间电压矢量 PWM（SVPWM）技术

空间电压矢量 PWM 是从逆变器以异步电机为负载的应用场合中发展而来的。经典的 SPWM 控制主要着眼于使逆变器输出电压尽量接近正弦波，或者说，希望输出 PWM 电压波形的基波成分尽量大，谐波成分尽量小。至于电流波形，则还会受负载电路参数的影响。然而异步电机需要输入三相正弦电流的最终目的是在空间产生圆形旋转磁场，从而产生恒定的电磁转矩。因此，可以把逆变器和异步电机视为一体，按照跟踪圆形旋转磁场来控制 PWM 电压，这样的控制方法就叫作"磁链跟踪控制"。由于磁链的轨迹是靠电压空间矢量相加得到的，所以"磁链跟踪控制"又称为"空间电压矢量控制"。

所谓电压空间矢量是按照电压所加绕组的空间位置来定义的。在图 5-51 中，A、B、C 分别表示在空间静止不动的电机定子三相绕组的轴线，它们在空间互差 120°，三相定子相电压 U_{A0}、U_{B0}、U_{C0} 分别加在三相绕组上，可以定义三个电压空间矢量为 u_{A0}、u_{B0}、u_{C0}，它们的方向始终在各相的轴线上，而大小则随时间按正弦规律变化，时间相位互差 120°。

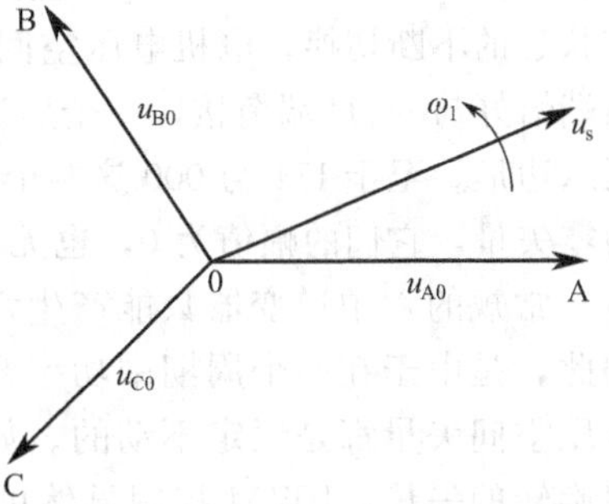

图 5-51 空间电压矢量

可以证明，三相电压空间矢量相加的合成空间矢量 u_s，是一个旋转的空间矢量，它的幅值不变，是每相电压值的 3/2 倍，旋转频率为 ω_1，用公式表示，则有

$$u_s = u_{A0} + u_{B0} + u_{C0} \tag{5-70}$$

对于图 5-35 所示的三相电压型逆变电路，6 个功率开关器件可用开关符号（S_A、S_B、S_C）表示。正常工作时，在任一时刻一定有处于不同桥臂下的 3 个功率开关器件同时导通，而相应桥臂的另 3 个功率开关器件则处于关断状态，当用（S_A、S_B、S_C）表示三相逆变器的开关状态时，由于（S_A、S_B、S_C）各有 0（表示相应的下桥臂导通）或 1（表示相应的上桥臂导通）两种状态，因此三相逆变器共有 $2^3 = 8$ 种开关状态（见表 5-1）。从逆变器的正常工作看，前 6 个工作状态是有效的，后 2 个工作状态是无意义的。

表 5-1 逆变器的 8 种工作状态

逆变器状态	S_A	S_B	S_C	矢量
4	1	0	0	u_{s1}
6	1	1	0	u_{s2}
2	0	1	0	u_{s3}
3	0	1	1	u_{s4}
1	0	0	1	u_{s5}
5	1	0	1	u_{s6}
7	1	1	1	u_{s7}
0	0	0	0	u_{s0}

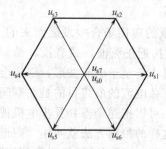

图 5-52　空间电压矢量分布图

对于每一个有效的工作状态，相电压都可用一个合成空间矢量表示，其幅值相等，只是相位不同而已。如表 5-1 以 u_{s1}、u_{s2}、$\cdots$、u_{s6} 依次表示 100、110、$\cdots$、101 六个有效工作状态的电压空间矢量，它们的相互关系如图 5-52 所示。

设逆变器的工作周期从 100 状态开始，其电压空间矢量 u_{s1} 与 x 轴同方向，它所存在的时间为 $\pi/3$。在这段时间以后，工作状态转为 110，电机的电压空间矢量为 u_{s2}，它在空间上与 u_{s3} 相差 $\pi/3$，随着逆变器工作状态的不断切换，电机电压空间矢量的相位也作相应变化，到一个周期结束，u_{s6} 顶端恰好与 u_{s1} 尾端衔接，一个周期的六个电压空间矢量共转过 2π，形成一个封闭的正六边形。至于 111 与 000 这两个无意义的工作状态，可分别冠以 u_{s7} 和 u_{s0}，并称之为零矢量，它们的幅值为 0，也无相位，可认为它们位于六边形的中心点上。

常规的六拍逆变器只能产生六个矢量，输出相电压和线电压都是方波。其所以如此，是由于在一个周期中功率开关器件只有 6 次开关切换，切换后所形成的 6 个电压空间矢量都是恒定不动的。如果想获得正弦波输出，必须产生在空间按一定规律旋转的矢量，PWM 控制显然可以适应这个要求。

逆变器的电压空间矢量虽然只有 8 个，但可以利用它们的线性组合，获得更多的与相位不同的新的电压空间矢量，最终构成一组等幅不同相的电压空间矢量。这样，在一个周期内逆变器的开关状态就超过了 6 个，而有些开关状态会多次出现。所以逆变器的输出电压将不是六拍阶梯波，而是一系列等幅不等宽的脉冲波，这就形成了电压空间矢量控制的 PWM 逆变器。

图 5-53 表示了由 u_{s1}、u_{s2} 构成新的电压矢量 u_{r1} 的线性组合。设在 u_{s1} 状态终了后，期望在时间 T_z 内（在图 5-53 中以相应的 θ_z 电角度表示），起作用的是电压空间矢量 u_{r1}。图 5-53 中采用了部分 u_{s1} 与部分 u_{s2} 的矢量和得到 u_{r1}。从物理意义上说："部分 u_{s1}" 表示 u_{s1} 的作用时间短于常规六拍逆变器的作用时间 $\pi/3$，它虽与 u_{s1} 相位相同，但幅值却较小。在图 5-53 中，$t_1 u_{s1}/T_z$ 与 $t_2 u_{s2}/T_z$ 分别表示部分 u_{s1} 与部分 u_{s2} 矢量，它们的合成矢量为 u_{r1}。可以看出 u_{r1} 的相位与 u_{s1}、u_{s2} 都不同，但幅值相同。

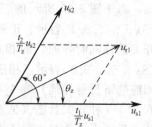

图 5-53　空间电压矢量
的线性组合

由图 5-53，很容易得到：

$$u_{s1}t_1 + u_{s2}t_2 = u_0 T_z \tag{5-71}$$

变换到直角坐标系上来表示，有

$$t_1 U_d \begin{bmatrix} 1 \\ 0 \end{bmatrix} + t_2 U_d \begin{bmatrix} \cos\dfrac{\pi}{3} \\ \sin\dfrac{\pi}{3} \end{bmatrix} = T_z A \begin{bmatrix} \cos\theta_z \\ \sin\theta_z \end{bmatrix} \tag{5-72}$$

式中，$A = |u_{r1}|$，并令 $A = (\sqrt{3}/2)U_d M$，在这里，M 为调制度，可得 u_{s1} 的作用时间

$$t_1 = T_z M \sin\left(\frac{\pi}{3} - \theta_z\right) \tag{5-73}$$

u_{s2} 的作用时间：

$$t_2 = T_z M \sin\theta_z \tag{5-74}$$

通常 u_{s1} 和 u_{s2} 的作用时间之和并不一定正好等于 T_z，不足的时间用零矢量来补充，即

$$t_0 + t_7 = T_z - t_1 - t_2 \tag{5-75}$$

一般取：

$$t_0 = t_7 = \frac{1}{2}(T_z - t_1 - t_2) \tag{5-76}$$

由于各工作状态的作用区间都是对称的，所以，分析一个状态区间的情况就可以推广到其他状态。为了讨论方便起见，把图 5-53 所示的正六边形电压空间矢量分成 6 个区域，称为扇区，如图 5-54 所示的Ⅰ、Ⅱ、…、Ⅵ，每个扇区对应的空间各为 π/3。在常规六拍逆变器中一个扇区仅由一个开关工作状态构成，实现 PWM 控制的做法就是把每一扇区再分成若干个对应于时间 T_z 的小区间，按照上述方法插入若干个线性组合的电压空间矢量 u_r，以获得按正弦规律旋转的电压矢量。

每一个 u_r 实际上相当于 PWM 电压波形中的一个脉冲波。例如图 5-53 所构成的 u_{r1} 包含 u_{s1}、u_{s2} 和 u_0 三种状态，为使波形对称，把每个状态的作用时间都一分为二，同时把 u_0 再分配给 u_{s0} 和 u_{s7}；因而形成电压空间矢量的作用序列为 01277210，其中 0 表示 u_0 作用，1 表示 u_{s1} 的作用……。这样，在这一个小区间的 T_z 时间内，逆变器三相的开关状态序列为 000、100、110、111、111、110、100、000，如图5-55（a）所示。图 5-55

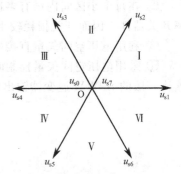

图 5-54 空间电压矢量
的线性组合

中同时表示了在这一小区间内逆变器输出的相电压波形，每一小段只表示了电压的工作状态，其时间长短可以不同。

在一个脉冲波中，不同状态的顺序不是随便安排的，它必须遵守的原则是：每次工作状态切换时，只有一个功率器件作开关切换，这样可以尽量减少开关损耗。按照这一原则上述 0127 的顺序是正确的，例如 01 之间，由 000 切换到 100，只有 A 相开关切换，如图 5-35 中由开关器件"4"导通切换到"1"导通，12 之间，由 100 切换到 110，只有 B 相开关切换；其余可依此类推。

一个扇区内所分的小区越多，输出电压就越能逼近正弦波。图 5-55 给出了对第 1 扇区分成 4 个小区间的电压空间矢量序列与逆变器输出三相电压波形。图 5-55（a）为第一、第二两个小区间的工作状态，但两个小区间的时间和 t_1、t_2 是不相

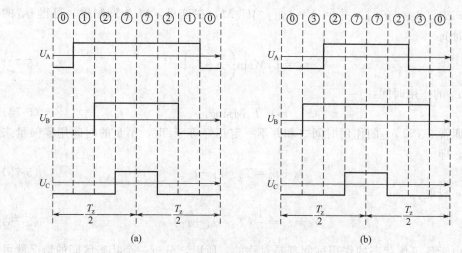

图 5-55　第Ⅰ扇区内电压空间矢量序列与逆变换器三相输出电压 PWM 波形

同的；图 5-55（b）为第三、第四两个小区的工作状态，它们的 t_1、t_2 也不相同。

由以上分析可知，电压空间矢量控制的 PWM 模式具有以下特点：

① 每个小区间均以零电压矢量开始和结束。

② 在每个小区间内虽有多次开关状态的切换，但每次切换都只牵涉到一个功率开关器件，因而开关损耗较小。

③ 利用电压空间矢量直接生成三相 PWM 波，计算简便。

④ 采用电压空间矢量控制时，逆变器输出线电压基波最大幅值为直流侧电压，这比一般的 SPWM 逆变器输出电压高 15％左右。

第6章 光伏发电系统的控制与管理

无论是对独立光伏发电系统还是并网光伏发电系统，除了其已有的硬件设施（光伏阵列、蓄电池、电能变换电路）外，其性能的优劣主要决定于系统的控制与管理。在独立光伏发电系统中，电能变换电路功能单一、目标明确，而蓄电池的控制管理就显得非常重要；而在并网光伏发电系统中，由于光伏发电系统与电网相连，因而需较复杂的控制和保护技术；此外，无论是独立光伏发电系统还是并网光伏发电系统，为了有效利用太阳能，其最大功率点跟踪都是控制功能的重中之重。

6.1 最大功率点跟踪

在一定的光照强度和环境温度下，光伏阵列可以工作在不同的输出电压，但是只有在某一输出电压值时，光伏阵列的输出功率才能达到最大值，这时光伏阵列的工作点就达到了输出功率电压曲线的最高点，称之为最大功率点（Maximum Power Point，MPP）。因此不断地根据外界不同的光照强度和不同的环境温度等特性调整光伏阵列的工作点，使之始终工作在最大功率点处，叫作最大功率点跟踪（Maximum Power Point Tracking，MPPT）技术。最大功率点跟踪的目标就是让太阳能电池实时输出最大功率，使其发挥最大效率，是太阳能光伏发电系统运行控制中的一项关键技术。

6.1.1 MPPT 基本原理

由第 3 章光伏电池的基本特性可知，光伏电池的伏安特性受光照强度和环境温度的影响很大。图 6-1 所示给出了光伏电池伏安特性曲线示意图，其中图 6-1（a）给出了在相同温度下，光照不同时光伏电池端电压与输出电流的关系；图 6-1（b）给出了在相同光照强度下，温度不同时光伏电池端电压与输出电流的关系。

从图 6-1（a）可以看出，在相同温度环境下，光伏电池的短路电流受光照强度的影响较大，光照强度越强，则光伏电池的短路电流越大；光照强度越小，则太阳能电池的短路电流越小。从图 6-1（b）可以看出，在相同光照强度下，光伏电池的开路电压受温度的影响比较大，温度越低，则光伏电池的开路电压越大；温度越高，则光伏电池的开路电压越小。此外，从图 6-1 可以看出：在较高电压区域内，

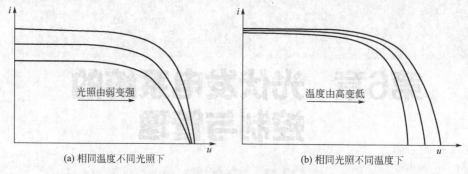

(a) 相同温度不同光照下　　　　　　(b) 相同光照不同温度下

图 6-1　光伏电池伏安特性示意图

光伏电池具有低内阻特性，可以视为一系列不同等级的电压源；而在较低电压区域内，光伏电池又具有高电阻特性，可以视为一系列不同等级的电流源。

图 6-2 所示给出了在不同外部环境下，光伏电池输出功率和端电压的特性曲线。其中图 6-2(a) 是在温度相同而光照不同情况下的特性，图 6-2(b) 是光照相同而温度不同的特性。可以看出：光伏电池的输出功率受温度和光照强度影响很大。

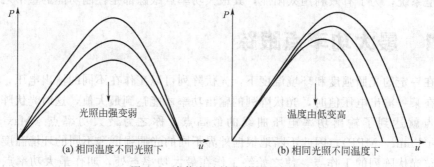

(a) 相同温度不同光照下　　　　　　(b) 相同光照不同温度下

图 6-2　光伏电池输出特性示意图

从图 6-2(a) 可以看出，在相同温度下，照射到光伏电池上的光照强度越强，则其输出的最大功率越大；光照强度越低，则其输出的最大功率越小。从图 6-2(b) 可以看出，在相同的光照条件下，光伏电池的温度越高，则其输出的最大功率越小；反之，光伏电池的温度越低，则其输出的最大功率越大。在实际光伏发电系统中，光伏电池的输出功率往往同时受到温度及太阳光照强度变化的影响，但总的来说，温度的增加使得光伏电池的输出最大功率产生减小的趋势，辐射强度的增加使得光伏电池的输出最大功率产生增大的趋势，光伏电池的实际输出功率正是这两种趋势相互作用的结果。

结合图 6-2 和图 6-1 可以发现，光伏电池输出功率的极大值往往出现在电压源区域与电流源区域的交点处。在这个极大值的两侧，太阳能电池的输出功率都在零和极大值之间连续变化。换言之，对于同样的功率输出，太阳能电池既可以工作在电压源区域，也可以工作在电流源区域，太阳能电池的最大功率输出就是同时工作在两个区域的一个特例。

MPPT 控制策略就是实时检测光伏阵列的输出功率，通过一定的控制算法预测当前工况下阵列可能的最大功率输出，从而改变当前的阻抗情况来满足最大功率输出的要求。这样即使太阳能电池的结温升高使得阵列的输出功率减少，系统仍然可以运行在当前工况下的最佳状态。下面以温度不变，不同光照情况下介绍 MPPT 的基本原理。

图 6-3 给出了光伏电池在不同光照强度下的两组特性曲线（曲线 1 和曲线 2），A 点和 B 点分别为相应的最大功率输出点，并假定某一时刻，系统运行在 A 点。

当太阳光照强度发生变化，即光伏阵列的输出特性由曲线 1 上升为曲线 2。此时如果保持负载 1 不变，系统将运行在 A' 点，这样就偏离了相应太阳光照度下的最大功率点。为了继续追踪最大功率点，应当将系统的负载特性由负载 1 变化至负载 2，以保证系统运行在新的最大功率点 B。同样的道理，如果太阳光照度变化使得光伏阵列的输出特性由曲线 2 减至曲线 1，则相应的工作点由 B 点变化到 B' 点，

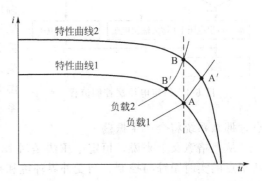

图 6-3　MPPT 基本原理示意图

应当相应地减小负载 2 至负载 1 以保证系统在太阳光照度减小的情况下仍然运行在最大功率点 A。

实现最大功率点跟踪的方法很多，应用较多、比较典型的主要有基于参数选择方式的恒定电压法，基于电压电流检测的干扰观测法、三点重心比较法和电导增量法等。

6.1.2　恒定电压法

从图 6-2(a) 可以看出，在光伏电池温度一定时，其输出特性曲线上最大功率点电压几乎为一个固定的电压值。因此，恒定电压法（Constant Voltage Tracking，CVT）正是利用这一特性，根据实际系统设定一恒定的运行电压，使系统始终保持运行在某一设定电压下从而尽可能地输出最大功率。在外界环境条件变换不大时，可以近似认为光伏电池始终工作在最大功率点处。恒定电压法控制流程如图 6-4 所示。

由恒定电压法的控制流程图 6-4 可以看出：系统只需要对光伏电池的输出端口电压（U_{PV}）进行采样，并同光伏电池端电压的参考值（U_{PV}^*）进行比较：若输出端口电压同电压指令值不同，则通过控制系统调整光伏电池负载特性（通常为 DC/DC 或 DC/AC 变换器），使得调整后光伏电池的输出端口电压等于参考值即可。

由此可见，恒定电压法控制算法简单，实现容易，在实际工程实现中，可以进

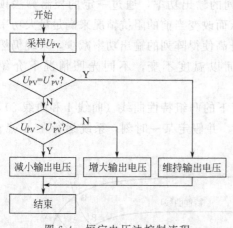

图 6-4　恒定电压法控制流程

一步简化过程。故其在简单的太阳能光伏发电系统中如家用太阳能照明系统、小型太阳能草坪灯、太阳能交通照明系统等方面应用较为广泛。

但是，由图 6-2(b) 可知，在同样的光照强度下，光伏电池的最大功率点还受到温度的影响。在光伏阵列的功率输出随温度变化的情况下，如果仍然采用恒定电压法控制策略，阵列的输出功率将会偏离最大功率输出点，产生比较大的功率损失。特别是在有些情况下，光伏阵列的结温升高比较明显，导致阵列的伏安曲线与系统预先设定的工作电压可能不存在交点，那么系统将会产生振荡。

从严格意义上来说，恒定电压法是对 MPPT 的近似控制，没有真正实现最大功率点的实时跟踪与控制，当受外界环境和自身工作状态影响导致光伏阵列温度变化显著时，其误差较大，实际应用中在温差比较大或季节更替引起温度变化后控制效果不理想。

为了克服上述缺点，可以在恒定电压法的基础上采用以下改进办法。

① 采用手工调节方式：根据实际温度情况，手动调节设置不同情况下的 U_{PV}^*，但此方法比较麻烦和粗糙，准确度不高。

② 采用微处理器查询数据表格方式：事先将不同温度下测得的 U_{PV}^* 值存储于EPROM 中，在实际运行时，微处理器通过光伏阵列上的温度传感器获取阵列温度，通过查表确定当前的 U_{PV}^* 值，并适时调整。

6.1.3　干扰观测法

干扰观测法（Perturbation and Observation——P&O）由于实现方法简单，并能实现实时 MPPT 控制，因此其控制效果较理想，在光伏发电系统 MPPT 控制应用中较为常用。

干扰观测法的原理是先让光伏阵列工作在某一参考电压下，检测输出功率，然后在这个工作电压基础上，加一个正向电压扰动量，若此时检测输出功率增加，则表明光伏阵列最大功率点在当前工作点的右边，可以继续增加正向扰动。若所测输出功率降低，则最大功率点在当前工作点的左边，应当降低输出电压，在下一控制周期加负向电压扰动使工作点左移，其控制流程如图 6-5 所示。

干扰观测法通常使用两个传感器对直流母线电流及其两端的电压分别采样。这种控制方法算法简单直观，且易于硬件实现，对传感器要求不高，利用数字控制系统进行编程实现更为方便，在很多场合下能够有效地实现最大功率点跟踪。因而，干扰观测法作为工程实际中使用最为广泛的实时控制方法，其实现过程中具体控制参数设定方式多种多样，方法不尽相同。根据干扰步长和控制效果，可分为常规法和改进的干扰观测法。在常规法中，根据控制参数的不同，可以分为电压干扰法、占空比（直流变换器控制脉冲）干扰法等；改进的干扰观测法主要有变步长法、$(\mathrm{d}P/\mathrm{d}U)$-$U$ 法、$(\mathrm{d}P/\mathrm{d}U)$-$I$ 法等新型控制方法。

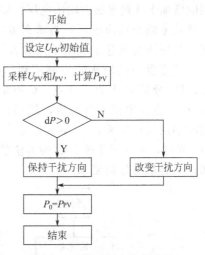

图 6-5　干扰观测法控制流程

但是，干扰观测法在系统稳态时，只能在最大功率点附近振荡运行，造成一定的功率损失。这主要是由干扰观测法的原理所造成的，无法避免，只能通过减小扰动步长，以及合理选择扰动量大小的方来减小功率损失；然而，步长过小则会造成跟踪过程响应速度过慢，难以实现快速跟踪，因而该方法只适用于那些光照强度变化比较缓慢的场合。而光照发生快速变化时，结合图 6-2(a)，如果在干扰实施过程中光照强度发生快速变化，输出特性曲线随之发生较大变化，很容易理解干扰观测法在这个过程中很可能发生误判断。如果光照强度持续变化，该跟踪算法很可能会失效。

干扰观测法通常应用在功率较小、控制精度要求不高，但恒压法又难以满足要求的光伏发电系统中，既能达到要求，又能节约成本。

6.1.4　三点重心比较法

干扰观测法的基本思想是两点比较，即当前工作点和前一个扰动点相比较，判断功率变化的方向来决定工作电压移动的方向，这种方法除了带来一些能量损失外，还会带来如前所述的误判。当日照强度并不快速变化时，多余的干扰会带来能量损失。而所谓的三点重心比较（Three-Point Weight Comparison）法，可以在日照强度快速变化时并不快速移动工作点（也许只是干扰或者数据误读），以减小扰动损失，其工作原理如下。

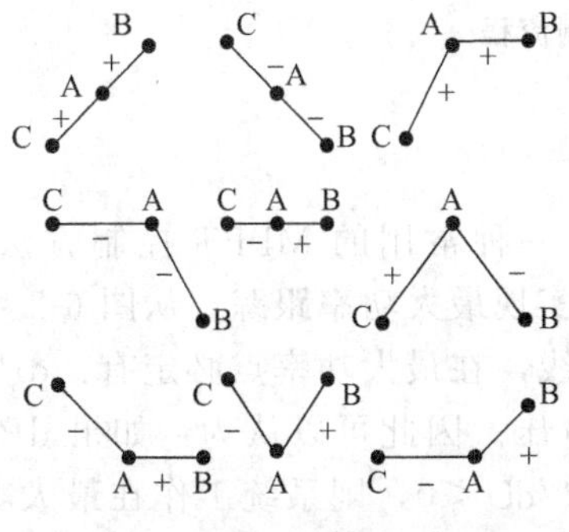

考虑到光伏电池 P-U 特性曲线，在曲线顶点附近任意取三点不同位置，所得到的结果可分为图 6-6 所列的九种情况。其中，第一个点 A 为当前工作点，第二个点 B 为在 A 点的基础上增加 ΔD 的工作点，第三个点 C 为在 A 点的基础上减小 ΔD 的工作点。在分析之前，先引入一个状态量 M。如果 B 点功率大于或等于 A 点功率，则状态量记为"＋"，否则记为"－"；如果 C 点功率小于 A 点功率，则状态量记为"＋"，否则记为"－"。当状态量有两个"＋"时，记为 $M = 2$，

图 6-6　最大功率点附近可能出现的各种情况

则应增加干扰量来加大输出电压；如果状态量有两个"－"时，$M＝－2$，则应减小干扰量来减小输出电压；当状态量"＋、－"各一时，$M＝0$，则电压干扰量不改变，此时视为到达最大功率点或者日照强度快速变化。

三点重心比较法的控制流程如图 6-7 所示。V_a、I_a、D_a；V_b、I_b、D_b、V_c、I_c、D_c 分别为 A 点、B 点、C 点的电压、电流和干扰量。图 6-7 表示先读取 A、B、C 三点的电压和电流值，然后再计算功率 P_a、P_b、P_c。M 表示 A、B、C 三点功率的大小关系，当 $M＝2$ 时，增加干扰量；当 $M＝－2$ 时，减小干扰量；当 $M＝0$ 时，干扰量不变。这种方法的算法相对比较麻烦，而且对处理器的运算速度和存储容量有较高要求。

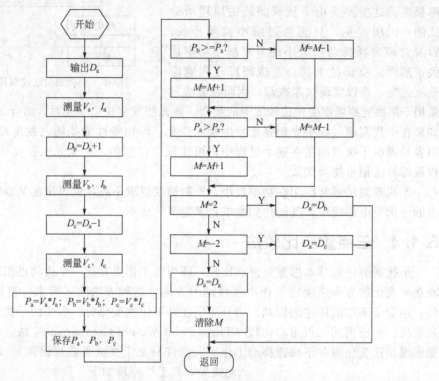

图 6-7　三点重心比较法控制流程

6.1.5　电导增量法

电导增量法（Incremental Conductance）也是一种常用的 MPPT 控制方法，是通过比较光伏阵列的瞬时电导和电导的变化量来实现最大功率跟踪。从图 6-2 可看出，光伏阵列的输出特性曲线是一个单峰值的曲线，在最大功率点必定有：$dP/dU＝0$，其中 P 为光伏阵列输出功率，U 为输出电压。因此可以认为：如果 $dP/dU＞0$，则系统工作在最大功率点的左侧；如果 $dP/dU＜0$，则系统工作在最大功率点的右侧。

对于光伏电池，$P＝U \cdot I$，故

$$\frac{dP}{dU} = I + U \cdot \frac{dI}{dU} = 0$$

$$dI/dU = -I/U$$

因此，通过判断 $I/U + dI/dU$ 即 $G + dG$（G 为电导）的符号就可以判断光伏阵列是否工作在最大功率点。当符号为负时，表明此时在最大功率点右侧，下一步要减小光伏阵列的输出电压；当符号为正时，表明此时在最大功率点左侧，下一步要增大光伏阵列的输出电压；当等于 0 时，表明此时刚好在最大功率点处，维持光伏阵列的输出电压不变。当然，调整光伏阵列的输出电压也可以是直接对占空比进行调整。

电导增量法通过比较光伏阵列的电导增量和瞬间电导来改变控制信号。这种控制算法同样需要对光伏阵列的电压和电流进行采样。电导增量法控制精确，响应速度比较快，适用于大气条件变化较快的场合。但是对硬件的要求特别是传感器的精度要求比较高，系统各个部分响应速度都要求比较快，因而整个系统的硬件造价也会比较高。电导增量法控制流程如图 6-8 所示。

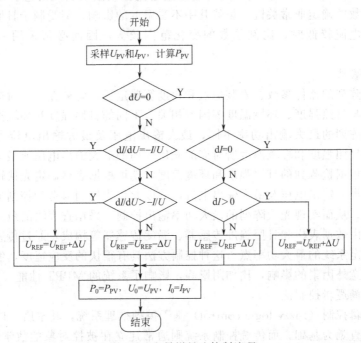

图 6-8　电导增量法控制流程

由电导增量法的控制思想可以看出，该方法控制效果好，对光伏电池最大功率点的判断不受系统外部电路的影响，避免了由于功率时间曲线可能为非单极值曲线而造成的最大功率点误判；此外，该方法控制稳定度高，在跟踪到系统的最大功率点后不存在对太阳能电池输出端口电压的持续扰动，因此在稳态时不存在功率的波动问题，控制系统具有较高的稳定度；电导增量法的判断依据是太阳能电池的自身物理特性曲线，不会因外界环境条件以及时间变化而改变其单峰曲线的属性，因此采用电导增量法进行最大功率跟踪时并无原理性误差，是一个较理想的 MPPT 跟踪方法。

但是，电导增量法在进行控制判断时需要进行较多的微分判断，计算量大，对控制系统要求较高，同时对硬件的要求特别是传感器的精度和速度要求比较高。

在需要高性能的控制场合，如大容量并网光伏发电系统，对控制系统稳定性、精度、动态响应要求很高，电导增量法是比较理想的 MPPT 策略。

6.1.6　其他 MPPT 方法

（1）恒定电流法

恒定电流法与恒定电压法类似，其基本思想是在不同的日照强度下，光伏阵列在最大功率点处的输出电流与其短路电流成比例，而且基本不受温度的影响。在光伏发电系统中配置短路开关，每隔一定时间短路光伏阵列，测量短路电流。将短路电流乘以比例系数，就可以得到最大功率点处的输出电流。将其作为参考电流就可以使光伏阵列实现 MPPT 控制，这就是恒定电流控制法的实现思想。在控制过程中，比例系数的确定非常关键，虽然几乎不受温度的影响，但受制于日照强度，尤其是在输出电流较低时，比例系数的变化范围较大，因而必须采用一定的补偿措施。

（2）查表法

当光伏阵列的器件参数、安装地点和角度等确定后，阵列在某一时刻的最大输出功率主要与日照强度、环境温度等因素相关。不同的日照强度和环境温度条件所对应的光伏阵列的最大输出功率不同，最大输出电压及最大输出电流也不同。因此，事先将日照强度和环境温度所对应的光伏阵列的最大输出电压或最大输出电流做成表格，根据检测到的日照强度和环境温度，就可根据表格确定光伏输出最大功率所对应的最大输出电压及最大输出电流，并以此作为控制参考量控制最大功率点跟踪控制器，从而实现光伏阵列的最大功率输出控制。采用查表法的最大功率点跟踪控制器，由数据表格和日照强度传感器、温度传感器等构成，通过传感器给出的条件查表确定系统的最大功率点。这种控制方法具有很快的反应速度，但不能全面考虑到一些意外因素的影响，比如阴影等，影响了系统的 MPPT 性能。

（3）模糊逻辑控制法

模糊逻辑控制（fuzzy logic control）基于模糊推理系统，其本质是以设备操作者的经验和直觉为基础，而传统控制系统则通常建立在被控对象的数学模型之上。太阳能光伏发电系统中元器件参数难以精确，非线性特性明显，往往难以建立准确的数学模型进行控制，由此模糊逻辑控制在最大功率点跟踪中的应用受到广泛关注。恒定电压法、干扰观测法、三点重心比较法和电导增量法等均可采用模糊控制，根据外部环境的变化调整扰动步长进一步提高控制效果。它是以功率对电压或电流的变化以及其变化率来作为模糊输入变量，通过模糊化处理并根据专家经验进行模糊判别，给出调节输出的隶属度，最后根据隶属度值进行反模糊化处理得到控制调节量，来实现控制最大功率输出。模糊逻辑控制具有不需要精确研究光伏电池的具体特性和系统参数，系统控制设计灵活，稳态精度较高，控制系统鲁棒性强等一系列优点。虽然模糊控制算法复杂，其模糊推理和解模糊过程繁琐，但在以DSP（Digital Signal Processing，数字信号处理）为代表的控制器性能不断提高的今天必将得到广泛应用。

（4）最优梯度法

最优梯度法以光伏阵列的伏安特性关系函数为基础，是一种以梯度法为基础的多维无约束最优化问题的数值计算方法。其基本思想是：选取阵列输出功率作为目标函数的负梯度方向（对于太阳能光伏发电系统，可能需要选择其正梯度方向）作为每步迭代的跟踪方向，逐步逼近函数的最小值（或最大值）。梯度法是一种传统且广泛运用于求取函数极值的方法，有着令人满意的分析结果，但此法计算量很大。

6.2 蓄电池的充放电控制与管理

光伏发电系统其供电可靠性受气象、环境、负荷等因素影响较大，加之光伏电池负载特性较软，供电稳定性相对较差。为确保负载用电的持续性和可靠性、提高光伏电池发电的利用率，一定容量的储能装置是独立光伏发电系统必不可少的组成部分。目前在独立光伏系统中，以阀控式密封铅蓄电池作为储能装置是一种比较普遍的做法。

在独立光伏发电系统中，蓄电池的成本一般要占光伏系统造价的 $20\% \sim 25\%$，而蓄电池本身的特点决定要严格控制其充、放电电流。如蓄电池控制管理不当，加之光伏系统工作环境和工作过程的特殊性，则很容易导致其容量下降、过早失效和使用寿命缩短。因此，在独立光伏系统中，蓄电池的控制管理是决定系统成本、性能和可靠性的关键环节。

6.2.1 独立光伏发电系统能流模型

在光伏发电系统中，能源来自于光伏阵列，蓄电池既可作为电源，向负载供电，又可作为负载，将光伏阵列输出的电能储存起来。因此，系统在工作过程中存在多种能流关系，主要是由光伏阵列的发电状态、蓄电池的储能状态以及负载的用电状态等因素决定。

当蓄电池的存储能量较少，端电压很低时，需要由光伏阵列给其单独充电，其充电模式如图 6-9 所示。这种工作方式需要一直维持到蓄电池的储能量达到一定程度，端电压上升到较高的水平为止。在这种情况下，由于夜间负载用电，导致蓄电池放电较深，因而其初始电压较低，当光伏阵列的全部输出能量都用于对其充电时，要对充电电流进行限制，防止因电流过大而损坏蓄电池、充电控制器及相关电路。在充电过程中，系统控制器会不断检测蓄电池的端电压，当其上升到某一设定值时，充电控制器将转为涓流充电或恒压充电方式，直至端电压达到最高设定值，停止对其充电。

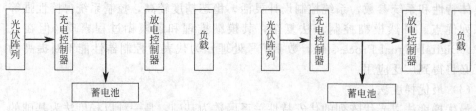

图 6-9　蓄电池单独充电模式　　　　图 6-10　光伏阵列同时给蓄电池和负载供电模式

当蓄电池的端电压较高，且日照强度较大时，光伏阵列通过放电控制器向负载供电，并将多余的电能储存在蓄电池中，如图 6-10 所示。这种方式是系统的主要工作方式。通常情况下，光伏阵列通过充电控制器以 MPPT 方式工作，在满足负载用电需求的前提下，将多余的能量储存在蓄电池中。当蓄电池的端电压达到设定的最高值时，充电控制器转至恒压输出方式，光伏阵列的输出功率几乎全部供给负载。此时充电控制器可以根据实际情况以 MPPT 方式工作，也可以根据负载需求以限流输出或恒压输出方式工作。

当日照强度较小，或者负载加重时，由蓄电池和光伏阵列组成双电源，由两者同时向负载供电，如图 6-11 所示。光伏阵列和蓄电池一起提供负载所需的能量，光伏阵列通过充电控制器以 MPPT 方式工作。检测蓄电池的端电压，当低于设定的下限值时，停止放电。

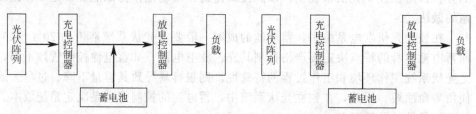

图 6-11　光伏阵列和蓄电池同时向负载供电模式　　　　图 6-12　蓄电池单独向负载供电模式

当光伏阵列不能发电时，由蓄电池单独向负载供电，如图 6-12 所示。这种情况常出现于夜间或阴雨天，也是独立光伏系统的一种主要工作方式。由蓄电池提供负载所需的全部能量。工作过程中，由放电控制器检测蓄电池的端电压，以防蓄电池过放电。另外，对负载进行能量管理，优先满足重要负载的用电需求，关闭不重要的负载。

6.2.2　蓄电池的充电方法

铅蓄电池的充电方法很多，根据不同的需要以及不同的充电阶段，要采用不同的充电方法。铅蓄电池最基本的方法有恒流充电法和恒压充电法，其他可以看作是这两种方法的改进或结合，如两阶段恒流充电法和先恒流后恒压（限流恒压）充电法。在某些特殊场合下，要求蓄电池能够快速充电，此外，还有利用现代控制理论的智能充电方法等。这些方法各有自己的优缺点，了解它们的特点，对于使用与维护电池十分重要。

（1）恒流充电法

在充电过程中，充电电流始终保持恒定的方法，叫作恒流充电法。

根据 $U_充=E+I_充 r_内+\eta_v$ 可知，当 $I_充$ 保持恒定时，$U_充$ 将随着 E 的不断上升而上升。若端电压上升至 2.3V 以上，则普通铅酸电池内会有大量的水发生分解。恒流充电时的端电压变化曲线见图 4-17 中的曲线 2。

通常用标准充电率（10h 率）电流对铅蓄电池进行恒流充电，充电电流的大小为

$$I_充=\frac{C_额}{10}=0.1C_额 \quad (A) \tag{6-1}$$

这种充电方法有如下特点。

① 优点：恒流充电电流可调，故可以适应不同技术状态的蓄电池，如新蓄电池、正常状态的蓄电池和有不同故障的蓄电池，因而目前得到广泛的应用；适合于多个蓄电池串联的蓄电池组进行充电，能使落后的蓄电池的容量易于得到恢复；恒流充电时，当蓄电池基本充好后还能以很小的电流对蓄电池继续充电，使极板内部较多的活性物质参加电化学反应，从而使蓄电池充电比较彻底，保证了蓄电池的容量。

② 缺点：在充电过程中，为了保证蓄电池充满电后及时停充和必要的状态监测，需要较多的人工干预，如端电压的测试、温度测量、电流调节等；只能用于普通（富液式）铅蓄电池，不能用于 VRLA 蓄电池的充电；充电后期因电压太高而析气严重，在富液式电池中能观察到电解液中有大量气泡产生，这不仅使极板上的活性物质脱落、降低蓄电池的寿命，而且能耗高、降低充电效率；蓄电池开始充电时电流偏小，在充电后期充电电流又偏大，充电电压偏高，整个充电过程时间长，通常需要十几个小时。

恒流充电法通常用于普通（富液式）铅蓄电池，其充电终止的标志为同时出现以下几个现象。

① 15℃时电解液密度达到规定值，如防酸隔爆式铅蓄电池的密度为 1.20～1.22g/cm³，启动用铅蓄电池的密度为 1.28～1.30g/cm³。

② 电池的端电压 $U_终=2.60～2.75V$/只，并且连续 3h 保持不变（每小时测一次）。

③ 电池的电解液中均匀剧烈地产生气泡。

④ 充入的电量应该等于电池放出电量的 1.2～1.4 倍，即 $C_充=(120\%～140\%)C_放$。

（2）恒压充电法

在充电过程中，电源加在电池两端的电压始终保持恒定的方法，叫作恒压充电法。

恒压充电法充电时，电池的充电电流为

$$I_充=(U_充-E-\eta_v)/r_内 \tag{6-2}$$

由上式可知，充电开始瞬间，由于电动势较小，所以充电初始电流很大；充电

开始后由于极化的产生并逐渐加重,使充电电流急速下降;在充电中期,随着反应的进行,极化引起的超电位不再变化,充电电流随电动势的增加而逐渐下降;在充电末期,特别是当电池充足电后,电动势不再增加,充电电流也稳定下来。充电电流随时间的变化曲线如图 6-13 所示。由于铅蓄电池充电电压大于 2.3V 时会发生分解水的反应,所以,为了减少水的分解,通常恒压充电的电压都设定在 2.3V 左右。

这种充电方法有如下特点。

① 优点:恒压充电电流随蓄电池端电压的升高而逐渐减小,最后自动停充,因此恒压充电操作简单,不需人工调整电流;相对恒流充电来说,此法的充电电流自动减小,所以充电过程中析气量小,耗水量少,可避免充电后期的过充电;恒压充电在充电初期的充电电流较大,因而充电速度较快;恒压充电性能比较接近蓄电池充电接受特性,因此恒压充电如果掌握得好可以取得较好的充电效果。

② 缺点:恒压充电的电流不能自由调节,因此不能适应各种不同技术状态的蓄电池的充电;初期充电电流太大,特别是电池放电过深时,电流会非常大,这不仅可能会损坏充电设备,而且电池可能因电流过大而受到损坏,如发生极板弯曲、断裂和活性物质脱落等故障;恒压充电后期的充电电流过小,导致化学反应不完全,极板深处的活性物质不能充分恢复,因而不能保证蓄电池彻底充足电。

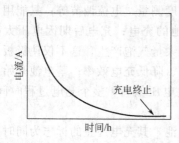

图 6-13　恒压充电时电流的变化曲线

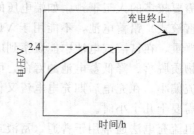

图 6-14　分级恒流充电电压变化曲线

恒压充电可以用于普通型和阀控密封式两大类铅蓄电池,但其充电终止有所不同,前者包括以下两个标志,而后者只有第二个标志。

① 15℃ 时的密度达到规定值,如 $d_固 = 1.20 \sim 1.22 \mathrm{g/cm^3}$, $d_起 = 1.28 \sim 1.30 \mathrm{g/cm^3}$;

② 电流已稳定不变,并且恒定在很小的值。

恒压充电方式,在小型光伏发电系统中常采用,由于其充电电源来自太阳能阵列,且蓄电池通常是串联使用,其功率不足以使蓄电池产生很大的电流。

(3) 分级恒流充电法

充电初期用较大电流,中期用较小的电流,末期用更小的电流进行充电的方法,叫作分级恒流充电法。

分级恒流充电法(如图 6-14 所示)的初期可用 3~5h 率的电流,当单体电池的电压上升到 2.4V 时或者电解液温度显著上升高达 40℃ 时,将充电电流减半到 10h 率电流。当单体电池的端电压再次上升到 2.4V 时,再进一步递减电流。通常最后阶段的充电电流不低于 20h 率电流。目前使用较多的是两阶段恒流充电法，具体方法如下。

第一阶段：以 10h 率电流进行充电，充电至单体电池的端电压达 2.4V 时，约需 6～8h。

第二阶段：以 20h 率电流进行充电，一直到充电终止标志出现为止。

这种方法的特点是，通过减小后期的充电电流，克服了恒流充电后期析气严重的缺点。但这种方法同样只能用于普通铅蓄电池，充电终止标志与恒流充电法的终止标志相同，只是终止电压因后期电流减小会有所降低。

（4）先恒流后恒压充电法

在充电初期用恒流充电法进行充电，当单体电池的端电压升到恒定的电压时，再恒定在该电压值进行恒压充电的方法，称为先恒流后恒压充电法。其充电曲线如图 6-15 所示。

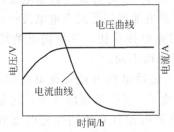

图 6-15　先恒流后恒压充电的充电曲线

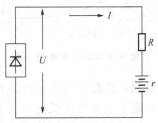

图 6-16　限流恒压充电法

这种方法既可用于普通铅蓄电池，也可用于 VRLA 蓄电池。具体的方法如下。

第一阶段：用 10h 率或 5h 率进行恒流充电，直到单体电池的电压达到 2.3V/只左右。

第二阶段：将单体电池的电压恒定在 2.3V/只左右，直到出现恒压充电的终止标志为止。

第二阶段的电压可恒定在 2.25～2.35V/只之间，这样使电池在整个充电过程中保持不析气或微量析气状态，从而减少了纯水的消耗量，提高了充电效率。

这种方法的特点是：充分利用了恒流充电法和恒压充电法的优点，即恒流充电初期电流易被电池接受，而恒压充电作为后期充电可减少电池中水的分解。

（5）限流恒压充电法

在充电电源与蓄电池之间串联一个电阻，对充电初期电流加以限制的恒压充电法，称为限流恒压充电法。其工作原理如图 6-16 所示。由图可知充电电流 I 为

$$I = \frac{U-E}{R+r} \tag{6-3}$$

所以串联电阻 R 的阻值可按下式进行计算：

$$R = \frac{U-E}{I} - r = \frac{U-2.1}{I} - r \tag{6-4}$$

式中，U 为电源电压，可按每只电池为 2.5～3.0V（一般为 2.6V）来决定；r 为电池内阻，其值很小，可忽略不计；I 为需要限定的充电初期电流。

（6）快速充电

快速充电是指在短时间内（1～2h），用大于 1C 的脉冲电流将电池充好，在充电过程中，既不产生大量气体，也不使电解液温度过高（低于 45℃）。

若用恒流充电法对电池进行充电，通常采用 10h 率或 20h 率电流，充电时间长达十几个小时，有时甚至达二十多个小时。如果靠增大充电电流来缩短充电时间，则电解液温度过高，气体析出过于激烈，这不仅使电流利用率下降，而且影响电池的寿命。所以，快速充电电流不能用直流电，而是采用脉冲电流。

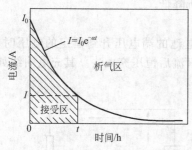

图 6-17　蓄电池可接受充电电流曲线

① 充电接受特性　以最低析气率为前提的蓄电池可接受充电电流曲线如图 6-17 所示。曲线方程式为

$$I = I_0 e^{-at} \tag{6-5}$$

式中，I_0 为 $t = 0$ 时的最大起始电流；I 为任意时刻 t 时蓄电池可接受的充电电流；α 为衰减系数，也叫充电接受比，其值随电池结构和使用状态的不同而不同。

$I = I_0 e^{-at}$ 是蓄电池可接受充电电流曲线。在任一时刻 t 的充电电流，只要大于充电接受电流 I，就会增加出气率，使充电效率降低；而小于充电接受电流 I 的充电电流，是蓄电池具有的储存充电电流。因此，在充电过程中，当用某一速率的电流充电时，蓄电池充到某一极限值后，若继续充电，只能导致电解水而产生气体和温升，不能提高充电速度。

如果按接受特性曲线充电，则在某一时刻 t，已充的容量 C_s 是从 $0 \sim t$ 时曲线下面的面积，可用积分法求得：

$$C_s = \int_0^t I \, dt = \int_0^t I_0 e^{-at} \, dt \tag{6-6}$$

设充电前电池放出的容量为 C，则充满电时：

$$C_s = C = I_0 / \alpha \tag{6-7}$$

所以

$$\alpha = I_0 / C \tag{6-8}$$

因此，充电接受比 α 是起始接受电流 I_0 和电池放出容量 C 的比值。实验证明，电池放电越多，充电接受能力越强；放电时放电电流越大，充电接受能力也越强。

② 快速充电基本原理　快速充电是用 1C 以上的大电流进行充电，电池的端电压很快会上升到分解水的电压值，所以必须在充电过程中采用去极化措施。一般采用停充和放电的方法进行去极化。

停止充电：停止充电后，欧姆极化和电化学极化很快消失，而浓差极化随微孔内外离子扩散过程的进行而减小直至消失。

小电流放电：停充后进行放电，可以通过放电反应消耗微孔中的硫酸，以减小浓度差，使浓差极化减小，达到去极化的目的。

所谓电池的充电初期并不一定是电池完全放电后的充电初期，而是任意荷电状态的电池在开始充电时都可认为是充电初期，也都存在一个比较大的充电接受电流。所以，只要在大电流的充电过程中，经过停充或小电流放电等去极化步骤后，再充电时电池就会又有一个比较大的充电接受电流。所以，快速充电是间断地用大电流进行充电，在充电过程中，进行短暂的停充，并在停充时加入放电脉冲以消除电池的极化。每一次的停充与放电，能使电池的充电接受电流更接近于充电电流，即充分利用了初期较大的充电接受电流。

快速充电必须用专门的快速充电机来实现，而快速充电机的种类很多，各自的充电制度不同，相应的充电电流波形也不一样。图 6-18 所示为其中一种快速充电机的充电电流波形示意图。如图所示，先以（1～2）C 的大电流充电，当电池端电压达到预定电压（低于析气电压）时，停止充电一段时间，再以小电流放电，放电后停止一段时间，进行端电压检测，如尚未降到一定数值，再进行下一次放电，如已降到一定数值，则转入充电状态。如此循环，直到容量充满时自动关机。

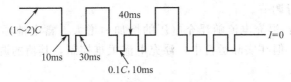

图 6-18　快速充电电流波形

6.2.3　蓄电池的全浮充运行方式

为保证太阳能光伏发电系统供电不间断，通常为其配备固定用铅酸蓄电池。根据负载所需电压和电流的大小，选择适当容量的铅蓄电池，经串联、并联或串并联组成电池组。电池组的运行方式可根据实际情况采用三种不同的运行方式：全浮充运行方式（连续浮充制）、充放电运行方式（循环制）和半浮充运行方式（定期浮充制）。其中，全浮充运行方式（连续浮充制）是太阳能光伏发电系统铅酸蓄电池最常见的运行方式。

在昼夜时间内都由充放电控制器（整流设备）与蓄电池组并联起来给后续负载供电的运行方式，叫全浮充运行方式或连续浮充制。

在正常情况下，全浮充运行的蓄电池组不对负载放电，充放电控制器除供给后续负载所需要的全部电流外，还要对蓄电池作浮充充电（如图 6-19 所示），以补偿蓄电池自放电所损失的电量及瞬间大负载时放电消耗的电量。只有光伏发电系统输出电能不能满足后续负载要求时，才由蓄电池放电，以保证负载供电不中断。

（1）浮充电流

如图 6-19 所示的浮充供电电路中，I_1 为浮充电流，是补偿自放电所需的电流；I_2 为负载电流，是系统中各负载所需电流之和；I 为整流设备输出的总电流。三种电流间的关系为：I_1 远小于 I_2；$I = I_1 + I_2$。

VRLA 蓄电池作全浮充运行时，其浮充电流的作用三个：一是补偿蓄电池自放电所损失的容量；

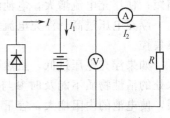

图 6-19　浮充充电电路

二是补偿蓄电池瞬间大电流放电所损失的容量；三是用于 VRLA 蓄电池的氧复合循环。因此，VRLA 蓄电池因氧复合循环的需要，其浮充电流比防酸隔爆式铅蓄电池的浮充电流大。影响蓄电池浮充电流的主要因素有温度、浮充电压和电池的新旧程度。

① 温度：温度对 VRLA 蓄电池的浮充电流影响很大，温度每升高 10℃，其浮充电流会成倍地增大。VRLA 蓄电池的浮充电流对温度的变化特别敏感的原因，一是因为其内部氧循环反应是放热反应；二是因为其密封、贫电解液、紧装配和超细玻璃纤维隔膜等结构特点，使电池的散热性能差，极易造成电池内部热量的积累，使电池温升显著；三是因为当电池温度升高时，电池内电化学反应速度加快，使参加氧复合循环的氧气的量和电池的自放电速度都增加，所以浮充电流也相应增大。反之，当温度降低时，浮充电流减小。所以，VRLA 蓄电池的浮充电流必须随温度的变化进行调节。

② 浮充电压：浮充电流随浮充电压的增加而增大。蓄电池浮充电流值虽可通过电流表来监测，但在实际运行中，浮充电流很难控制，其值的调节是通过控制浮充电压来实现的。

③ 电池的新旧程度：电池越旧，浮充电流越大。这种影响对于防酸隔爆式铅蓄电池来说十分明显，这是因为它采用了铅锑合金板栅，在使用过程中，电池越旧其自放电越严重，必然需要更大的浮充电流来补偿自放电损失的容量。

（2）浮充电压

浮充电压是指浮充时各单体蓄电池两端的电压（V/只），它对 VRLA 蓄电池来说，是一个十分重要的技术参数。

在实际工作中，对 VRLA 蓄电池浮充电流的调节是通过对浮充电压的调节来实现的，所以根据温度调节浮充电流实际上就是根据温度调节浮充电压。依据 YD/T799—2002 标准的要求，在环境温度为 25℃时，阀控式密封铅蓄电池的浮充电压应设置在 2.25V/只，允许变化范围为 2.23～2.27V/只。这是因为 VRLA 蓄电池是贫电解液结构，其浮充电流受温度影响很大。如果电池温度发生变化后，不能及时对浮充电压进行调整，就会使电池因浮充电流过大或过小而造成电池的损坏。

如果浮充电压过高，使电池处于过充电状态，可能对电池造成的危害有：使水的分解反应加剧，析气量增大，安全阀经常处于开阀状态，电解液中的水分大量损失，氧复合效率降低，造成电池失水，容量下降；使正极板栅腐蚀加剧，电池寿命缩短；使浮充电流增大，电池温度升高，造成电池热失控。即：

浮充电压过高→浮充电流增大→电池处于过充电状态→失水、正极板栅腐蚀、热失控。

如果浮充电压过低，虽然可降低失水速度，但使电池处于充电不足状态，极板深处的活性物质不能及时参与化学反应，因而在活性物质与板栅之间形成高电阻层，使电池的内阻增大，容量下降，最终造成极板硫化，缩短电池寿命。即：

浮充电压过低→浮充电流减小→电池处于欠充电状态→硫化

图 6-20 所示是 VRLA 蓄电池使用寿命与温度之间的关系。由图可见,VRLA 蓄电池在高温环境下,其寿命会受到明显的影响,所以,为了提高 VRLA 蓄电池的使用寿命,必须将其置于室温(20～25℃)下工作,即电池的工作环境应该有空调设备。一旦温度发生变化,应及时对浮充电压进行温度补偿。浮充电压的温度补偿公式为

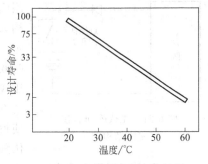

图 6-20　温度与电池寿命的关系

$$U_T = U_{25} - \alpha(T - 25℃) \qquad (6\text{-}9)$$

式中,U_{25} 为温度为 25℃时的浮充电压,其值为 2.25V/只;U_T 为温度为 T℃时的浮充电压;α 为温度补偿系数,其值为 3～4mV/℃。当取 $\alpha=4$mV/℃时,按式(6-9)可计算出不同温度下电池的浮充电压,如表 6-1 所示。

表 6-1　不同温度下 VRLAB 的浮充电压

温度/℃	0	5	10	15	20	25	30	35
浮充电压/(V/只)	2.35	2.33	2.31	2.29	2.27	2.25	2.23	2.21

温度的采样方法很重要,它直接关系着补偿的效果。温度采样有三种方式:一是采样蓄电池附近的空气温度,这种方法最容易,但很不准确,因为蓄电池温度的升高很难引起蓄电池附近的空气温度的升高;二是采样蓄电池内部电解液温度,虽然最能反映蓄电池的实际情况,但较难实现;三是采样蓄电池外壳的表面温度,也是最实际和较容易实现的方法,目前许多设备就是根据第三种方式来采样和设计温度补偿单元。

值得注意的是,虽然在温度发生变化时可对浮充电压进行温度补偿,但并不是说电池就可在任意环境温度下使用。因为当温度过低时,升高浮充电压同样会引起浮充电流过大,使板栅腐蚀加速;而温度过高时,降低浮充电压,会因浮充电流太小而引起电池欠充电,使电池发生硫化。所以应用 VRLA 蓄电池时要控制好环境温度。

6.2.4　蓄电池充放电管理

6.2.4.1　光伏发电系统中蓄电池的充电策略

考虑到能源和成本投资有限,因而在光伏发电系统中,蓄电池的充电控制有一定特殊性,必须根据系统实际情况,综合考虑到光伏阵列、蓄电池、负载等各个环节。

(1)光伏阵列直接充电

在小型光伏发电系统中,可采用光伏阵列直接向蓄电池充电的方法,即将光伏阵列输出通过阻断二极管和蓄电池直接相连。因为它的充电回路只有一个二极管,

图 6-21　光伏阵列直接
充电结构图

因而具有电路简单，系统功耗低等优点，其电路结
构如图 6-21 所示。但由于光伏阵列输出电压不稳
定，变化范围可能很大，因而当光伏阵列电压低的
时候无法向蓄电池充电；反之，当光伏阵列输出电
压较高时，又容易造成过高的充电电压而影响蓄电
池寿命；此外，在充电过程中因蓄电池的低阻特性
使得光伏阵列输出电压变化范围很小，无法按照光
伏阵列特性充分发挥其功效。

（2）恒压（恒流）充电

由于光伏阵列输出电压受外界环境影响较大，因而为对蓄电池有效实施充电，
可以根据负载情况为蓄电池设计一恒压或恒流充电电路，如图 6-22 所示，以 DC/
DC 变换器作为适配器将光伏阵列和蓄电池连接在一起，同时通过检测蓄电池电压
或电流实现闭环稳压或稳流控制，从而达到恒压充电或恒流充电的目的。

通常在光伏发电系统中，所设计的光伏阵列输出电压要高于蓄电池电压，因
而，Buck 直流-直流变换器应用较多。

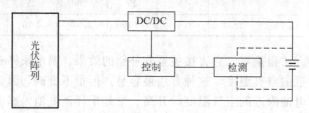

图 6-22　恒压（恒流）充电结构

（3）最大功率点充电

上述两种充电方式电路原理简单，控制容易，但均未考虑是否充分利用太阳
能，受充电方式影响，光伏阵列几乎无法工作在最大功率点。而最大功率点跟踪
充电方式是最能充分利用太阳能的充电方式，如图 6-23 所示（以直流负载
为例）。

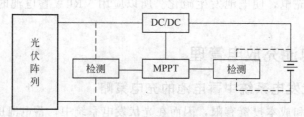

图 6-23　最大功率点充电结构图

与恒压（恒流）充电方式类似，在蓄电池和光伏阵列之间匹配一个 DC/DC 变
换器，此 DC/DC 变换器是为了改变负载特性，从而与光伏阵列的最大功率点特性
相匹配。控制电路检测光伏阵列电压和电流，并根据其大小实施各种合理的
MPPT 策略，蓄电池检测电路可对蓄电池的充电过程实施必要的保护。

最大功率点充电方式能够充分利用光伏阵列，但考虑到蓄电池比较严格的充电限制条件，为合理使用蓄电池，延长其寿命，最大功率点充电方式必须实施较为复杂的能量管理控制。当负载（包括蓄电池）所需功率与光伏阵列最大功率较匹配时，可实现最大功率点充电。但如果负载所需功率小于光伏阵列最大功率时，系统便无法完成最大功率点充电。因此，最大功率点充电方式在实施过程中必须根据光伏阵列、蓄电池、负载的实际情况，将光伏阵列的 MPPT 和蓄电池充电策略实现有机结合，并且在两者矛盾的时候需要控制部分将控制策略从 MPPT 切换到合理的充电控制策略中去。当然，给蓄电池组加一个充放电控制器，将 MPPT 和充电控制策略解耦，可以达到既充分利用光伏阵列，又达到合理为蓄电池充电的目的。但系统结构变得复杂，控制功能也比较繁琐。

总之，针对最大功率点充电方法的研究也是光伏发电领域的热点之一。

6.2.4.2　光伏发电系统中蓄电池的放电管理

（1）放电电压的控制

蓄电池组进行放电时，系统控制是维持直流母线电压的稳定，这样能保证在负载变化的情况下，及时提供足够的能量。当蓄电池组的电压接近蓄电池组过放电压时，系统发出声光报警信号；当蓄电池组的电压低于蓄电池组过放电压时，蓄电池就停止放电。并在蓄电池开路电压低于设定启动电压（或默认最低为 1.1 倍的过放电压）时不允许再次使用。

（2）放电电流的控制

当蓄电池组的放电电流小于等于其额定放电电流时，不进行电流调节。当有大于其额定放电电流的组时，对本组实行限流控制。即只有蓄电池放电电流大于设定的放电电流时，其调节环节才会起作用，否则，电流调节环节对系统不起作用。

（3）放电深度的控制

当蓄电池组的放电深度大于其设定的放电深度时，本蓄电池组将停止向负载放电。这主要是为延长蓄电池的使用寿命而设置的。

6.3　光伏并网逆变器及其控制

相对于独立光伏发电系统，并网光伏发电系统要将光伏阵列能量送给电网，因而其控制相对较复杂，需要考虑的因素较多。例如最大功率点跟踪控制、逆变器并联均流控制、并网逆变器控制策略、孤岛效应及其检测保护等。其中，最大功率点跟踪控制对独立或并网光伏发电系统是一致的，而其余三个方面则是并网光伏发电系统中需要考虑的。

6.3.1　并网逆变器数学模型

以采用 L 型滤波器的三相并网光伏系统为例，其主电路拓扑结构如图 6-24 所示。

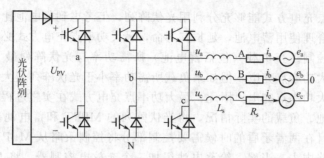

图 6-24　L 型滤波器三相光伏并网逆变器拓扑图

图中，U_{PV} 是光伏阵列输出直流电压。L_s 和 R_s 分别是并网电抗器等效电感和等效内阻，e_a、e_b、e_c 是电网相电压，i_a、i_b、i_c 是电网相电流，u_a、u_b、u_c 是逆变桥桥臂中点电压。

建立三相并网逆变器的数学模型，是分析和研究其控制系统的基础。假设电网电压（e_a、e_b、e_c）为纯正弦、对称三相电压，并且三个并网滤波电抗器参数对称一致。

按照可能的开关状态，引入逆变器三相桥臂的开关函数 s_k：

① 上桥臂开通，下桥臂关断，$s_k = 1$；

② 上桥臂关断，下桥臂开通，$s_k = 0$。

其中 $k = $ a、b、c。

由基尔霍夫定律，可得三相逆变器 a 相回路方程：

$$e_a = -L_s \frac{di_a}{dt} - R_s i_a + u_{a0} \tag{6-10}$$

其中：

$$u_{a0} = s_a U_{PV} + u_{N0} \tag{6-11}$$

同理可推导 b 相和 c 相电压方程。对于三相对称系统：

$$\begin{cases} i_a + i_b + i_c = 0 \\ e_a + e_b + e_c = 0 \end{cases} \tag{6-12}$$

因而，简单推导可以得到：

$$u_{N0} = -\frac{U_{PV}}{3}(s_a + s_b + s_c) \tag{6-13}$$

基于 abc 三相静止坐标系下的数学模型物理意义明晰，但模型交流侧均为时变的交流量，虽然易于理解，但不利于控制系统的设计。而在同步旋转坐标系下，三相对称系统中各个交流量均可变换成直流量。为此，通常通过旋转坐标变换，得到同步旋转 dq 坐标系下的数学模型，并在该模型下，研究三电平 PWM 整流器的控制。

在由三相 abc 系统向两相 dq 系统变换时，存在 $2/3$、$\sqrt{2/3}$ 两种变换方式，其中 $2/3$ 变换遵循每相功率不变，但是变换前后系统总功率发生变化；$\sqrt{2/3}$ 变换遵循变换前后系统总功率保持不变，而每相功率变换后为变换前的 $2/3$。这里选择遵循变换前后系统总功率不变原则，选取 dq 坐标系的初始角度和 a 相的初始角度相等，变换矩阵为

$$C = \sqrt{\frac{2}{3}} \begin{bmatrix} \cos\omega t & \cos\left(\omega t - \frac{2}{3}\pi\right) & \cos\left(\omega t + \frac{2}{3}\pi\right) \\ -\sin\omega t & -\sin\left(\omega t - \frac{2}{3}\pi\right) & -\sin\left(\omega t + \frac{2}{3}\pi\right) \end{bmatrix} \tag{6-14}$$

将所有 abc 坐标系下的变量转化为 dq 坐标系统中的各个分量，可得

$$\begin{bmatrix} x_d \\ x_q \end{bmatrix} = C \begin{bmatrix} x_a & x_b & x_c \end{bmatrix}^T \tag{6-15}$$

其中，$x \in e$, i, v, s。

显然，将上述三相静止坐标系下的电压方程进行坐标变换可以得到

$$L_s \frac{\mathrm{d}i_d}{\mathrm{d}t} = -R_s i_d + \omega L_s i_q - u_d + e_d$$

$$L_s \frac{\mathrm{d}i_q}{\mathrm{d}t} = -R_s i_q - \omega L_s i_d - u_q + e_q \tag{6-16}$$

式中，u_d、u_q 为 dq 坐标系下的逆变桥交流侧电压，用开关函数可表示为：$u_d = s_d U_{PV}$，$u_q = s_q U_{PV}$。

对于对称的三相电网电压，稳态时 dq 模型中的 d、q 分量均为直流变量。此外，适当选取同步旋转坐标系 dq 的初始参考轴方向，如 d 轴与电网电动势矢量重合，则电流的 d 轴分量为纯有功分量，q 轴分量为纯无功分量。其矢量关系如图 6-25 所示。

图中 $\alpha\beta$ 是两相静止坐标系，与 abc 坐标系的关系为

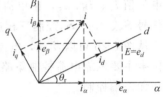

图 6-25　静止坐标系和旋转坐标系

$$\begin{bmatrix} x_a \\ x_\beta \end{bmatrix} = \sqrt{\frac{2}{3}} \begin{bmatrix} 1 & -1/2 & -1/2 \\ 0 & \sqrt{3}/2 & -\sqrt{3}/2 \end{bmatrix} \begin{bmatrix} x_a \\ x_b \\ x_c \end{bmatrix}$$

$$x \in e, i \tag{6-17}$$

6.3.2　并网逆变器电流控制方法

通常，并网光伏发电系统根据控制逆变器输出电压或输出电流可分为电压控制模式和电流控制模式两种。在电压型控制模式中，由于并网逆变器对电网呈现出低阻抗特性，其并网电流完全取决于电网电压，属于间接控制电流。而且电压型控制模式对电网电压的参数变化比较敏感，如果电网电压受到扰动或出现不平衡时，则逆变器电流相应地就会受到扰动，从而降低了系统性能。在电流型控制模式中，输出电流是受控量，其质量受到电网电压的影响较少，这是因为对电网来说，并网逆变器呈现出高阻抗特性。因此，采用这种模式，可以减小电网电压的扰动对输出电流的影响，从而改善输出电源的质量。电流型控制模式具有控制简单，响应速度快，正弦度好等优点，在实际中得到广泛应用。

在电流型控制模式的控制结构中都包含有一个电流反馈控制内环，图 6-26 给

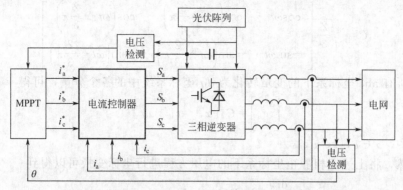

图 6-26 电流控制模式光伏并网逆变器基本控制结构

出了单级并网光伏发电系统电流控制模式逆变器基本控制结构，其中电流控制器的主要任务是使逆变器输出电流跟踪参考指令电流信号（电流参考指令由 MPPT 策略和电网电压相位决定）。通过比较参考指令电流信号 i_a^*、i_b^*、i_c^* 和实际的瞬时相电流值 i_a、i_b、i_c，由电流控制器根据一定的电流控制策略产生逆变器的开关控制信号 S_a、S_b、S_c 控制三相逆变器合理工作。

从图 6-26 可以发现，电流控制器是并网光伏发电系统的核心，并网系统性能的优劣主要依靠电流控制策略。目前电流控制策略有很多种，应用较多的是 PI 控制和无差拍控制。

6.3.2.1 PI 控制

PI 控制具有算法简单、可靠性高、开关频率固定、易于设计等特点，是目前最常用的控制方法之一，单级并网光伏发电系统的传统 PI 控制方式如图 6-27 所示。

如图 6-27 所示，三相电流参考信号和实际采样信号比较，其误差通过 PI 调节器输出三相电压参考值，采用 SPWM 调制方式输出逆变器的开关信号控制逆变器工作。该方法的优点是开关频率固定，开关频率如果足够高，则输出谐波较小，响应速度也能满足一般要求。SPWM 方式易于采用模拟电路实现，但硬件较为复杂，且直流电压利用率较低。随着数字控制芯片性能的不断提高，目前在三相并网系统中，更多地采用将交流变量转化为直流变量，将三相变换为两相的控制策略。并提出在 dq 同步选择参考坐标系下基于空间矢量脉宽调制 SVPWM 的线性电流控制器，如图 6-28 所示。

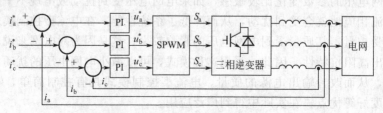

图 6-27 传统 PI 控制并网系统结构

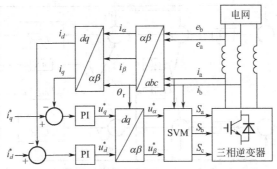

图 6-28　基于 dq 坐标系下 SVPWM 的 PI 控制并网系统结构图

由 MPPT 策略可以得到参考电流 i_d^*、i_q^*，通过对交流侧的采样并进行坐标变换可以得到电网电压的相位信息和网侧有功电流 i_d 和无功电流 i_q。有功电流、无功电流参考量与实际值之间的误差经 PI 调节器输出参考电压矢量 u_d^* 和 u_q^*。对此参考矢量进行反旋转变换，得到整流桥交流侧电压的控制量 u_α^* 和 u_β^*。由此，可采用空间电压矢量 PWM 策略（SVPWM，有时简称为 SVM），控制逆变器工作。

由 6.3.1 节中得到的 dq 坐标系下的电流方程可以发现，d、q 轴电流分量 i_d、i_q 相互耦合，一相电流的变化将引起另一相电流的变化，不利于电流环控制器的设计，且易引起系统动态性能变差。为此，可采用前馈解耦控制策略，对于 PI 电流调节器，则得到三相旋转 dq 坐标系下电流控制时的电压指令：

$$\begin{cases} u_d^* = -\left(K_{iP} + \dfrac{K_{iI}}{T_s}\right)(i_d^* - i_d) + \omega L_s i_q + e_d \\[3mm] u_q^* = -\left(K_{iP} + \dfrac{K_{iI}}{T_s}\right)(i_q^* - i_q) - \omega L_s i_d + e_q \end{cases} \tag{6-18}$$

式中　K_{iP}——PI 调节器比例系数；

K_{iI}——PI 调节器积分系数；

ω——电网电压角频率。

将上式带入 dq 坐标系下的电流方程，得到

$$\frac{d}{dt}\begin{bmatrix} i_d \\ i_q \end{bmatrix} = \begin{bmatrix} -\left[R_s - \left(K_{iP} + \dfrac{K_{iI}}{s}\right)\right]\Big/L_s & 0 \\[4mm] 0 & -\left[R_s - \left(K_{iP} + \dfrac{K_{iI}}{s}\right)\right]\Big/L_s \end{bmatrix}\begin{bmatrix} i_d \\ i_q \end{bmatrix} -$$
$$\frac{1}{L_s}\left(K_{iP} + \frac{K_{iI}}{s}\right)\begin{bmatrix} i_d^* \\ i_q^* \end{bmatrix} \tag{6-19}$$

上式表明：基于前馈的控制算法式使三电平 PWM 整流器电流内环实现了解耦控制。由此得到电流环的控制框图如图 6-29 所示。

将 e_d 视为扰动，可以通过 PI 调节器补偿掉，得到简化的电流环控制框图如图 6-30 所示。图中，$T_i = K_{iP}/K_{iI}$，T_s 为系统采样周期，K_{PWM} 是桥路 PWM 等效增益。

由图 6-30 写出开环传递函数：

$$W(s)_{op} = \frac{K_{PWM}K_{iP}(T_i s + 1)}{T_i R_s s} \times \frac{1}{T_s s + 1} \times \frac{1}{(L_s/R_s)s + 1} \tag{6-20}$$

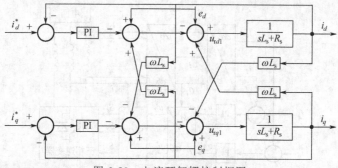

图 6-29　电流环解耦控制框图

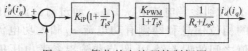

图 6-30　简化的电流环控制框图

由此，可按典型 I 型系统设计电流环 PI 调节器的参数，在此不再赘述。

6.3.2.2　无差拍控制

并网光伏发电系统逆变器电流无差拍控制方法的基本思想是在每一个开关周期的开始时刻，采样产生的电流 i，根据逆变器的状态方程和输出反馈信号，并且预测出下一周期开始时刻三相并网光伏发电系统的电流参考值 i^*，由两者差值 $i^* - i$ 计算出功率开关器件的开关时间，使 i 在下一周期开始时刻等于 i^*，即逆变器下一周期开关器件的脉宽控制量是根据逆变器当前时刻的状态量和下一个采样时刻逆变器输出的参考电流计算出来的。这种方法虽然计算量较大，但因其具有开关频率固定、动态响应快的特点而受到青睐，在数字控制成为主流的今天，是非常适合于并网光伏发电系统电流的控制方案。

下面推导三相并网光伏发电系统中基于无差拍控制的 PWM 方式，如图 6-24 所示，三相逆变桥线电压回路（A—a—b—B—0、B—b—c—C—0、C—c—a—A—0）的电压方程为

$$\begin{cases} u_{A0} - u_{B0} = -L_s \dfrac{di_a}{dt} + u_{ab} + L\dfrac{di_b}{dt} \\[2mm] u_{B0} - u_{C0} = -L_s \dfrac{di_b}{dt} + u_{bc} + L\dfrac{di_c}{dt} \\[2mm] u_{C0} - u_{A0} = -L_s \dfrac{di_c}{dt} + u_{ca} + L\dfrac{di_a}{dt} \end{cases} \tag{6-21}$$

引入开关函数，得：

$$\begin{cases} u_{A0} - u_{B0} = -L_s \dfrac{di_a}{dt} + (s_a U_{PV} - s_b U_{PV}) + L_s\dfrac{di_b}{dt} \\[2mm] u_{B0} - u_{C0} = -L_s \dfrac{di_b}{dt} + (s_b U_{PV} - s_c U_{PV}) + L_s\dfrac{di_c}{dt} \\[2mm] u_{C0} - u_{A0} = -L_s \dfrac{di_c}{dt} + (s_c U_{PV} - s_a U_{PV}) + L_s\dfrac{di_a}{dt} \end{cases} \tag{6-22}$$

将环路电压方程离散化，设控制周期为 T，电流参考指令为 i_a^*、i_b^*、i_c^*，逆变桥三相开关占空比分别为 $\Delta\delta_a$、$\Delta\delta_b$、$\Delta\delta_c$。并且假设控制周期远远小于电网基波周期，因此在一个控制周期内，忽略三相电网电压的变化，与此同时也要忽略光伏阵列的端电压的变化。则得到离散化后的方程为

$$\begin{cases} u_{A0} - u_{B0} = -L_s\dfrac{i_a^* - i_a}{T} + (\Delta\delta_a U_{PV} - \Delta\delta_b U_{PV}) + L_s\dfrac{i_b^* - i_b}{T} \\[2mm] u_{B0} - u_{C0} = -L_s\dfrac{i_b^* - i_b}{T} + (\Delta\delta_b U_{PV} - \Delta\delta_c U_{PV}) + L_s\dfrac{i_c^* - i_c}{T} \\[2mm] u_{C0} - u_{A0} = -L_s\dfrac{i_c^* - i_c}{T} + (\Delta\delta_c U_{PV} - \Delta\delta_a U_{PV}) + L_s\dfrac{i_a^* - i_a}{T} \end{cases} \tag{6-23}$$

由于这三个电压环路彼此并不互相独立，环路电压方程就只有两个是独立的，在这里设定三相逆变桥上下桥臂的导通在一个控制周期内是对等的，可以得到第三个方程：

$$\Delta\delta_a + \Delta\delta_b + \Delta\delta_c = 1.5 \tag{6-24}$$

略去推导过程，由上述方程可以解出：

$$\begin{cases} \Delta\delta_a = \dfrac{1.5U_{PV} + 2\left(u_{A0} - u_{B0} + L_s\dfrac{i_a^* - i_a}{T} - L\dfrac{i_b^* - i_b}{T}\right) + \left(u_{B0} - u_{C0} + L_s\dfrac{i_b^* - i_b}{T} - L\dfrac{i_c^* - i_c}{T}\right)}{3U_{PV}} \\[4mm] \Delta\delta_b = \dfrac{1.5U_{PV} - \left(u_{A0} - u_{B0} + L_s\dfrac{i_a^* - i_a}{T} - L\dfrac{i_b^* - i_b}{T}\right) + \left(u_{B0} - u_{C0} + L_s\dfrac{i_b^* - i_b}{T} - L\dfrac{i_c^* - i_c}{T}\right)}{3U_{PV}} \\[4mm] \Delta\delta_c = \dfrac{1.5U_{PV} - \left(u_{A0} - u_{B0} + L_s\dfrac{i_a^* - i_a}{T} - L\dfrac{i_b^* - i_b}{T}\right) - 2\left(u_{B0} - u_{C0} + L_s\dfrac{i_b^* - i_b}{T} - L\dfrac{i_c^* - i_c}{T}\right)}{3U_{PV}} \end{cases} \tag{6-25}$$

按照上面公式计算出来的占空比来控制三相并网逆变桥就能实现并网电流的无差拍控制功能。可以看出：无差拍控制是一种基于被控对象精确数学模型的数字控制方法，具有动态性能好，控制过程无超调等优点。但是，无差拍控制的性能依赖于系统的精确数学模型。由于状态方程建立在电路模型的基础上，因而控制效果取决于模型参数的准确程度。若模型参数偏差较大，往往会导致系统进入不稳定区域，造成振荡；此外，采样和计算延时使输出的脉冲宽度最大占空比受到限制。由于无差拍控制本质上要求脉冲宽度必须当拍计算和当拍输出，如果延迟时间与控制周期相当，往往会使无差拍控制无法实现。

6.3.2.3　其他电流控制方法

PI 控制和无差拍控制是目前比较典型、应用也比较多的控制方法。此外，并网光伏发电系统电流控制方法还有滞环电流控制、重复控制、单周控制及比例谐振控制等。

（1）滞环电流控制

图 6-31 所示给出了滞环电流控制示意图。电流误差的补偿与 PWM 信号的产生同时在同一控制单元完成，并且构成了闭环反馈，使得控制器实现简单，具有良好的动态响应和内在的电流保护功能，电流跟踪精度高、动态响应快、不依赖于负

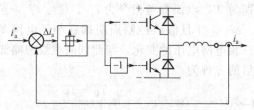

图 6-31　滞环电流控制示意图

载参数、稳定性高。但是它具有控制延时、开关频率不固定、无法产生零电压矢量等缺点，在调制过程中容易出现很窄的脉冲和大的电流尖峰，输出电流波动、谐波畸变率都比较大。

（2）单周控制

单周控制技术是大信号非线性控制技术，功率开关器件工作在恒定频率下。单周控制技术通过控制功率开关的导通或关断时间，在每个开关周期内，使功率开关变换器的开关变量平均值在稳态或者暂态，严格等于控制参考或者与控制参考成比例。单周控制的开关频率是固定的，开关变量平均值在一个开关周期内严格跟踪参考给定，且开关变量平均值与控制参考之间既没有稳态误差，也没有暂态误差。该控制方法具有快速的动态响应，良好的鲁棒性，较好的抑制电源扰动和较强的抗负载扰动能力，能自动校正开关误差，控制电路结构简单等优点。采用该方法不需要复杂的功率计算，因此不需要乘法器或微处理器，在一级变换中同时实现最大功率点跟踪和逆变，具有结构简单、成本低的优势。

（3）重复控制

重复控制是一种基于内模原理（internal model principle）的控制方法，把作用于系统外部的信号模型植入系统控制器内部以构成高精度反馈控制。重复控制能在较低采样频率或系统带宽下提供高质量的稳态波形，可以有效消除周期性干扰产生的稳态误差，其缺点是动态性能较差。因此，重复控制经常与其他控制方法相结合，利用其他控制方法改善系统的动态性能，重复控制则致力于稳态精度的提高，形成复合控制方法。

（4）比例谐振控制

PI 控制在用于跟踪正弦信号时，由于在基波频率处增益是有限的，所以系统肯定存在稳态误差。比例谐振控制器由比例调节器和谐振调节器组成，与传统的 PI 控制器相比，比例谐振控制方法在基波频率处增益无穷大，而在非基频处增益很小，可以实现零稳态误差和抗电网电压干扰。但是在实际系统中，比例谐振控制器由于受数字系统精度的限制，很难达到理想的效果；与此同时，由于比例谐振控制器在非基频处增益非常小，当电网频率偏移时，不能有效抑制电网引起的谐波。

6.3.3　并网逆变器并联控制技术

为了系统扩容与维护方便，提高其规范化、标准化和模块化程度，在大多数并网光伏发电系统中，均存在并网逆变器的并联问题。

6.3.3.1　逆变器并联基本原理

要实现逆变器的并联运行，其关键就在于各逆变器应共同负担负载电流，即要实现均流控制。以两台逆变器并联为例进行分析。两台逆变器并联运行时的等效电路如图 6-32 所示。其中 U_1、U_2 代表各逆变器输出的基波电压，L_1、L_2、C_1、C_2 分别代表两个逆变器的输出滤波器，R 为系统负载，U_0 为负载 R 两端电压。

由图 6-32 可得：

$$\begin{cases} U_1 - j\omega L_1 i_{L_1} = U_0 \\ U_2 - j\omega L_2 i_{L_2} = U_0 \\ i_{L_1} + i_{L_2} = i_{C_1} + i_{C_2} + i_{R_1} + i_{R_2} \\ i_{R_1} + i_{R_2} = \dfrac{U_0}{R} \\ \dfrac{i_{C_1}}{j\omega C_1} = U_0 \\ \dfrac{i_{C_2}}{j\omega C_2} = U_0 \end{cases}$$

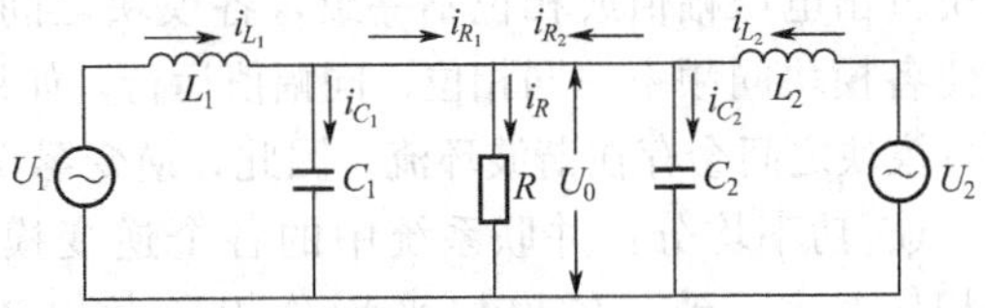

图 6-32 逆变器并联的等效电路

$$(6\text{-}26)$$

当 $C_1 = C_2 = C$，$L_1 = L_2 = L$ 时，上式可简化为：

$$\begin{cases} U_1 - j\omega L_1 i_{L_1} = U_0 \\ U_2 - j\omega L_2 i_{L_2} = U_0 \\ i_{L_1} + i_{L_2} = \left(\dfrac{1}{R} + 2j\omega C \right) U_0 \\ i_{C_1} + i_{C_2} = U_0 j\omega C \\ i_{R_1} + i_{R_2} = \dfrac{U_0}{R} \end{cases} \qquad (6\text{-}27)$$

由此可得：

$$\begin{cases} i_{L_1} - i_{L_2} = \dfrac{U_1 - U_2}{j\omega L} \\ i_{L_1} + i_{L_2} = \dfrac{U_1 + U_2 - 2U_0}{j\omega L} = \left(\dfrac{1}{R} + 2j\omega C \right) U_0 \\ U_0 = \dfrac{U_1 + U_2}{2 + j\omega L \left(\dfrac{1}{R} + 2j\omega C \right)} \end{cases} \qquad (6\text{-}28)$$

可以解出：

$$\begin{cases} i_{L_1} = \dfrac{U_1 - U_2}{2j\omega L} + \dfrac{1}{2} U_0 \left(\dfrac{1}{R} + 2j\omega C \right) \\ i_{L_2} = \dfrac{U_2 - U_1}{2j\omega L} + \dfrac{1}{2} U_0 \left(\dfrac{1}{R} + 2j\omega C \right) \end{cases} \qquad (6\text{-}29)$$

由上式可看出：i_{L_1} 和 i_{L_2} 由两部分电流组成，一部分为负载电流分量，另一部分为环流分量。当输出滤波器相同时，负载电流分量总是平衡的。但环流分量的存在会使逆变器的输出电流各不相同。当 U_1 与 U_2 同相时，电压高的环流分量是容性，电压低的环流分量是感性。当 U_1 与 U_2 同幅时，相位超前者环流分量为正有功分量，输出有功；相位滞后者环流分量为负有功分量，吸收有功。

6.3.3.2 逆变器并联的技术要求

与直流变换器不同，逆变器输出的是正弦波。当多个逆变器并联时，需要同时控制其输出电压的幅值和相角，即要求同频率、同相位、同幅值运行。如果各逆变器模块输出电压幅值或相位不一致，各模块之间就会产生有功环流和无功环流。另外，即使各模块同频率、同相位、同幅值运行，如果各逆变器输出电压的谐波含量比较大，则各模块之间会存在谐波环流。因此，逆变器安全并联运行，需要满足以下条件。

① 功率均分：并联系统中的各个逆变模块输出电压频率、相位、幅值、波形和相序基本一致，各模块平均分担负载电流，使输出静态功率和瞬时功率分布平衡。

② 故障自动诊断：当单模块出现故障，并联系统能快速定位故障逆变器，将它从并联系统中切除，并将其功率均匀分配给其他模块。

③ 热插拔：待投入逆变模块控制自身输出电压与并联系统电压之间的频率、相位、幅值和相序等参数差别小于允许误差时自动投入并联系统，投入时对并联系统冲击小；任意模块发生故障或需要检修时能在线退出并联系统而无需断电。

6.3.3.3 逆变器并联控制方式

按照逆变器并联的技术要求，逆变器系统并联冗余控制方式可分为集中控制、主从控制、分散逻辑控制和无互联线独立控制四种方案。

（1）集中控制方式

在集中控制方式中，各逆变单元共用一个集中控制单元，此控制单元向每一台逆变器发出同步脉冲，各逆变器使本台逆变器的电压基准与同步脉冲同步，再将各台逆变器的输出电流（或输出有功功率和无功功率）集中处理，误差电流经电流调节器后仅仅调节逆变器的输出电压幅值。其原理如图 6-33 所示。

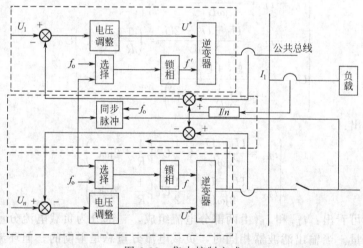

图 6-33　集中控制方式

集中控制单元通过检测市电频率和相位给每个逆变电源发出同步脉冲。没有市电时，同步脉冲可由晶振产生，各个逆变电源的锁相环电路用来保证其输出电压频率和相位与同步信号同步。并联控制单元检测总负载电流 I，除以并联单元数 n 作为各台逆变电源的电流指令，各逆变电源单元检测各单元实际输出电流，求出电流偏差。假如各并联单元由一个同步信号控制时输出电压频率和相位偏差不大，则可认为各单元中电流的偏差是由电压幅值的不一致造成的，故这种控制方式直接把电流偏差作为电压指令的补偿量加入各逆变电源单元中，用以消除电流的不平衡。这种控制方式借鉴了直流变换器并联的方法，认为单台逆变器输出电流的差异是由逆变器输出电压的幅值差异引起的，而没有考虑逆变器输出电压相位差引起的环流，所以这种控制方法并不能达到很好的均流效果。

集中控制方式由于共用一个集中的控制单元，一方面使得并联系统难以实现真正的模块化；另一方面，如果该控制单元出现故障时整个逆变器并联系统就会瘫痪。因此集中控制方式不能真正达到高可靠性和真正冗余的目的，因而目前并联系统很少采用这种方式。

（2）主从控制方式

集中控制是在已有的逆变器基础上，增加一个单独的并联控制单元即可实现逆变器的并联运行。在这种方式成熟之后，有些厂家把并联控制单元的功能做到每台逆变器之中，通过工作方式选择开关或由软件自动设置，并联工作中首先启动的一台作主控逆变器，负责完成并联控制功能，其他逆变器作从机，这就是所谓主从式并联。如图 6-34 所示，在并联工作时，电压控制型主逆变器控制输出负载端的电压，将其作用在负载上的电流根据逆变器并联台数进行平均，所得平均电流作为电流控制型逆变器的电流给定，从机的输出电流跟踪基准，从而达到了各逆变单元均分负载电流的目的。

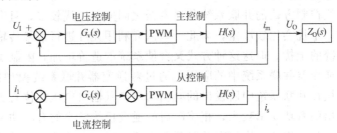

图 6-34　主从控制方式原理图

主从控制方案与集中控制方案相比，由于减少了集中控制中心单元，因此可以克服集中控制时并联控制中心出现故障时逆变器不能运行的局限。当一台从机出现故障时，不影响整个并联系统的运行；但是当主机出现故障时，整个并联系统同样会陷于瘫痪，因此为了提高主从控制逆变器并联系统的可靠程度，在系统检测到主机出现故障时，立即将主机从系统中切除，自动将其中一台从机升级为主模块。这种方式虽然可靠性有所增加，但其切换控制电路的复杂性也可能影响系统的正常运行，从而影响整个系统的性能指标，所以主从式并联控制系统并不是理想的并联控制方式。

（3）分散逻辑控制

以上两种并联冗余控制方案中，并联控制电路故障可能会引起整个系统故障停机，使并联冗余的优点大打折扣。为解决这一问题，可采用在各逆变器中把每个电源模块中的电流及频率信号进行综合，得出各自频率及电压的补偿信号方式，如图 6-35 所示。这种方式可实现真正的冗余并机运行，一个模块故障退出时，并不影响其他模块的并联运行。

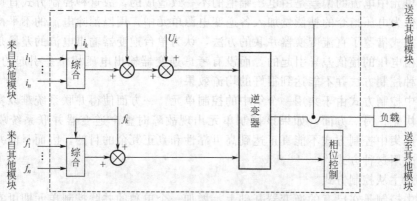

图 6-35　分散逻辑控制方式原理图

所谓分散逻辑控制技术，是将系统各中心环节的控制权进行分散和独立，最终实现系统各单元独立工作，不依赖于中心控制单元或系统中的其他模块单元控制的一种控制技术。这种控制方式以可靠性高、危险性分散、功能扩展容易等优良特性已在众多领域得到广泛应用并成为计算机控制系统发展的主要方向之一，是一种较完善的分布式智能控制技术。

（4）无互连线控制方式

由于有连线控制方式的并联系统各逆变器之间的互连线较多，且大容量设备并联距离较远时，干扰会比较严重，为此一些研究利用光纤进行信号传输，旨在减小外界对控制系统的干扰。但这这种方式又会使系统的造价增加，限制了这种方法在大功率远距离逆变器并联系统中的应用。通过对逆变器并联系统模型的研究发现，各台逆变器模块在并联系统中所发出的有功功率与其输出电压相位有关，相位超前的逆变模块发出的有功功率较大，相位滞后的逆变模块发出的有功功率较小，甚至吸收有功功率；各台逆变器模块在并联系统中所发出的无功功率与其输出电压幅值有关，幅值较大的逆变模块输出无功功率较大，幅值较小的发出无功功率较小，甚至吸收无功功率。下垂特性控制方式正是利用这一关系来实现逆变器模块之间的并联，控制使得发出有功较大的逆变模块的输出电压频率较小，输出有功较小的逆变模块输出电压频率较大，利用不同的频率来改变逆变模块之间的相位，最终使各模块相位趋于一致，发出的有功功率相等；同理通过幅值调节来实现无功的均衡。如图 6-36 所示，每个逆变单元都有一个功率计算器来实时检测输出的有功功率 P 和无功功率 Q，通过给定频率 f^* 和电压 U^* 的微调，可以得到最佳的相位和电源电压补偿量来使得逆变器之间没有相位和电压的误差，实现负载均分。

下垂特性控制的逆变器并联系统可以完全消除并联各逆变器之间的控制互连线，从而取消了并联各台逆变器距离上的限制，同时就不会引入外界的噪声与干扰，也不存在单点故障问题，可以真正实现冗余供电和模块化设计，构成真正意义上的分布式并联冗余供电系统。但是由于在整个负载变化范围内采用了频率和幅值

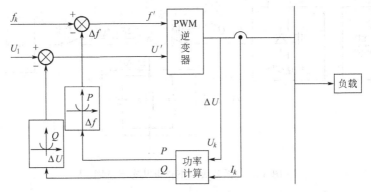

图 6-36　无互连线并联控制方式原理图

的下垂控制，所以在从空载到满载的范围内，并联系统的输出频率有一微小的变化，在幅值下垂和逆变器自身外特性的作用下输出电压幅值可能下降较大，在对电压频率和幅值有较高要求的负载中，此种控制方式有待进一步研究；另一方面完全一致的两台逆变器是不可能存在的，这就导致各逆变模块性能上的差异，从而影响了逆变器模块对负载的均分效果；此外，由于下垂特性控制方案控制的并联系统中逆变模块完全利用自身的信息来均分负载，没有其他模块的信息可参考，所以逆变器模块之间的参数差异对这种控制方法影响较大。

6.4　孤岛效应及其检测

并网光伏发电系统将太阳能逆变后输送到电网，不仅要考虑并网的电能质量，还需考虑电网以及并网发电系统的安全可靠运行。孤岛，作为并网光伏系统一种典型的故障状态，对人员、设备安全有着重要影响，系统必须及时检测出孤岛状态并采取保护措施。本节主要讲述孤岛效应的定义及其负面影响，国际通用检测标准，各种检测方法及其比较。

6.4.1　孤岛效应及其危害

正常情况下，并网光伏发电系统并联在电网上向电网输送有功功率，但是，当电网处于失电状况（例如大电网停电），这些独立的并网发电系统仍可能持续工作，并与本地负载连接处于独立运行状态，这种现象被称为孤岛（islanding）效应，如图 6-37 所示。从用电安全与用电质量方面考虑，孤岛状况是不允许出现的。

事实上，不仅仅是并网光伏发电系统，对于其他的分布式发电系统，如风力发电、水力发电、燃料电池发电、柴油发电机组发电等与市电直接相连的发电系统都可能存在孤岛问题。孤岛效应一般会对设备或者人员乃至电网造成不利影响。

孤岛效应的主要危害包括：

① 对电网负载或人身安全的危害，用户或线路维修人员不一定意识到分布式供电系统的存在；②供电质量，没有大电网的支持，分布式供电系统的供电质量恐

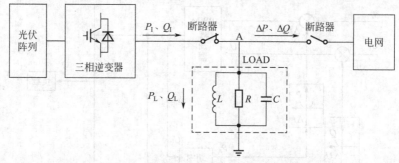

图 6-37　孤岛效应下供电状态示意图

怕难以符合各方面需求，例如电压波动、频率波动以及谐波等技术指标；③电网恢复时分布式供电系统重新并网会遇到困难，非同期并网会引起大的电流冲击；④电力公司对电网的管理要求，由于孤岛状态意味着脱离了电力管理部门的监控而独立运行，这种运行方式在电力管理部门看来是不可控和高隐患的操作，可能导致电网维护人员在认为已断电时接触孤岛供电线路，引起触电危险，危及维修人员的安全。

除了以上问题，人们对分布式电源的孤岛运行提出了以下疑问：①孤岛供电运行时分布式电源（尤指逆变供电系统）的控制方式应从并网时的电流控制模式变换到独立供电时的电压控制模式，因为在并网时不用考虑供电电压的波形问题，而独立运行时，供电电压受到负载的影响，这样两种控制模式之间的转换使得控制更加复杂；②未来分布式供电电源可能更多地利用太阳能或者风力发电，这两种电源都存在输出功率不稳定（尤其是发电系统本身没有储能设备时）的问题，甚至在某一段时间内有可能没有功率输出；③传统的分布式供电系统（这里指逆变系统）为了提高逆变器的效率而设定单位功率因数输出，但是本地负载总是有对无功功率的需求，这就导致在孤岛运行时负载无功需求不能满足，系统电压和频率可能产生波动甚至崩溃。

6.4.2　孤岛产生的条件及其检测标准

（1）孤岛产生的电网环境

根据并网光伏发电系统的容量和控制方式，系统所在电网环境的不同，孤岛产生的电网环境可分为以下几种结构。

① 并网光伏发电系统为本地负载（小区）供电，同时多余的电输送到本地电网上，通常这种系统的容量有限，其主要功能还是为本地负载供电。这种结构大多出现在（小区）屋顶光伏系统上，其电网结构如图 6-38 所示。

② 并网光伏发电系统直接并联在配电网上，所有电能全部输送到电网，每个光伏系统都相当于一个分布式独立发电系统。这种结构的特点是根据电网配置的需要，这种光伏系统可以安装在任何位置，其容量要求也不是很高。只要光伏系统的并网条件满足，随时都可以向电网输送功率。这种分布式发电系统还可以优化电网的供电结构，降低地区间供电的不平衡性，减少线路损耗。其电网结构如图 6-39 所示。

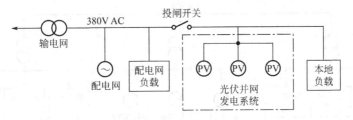

图 6-38　并网光伏发电系统电网拓扑结构 1

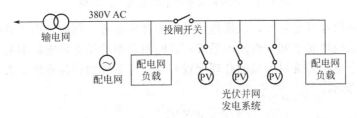

图 6-39　并网光伏发电系统电网拓扑结构 2

③ 并网光伏发电系统组成大型发电站，直接通过输电网供电，通常这种系统的容量较大。其优点是并网光伏系统的组合较灵活，可采用串级逆变器模式，即多个逆变器并联后集中供电，或者采用中心逆变器模式，即部分电池组串联后再并联到逆变器的直流侧，最后通过一个逆变器对外供电。由于光伏系统集中在一起，所以这种结构系统维护较方便，适合于日照强度高且日照时间比较长的地区。如果该地区日照强度变化较大，则不适合采用该系统结构，所以这种系统受区域的制约较大。其电网结构如图 6-40 所示。

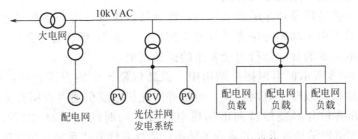

图 6-40　并网光伏发电系统电网拓扑结构 3

④ 并网光伏发电系统与其他可再生能源电站（如风力发电、燃料电池发电等）组成互补发电站集中对电网供电。这种供电方式的优点是各种能源方式进行互补，可以保证发电站的输出功率满足发电要求。但是由于供电电源种类较多，势必增加电站初期的投入成本，而且从控制和维护角度考虑也相对比较困难。其电网结构如图 6-41 所示。

⑤ 并网光伏发电系统与其他可再生能源电站（如风力发电、燃料电池发电等）组成独立的电网向某一地区供电，而不与外部大电网连接。这种方式非常适合于传统发电方式的大电网难以到达的边远地区，但是需要并网光伏发电系统以及其他可

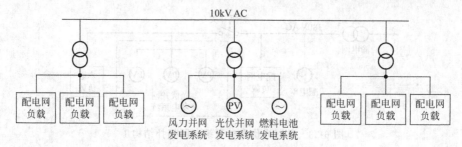

图 6-41　并网光伏发电系统电网拓扑结构 4

再生能源电站的容量足够大，以维持该电网的稳定运行。同时，由于并网光伏系统
与风力发电系统均属于间歇性发电系统，其输出功率波动有可能影响系统的稳定运
行，因此整个电网系统对容量的合理配置与各发电系统的控制难度很大。其电网结
构如图 6-42 所示。

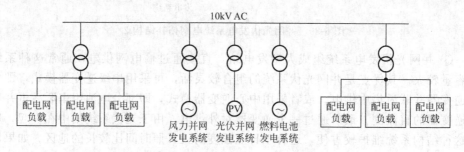

图 6-42　并网光伏发电系统电网拓扑结构 5

（2）孤岛现象产生的主要方式

目前对于孤岛现象产生的方式存在一些分歧，这也是由基于不同的电网模型分
析造成的。对于中小功率并网光伏发电系统而言，主要考虑电网合闸开关断开后，
并网光伏发电系统的独立运行可能发生的孤岛现象。

在如图 6-38 所示的电网拓扑结构中，孤岛现象产生的方式包括：①大电网发
电系统停止运行导致整个电网停电，但是并网光伏系统仍通过投闸开关连接在大电
网上。其输出容量有可能维持向电网供电超过某一时间（例如 120 个电网周期）；
②大电网或配电网某处线路断开或开关跳闸，造成并网光伏系统与所连接负载（可能
包括配电网上的部分负载）形成独立供电系统，并可能进入稳定运行状态；③并网光
伏系统投闸开关自主或意外断开，但是并网发电系统与本地网络仍旧形成孤岛运行。

（3）孤岛的撤除方式

并网光伏系统是孤岛潜在的供电电源，只要撤除这个电源就可以避免孤岛的存
在。从电网和发电系统结构来看，有几个点可以用来撤除孤岛，分别是：通过关闭
DC/DC 电路停止向逆变器提供有功功率，因为光伏电池是整个孤岛的唯一供电电源，
所以逆变器直流侧电压无法维持，最终停止向电网和负载供电；封锁逆变器开关信
号，等待电网系统恢复正常。

事实上，孤岛出现后可能发生两种情况：一是检测装置检测到孤岛状态后，孤

岛仍然维持正常供电；二是由于采用扰动等手段，在检测到孤岛后致使孤岛不能维持正常供电，孤岛系统的电压或频率发生持续变化。在第一种情况中，无疑只能通过检测信号向系统发出停止运行的指令以撤除孤岛运行。第二种情况需要确定的要素是电压和频率持续变化的限值，当电压或者频率超过某个限值后停止系统运行。后者并没有明确向系统提供孤岛状态的指令信号，而是通过电压或者频率的变化来控制。

(4) 孤岛检测标准

国际标准制定委员会 21 (Standards Coordinating Committee 21，SCC21) 发布了分布式能源并网及孤岛效应检测的相关标准 IEEE Std.929—2000 和 IEEE Std.1547—2003 技术标准。以上标准明确给出了并网逆变器在电网断电后检测孤岛状态和断开与电网连接的时间限制，并给出了具有反孤岛功能的并网逆变器的基本要求。其中，具有反孤岛功能的并网逆变器是指当向下列两种典型的孤岛负载中的任一种供电时，能够在 10 个电网周期内检测出孤岛状态并停止供电的并网逆变器：

① 负载有功与并网逆变器有功输出存在至少 50% 的差别（即有功负载小于并网逆变器输出有功的 50% 或大于其 150%）；

② 孤岛负载的功率因数小于 0.95（超前或滞后）。

除上述两种负载情况外，如果负载有功与并网逆变器输出有功的比值在 50%～150% 之间，且功率因数大于 0.95，那么在孤岛负载的品质因数 Q 小于或等于 2.5 时，具有反孤岛功能的并网逆变器也应该能在 2s 内检测出孤岛状态并停止向输电线路供电。

对于常见的并联 RLC 负载，品质因数 Q 如下式：

$$Q = R\sqrt{\frac{C}{L}} \tag{6-30}$$

或在供电系统中，如果消耗有功功率为 P，感性负载无功功率为 P_{qL}，容性负载无功功率为 P_{qC}，则功率因数为

$$Q = \frac{\sqrt{P_{qL}P_{qC}}}{P} \tag{6-31}$$

电压和频率是电能的主要参数，具有反孤岛逆变器必须在规定的时间内检测出频率和电压的变化，并采取相应措施。标准还给出了在不同电压和频率波动范围中，并网逆变器响应时间要求，如表 6-2 和表 6-3 所示，此标准以国外电网周期 60Hz 为基础制定。

表 6-2　电压波动对并网逆变器的响应时间要求

电压范围	最大允许响应时间/电网周期
$U < 50\%$	6 个
$50\% \leqslant U < 88\%$	120 个
$50\% \leqslant U < 110\%$	正常运行
$110\% < U < 137\%$	120 个
$137\% < U$	2 个

表 6-3　频率波动对并网逆变器的响应时间要求

频率范围	最大允许响应时间/电网周期
$f < f_{nom} - 0.7\text{Hz}$	6 个
$f > f_{nom} + 0.5\text{Hz}$	6 个

注：f_{nom} 和 f 分别表示正常工作频率和当前工作频率。

6.4.3　孤岛检测方法

研究孤岛效应的最终目的就是使并网光伏系统准确地对孤岛现象进行检测，当电网断电时，并网光伏系统与本地负载形成孤岛时，通过检测光伏并网逆变器输出的电压、频率、相位等指标及时将并网光伏系统与本地负载解列。因而，准确及时地对孤岛效应实施检测是防孤岛效应的关键。

实际上，具有过压、欠压、过频、欠频继电保护功能的光伏并网逆变器已经具备基本的反孤岛保护能力。当系统检测到电网电压有效值或频率超出预设的正常范围时，即认为电网出现了故障，强制逆变器停止运行与电网解列，终止孤岛持续运行状态。然而在电网断开的情况下，当光伏阵列输出功率与负载基本平衡时（即 ΔP 和 ΔQ 都接近于零），光伏并网逆变器输出电压的幅值或频率不会产生明显变化，致使孤岛状态检出陷入盲区。

孤岛检测方法可分为被动式检测与主动式检测两大类。被动式检测方法一般是通过监控并网系统输出端电压的幅值和频率实现的。当电网断电时，通常由于并网系统的输出功率和负载功率之间的巨大差异会引起系统输出电压的幅值或频率发生突变，这样通过监控系统输出的电压可以很方便地检测出孤岛效应。这种方法在本地负载功率和并网逆变器发出功率不平衡时具有其有效性，但在本地负载和并网逆变器输出功率达到平衡时，被动式检测方法就会失效。为解决功率匹配而形成的检测盲区问题，许多主动式检测方法被提出，其有效性在于打破电源与负载相平衡的条件。主动式检测方法的基本原理是，在并网逆变器的输出中加入较小的电流、频率或相位扰动信号，然后检测线路上检测点的电压、频率或相位，如果并网逆变器仍与主电网相连，不处于孤岛运行状态，在电网的等效无穷大电压源效应下，这些扰动是无法检测出来的；如果并网逆变器已经与主电网断开，处于孤岛运行状态，扰动信号的作用就会在线路上体现，且通过同一方向的不断扰动，当输出变化超出规定的门限值时就能检测出孤岛运行状态。

6.4.3.1　被动式检测方法

在发生孤岛运行情况时，孤岛系统的电压、频率和相位都可能发生一定波动。被动式检测方法就是根据这一原理来判断是否发生孤岛情况的。被动式孤岛检测方法通常有：电压和频率检测法、电压谐波检测法和相位跳变检测法三种。当然，在实际应用中也可以将它们结合起来同时作为判断的依据。

（1）电压和频率检测法

电压和频率检测法（Over or Under Voltage，OUV；Over or Under Frequency，OUF）最简单也最直接，即通过实时检测并网系统输出端电压的幅值和频率来判断是否发生孤岛。该方法的优点是实现方便、成本低，电网异常情况也有保护作用，而且不影响并网逆变器输出的电能质量。但该方法有很大的不可测区域，而且反应时间不可预测。

如图 6-37 所示，P_1、Q_1 是光伏并网逆变器输出的有功功率和无功功率，P_L、Q_L 是负载消耗的有功功率和无功功率，ΔP 和 ΔQ 是光伏系统和负载有功和无功的差值，也是送入电网的有功和无功。

当并网光伏系统工作正常时：

$$P_1 = P_L + \Delta P$$
$$Q_1 = Q_L + \Delta Q \tag{6-32}$$

其中：

$$P_L = \frac{U_A^2}{R}$$
$$Q_L = \left(\frac{1}{\omega_1 L} - \omega_1 C\right) U_A^2 \tag{6-33}$$

U_A 是负载接入端电压，ω_1 为电网电压角频率。

当电网断电时：

$$P_1 = P_{L1} = \frac{U_{A1}^2}{R}$$
$$Q_1 = Q_{L1} = \left(\frac{1}{\omega_2 L} - \omega_2 C\right) U_{A1}^2 \tag{6-34}$$

U_{A1} 是断电后负载接入端电压，ω_2 为并网逆变器输出电压角频率。

联立上几式可得

$$U_{A1}^2 = U_A^2 + \Delta P \cdot R \tag{6-35}$$

由上式可以看出：当电网断电后，如果系统不能提供负载所需的有功功率，则会引起输出电压的变化；如果并网系统恰好能提供负载的有功功率（$\Delta P = 0$），则系统输出电压的幅值保持不变，即

$$U_{A1} = U_A \tag{6-36}$$

同样的道理，当电网断电后，如果系统不能提供负载所需的无功功率，则会引起输出频率的变化；如果并网系统恰好能提供负载的无功功率（$\Delta Q = 0$），则系统输出电压的频率保持不变，即

$$\omega_1 = \omega_2 \tag{6-37}$$

综上所述：在电网正常的情况下，若 ΔP 和 ΔQ 都接近于零，则电网断电后系统输出电压的频率和幅值变化可能很小，不一定能被系统准确及时地检测到，光伏逆变系统可能会继续向负载供电。当孤岛效应发生后，整个系统将保持原有电气特性运行，此时将不能通过检测电压、频率和相位等电气量来判断孤岛的发生，这样的情况称为检测盲区（Non Detection Zone，NDZ）；对于单位功率因数并网逆变器，与负载发生有功功率匹配，同时负载 LC 发生谐振，不需要无功的情况下，同样会出现检测盲区。

（2）电压谐波检测法

电压谐波检测法（Voltage Harmonics Monitoring Method）主要基于分布式发电系统中变压器或电感的非线性特性。当与电网断开时，并网逆变器的输出电流会导致线路电压上出现较大的谐波分量。检测线路电压的谐波含量，当发现谐波含量突然增加时，就可以认为系统发生了孤岛效应。此方法的优点是在很大范围内可以检测孤岛效应，而且不影响并网逆变器输出的电能质量，多个逆变器并联时相互干扰较小；但这种方法的判断依据不明显，因为电网正常运行时由于所带的非线性负载，也可能产生很多谐波，并不一定是由于孤岛效应引起的，因而此方法很难找到合适的谐波幅值门限，影响判断的准确性。

（3）相位跳变检测法

相位跳变检测法（Phase Jump Detection Method）的原理是在电网断开的瞬间，逆变器输出的电压和电流相位关系将决定于负载情况，一般会产生一个瞬时的相位跳变，保护电路检测此相位变化作为孤岛检测的信号。该方法算法简单、易于实现、成本低。但同样，该方法有很大的不可测区域，而且可靠性不高，易发生误动作。当特定负载（大功率电动机或整流器）启动时，会产生相位跳变，这容易使逆变器发生误动作。

6.4.3.2　主动式检测方法

为解决被动式孤岛检测法存在较大的检测盲区问题，许多主动式检测方法被提出。主动式检测方法通过在并网逆变器的输出中加以较小的电流、频率或相位扰动信号，并检测其对线路电压的影响，在孤岛运行状态，扰动信号将会在线路电压上体现并累积，从而检测出孤岛状态。其主要方法有：频率/相位偏移法、输出功率补偿法和插入阻抗法等。

（1）频率/相位偏移法

① 频率偏移法　当电网故障时，光伏系统端电压与输出电流的相角由负载决定，这可以通过内部锁相环检测到。为减小相角差，逆变输出电流频率被迫升高或者降低，目的是使端电压频率偏离正常值，直到过频或欠频继电器动作。

主动频率偏移法（Active Frequency Drift Method，简称AFDM）的工作原理是：对于一个带负载的光伏并网发电系统，RLC负载消耗的功率包括有功功率和无功功率。当电网断电时，如果光伏输出与负载需求不一致，则逆变器输出电压和频率均可能发生变化。具体讲，如果有功不满足，则电压发生变化；如果无功不满足，则频率发生变化。频率发生变化的原因是促使负载电流和电压相位差等于光伏系统的输出。考虑到并网光伏发电系统输出功率因数最大（=1），则负载电压频率将是LC谐振频率$\omega=1/\sqrt{LC}$。但是如果光伏系统输出与负载匹配或者相差不大（如匹配度大于80%），则这种电压和频率的改变就不明显，从而使得检测及保护装置失去作用。尤其当有多组光伏系统并联运行时，处理将更加困难。主动频移法的目的就是主动改变这种平衡状态，使得电压或者频率的检测持续有效。电压电流控制波形如图 6-43 所示。正常工作时，使电流正半波小于电网电压某个值 T_z，也就是相位相差 ω_{tz}（ω 为电网电压角频率），在这段间隔中，电流保持为零。当电网电压过零时，电流再跟踪输出。但是，为了保证高功率因数输出，T_z 不能太大。其控制等式用下式表示：

$$u = \sin 2\pi (f + \partial f)(t - T_1 + k_2 / T_2) \qquad (6\text{-}38)$$

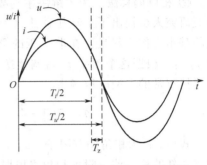

图 6-43 频率偏移法工作原理图

式中，u 为控制电流输出的调制电压；T_1 为每次检测电压过零点的时间；f 和 T_2 为上一次的频率和周期；∂f 为每个周期频率的增加量；k_2 / T_2 为电流输出相位超前的一个等效时间（与 T_z 相关），即每次都在电压正向过零后增加一个相移，t 为系统运行时间。

当孤岛现象出现后，如果负载为纯电阻，此时电压将与电流同步，此时相当于调节电流频率，而电压同时又跟随电流波形，直到最后频率达到限值。如果此时利用傅里叶变换将电流整型，实际上它的基波超前电流 $T_z/2$。若负载既有容性负载又有感性负载，当系统输出频率达到 LC 谐振频率时，其电压就超前电流 $T_z/2$，系统频率因此而持续上升。但是，此时也可能出现频率不再持续变化的情况，也就是当频率满足如下关系时频率不再上升（注：arg——argument of a complex number，复数的辐角）。

$$\arg[R^{-1} + (\mathrm{j}\omega L)^{-1} + \mathrm{j}\omega C]^{-1} = 0.5\omega T_z \qquad (6\text{-}39)$$

这时，系统进入新的稳态，从而导致检测失败，相当于进入检测盲区。研究表明，当负载为大电感小电容时，这个检测盲区不会很大；但是如果是小电感大电容负载，则进入检测盲区的可能性较大。当然，在电感非常小（<1mH）时，检测盲区也会相应缩小，这是因为此时负载阻抗受频率影响会比较显著，从而使得检测的另一个变量电压检测有效。

针对上述主动频率偏移法存在的检测盲区，相关研究人员还提出了采用正反馈的主动频率偏移（Active Frequency Drift with Positive Feedback，AFDPF）法。该方法与主动频率偏移相比，不仅能加速频率偏移，而且在频率变化为负值的情况下可减小 T_z 与电网周期 T_u 的比值，也就意味着在相同的 T_z 与电网周期 T_u 的比值下，其检测盲区更小。与此同时，当多台有 AFDPF 算法的逆变器并联时，正反馈的作用将更为显著。AFDPF 算法的关键是正确选择正反馈函数，在保证系统稳定的基础上加剧频率偏移。

研究人员还提出了一种主动频移的方式称为滑模频移（Slide-mode Frequency-shift Method，SMSM），其原理与前述方法相同，只是在其基础上增加了对输出电流起始角的控制，也就是逆变器输出电流的起始角也随着频率在端电压的每个过零点处发生变化。这种方法可以减小下一次端电压过零点的时间，从而加速频率的上升和相角的增加。但是这种方法同样不能避免检测盲区的出现。

② 相位偏移法　为了解决主动频率偏移法可能导致系统进入新的稳态的问题，相关研究人员提出了主动相移法（Automatic Phase-Shift Method，APSM）。该方法的基本工作原理是：在端电压的第 k 个过零点，首先计算上一个电压周期的频率 f_{k-1}，根据这个频率 f_{k-1} 调整逆变器输出电流的起始角 $\theta_{APS}[k]$，但是频率仍旧保持正常的电网电压频率。

$$\theta_{APS}[k] = \frac{1}{\alpha} \times \frac{f_{k-1} - 50}{50} \times 360° + \theta_0[k] \tag{6-40}$$

式中，α 为相角调节因子，$\theta_0[k]$ 为附加的相角改变。一旦系统端电压频率在进入新的稳态前，附加相角将根据以下公式改变：

$$\theta_0[k] = \theta_0[k-1] + \Delta\theta \cdot \mathrm{sgn}(\Delta f_{ss}) \tag{6-41}$$

式中，$\Delta\theta$ 为常量，Δf_{ss} 为稳态频率的变化值。

$$\mathrm{sgn}(\Delta f_{ss}) = \begin{cases} 1, & \Delta f_{ss} > 0 \\ 0, & \Delta f_{ss} = 0 \\ -1, & \Delta f_{ss} < 0 \end{cases} \tag{6-42}$$

如果稳态频率从 50Hz 变化到 49Hz，附加的相角调整值 θ_0 就会破坏该稳态工作点。而这有可能导致系统进入又一个新的稳态值，但是由于 θ_0 的幅值越来越大，θ_{APS} 也变成一个更大的负值，因此输出电流基波成分的相角也会随之变化。于是相移差越来越大，并最终达到测量限值，以达到检测孤岛效应的目的。

（2）输出功率补偿法

输出功率补偿法是通过对逆变器输出功率的控制，使光伏发电系统输出的有功或功率发生周期性变化。有功功率补偿法原理是周期性的改变并网逆变器的有功输出功率，同时检测电网线路上的电压幅值是否受到影响。无功功率补偿法与有功补偿法相似，不同处在于补偿法量是并网逆变器的无功输出。在实际运用中，无功补偿法应用更为普遍。

当系统进入孤岛状态时，假定电网断电前后并网逆变器输出的有功和无功功率固定，则在孤岛出现时电压和频率能从功率平衡中决定（参见图 6-37）：

$$\frac{\Delta P}{P_I} = 1 - \frac{U_{grid}^2}{U_{island}^2} \tag{6-43}$$

$$\frac{\omega_{island}}{\omega_{grid}} \times \frac{\Delta P}{P_I} - \frac{\Delta Q}{Q_I} = \left(\frac{\omega_{grid}^2}{\omega_{island}^2} - 1\right)\frac{Q_C}{Q_I} + \frac{\omega_{island}}{\omega_{grid}} - 1 \tag{6-44}$$

其中 U_{grid} 和 ω_{grid} 分别代表光伏系统与电网并联运行时负载电压和角频率，U_{island} 和 ω_{island} 分别代表孤岛运行时负载电压和角频率，Q_C 为谐振电路中电容供给的无功。

当电源与负载有功不匹配时，负载端电压发生变化；当电源与负载无功不匹配时，频率发生变化。并有以下公式成立：

$$P_L = \frac{U_A^2}{R}$$

$$Q_L = \left(\frac{1}{\omega L} - \omega C\right)U_A^2 \qquad (6\text{-}45)$$

但是应该注意到，负载电压 U_A 的变化同时也会影响角频率 ω。即当有功不匹配时，负载电压发生变化。如果此时电源提供的无功功率没有发生变化，则系统角频率将相应地根据公式发生变化。如果逆变器输出功率因数设定为 1，则最终达到系统稳定时的频率 $\omega = 1/\sqrt{LC}$，即电感电容发生谐振；如果功率因数不为 1，则要求 $Q_1 = Q_L$，此时的 ω 由无功补偿的匹配程度决定。

在一定负载条件下，系统达到无功功率平衡时的电压水平可以用图 6-44 来描述。1、1′为负载需求电压特性曲线；2、2′为电力系统 Q、U 特性曲线。两者的交点为系统平衡点。当无功需求增加（1→1′）时，如果系统提供无功的能力也增强（2→2′），则系统可维持 U_A 的电压水平；否则将进入 A' 运行，电压为 U_A'。

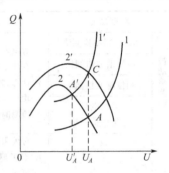

图 6-44　系统无功平衡与负载电压关系曲线

通常情况下，在逆变系统中加入固定的无功补偿就可以起到检测孤岛状态的作用。并网运行时，负载端电压受电网电压钳制，而不受逆变器输出的无功功率多少的影响。当系统进入孤岛状态时，一旦逆变器输出的无功功率和负载需求不匹配，负载电压幅值或者频率将发生变化。考虑到固定无功补偿功率仍有可能与负载需求一致，在设计中要对并网运行时的负载无功需求随时进行检测，而系统只提供部分无功补偿电流，其余部分仍由电网提供。这样就可以保证在孤岛出现后，逆变器输出无功功率与负载需求不一致，最终导致电压幅值和频率超过限定值。研究在固定无功补偿基础上叠加特定规律的无功波动时发现，这种波动将引起孤岛时负载频率有规律地发生变化，这更有利于对孤岛的准确检测。

输出功率补偿法原理简单，实现容易，对单台并网逆变器可准确检测其孤岛效应。但有功或无功的补偿影响电能质量，而且对于孤岛中存在多个分布式发电系统的情况，由于存在平均效应，单个并网逆变器的干扰对总体线路的影响将不明显，检测可靠性降低。

（3）插入阻抗法

插入阻抗法的原理是由于电网断电后，系统的输出功率和系统输出电流与负载有关，因此，若定时地改变负载（电阻、电感或者电容）的大小，则在电网断电后系统输出的端电压同样会有改变，达到对输出电压的幅值、频率扰动的目的，从而能有效地检测孤岛效应的发生。增加负载的电阻会导致输出电压幅值的增加；增加负载的电容将会导致输出电压频率的减小；增加负载的电感将会导致输出电压频率的增加。因此，改变负载能有助于判断孤岛效应。在使用这个方法的时候，负载的改变应该幅度小一点为宜，以免对其他负载和电网造成冲击。该方法的优点是在时间要求不高的情况下，反孤岛非常有效，但系统响应速度慢，插入阻抗相应地增加了系统成本。

除上述讲述的各种被动式和主动式孤岛检测方法外，还可根据电网特性在电网侧运用各种电气量的改变加以判断，孤岛检测方法众多，关键在于具有反孤岛功能的并网逆变器能够在规定的时间内完成检测以及在负载与电源功率匹配时避开检测盲区。表 6-4 给出了各种主动式、被动式以及电网侧检测孤岛方法的特点与适用场合，不同的并网系统应针对自身情况和负载特点选择合适的孤岛检测方法。在实际应用中通常会采用多种方法混合使用，这样可以减小或消除检测盲区，确保检测系统的可靠性。

表 6-4   各种孤岛检测方法比较

检测方法		特点	适用场合
被动检测法	电压/频率检测法	对电网无干扰，无谐波注入； 有些电量不能直接测量，需复杂的算法计算，如电压谐波，输出有功等； 功率匹配时存在较大检测盲区； 检测时间长	应用于负载功率变动不大，且与逆变器的输出不匹配场合； 一般需要和主动检测方法结合起来运用
	电压谐波检测法		
	相位跳变检测法		
	关键电量 变化率检测法		
主动检测法	频率/相位偏移法	对纯阻性负载不存在检测盲区，对于 RLC 并联负载在特定的相角区域内存在盲区； 检测响应时间短； 因频率相位有偏移，输出功率因数不为1，向电网输入谐波	主要运用于单相电流控制型并网逆变器； 适用于输出电压波形质量要求不高，响应速度快的场合
	电压/频率正反馈法	不存在检测盲区； 响应速度快； 关键部分在反馈增益的确定，既要保证并网过程系统稳定，又要在孤岛时打破系统平衡	适用于单相恒流控制逆变器，其电压反馈控制方法简单； 引入两相旋转坐标系可将该方案扩展到三相并网发电系统中
	有功补偿法	控制方法简单，检测盲区小； 影响输出功率效率； 检测时间长	应用于负载功率变动不大的并网系统； 输出功率对电网的潮流影响比较大，适用于较小功率逆变器的并网系统
	无功补偿法	加入无功分量，导致功率因数降低； 为消除检测盲区，还需加入对本地负载的无功检测	
电网侧检测	远程通信监控	实时性强，检测速度快，稳定性高； 对电网系统正常运行无影响； 需要额外安装检测监控和阻抗投切设备，成本较高	适用于大容量光伏电站场合
	插入阻抗法 （自动投切阻抗）		

第7章 光伏发电系统设计

要建成一个高效、完善、可靠的光伏发电系统，需要进行一系列的科学设计，如系统的容量设计、电气设计和机械设计等，如果其中任何一个环节考虑不周，都可能导致系统无法满足正常工作的要求。

太阳能光伏系统设计的基本原则是在保证满足负载供电需要的前提下，确定使用最少的太阳能电池组件功率和蓄电池容量，以尽量减少初始投资，降低系统运行维护费用。

太阳能能光伏系统设计中最重要的部分是容量设计，内容包括确定太阳电池阵列和蓄电池的容量以及阵列的倾角等。

阵列容量宜按负载设备近期负荷配置，适当考虑中、长期负荷的发展。阵列容量设计前应做好设计查勘工作，其主要内容包括以下方面。

① 通过当地气象部门或气象站等途径获取光伏电站场地的太阳能资源和气候状态的数据，包括当地纬度、经度和海拔高度等情况。其中太阳能资源主要包括年太阳总辐射量（辐照度）或太阳能辐射量以及辐射强度的每月日平均值，气候状态主要包括年平均气温、年最高气温、年最低气温、一年内最长连续阴雨天（含降水或下雪天）、年平均风速、年最大风速、年冰雹次数、年沙暴日数等。

② 了解并记录光伏电站所供应负载的详细情况。其中负载情况主要包括负载额定功率、峰值功率、供电方式、供电电压、供用时间、日平均用电量、负载性质等。

③ 了解并记录当地市电的情况。其中市电情况主要包括有无市电、市电距光伏电站所供负载的距离、市电质量等级等。

④ 了解并记录太阳能光伏电站所供负载位置详细情况。其中位置情况主要包括距最近县城的距离、是否通车、离最近通车点的距离、路面状况、对后期工程施工的影响等。

⑤ 光伏电站的选址应选择太阳光不被遮挡的位置。为了施工方便通常选择地势平坦的地方，应尽量避开山石区，远离树木，以防止阴影对太阳能电池板的遮蔽；同时电站的位置应尽量避开水流通道和易积水的部位，避开泥石流等自然灾害的威胁。为了减少电线线路上的电能损耗和压降，光伏电站应尽量建设在负荷区附近。

⑥ 电池组件阵列平面正常情况应朝向南方。若因地理条件和周围环境的限制，阵列面可向东或向西偏转小于当地地理纬度的适当角度。

⑦ 对所选光伏电站位置土地归属权进行详细了解，做出详细记录，与土地所有人达成土地使用权归属备忘录，并及时到当地相关部门办理所有权变更手续。

⑧ 选址后应用木桩、石灰等物件对站点划好位置，并根据负载大小、天气、光照等情况等粗略估算光伏电站面积。条件许可的情况下，可直接定好基础开挖的位置。

⑨ 对太阳能电站周边土壤进行取样测量，以确定土壤类型和电气特性，根据当地地形及土壤电阻率确定接地装置的位置和接地体的埋设方案。

⑩ 了解当地雷害情况，以便有针对性地进行防雷设计。

⑪ 了解当地风况，对最大风力大于 10 级的场所，太阳电池阵列支架应采取相应的加固措施。

⑫ 对负载方的要求认真做好记录，提出适合的应对解决方案。

初步方案设计完成后，光伏系统要根据负载要求和当地气象及地理条件进行专门的优化设计。在充分满足用户负载用电需要的条件下，要尽量减少太阳能光伏电池和蓄电池的容量，以达到可靠性和经济性的最佳结合。与此同时，光伏系统设计要避免盲目追求低成本或高可靠性的不良倾向，当前尤其要纠正为了市场竞争片面强调经济效益、任意减小系统容量、忽视系统整体性能的现象。

7.1　独立光伏系统的容量设计

独立光伏系统是光伏应用的重要领域之一，它包括边远地区的村庄供电系统、太阳能户用电源系统、太阳能路灯等各种带有蓄电池可以独立运行的光伏发电系统。

独立运行的光伏发电系统是靠光电转换来发电，需要有蓄电池作储能装置，其系统结构如图 2-4 所示。它主要由太阳能电池阵列、蓄电池组、充放电控制器和逆变器等组成，适用于无电网的边远地区及人口分散地区。由于必须配置蓄电池组作为储能装置，所以整个系统造价较高。目前，独立光伏系统主要用于为偏远的无电网区中小功率用户供电。

7.1.1　设计流程

一般来讲，太阳能发电系统的设计分为软件设计和硬件设计两大部分，且软件设计先于硬件设计。

系统软件设计主要包括负载用电量的计算，太阳能电池阵列面辐射量的计算，太阳能电池组件容量计算、蓄电池容量计算以及两者之间相互匹配的优化设计，太阳能电池阵列安装倾角的计算，系统运行情况预测和经济效益分析等内容。

系统硬件设计主要包括太阳能电池组件和阀控式铅酸蓄电池的选型，太阳能电池阵列支架的设计，逆变器的选型与设计，控制器的选型与设计，以及防雷接地、配电设备和低压配电线路的选型与设计等。

图 7-1 所示为独立太阳能光伏发电系统的总体设计内容。

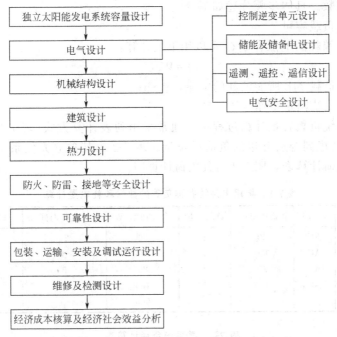

图 7-1　独立太阳能光伏发电系统总体设计内容

　　独立太阳能光伏发电系统容量设计流程如图 7-2 所示。简单来说，独立太阳能光伏发电系统的容量是由设备安装场所的日照量、负荷的消费电力两大因素决定。此外，还需要适当考虑设备效率、安全余量等因素。

图 7-2　独立光伏发电系统容量设计流程

7.1.2　光伏阵列的容量设计

　　独立光伏发电系统太阳能光伏阵列的容量取决于负载 24h 所能消耗电能 $H(W \cdot h)$。负载额定电压与负载 24h 所消耗的电能，决定了负载 24h 消耗的电能容量 $Q(A \cdot h)$，再考虑到平均每天日照时数及连续阴雨天造成的影响，可计算出太阳能电池阵列工作电流 $I_P(A)$。由负载额定电压选取蓄电池组电压，由蓄电池组电压确定蓄电池的串联只数以及蓄电池浮充电压 $U_f(V)$，再考虑到太阳能电池因温度升高而引起的温升电压 $U_T(V)$ 及反充二极管 P-N 结的压降 $U_D(V)$ 所造成的影响，则可计算出太阳能电池阵列的工作电压 $U_P(V)$，由太阳电池阵列工作电流 $I_P(A)$ 与工作电压 $U_P(V)$，便可决定平板式太阳能板的发电功率 $W_P(W)$，从而计算出太阳能板的容量，再根据生产厂家提供的电池组件参数确定相应组件的串联块数与并联组数。具体步骤分述如下。

（1）计算负载容量

负载 24h 消耗的电能容量 Q 可以用下式计算：

$$Q = W/U \tag{7-1}$$

式中　W——负载 24h 所能消耗的电能，$W \cdot h$；

　　　U——系统额定工作电压，V。

在实际系统负载容量计算过程中，通常采用列表计算方式（表 7-1 为示例计算表），并适当考虑到今后五年的负荷增长量。表 7-2 为某独立光伏系统负荷统计另一种形式的负荷计算表，图 7-3 为其负荷计算图。

表 7-1　某用电系统各种负载的数量和耗电量计算

编号	负载名称	AC/DC	负载功率/W	负载数量	合计功率/W	每日工作时间/h	每日耗电量/W·h
1	遥测装置	AC	30	1	30	24	720
2	微机系统	AC	330	1	330	6	1980
3	照明设备	AC	20	4	80	5	400
4	通信设备	AC	100	1	100	12	1200
5	合计				540		4300

表 7-2　某系统负荷计算表

负荷名称	滚筒洗衣机	电冰箱	电视机	照明	日平均消费功率/W
功率/W	100	200	300	100	
日使用时间/h	6	6	6	6	
消耗电量/W·h	600	1200	1800	600	175

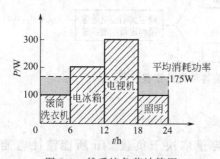

图 7-3　某系统负荷计算图

（2）确定日照时数

为了尽可能多接受日照，独立光伏发电系统的太阳能电池阵列通常是按一定的倾角安装的，一般阵列是以安装地点的纬度为参考来设置阵列倾角。

阵列安装面日照量 Q' 通常采用查询当地日照记录的方法来计算：

$$Q' = Q \times K_{OP} \times 1.16 \times \cos|(\theta - \beta - \delta)| \tag{7-2}$$

式中　Q——水平面的月平均日照量，$cal/(cm^2 \cdot d)$；

　　K_{OP}——日照修正系数；

　　1.16——平均日照量单位由 $cal/(cm^2 \cdot d)$ 到 $mW \cdot h/(cm^2 \cdot d)$ 的变换系数；

　　θ——光伏阵列设置场所的纬度；

　　β——太阳能电池阵列的倾斜度（相对于水平面）；

　　δ——太阳的月平均赤纬度，如表 7-3 所示。

表 7-3　太阳的月平均赤纬度

Jan	Feb	Mar	Apr	May	Jun	Jul	Aug	Sep	Oct	Nov	Dec
$-21°$	$-13°$	$-2°$	$+10°$	$+15°$	$+23°$	$+21°$	$+14°$	$+3°$	$-9°$	$-18°$	$-23°$

注:在南半球时,上述的符号正好相反。

　　太阳能资源的分布和各地的纬度、海拔高度及气候状况有关,一般以全年总辐射量来表示,单位为 kcal/(cm^2·年)。但这个值一般难以量化计算,只能实际估测。我国各地全年总辐射量的分布,大体上在 $80\sim200$kcal/(cm^2·年)的范围内,如表 7-4 所示,同时还给出了对应的年日照时数值。

表 7-4　我国各地年辐射量及日照总时数

地　区	年日照时数/h	年总辐射量/[kcal/(cm^2·年)]
宁夏北部、甘肃西部、新疆东南部,青海西部,西藏北部	$2800\sim3300$	$160\sim200$
河北西北部、山西北部、内蒙古、宁夏南部、甘肃中部、青海东部、西藏东部、新疆南部	$3000\sim3200$	$140\sim160$
山东、河南、河北东南部、山西南部、新疆北部、吉林、辽宁、云南、陕西北部、甘肃东南部、广东南部、新疆南部、江苏北部、安徽北部	$2200\sim3000$	$120\sim140$
湖南、广西、江西、浙江、湖北、福建北部、广东北部、陕西南部、江苏南部、安徽南部、黑龙江	$1400\sim2200$	$100\sim120$
四川、贵州	$1000\sim1400$	$80\sim100$

　　在光伏系统容量设计中常用的一个重要概念是“峰值太阳小时 (peak-sun-hours)”。这是一个等效的概念,也就是将太阳辐射度等于 100mW/cm^2 (为太阳能电池测试的标准光照)的每天日照小时数称为“峰值太阳小时”,它在数值上等于平均日辐射量除以标准光强,其单位为 h/d (小时/天)。全国各地区的峰值太阳小时 T 可以近似取为表 7-4 中第二列年日照时数在一年内的平均值。

　　如果资料提供的是光伏阵列安装地点的太阳能日辐射量 H_t,则可以根据式(7-3)将其转换成在标准光强下的“峰值太阳小时数”T:

$$T = H_t \times \frac{2.778}{10000} \qquad (7-3)$$

　　式中,2.778×10^{-4}(h·m^2/kJ)为将日辐射量换算为标准光强 (1000W/m^2)下的峰值太阳小时数的系数。我国主要城市的日辐射参数如表 7-5 所示。

　　(3) 太阳能电池组件串联数 N_s

　　太阳能电池组件按一定数目串联起来就可获得负载所需的工作电压。太阳能电池组件的串联数必须适当:串联数太少,则串联电压低于蓄电池浮充电压,阵列就不能对蓄电池充电;串联数太多,使输出电压远高于浮充电压时,则充电电流不会有明显增加。因此,只有当太阳能电池组件的串联电压等于合适的浮充电压时,才能达到最佳的充电状态。

表 7-5　我国主要城市的辐射参数

城市	纬度 $\Phi/(°)$	日辐射量 $H_{\iota}/(kJ/m^2)$	最佳倾角 $\Phi_{op}/(°)$	斜面日辐射量/(kJ/m^2)	修正系数 K_{op}
哈尔滨	45.68	12703	$\Phi+3$	15838	1.1400
长春	43.90	13572	$\Phi+1$	17127	1.1548
沈阳	41.77	13793	$\Phi+1$	16563	1.0671
北京	39.80	15261	$\Phi+4$	18035	1.0976
天津	39.10	14356	$\Phi+5$	16722	1.0692
呼和浩特	40.78	16574	$\Phi+3$	20075	1.1468
太原	37.78	15061	$\Phi+5$	17394	1.1005
乌鲁木齐	43.78	14464	$\Phi+12$	16594	1.0092
西宁	36.75	16777	$\Phi+1$	19617	1.1360
兰州	36.05	14966	$\Phi+8$	15842	0.9489
银川	38.48	16553	$\Phi+2$	19615	1.1559
西安	34.30	12781	$\Phi+14$	12952	0.9275
上海	31.17	12760	$\Phi+3$	13691	0.9900
南京	32.00	13099	$\Phi+5$	14207	1.0249
合肥	31.85	12525	$\Phi+9$	13299	0.9988
杭州	30.23	11668	$\Phi+3$	12372	0.9362
南昌	28.67	13094	$\Phi+2$	13714	0.8640
福州	26.08	12001	$\Phi+4$	12451	0.8978
济南	36.68	14043	$\Phi+6$	15994	1.0630
郑州	34.72	13332	$\Phi+7$	14558	1.0476
武汉	30.63	13201	$\Phi+7$	13707	0.9036
长沙	28.20	11377	$\Phi+6$	11589	0.8028
广州	23.13	12110	$\Phi-7$	12702	0.8850
海口	20.03	13835	$\Phi+12$	13510	0.8761
南宁	22.82	12515	$\Phi+5$	12734	0.8231
成都	30.67	10392	$\Phi+2$	10304	0.7553
贵阳	26.58	10327	$\Phi+8$	10235	0.8135
昆明	25.02	14194	$\Phi-8$	15333	0.9216
拉萨	29.70	21301	$\Phi-8$	24151	1.0964

计算方法如下：

$$N_s=\frac{U_R}{U_{OV}}=\frac{U_f+U_D+U_C}{U_{OV}} \tag{7-4}$$

式中　U_R——太阳能电池阵列输出最小电压；

　　　U_{OV}——太阳能电池组件的最佳工作电压；

　　　U_f——蓄电池组浮充电压，其浮充电压与所选的蓄电池参数有关，应等于在最低温度下所选蓄电池单体的最大工作电压乘以串联的电池数，镉镍（GN）蓄电池和阀控铅酸蓄电池（VRLA）的单体浮充电压可分别按 1.4～1.6V 和 2.2V 考虑；

　　　U_D——二极管压降，一般取 0.7V；

U_C——其他因素所引起的压降。

（4）太阳能电池组件并联数 N_p

在确定太阳能电池组件并联数 N_p 之前，先确定其相关量的计算方法。

① 太阳能电池组件日发电量 Q_p

$$Q_p = I_{oc} T K_{op} C_z (\text{A·h}) \tag{7-5}$$

式中 I_{oc}——太阳能电池组件最佳工作电流；

T——等效峰值太阳小时数；

K_{op}——斜面修正系数，参照表 7-5；

C_z——修正系数，主要为组合、衰减、灰尘、充电效率等的损失，一般取 0.8。

② 两最长连续阴雨天之间的最短间隔天数 N_w，主要考虑要在此段时间内将亏损的蓄电池电量补充起来，需补充的蓄电池容量 B_{bc} 为

$$B_{bc} = A Q_L N_L \tag{7-6}$$

式中 A——安全系数，一般取 1.1~1.4；

Q_L——负载日平均耗电量，为工作电流乘以日工作小时数；

N_L——最长连续阴雨天数。

③ 太阳能电池组件并联数 N_p 的计算方法为

$$N_p = \frac{B_{bc} + Q_L N_w}{Q_p N_w} \cdot \eta_c \cdot F_c \tag{7-7}$$

式中 N_w——两最长连续阴雨天之间的最短间隔天数；

η_c——蓄电池充电效率的温度修正系数，蓄电池充电效率受到环境温度的响，如表 7-6 所示；

F_c——太阳电池组件表面灰尘、脏物等其他因素引起损失的总修正系数（通常取 1.05）。

式（7-7）表达的意思为：并联的太阳能电池组组数，在两组连续阴雨天之间的最短间隔天数内所发电量，不仅供负载使用，还需补足蓄电池在最长连续阴雨天内所亏损电量。

表 7-6　蓄电池充电效率的温度修正系数

环境温度/℃	充电效率/%	η_c
0 以上	90	1.11
−5	70	1.43
−10	62	1.62

（5）太阳能电池阵列的功率计算

根据太阳能电池组件的串并联数即可计算出所需太阳能电池阵列的功率 P：

$$P = P_0 N_s N_p \tag{7-8}$$

式中 P_0——太阳能电池组件的额定功率。

太阳能电池阵列输出的额定功率是在日照量 100mW/cm^2、芯片温度为 25℃ 的

条件下测定的，输出功率根据日照强度的变化而变化。为了区别太阳能电池阵列和柴油发电机的容量标准，用 W_P 来表示太阳能电池的峰值输出。

（6）阵列面积

太阳能光伏阵列面积的估算：

$$S = N_s N_p LZ(1+3\%)$$ (7-9)

式中　S——阵列总面积；

　　$L，Z$——分别为组件外形长、宽尺寸；

　　3%——阵列组件间的间隔余量。

7.1.3　蓄电池的容量设计

太阳能光伏发电系统的储能装置主要是（阀控式铅酸）蓄电池。与太阳能电池阵列配套的蓄电池通常工作在浮充状态，其电压随阵列发电量和负载用电量的变化而变化。其容量比负载所需电量大得多，蓄电池提供的能量还受环境温度的影响。为了与太阳能电池匹配，光伏发电系统要求蓄电池的工作寿命长且维护较简单。

（1）蓄电池的选用

能够与太阳能光伏电池配套使用的蓄电池种类很多，常用的有阀控式铅酸蓄电池、普通铅酸蓄电池和碱性镍镉蓄电池三种。国内目前主要使用阀控式铅酸蓄电池，因其固有的"免"维护特性及对环境较少污染的特点，很适合用于太阳能光伏发电系统，特别是无人值守的工作站。由于普通铅酸蓄电池具有需要经常维护及环境污染较大的缺点，所以主要适用于有专业维修队伍及专用蓄电池室的场合。碱性镍镉蓄电池虽然具有较好的低温、过充和过放电性能，但由于其价格较高，仅适用于较为特殊的场合。

（2）蓄电池组容量计算

蓄电池的容量是其连续供电保证。在一年内，太阳能光伏电池阵列发电量各月份有很大差别。阵列的发电量在不能满足用电需要的月份，就需要靠蓄电池的电能给以补充；在超过用电需要的月份，则要靠蓄电池将多余的电能储存起来。所以太阳能光伏电池阵列发电量的不足和过剩值，是确定蓄电池容量的依据之一。同样，连续阴雨天期间的负载用电也必须从蓄电池取得。所以，这期间的耗电量也是确定蓄电池容量的因素之一。

因此，蓄电池的容量 B_c 计算公式为：

$$B_c = \frac{AQ_L N_L T_0}{DOD}$$ (7-10)

式中　A——安全系数，通常取 1.1～1.4；

　　Q_L——负载日平均耗电量，为工作电流乘以日工作小时数；

　　N_L——最长连续阴雨天数；

　　T_0——蓄电池充电的温度修正系数，为简便起见，一般在 0℃ 以上取 1，
　　　　　　－10℃ 以上取 1.1，－10℃ 以下取 1.2；

DOD——蓄电池放电深度（depth of discharge），一般铅酸蓄电池取 0.5～0.8，碱性镍镉蓄电池取 0.5～0.85。

7.1.4 计算实例

以某地面卫星接收站为例，负载电压为 12V，功率为 25W，每天工作 24h，最长连续阴雨天为 15d，两最长连续阴雨天最短间隔天数为 30d，太阳能电池采用某半导体器件厂生产的 38D975×400 型组件，组件标准功率为 38W，工作电压 17.1V，工作电流 2.22A，蓄电池采用阀控式铅酸（免维护）蓄电池，浮充电压为 (14 ± 1)V。太阳能安装地水平面上接受的年平均日辐射量为 12110kJ/m²，K_{op} 值为 0.885，最佳倾角为 16.13°，试计算太阳能光伏电池阵列功率及蓄电池的容量。

（1）蓄电池容量 B_c

$$B_c = \frac{AQ_L N_L T_0}{DOD} = \frac{1.2 \times (25/12) \times 24 \times 15 \times 1}{0.75} = 1200 A \cdot h$$

（2）太阳能光伏电池阵列功率 P

太阳能光伏电池组件串联数 N_s：

$$N_s = \frac{U_R}{U_{OV}} = \frac{U_f + U_D + U_C}{U_{OV}} = \frac{14 + 0.7 + 1}{17.1} = 0.92 \approx 1$$

太阳能电池组件日发电量 Q_p：

$$Q_p = I_{oc} T K_{op} C_z = I_{oc} H_t \times \frac{2.778}{10000} \times K_{op} C_z$$

$$= 2.22 \times 12110 \times \frac{2.778}{10000} \times 0.885 \times 0.8 \approx 5.29 A \cdot h$$

$$B_{bc} = AQ_L N_L = 1.2 \times \frac{25 \times 24}{12} \times 15 = 900 A \cdot h$$

其中，负载日平均耗电量 Q_L =（负载功率×每天工作时间）÷负载电压

$$Q_L = \frac{25 \times 24}{12} = 50 A \cdot h$$

太阳能电池组件并联数 N_p：

$$N_p = \frac{B_{bc} + N_w Q_L}{N_w Q_p} = \frac{900 + 30 \times 50}{30 \times 5.29} \approx 15$$

故太阳能电池阵列功率为

$$P = P_0 N_s N_p = 38 \times 1 \times 15 = 570 W$$

（3）计算结果

该地面卫星接收站需太阳能电池阵列功率为 570W，蓄电池容量为 1200A·h。

7.1.5 系统容量的快速设计

对简单小容量的独立光伏系统，其太阳能光伏电池阵列的容量和蓄电池的容量配置可以通过光伏发电系统容量设计速查表快速确定。表 7-7 所示为我国部分地区光伏发电系统容量设计速查表。

表 7-7　我国部分地区光伏发电系统容量设计速查表

省份	地区	水平面辐射量 (PH$_H$) /[kW·h/m²/ (m²·d)]	最佳倾角	阵列面辐射量 (PH$_T$) /[kW·h/ (m²·d)]	光伏/直流负荷 PV/LDC /(W$_P$/W·h)	光伏/交流负荷 PV/LAC /(W$_P$/W·h)	蓄电池/光伏 (浅放电型) SHB/PV /(W·h/W$_P$)	蓄电池/光伏 (深放电型) DB/PV /(W·h/W$_P$)
青海	西宁	4.67	52	5.15	0.277	0.324	21.6	13.5
	格尔木	5.28	50	5.88	0.243	0.283	21.6	13.5
	玉树	4.88	45	5.32	0.267	0.312	21.6	13.5
甘肃	兰州	4.14	50	4.32	0.331	0.386	21.6	13.5
	天水	3.93	46	4.12	0.347	0.405	21.6	13.5
	民勤	4.42	52	4.98	0.287	0.335	21.6	13.5
	敦煌	4.91	55	5.39	0.265	0.309	21.6	13.5
内蒙古	呼和浩特	4.59	55	5.21	0.274	0.320	21.6	13.5
	二连浩特	4.71	60	5.64	0.253	0.296	21.6	13.5
	锡林浩特	4.03	60	4.65	0.307	0.358	21.6	13.5
	通辽	4.04	60	4.61	0.310	0.362	21.6	13.5
	海拉尔	4.00	70	4.69	0.305	0.355	21.6	13.5
	额济纳旗	4.98	57	5.61	0.255	0.297	21.6	13.5
宁夏	银川	4.52	52	5.03	0.284	0.331	21.6	13.5
新疆	乌鲁木齐	4.03	61	4.43	0.322	0.376	21.6	13.5
	哈密	4.82	58	5.52	0.259	0.302	21.6	13.5
	伊宁	4.31	62	4.73	0.302	0.352	21.6	13.5
	阿勒泰	4.21	65	4.84	0.295	0.344	21.6	13.5
	喀什	4.41	54	4.59	0.311	0.363	21.6	13.5
	和田	4.56	52	4.82	0.296	0.346	21.6	13.5
	若羌	4.61	54	4.95	0.289	0.337	21.6	13.5

注：PH$_H$(kW·h/m²·d)：水平面上的太阳能峰值日辐射量。
PH$_T$(kW·h/m²·d)：太阳电池阵列面上的太阳能峰值日辐射量。
PV/LDC(W$_P$/W·h)：太阳电池功率与直流负载耗电量的比值。
PV/LAC(W$_P$/W·h)：太阳电池功率与交流负载耗电量的比值。
SHB/PV(W·h/W$_P$)：浅放电型蓄电池容量与太阳电池功率的比值（蓄电池储备 3 天·DOD＝50%）。
DB/PV(W·h/W$_P$)：深放电型蓄电池容量与太阳电池功率的比值（蓄电池储备 3 天·DOD＝80%）。

速查实例：

某独立光伏系统，安装地点青海玉树，其水平面上的太阳能峰值日照时数 PH_H 为 $4.88kW \cdot h/(m^2 \cdot d)$。

系统负载为直流户用电源，功率为 $600W$，工作电压采用 $48V$，可以算出工作电流 $12.5A$。

按每天工作 $5.4h$ 统计，则一天的耗电量为

$$600 \times 5.4 = 3240W \cdot h$$

利用以上数据，通过表7-7查出计算太阳电池组件功率所需的 $PV/LAC = 0.312$，故太阳电池阵列的功率容量为

$$3240 \times 0.312 = 1011W_P$$

可选用 24 块、单块功率为 $50W_P$ 的电池板组成太阳电池阵列，实际总功率为 $1200W_P$。

假定系统配置深放电型蓄电池，通过表7-7，查出 $DB/PV = 13.5$，因此极端条件下，蓄电池需放出电量

$$1200 \times 13.5 = 16200W \cdot h$$

故蓄电池最少容量为 $16200/48 = 338A \cdot h$

实际选用的蓄电池配置为 $48V/400A \cdot h$

7.2 独立光伏系统的优化设计

独立太阳能光伏发电系统必须进行优化设计，综合考虑其可靠性和经济性指标，最终确定最佳的太阳能电池阵列和蓄电池容量组合。针对不同的负载特性，独立太阳能光伏发电系统有不同的优化设计方法。

7.2.1 均衡性负载

均衡性负载每个月份的平均日耗电量基本相同，对于日平均耗电量变化不超过 10% 的负载，也可以当作均衡性负载看待。在实际运用中，绝大多数独立光伏系统的负载类型都可以归属为均衡性负载，这类系统优化设计的步骤如下。

(1) 确定负载耗电量

列出各种用电负载的耗电功率、工作电压及平均每天使用时数。另外，还要计入系统的辅助设备如控制器、逆变器等的耗电量。

选择蓄电池工作电压 U，算出负载平均日耗电量 $Q_L(A \cdot h/d)$。

指定蓄电池组单独供电的维持天数 n（通常 n 取 $3 \sim 7d$）。

(2) 计算阵列面上太阳辐照量

根据当地的地理及气象资料，先任意设定光伏阵列的某一倾角 β，根据 Klien 和 Theilacker 所发表的计算太阳月平均日太阳辐照量的方法，计算出在该倾斜面上太阳各月平均日辐照量 H_t $[kW \cdot h/(m^2 \cdot d)]$，并得出全年太阳日平均辐照量 $\overline{H_t}$。

H_t 的单位化成 $kW \cdot h/(m^2 \cdot d)$，除以标准辐照度 $1000W/m^2$（即 $100mW/cm^2$）：

$$T = \frac{H_t[\text{kW}\cdot\text{h}/(\text{m}^2\cdot\text{d})]}{1000(\text{W}/\text{m}^2)} = |H_t|(\text{h}/\text{d}) \tag{7-11}$$

这样，$|H_t|$ 在数值上就等于当月平均日峰值日照时数 T，以后就以 H_t 的单位化成 $\text{kW}\cdot\text{h}/(\text{m}^2\cdot\text{d})|H_t|$ 来代替 T。

（3）计算各月发电盈亏量

对于某个确定的倾角，阵列输出的最小电流应为

$$I_{\min} = \frac{Q_L}{H_t\eta_1\eta_2} \tag{7-12}$$

式中　η_1——从阵列到蓄电池的输入回路效率，包括阵列面上的灰尘遮蔽损失、性能失配及组件老化损失、防反充二极管及线路损耗、蓄电池充电效率等；

η_2——由蓄电池到负载的输出回路效率，包括蓄电池放电效率、控制器和逆变器的效率及线路损耗等。

确定以上公式的思路是：光伏阵列全年发电量正好等于全年耗电量，而实际上在夏天蓄电池充满电后，必定有一部分能量不能利用，所以光伏阵列输出电流不会比 $I_{\min}$ 更小。

同样也可由阵列面上各月平均太阳辐照量中的最小值 $H_{t\cdot\min}$ 得出阵列所需输出的最大电流为

$$I_{\max} = \frac{Q_L}{H_{t\cdot\min}\eta_1\eta_2} \tag{7-13}$$

确定以上公式的思路是：光伏阵列全年都处在最小太阳辐照下工作，因此任何月份光伏阵列的发电量都要大于负载耗电量。由于有蓄电池作为储能装置，允许在（夏天）光伏阵列发电量大于负载耗电量时给蓄电池充电存储能量，在（冬天）光伏阵列发电量不足时蓄电池存储的能量可供给负载使用，并不需要每个月份光伏阵列的发电量都有盈余，所以，这是光伏阵列的最大输出电流。

阵列实际工作电流应在 $I_{\min}$ 和 $I_{\max}$ 之间，可先任意选取一中间值 I。

阵列各月发电量为：

$$Q_g = NIH_t\eta_1\eta_2 \tag{7-14}$$

式中　N——当月天数；

H_t——当月平均日太阳辐照量。

各月负载耗电量为

$$Q_c = NQ_L \tag{7-15}$$

从而得到各月发电盈亏量

$$\Delta Q = Q_g - Q_c \tag{7-16}$$

如果 $\Delta Q > 0$，为盈余量，表示该月中系统发电量大于耗电量，光伏阵列所发出的电能除了满足负载使用外，还有多余电能，可以给蓄电池组充电；如果蓄电池组充满电，则多余电能只能白白浪费，成为无效能量。如果 $\Delta Q < 0$，为亏欠量，表示该月光伏阵列的发电量不足，需要由蓄电池提供部分储存的电能。

（4）确定累计亏欠量 $\sum|-\Delta Q_i|$

以两年（24个月）为单位，列出各月发电盈亏量，如只有一个 $\Delta Q < 0$ 的连续亏欠期，则累计亏欠量即为该亏欠期内各月亏欠量之和。如有两个或两个以上的不连续 $\Delta Q < 0$ 的亏欠期，则累计亏欠量 $\sum|-\Delta Q_i|$ 应扣除连续两个亏欠期之间 ΔQ_i 为正的盈余量，最后得出累计亏欠量 $\sum|-\Delta Q_i|$。

（5）确定阵列理想输出电流 I_{oc}

在阵列倾角为 β 的情况下，需要蓄电池实际供电维持的天数 n_1 应按下式计算：

$$n_1 = \frac{\sum|-\Delta Q_i|}{Q_L} \tag{7-17}$$

将 n_1 与指定的蓄电池维持天数 n 相比较，若 $n_1 > n$，则表示阵列输出电流太小，以致亏欠量 $\sum|-\Delta Q_i|$ 太大，所以需增大阵列实际输出电流 I，重新计算输出电流；反之亦然，直到 $n_1 \approx n$，即得出在阵列倾角为 β 情况下的理想输出电流 I_{oc}。

（6）确定阵列最佳倾角

以上阵列理想输出电流 I_{oc} 是在某一阵列倾角 β 的情况下，能满足蓄电池维持天数 n 的阵列理想输出电流，但此倾角并不一定是阵列的最佳倾角。改变阵列倾角 β，重复以上计算过程，进行比较，得出最小的阵列输出电流 I_{min} 值，相应的倾角即为阵列最佳倾角 β_{ota}。

（7）计算蓄电池及阵列容量

蓄电池容量为

$$B_c = \frac{\sum|-\Delta Q_i|}{(\text{DOD}) \cdot \eta_2} \tag{7-18}$$

式中　DOD——蓄电池的放电深度，通常取为 $0.5 \sim 0.8$。

由式（7-17）和式（7-18）可知：

$$B_c = \frac{nQ_L}{(\text{DOD}) \cdot \eta_2} \tag{7-19}$$

光伏阵列容量为

$$P = kI_{oc}(U_b + U_d) \tag{7-20}$$

式中　k——安全系数，通常取 $1.05 \sim 1.3$，可根据负载的重要程度、参数的不确定性、温度的影响以及其他所需要考虑的因素而定；

U_b——蓄电池充电电压，V；

U_d——防反充二极管及线路压降，V。

（8）决定最佳容量组合

改变蓄电池维持天数 n，重复以上计算过程，最后得到一系列 B_c-P 组合数据。再根据选定太阳能电池组件的产品型号及单价等因素，进行经济核算，最后决定蓄电池及光伏阵列容量的最佳组合。

综上所述，均衡性负载独立光伏系统容量优化设计的基本思路是，先指定蓄电池维持天数 n，任意选择阵列倾角 β，得到满足维持天数要求的阵列输出电流 I。再改变阵列倾角，求出满足维持天数要求的阵列最小输出电流 I_{min}，此时对应的 β 即为阵列最佳倾角 β_{ota}，由此得出阵列和蓄电池容量。改变维持天数 n，可以得到

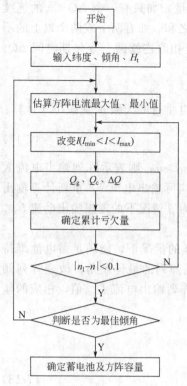

图 7-4 均衡性负载独立光伏
系统优化设计流程

一系列 B_c-P 组合，最后确定最佳的蓄电池和太阳能电池阵列搭配容量。

可以预见，在一定范围内，有一系列 B_c-P 组合都能满足负载用电要求，其规律是较大的光伏阵列与较小的蓄电池容量相搭配，反之亦然。但蓄电池维持天数 n 越多，则其容量 B_c 也越大，而光伏阵列容量 P 却减少得不多，在最终决定容量选择时要加以注意。

此外，阵列的最佳倾角会随着负载性质、当地气象及地理条件以及满足蓄电池维持天数 n 等条件的不同而改变，可通过比较不同角度时满足负载要求的最小容量配置来确定。通常对于不同的蓄电池维持天数 n，其阵列的最佳倾角不一定相同。

均衡性负载独立光伏系统优化设计流程如图 7-4 所示。

（9）编写计算程序

在实际设计工作中，都是根据以上原理及公式编写相应的计算机程序，从而免去繁琐枯燥的计算之苦，可以方便快捷地确定太阳电池组件功率及蓄电池容量的最佳配置。

（10）计算实例

拟为沈阳地区设计一套太阳能路灯，功率为 30W，每天定时工作 6h，工作电压为 12V，蓄电池维持天数取 5 天。计算光伏电池阵列和蓄电池最佳容量配置及阵列倾角。

首先计算负载耗电量，该路灯系统负载日耗电量为

$$Q_L = \frac{30 \times 6}{12} = 15 \text{A·h/d}$$

沈阳地区的纬度是 41.44°，任意取阵列倾角 $\beta = 60°$，算出各月平均日太阳辐照量 H_t。可得到全年太阳日平均辐照量 $\overline{H_t} = 3.809 \text{kW·h/(m}^2 \text{·d)}$，并找出 12 月份时太阳辐射量为最小，其值为 $H_{t·min} = 2.9347 \text{kW·h/(m}^2 \text{·d)}$。

选取参数：$\eta_1 = \eta_2 = 0.9$，代入公式(7-12) 和公式(7-13)，得到：

$$I_{min} = \frac{Q_L}{H_t \eta_1 \eta_2} = \frac{15}{3.809 \times 0.9 \times 0.9} = 4.86 \text{A}$$

$$I_{max} = \frac{Q_L}{H_{t·min} \eta_1 \eta_2} = \frac{15}{2.9347 \times 0.9 \times 0.9} = 6.31 \text{A}$$

在最大和最小电流值之间取：$I = 5.2 \text{A}$。

进而算出各月阵列发电量 Q_g，并列出各月负载耗电量 Q_c，从而求出各月发电盈亏量 ΔQ，具体数值见表 7-8 所示。

表 7-8 阵列倾角 $\beta = 60°$、$I = 5.2A$ 时阵列各月能量平衡情况

月份	$H_{\iota}/[kW\cdot h/(m^2\cdot d)]$	$Q_g/A\cdot h$ $Q_g = NIH_{\iota}\eta_1\eta_2$	$Q_c/A\cdot h$ $Q_c = NQ_L$	$\Delta Q/A\cdot h$ $\Delta Q = Q_g - Q_c$
1	3.3467	436.98	465	-28.016
2	4.1618	490.82	420	70.821
3	4.4364(max)	579.27	465	114.27
4	4.2092	531.12	450	81.118
5	4.1050	536	465	70.998
6	3.8124	481.74	450	31.735
7	3.4893	455.6	465	-9.4006
8	3.6602	477.92	465	12.916
9	4.2056	531.42	450	81.423
10	4.0399	527.49	465	62.493
11	3.3169	419.13	450	-30.871
12	2.9347(min)	383.19	465	-81.808
次年 1 月	3.3467	436.98	465	-28.016

由表 7-8 可见，当年 7 月和 11 月、12 月及次年 1 月都有亏欠量，所以有两个亏欠期，其中 7 月份亏欠量 $-9.4006A\cdot h$，但是在 8 月份就有盈余量 $12.916A\cdot h$，可以全部补足。因此全年累计亏欠量 $\sum|-\Delta Q_i|$ 是 11 月到 1 月份的亏欠量之和 $140.695A\cdot h$。

代入式(7-17)：

$$n_1 = \frac{\sum|-\Delta Q_i|}{Q_L} = \frac{140.695}{15} \approx 9.38 \text{ 天}$$

可见 n_1 要比要求的蓄电池维持天数（5 天）大得多，表示所取的阵列电流太小，因此要增加阵列输出电流，重新进行计算。

取 $I = 5.5A$，算出各月阵列发电量 Q_g，并列出各月负载耗电量 Q_c，从而求出各月发电盈亏量 ΔQ，具体数值见表 7-9 所示。

表 7-9 阵列倾角 $\beta = 60°$、$I = 5.5A$ 时阵列各月能量平衡情况

月份	$H_{\iota}/[kW\cdot h/(m^2\cdot d)]$	$Q_g/A\cdot h$ $Q_g = NIH_{\iota}\eta_1\eta_2$	$Q_c/A\cdot h$ $Q_c = NQ_L$	$\Delta Q/A\cdot h$ $\Delta Q = Q_g - Q_c$
1	3.3467	462.19	465	-2.8057
2	4.1618	519.14	420	99.137
3	4.4364	612.69	465	147.69
4	4.2092	561.76	450	111.76
5	4.1050	566.92	465	101.92
6	3.8124	509.53	450	59.528
7	3.4893	481.88	465	16.884
8	3.6602	505.49	465	40.488
9	4.2056	562.08	450	112.08
10	4.0399	557.93	465	92.925
11	3.3169	443.31	450	-6.6901
12	2.9347	405.30	465	-59.701
次年 1 月	3.3467	462.19	465	-2.8057

由表7-9中可见，当年11月、12月和次年1月都还有亏欠量，但这是一个连续亏欠期。总亏欠量为

$$\sum |-\Delta Q_i| = 69.197 \text{A} \cdot \text{h}$$

代入式(7-17)：

$$n_1 = \frac{\sum |-\Delta Q_i|}{Q_L} = \frac{69.197}{15} \approx 4.61 \text{ 天}$$

此时，n_1 与要求的维持天数5天相比要小。因此可以减少阵列输出电流，不断重复以上步骤，优化阵列输出电流 I 的取值（实际上，此项工作通常由计算机程序完成），最后取 $I=5.47565\text{A}$，此时阵列输出各月发电的盈亏量如表7-10所示：

表7-10 阵列倾角 $\beta = 60°$、$I = 5.47565\text{A}$ 时阵列各月能量平衡情况

月份	$H_t/[\text{kW} \cdot \text{h}/(\text{m}^2 \cdot \text{d})]$	$Q_g/\text{A} \cdot \text{h}$ $Q_g = NIH_t\eta_1\eta_2$	$Q_c/\text{A} \cdot \text{h}$ $Q_c = NQ_L$	$\Delta Q/\text{A} \cdot \text{h}$ $\Delta Q = Q_g - Q_c$
1	3.3467	460.15	465	−4.852
2	4.1618	516.84	420	96.839
3	4.4364	609.98	465	144.98
4	4.2092	559.27	450	109.27
5	4.1050	564.41	465	99.411
6	3.8124	507.27	450	57.272
7	3.4893	479.75	465	14.751
8	3.6602	503.25	465	38.250
9	4.2056	559.59	450	109.59
10	4.0399	555.46	465	90.455
11	3.3169	441.35	450	−8.6528
12	2.9347	403.51	465	−61.495
次年1月	3.3467	460.15	465	−4

由表7-10可见，当年11月、12月和次年1月还都有亏欠量，总亏欠量为 74.9998A·h，代入式(7-17) 即可求出

$$n_1 = \frac{\sum |-\Delta Q_i|}{Q_L} = \frac{74.9998}{15} \approx 5 \text{（天）}$$

这与要求的维持天数 $n=5$ 天基本相符，由此确定电流取：$I=5.47565\text{A}$。

但是，以上求出的仅仅是当阵列倾角 $\beta = 60°$ 时，满足维持天数 $n=5$ 天的光伏阵列最佳输出电流，此电流值并不一定是光伏阵列最小电流（当阵列倾角 β 为其他值时）。接着再改变阵列倾角 β，用同样的阵列输出电流 $I=5.47565\text{A}$，比较累计每月亏欠量的变化。如取倾角 $\beta = 62°$，重复以上计算，此时阵列输出各月发电的盈亏量如表7-11所示。

由表7-11可见，当年11月、12月和次年1月还都有亏欠量，总亏欠量为 74.5016A·h，由此求出 $n_1 = 4.97$ 天，比上面的 $n_1 = 5$ 天更小，可见阵列倾角取 $62°$ 要比 $60°$ 更好。

继续改变倾角，得出与维持天数 $n=5$ 天基本相符的最小电流，该角度即为太阳电池阵列的最佳倾角（实际上，此项工作通常由计算机程序完成）。

表 7-11　阵列倾角 $\beta=62°$、$I=5.47565A$ 时阵列各月能量平衡情况

月份	$H_t/[\mathrm{kW·h}/(\mathrm{m}^2·\mathrm{d})]$	$Q_g/\mathrm{A·h}$ $Q_g=NIH_t\eta_1\eta_2$	$Q_c/\mathrm{A·h}$ $Q_c=NQ_L$	$\Delta Q/\mathrm{A·h}$ $\Delta Q=Q_g-Q_c$
1	3.3480	460.33	465	-4.6699
2	4.1466	514.96	420	94.958
3	4.3920	603.98	465	138.98
4	4.1324	549.85	450	99.846
5	4.0143	551.94	465	86.941
6	3.7220	495.24	450	45.243
7	3.4128	469.24	465	4.2416
8	3.5917	493.84	465	28.831
9	4.1526	552.54	450	102.54
10	4.0174	552.37	465	87.386
11	3.3153	441.13	450	-8.8727
12	2.9386	404.04	465	-60.959
次年1月	3.3480	460.33	465	-4.6699

本例中，最后得出 $I_{oc}=5.47351A$，相应的角度是 $\beta=62°$，此时阵列输出各月发电的盈亏量如表 7-12 所示。

表 7-12　阵列各月发电盈亏量 ΔQ （$I_{oc}=5.47351A$，$\beta_{opt}=62°$）

月份	$H_t/[\mathrm{kW·h}/(\mathrm{m}^2·\mathrm{d})]$	$Q_g/\mathrm{A·h}$ $Q_g=NIH_t\eta_1\eta_2$	$Q_c/\mathrm{A·h}$ $Q_c=NQ_L$	$\Delta Q/\mathrm{A·h}$ $\Delta Q=Q_g-Q_c$
1	3.3480	460.15	465	-4.8456
2	4.1466	514.76	420	94.762
3	4.3920	603.75	465	138.74
4	4.1324	549.64	450	99.637
5	4.0143	551.73	465	86.730
6	3.7220	495.05	450	45.054
7	3.4128	469.06	465	4.0582
8	3.5917	493.64	465	28.638
9	4.1526	552.33	450	102.33
10	4.0174	552.16	465	87.152
11	3.3153	440.95	450	-9.0452
12	2.9386	403.88	465	-61.117
次年1月	3.3480	460.15	465	-4.8456

将选定的 $I_{oc}=5.47351A$，$\beta_{opt}=62°$ 代入式（7-18）和式（7-20），结果得到该系统最佳的 B_c-P 容量组合。

蓄电池容量为

$$B_c=\frac{\sum|-\Delta Q_i|}{(\mathrm{DOD})·\eta_2}=\frac{9.0452+61.117+4.8456}{0.8\times0.9}=104.2\mathrm{A·h}$$

式中　DOD——蓄电池的放电深度，此处取 0.8。

光伏阵列容量为

$$P=kI_{oc}(U_b+U_d)=1.2\times5.47351\times(15+0.7+0.3)=105.09\mathrm{W}$$

式中　　k——安全系数，通常取 $1.05\sim1.3$，此处取 1.2；

　　　　U_b——蓄电池充电电压，此处取 15V；

　　　　U_d——防反充二极管及线路压降，防反充二极管压降为 0.7V，线路压降此处取为 0.3V。

根据实际情况，可配置太阳能电池板容量为 110W，蓄电池容量为 105A·h/12V。

7.2.2　季节性负载

季节性负载的特点是负载每天的工作时间随着季节变化而变化，因此不能当作均衡负载处理，最典型的就是光控太阳能光伏照明系统。

（1）光控光伏照明系统

光控照明系统的特点是以自然光线的强弱来决定负载工作时间的长短。天黑开灯，天亮关灯，每天的工作时间不一样，因此负载耗电量也不相同。此特点与太阳日照时间的规律正好相反，夏天日照时间长，辐照量大，而灯具需要照明的时间短；冬天日照时间短，辐照量小，但灯具需要照明的时间反而更长。所以，光控照明系统在太阳能光伏电源应用中的工作条件是最苛刻的，设计时必须仔细考虑可能影响其容量配置的各个要素。

设计时应首先估计照明负载的工作时间，由式(1-11)可知，从日落到日出之间的无日照小时数为

$$t = 24 - \frac{2}{15}\arccos(-\tan\varphi \cdot \tan\delta) \tag{7-21}$$

式中　　φ——当地纬度；

　　　　δ——太阳赤纬角。

由于太阳赤纬角 δ 每天都在变化，所以 t 也每天在变化。不同地区 t 的差别很大，如海口地区（$\varphi=20.03°$），在夏至日（6 月 21 日 $\delta=23.45°$）当天，$t=10.1$h，在冬至日（12 月 21 日 $\delta=-23.45°$）当天，$t=13.2$h；而哈尔滨地区（$\varphi=45.45°$），夏至日当天，$t=8.5$h，冬至日当天，$t=15.5$h。由此可见，太阳能电池阵列安装地的纬度越高，冬至日与夏至日晚间需要照明的时间相差越大。

一般情况下，日出前半小时和日落后半小时内，天空尚有曙暮光，为了节约起见，可以不必开灯。如负载的工作电流为 I，则

负载日耗电量应为

$$Q_L = (t-1)I \tag{7-22}$$

各月耗电量则为

$$Q_c = NQ_L \tag{7-23}$$

式中　　N——当月天数。

显然，各个月份的耗电量都不相同，夏天少，冬天多。这是光控照明系统等季节性负载的工作特点。

光控太阳能照明系统等季节性负载的容量优化设计步骤与前述的均衡性负载独

立光伏系统的优化设计步骤基本相同，只是每天的耗电量 Q_L 不一样。所以一开始不是统计确定每天的耗电量，而是得出工作电流 I，然后根据式(7-21)确定每天的工作时间 t，才能由式(7-22)求得负载各天的耗电量。

（2）计算实例

为方便比较，同样地为沈阳地区设计一套光控太阳能路灯，灯具功率为 30W，工作电压为 12V，蓄电池维持天数取 5 天。试求太阳电池阵列和蓄电池的容量及阵列倾角。

首先求出负载工作电流：

$$I = W/U = 30/12 = 2.5(\text{A})$$

应用式(7-21)求出每天工作时间 t。

由式(7-22)计算出每天耗电量，再将每天电量相加，得出每月电量。

阵列的每月发电量也采用累加的方法求得。

其余计算优化步骤与前相同，最后得到如表 7-13 所示的计算结果。

表 7-13　光伏阵列各月发电盈亏量 ΔQ（某光控照明系统）

月份	$H_t/[\text{kW}\cdot\text{h}/(\text{m}^2\cdot\text{d})]$	$Q_g/\text{A}\cdot\text{h}$ $Q_g = NIH_t\eta_1\eta_2$	$Q_c/\text{A}\cdot\text{h}$ $Q_c = NQ_L$	$\Delta Q/\text{A}\cdot\text{h}$ $\Delta Q = Q_g - Q_c$
1	3.3407	1045.0	1056.3	−11.269
2	4.1044	1159.6	879.36	280.28
3	4.2939	1343.2	874.57	468.59
4	3.9813	1205.2	740.82	464.39
5	3.8254	1196.6	671.85	524.78
6	3.5354	1070.2	603.94	466.28
7	3.2545	1018.0	645.75	327.28
8	3.4474	1078.4	726.50	351.89
9	4.0361	1221.8	805.41	416.37
10	3.9612	1239.1	941.23	297.87
11	3.3022	999.63	1001.1	−1.4333
12	2.9377	918.93	1080.5	−161.57
次年 1 月	3.3407	1045.0	1056.3	−11.269

优化计算结果：

太阳电池阵列倾角为　　　　　$\beta = 66°$

蓄电池容量为　　　　　　　　$B_c = 242.5\text{A}\cdot\text{h}$

太阳电池阵列容量为　　　　　$P = 216.3\text{W}$

根据实际情况，可配置蓄电池容量为 250A·h；太阳电池阵列容量为 220W。

而 7.2.1 中讨论的，对定时工作的路灯系统其计算结果：

太阳电池阵列倾角为　　　　　$\beta = 62°$

蓄电池容量为　　　　　　　　$B_c = 104.2\text{A}\cdot\text{h}$

太阳电池阵列容量为　　　　　$P = 105.09\text{W}$

根据实际情况，配置太阳能电池板容量为 110W，蓄电池容量为 105A·h/12V。

由此可见，前者太阳电池阵列的倾角要比后者大，其原因是要照顾冬天阵列面上的日照量。由于光控太阳能照明系统冬天工作时间长，耗电量多，夏天耗电量少，与日照规律正好相反。光控太阳能照明系统与同样功率的定时太阳能照明系统相比，所需要配置的太阳电池阵列和蓄电池的容量都要大得多。

7.2.3 特殊要求负载

（1）负载失电率为零的光伏系统

衡量供电系统的可靠性通常用负载失电率 LOLP（Loss of Load Probability）来表示。

LOLP 的定义为

$$LOLP＝全年停电时间/全年时间 \qquad (7-24)$$

LOLP 值在 0～1 之间，数值越小，表示供电的可靠程度越高。如 LOLP＝0，表示任何时间都能保证供电，全年停电时间为零。即使是常规电网对大城市供电，也会由于故障或检修等原因，平均每年也要停电几个小时，其负载失电率只能达到 LOLP＝10^{-3} 数量级。对于一般用途的光伏发电系统，其负载失电率能达到 10^{-2} 即可。

然而，在一些特殊需要的场合，例如为重要的通信设备、灾害测报仪器、军用装备等供电的独立光伏系统，确实需要做到负载失电率为 0 的要求。对于这类独立光伏系统，设计时要特别仔细，稍有不慎，其结果就有可能影响光伏系统的稳定工作，产生严重后果。但也不能够盲目地增加系统的安全系数，配置过大，造成浪费。

对于均衡负载要求 LOLP＝0 的独立光伏系统，同样可以用上面提到的优化设计步骤，只是蓄电池的维持天数先用 $n＝0$ 代入，使得各个月份的阵列发电量都大于负载耗电量，即可确定太阳电池阵列的容量。不过要注意，计算光伏电池容量时考虑蓄电池的维持天数 $n＝0$，并不是指光伏系统不需要蓄电池，显然在晚上和阴雨天必须由蓄电池供电。在计算蓄电池容量时，可把当地的最长连续阴雨天数作为蓄电池的维持天数 n，以此确定蓄电池的容量。

（2）计算实例

为上海地区设计一套全天工作、失电率为零的独立光伏系统，负载平均每天耗电量为 10W×24h，工作电压取 12V，试确定系统的容量。

求出每天负载耗电量为 20A·h。

重复前述计算优化步骤，以蓄电池维持天数 $n＝0$ 代入，即可得到最佳倾角为 47°，阵列输出电流为 10.46A，太阳电池阵列容量为 204.9W。

根据上海地区最长连续阴雨天数为 8 天，用 $n＝8$，并选择蓄电池放电深度为 0.6，求出蓄电池容量为 313.7A·h。

实际可采用 2 只 12V、160A·h 蓄电池并联使用。

以上配置情况下，光伏阵列各月能量平衡表如表 7-14 所示。

表 7-14　光伏阵列各月发电盈亏量 ΔQ （系统 LOLP＝0）

月份	$H_\iota/[\mathrm{kW \cdot h}/(\mathrm{m^2 \cdot d})]$	$Q_g/\mathrm{A \cdot h}$ $Q_g = NIH_\iota \eta_1 \eta_2$	$Q_c/\mathrm{A \cdot h}$ $Q_c = NQ_L$	$\Delta Q/\mathrm{A \cdot h}$ $\Delta Q = Q_g - Q_c$
1	2.6557	620.03	620	0.03
2	2.9795	628.31	560	68.31
3	3.0011	700.66	620	80.66
4	3.6500	824.66	600	224.66
5	3.8399	896.50	620	276.5
6	3.569	758.45	600	158.45
7	3.9046	911.59	620	291.59
8	4.0097	936.14	620	316.14
9	3.7106	838.35	600	238.35
10	3.4880	814.37	620	194.37
11	3.1002	700.44	600	100.44
12	2.8832	673.13	620	53.13
次年 1 月	2.6557	620.03	620	0.03

7.3　并网光伏系统的设计

并网光伏发电系统是与市电电网相连并可能向其馈送电力的光伏发电系统。并网光伏发电系统在结构组成上一般没有配置蓄电池组，依托市电电网保证系统供电的可靠性，从而可简化系统结构，降低系统成本，还可以季节性调节电网的负荷。

并网光伏发电系统通常利用市电电网作为储能装置，不像（阀控式铅酸）蓄电池那样受到容量的限制。所以太阳能电池阵列的安装倾角应该是阵列全年能接收到最大太阳辐射量时所对应的角度。同时由于市电电网可以随时补充电力，所以并网光伏发电系统的容量设计也不需要像独立光伏系统那样过于严格。

7.3.1　设计计算

通常并网光伏系统设计计算有两种情况。

（1）根据阵列容量计算

根据准备安装的太阳能电池阵列的容量进行设计，找出全年能够得到最大发电量所对应的阵列最佳倾角，并且计算出系统各个月份的发电量及全年的总发电量。

首先可以根据当地的气象和地理资料，求出全年能接收到最大太阳辐射量所对应的角度即为阵列最佳倾角。

根据已知阵列容量，求出阵列输出电流，再根据最佳倾角时阵列面上各个月份所接收到的太阳辐射量，利用公式：

$$Q_g = NIH_\iota \eta_1 \eta_2 \qquad (7\text{-}25)$$

即可得到各个月份系统的发电量。

将 12 个月份的发电量相加就是全年并网光伏系统的发电量。

（2）根据负荷大小计算

根据用户负载的用电量，在能量平衡的条件下确定所需要最小的太阳能电池阵列容量及其安装倾角。

同样根据当地的气象和地理资料，求出全年能接收到最大太阳辐射量所对应的角度即为阵列最佳倾角。

任意选取某个阵列输出电流 I，算出各个月份的阵列发电盈亏量，如全年总的盈亏量为正，则减少电流 I；如全年总的盈亏量为负，则增加电流 I，重新进行计算，直到全年总的盈亏量为零，这时阵列的输出电流即为所需的最佳电流 I_{oc}。I_{oc} 与系统工作电压及安全系数相乘，就可得到所需要最小的太阳能电池阵列容量。

7.3.2　计算实例

某 10kW 太阳能并网发电系统设计的主要技术数据。

（1）设计总则

① 太阳能并网发电系统在原有的线路基础上增加一套供电回路，原则是尽量不改造原有供电回路。因此，可将光伏系统的并网点选择在并网点的低压配电柜上。

② 考虑到并网系统在安装及使用过程中的安全及可靠性，在并网逆变器直流输入侧加装直流配电接线箱。

③ 并网逆变器采用三相四线制的输出方式。

（2）电池组件及阵列支架的设计

选用型号为 120(34)P1447×663 的电池组件。其主要性能参数为：输出峰值功率 120W_p、峰值电压 17V、峰值电流 7.05A、开路电压 22V、短路电流 7.5A。

（3）电池阵列

由 18 块太阳能电池串联成 1 路，共 5 路，需要 120W_p 规格组件共 90 块。

阵列总功率为：$120×18×5＝10800W_p$。

太阳能电池阵列的主要技术参数为：

① 工作电压 306V，开路电压 396V；

② 工作电流 35A，短路电流 37.5A；

③ 转换效率大于 14％；

④ 工作温度 $-40～90℃$。

（4）并网逆变器

并网逆变器应采用最大功率跟踪技术，最大限度地把太阳能光伏电池板转换的电能送入电网。逆变器显示单元可显示太阳能电池阵列的电压、电流，逆变器的输出电压、电流、功率、累计发电量、运行状态、异常报警等各项电气参数。同时具有标准电气通信接口，可实现远程监控。具有多种并网保护功能（比如孤岛效应等）、多种运行模式、对电网无谐波污染和可靠性高等特点。

该工程选用德国进口 Line Back∑(plus)10kW 并网逆变器，其主要特征如下。

① 采用外置绝缘变压器，框架安装方式，体积小、重量轻。

② 功能模块化，可根据需要制定出合理的安装模块。

③ 有自立运行功能。停电时自动进行自立运行，向负荷供电。

④ 自立运行或者并网运行时有相同容量的功率。

⑤ 有显示单元，可显示输出功率、累计电量、运行状态及异常等内容。

⑥ 带有通信功能（RS-485），使用 GS 标准计量软件，可由 PC 机进行运行状态、发电状态监测和数据计量（电流、电压等）。

注：GS 是德语 Geprüfte Sicherheit（安全性已认证），也有 Germany Safety（德国安全）的意思。GS 认证以德国产品安全法（SGS）为依据，按照欧盟统一标准 EN 或德国工业标准 DIN 进行检测的一种自愿性认证，是欧洲市场公认的德国安全认证标志。

⑦ 可全自动运行。

⑧ 主要技术参数如下。

a. 额定容量：10kW。

b. 工作方式：

逆变器工作方式：电压型电流控制方式。

功率控制方式：最大功率跟踪控制（MPPT）。

c. 直流侧主要参数：

直流额定电压：300V。

直流电压输入范围：0～500V。

最大功率跟踪范围：200～400V。

d. 交流侧主要参数：

相数、线数：三相四线制。

额定电压：AC 380V/220V。

额定频率：50/60Hz。

交流输出功率因数：>0.99。

输出电流失真度：THD<3%。

逆变器效率：>97%。

7.4 光伏发电系统的硬件设计

完成光伏发电系统的容量设计后，还需要进行一系列的硬件设计（如电气、机械结构与热环境设计，辅助设备的选配，设备安装布置设计，配线设计，过流保护设计，防雷接地系统设计等），这些设计也关系到光伏发电系统的整体性能的优劣。

7.4.1 电气、机械结构与热设计

（1）电气设计

① 根据优化设计得出的太阳能电池阵列中组件的串、并联要求，确定太阳能电池组件的连接方式，如串、并联组件数目比较多时，可采用混合连接方式。

② 当太阳能电池组件串联数目比较多时，应该并联旁路二极管。同时还要决定防反充二极管的位置及连接方法。

③ 合理安排连接线路走向，尽量采用最短的连接途径。

④ 确定分线盒和总线盒的位置及连接方式，决定开关及接插件的配置。

⑤ 根据光伏系统各部分的工作电压及电流，按照有关电工标准或规范，选择采用合适的连接电线、电缆等附件。

⑥ 画出电气原理及结构图，以便日后的运行维护与故障检修。

（2）机械结构设计

① 根据现场条件，确定太阳能电池阵列的安装位置。要求其阵列面上尽量不要有建筑物或树木遮阴。否则在遮阴部分，非但没有电力输出，反而要消耗电力，形成局部发热，产生"热斑效应"，严重时会损坏太阳能电池。

② 根据优化设计得出的太阳能电池组件数量和尺寸大小以及阵列最佳倾角，设计阵列支架。要求阵列支架牢固可靠，要充分考虑到承重、通风、抗震、抗腐蚀等因素。在一些特殊地区，如海边，还要考虑防强风、防潮湿、防盐雾腐蚀等，有时还要加设驱鸟装置。厂家应提供抗风能力的计算，以保证组装了光伏组件的支撑结构能够承受设计风速。

③ 根据蓄电池的数量和尺寸大小，对安放蓄电池的房间进行总体布置，设计蓄电池的支架及其结构，要做到连接线路尽量短，排列整齐，干燥通风，维护操作方便。

④ 合理进行配电房的布置，安排好控制器和逆变器的位置，尽量与蓄电池靠近，但最好又能相互隔开。使得布局适当、接线可靠、测量方便。

⑤ 如果是并网系统，还要考虑电网连接位置及进出线方式等。

⑥ 对于重要或比较复杂的光伏系统，应当画出系统结构的平面或立体布置图。

（3）热环境设计

① 对于太阳能电池阵列，应尽量降低其工作温度，特别是在南方地区，要注意采取适当的降温措施，如太阳能电池组件之间保持一定的间距，阵列与其他物体之间应留有适当的距离，以便使其通风良好。在线路连接时，要考虑温度的影响，尤其在夏天安装时，连线不要太紧，以免在天冷的时候发生断裂。

② 蓄电池在低温时，其输出容量会受到影响。在20℃以下时，温度每降低1℃，其容量要下降1%左右。尤其是在北方地区，冬天低温会对蓄电池容量产生严重影响，必须采取一定措施，如加热、保温或埋入地下等。

③ 同时也要注意，并不是环境温度越高对蓄电池越有利。当环境温度过高时，蓄电池自放电现象会加剧，加速极板活性物质的消耗，电池容量将下降。

7.4.2　辅助设备的选配

（1）蓄电池

根据优化设计结果，确定蓄电池的电压及容量，选择合适的蓄电池种类及型号，再确定其数量及连接方式。一般场合可以采用阀控式密封铅酸蓄电池，对于为重要负载供电的光伏系统，可采用镍镉电池、镍氢电池或锂离子电池等。

（2）控制器

按照负载的要求和系统的重要程度，确定光伏系统控制器应具有的充分而又必要的功能，并配置相应的控制器。控制器功能并非越多越好，否则可能不但增加了成本，而且还增添了出现故障的可能性。

（3）逆变器

逆变器作为光伏发电系统的关键部件，对其要求较高。在光伏发电系统中需要专用的逆变器，以保证输出的电能满足电网对电压、频率等指标的要求。

对于有交流负载的光伏发电系统，必须配备相应容量的逆变器。通常光伏阵列的工作电压，要根据逆变器的要求来决定。一般情况下，逆变器的额定功率应稍大于负载的功率，不过在有些场合也可稍小于负载的功率。

逆变器输出的波形，通常有方波、改良方波和正弦波等多种，在满足负载正常工作的前提下，应尽量选用前两种，以降低系统建设成本。

由于逆变器并不总是工作在额定功率情况下，而是受实际天气情况和每天不同时刻的影响，其输入功率可能明显低于其额定输入功率。当其低于额定功率运行时，逆变器的转换效率会明显降低，逆变器的转换效率特性取决于其所采用的技术。为了防止在小负荷的情况下，逆变器的转换效率很低的情况，有时应用级联型逆变器，即在小负荷时，只用一个小逆变器运行在额定功率附近，当负荷增加时，则增加一个逆变器。但在实际工程应用中，这种级联型逆变器自身的损耗也不能忽视。

如果是并网光伏系统，还必须配备必要的检测、并网、报警、自动控制及测量等一系列功能，特别是必须具备防止"孤岛效应"的功能，以确保光伏系统和电网的运行安全。

（4）系统"三遥"功能

对于大型或重要的太阳能光伏发电系统，常常要求系统具有遥测、遥控和远程通信的"三遥"功能，这就需要合适的硬件设备和软件配置。对于中小型太阳能光伏发电系统，除非十分必要，通常不必考虑其"三遥"功能。

（5）消防安全

太阳能光伏电站内应配置移动式灭火器。灭火器的配置应符合《建筑灭火器配置设计规范》（GB50140—2005）和《火力发电厂与变电站设计防火规范》（GB50229—2006）的相关规定和要求。当太阳能电站内单台变压器的容量达到5000kV·A以上时，应设置火灾自动报警系统，并应具有火灾信号远传功能。太阳能光伏电站内的火灾自动报警系统形式应为区域报警系统，消防联动控制设计、火灾探测器的选择、系统设备的设置以及电气火灾监控系统等应符合《火灾自动报警系统设计规范》（GB50116—2013）的有关规定和要求。

7.4.3 设备安装布置设计

目前，建设一个太阳能光伏发电系统的成本还较高，从我国现阶段的太阳能发电成本来看，其花费在太阳能电池组件的费用大约为60%～70%，因此，为了更加充分有效地利用太阳能，如何选取太阳电池阵列的方位角与倾斜角是一个十分重要的问题。

光伏阵列的安装可以是与地平线成固定角度，大型系统也可以安装太阳追踪装置。北半球的阵列方位角推荐为正南方向。有的太阳能电池阵列朝向偏西南方向是为了满足峰值负载出现在下午的情况。

对于大多数地点，倾斜角度为当地纬度时可以获得最大的年发电量。倾斜角度可以根据冬季或夏季的负载需求在纬度的±15°范围内调整。

（1）方位角

太阳能电池阵列的方位角是阵列的垂直面与正南方向的夹角（向东偏设定为负角度，向西偏设定为正角度）。

一般情况下，阵列朝向正南（即阵列垂直面与正南的夹角为0°）时太阳能电池发电量是最大的。在偏离正南（北半球）30°度时，阵列的发电量将减少约10%～15%；在偏离正南（北半球）60°时，阵列的发电量将减少约20%～30%。但是，在晴朗的夏天，太阳辐射能量的最大时刻是在中午稍后，因此阵列的方位角稍微向西偏一定角度时，在午后时刻即可获得最大发电输出功率。在不同的季节，太阳能电池阵列的方位稍微向东或向西偏一定角度都有获得最大发电输出功率的时刻。

阵列设置场所受到许多条件的制约，例如，在屋顶上设置时屋顶固有的方位角，或者是为了躲避太阳阴影时方位角的必要调整，光伏电站的设计规划、建设目的、设备布置、发电效率等许多因素都可能影响阵列的方位角设置。

如果要将方位角调整到在一天中负荷的峰值时刻与发电峰值时刻一致时，可参考下式：

$$方位角＝（一天中负荷的峰值时刻－12）×15＋（经度－116） \quad (7-26)$$

（2）倾斜角（阵列倾角）

倾斜角是太阳能电池阵列平面与水平地面的夹角，在系统设计时往往希望此夹角是阵列一年中发电量为最大时的最佳倾斜角度。

一年中太阳能电池阵列的最佳倾斜角与当地的地理纬度有关，当地纬度较高时，相应的倾斜角也大。但是，与方位角一样，在设计中也要考虑到屋顶的倾斜角及积雪滑落的倾斜角等方面的限制条件。

对于便于积雪滑落的倾斜角调整，由于存在即使在积雪期发电量少但年总发电量也可能增加的情况，因此，太阳能电池阵列的倾斜角设置（特别是在并网发电的系统中），并不一定优先考虑积雪的滑落因素。

此外，还要考虑其他相关因素。对于正南（方位角为0°），其倾斜角从水平（倾斜角为0°）开始逐渐向最佳的倾斜角过渡时，其日辐射量不断增加直到最大值，然后再随着倾斜角的增加其日辐射量反而不断减少。特别是在倾斜角大于50°～60°以后，日辐射量急剧下降，直至最后阵列垂直放置时，发电量下降到最小。阵列从垂直放置到10°～20°的倾斜放置都有实际的例子。对于方位角不为0°的情况，斜面日辐射量的值普遍偏低，最大日辐射量的值是在与水平面接近的倾斜角度附近。

当具体设计某一太阳能电池阵列的方位角与倾斜角时，还应结合太阳能电池阵列安装地点的实际情况综合考虑。

（3）阴影对发电量的影响

一般情况下，所计算的太阳能电池阵列发电量，是在阵列面完全没有阴影的前提下得到的。因此，如果太阳能电池不能被日光直接照到时，那么只有散射光用来发电，此时的发电量比无阴影的要减少约 $10\%\sim20\%$。针对这种情况，要对理论计算值进行校正。通常，在阵列周围有建筑物及山峰等物体时，太阳出来后，建筑物及山的周围会存在阴影，因此在选择安装阵列的地理位置时应尽量避开可能的阴影影响。如果实在无法躲开，也应从太阳能电池的接线方法上进行解决，将阴影对阵列发电量的影响降到最低。

另外，如果阵列是前后放置时，后面的阵列与前面的阵列之间距离如果过近，前边阵列的阴影就可能对后边阵列的发电量产生影响。

例如阵列的上边缘的高度为 h_1，下边缘的高度为 h_2，则阵列之间的最小距离 d 可以按式(7-27)计算：

$$d = (h_1 - h_2) \times k \tag{7-27}$$

$$k = \frac{\cot A}{\cos B} \tag{7-28}$$

式中　k——阴影的倍率；

　　　A——太阳高度（仰角）；

　　　B——阵列安装方位角。

A、B 的值应取用冬至那一天的数据，因为那一天阵列投射的阴影最长。

当纬度较高时，阵列之间的距离应加大，相应地设置场所的面积也会增加。对于有防积雪措施的阵列来说，其倾斜角度较大，因此会使阵列的高度增加，为避免阴影的影响，相应地也会使阵列之间的距离加大。

通常，在排放布置方阵阵列时，应分别选取每一个阵列的构造尺寸，将其高度调整到合适值，从而利用其高度差使阵列之间的距离调整到最小。

进行太阳能电池阵列设计时，在合理确定方位角与倾斜角的基础上，应综合考虑，才能使阵列处于最佳工作状态。

7.4.4　配线设计

直流系统配线不同于常规的交流系统配线。直流系统通常使用较低的电压，电流仅向一个方向流动。交流和直流配线系统不兼容，必须相互隔离。两套系统的配线材料，例如用于直流系统的开关、插座同那些用在交流系统的配线材料是不能互换的。如果用电对象已经有了交流配线回路，在改用低压直流系统供电时，其配线必须重新安装。交流和直流系统可以共存于同一系统里，但是其配电设备最好不要安装在同一个电气箱里。

通常中小型光伏电站的场地不大，为便于施工和管理，场地输电线通常采用地下电缆沟的方式铺设。一般选用适合地下潮湿环境的橡胶绝缘电缆。如果直接埋在地下，橡胶电缆应放在高强度塑料管内穿管敷设，以防车轮压坏和被鼠啮咬。

当蓄电池独处一室时，其室内必须铺设耐酸腐蚀的橡胶绝缘电缆（国家电气标准确定了各种用途的导线类型及其使用范围）。

在光伏电站场地的输电线设计中，通常要求太阳能电池阵列至蓄电池的线路压降允许值≤5%，各支路压降允许值≤2%。

（1）导线类型

导线种类繁多，按导电材料分类，主要有铜线和铝线；按芯线的结构可分为单线和绞线；按有无绝缘层分有裸线和绝缘线等。

① 裸导线。裸导线的特点是导体外面没有绝缘层包裹，因此散热良好，用铝制成的绞线成本低廉，经常用于电力架空线，裸导线的主要缺点是安全性较差。

② 绝缘电线。绝缘电线的特点是导体外面有绝缘层包裹，安全性能良好，种类多，用途广泛。绝缘电线的导体多使用铜材，铝芯绝缘电线的种类较少，工程中也很少使用。

③ 橡胶绝缘电缆。橡胶绝缘电缆的特点是若干根绝缘导线外还包有橡胶保护层，因此安全性能非常好，主要用于经常产生扭曲、磨损等苛刻情况的工作场所，通常采用电缆沟敷设方式。橡胶绝缘电缆的芯线数量主要有两芯、三芯和四芯等类型。

④ 软线。软线的特点是线芯由多股细铜丝组成，非常柔软，主要有橡胶软线和聚氯乙烯软线等类型。前者的耐热性较好，主要用于电热器具电源的引入，后者容易着色而使外表美观好看，广泛应用于其他家用电器。

（2）导线截面选择

"线规"是描述导线截面的术语。在行业标准（英国 SWG/美国 AWG）线规表中，线规的号码越小，则表示导线的截面越大，反之亦然。中国/国际电工委员会/德国/SWG/AWG 线径对照表见表 7-15 所示。导线截面大小的选择只能在标准线规表的系列值中选取。要正确地选择导线的截面，重要的是要确定导线的"载流量"和"压降"。

表 7-15　中国/国际电工委员会/德国/SWG/AWG 线径对照表

中国线规 GB 标称直径/mm	国际电工线规 IEC 标称直径/mm	德国标准线规 DIE 标称直径/mm	英国 SWG	标称直径 /mm	美国 AWG	标称直径 /mm
0.020	0.020			0.020	52	0.020
0.022	0.022					
0.025	0.025	0.025	50	0.025	50	0.025
0.028	0.028					
0.032	0.032	0.032	49	0.031	48	0.032
0.036	0.036				47	0.035
0.040	0.040	0.040	48	0.041	46	0.041
0.045	0.045				45	0.045
0.050	0.050	0.050	47	0.051	44	0.050
0.056	0.056		46	0.061	43	0.056
0.063	0.063	0.063	45	0.071	42	0.063
0.071	0.071	0.071	44	0.081	41	0.071
0.080	0.080	0.080	43	0.071	40	0.079
0.090	0.090	0.090	42	0.102	39	0.089
0.100	0.100	0.100	41	0.112	38	0.101
0.112	0.112	0.112	40	0.122	37	0.113
0.125	0.125	0.125	39	0.132	36	0.127

中国线规 GB	国际电工线规 IEC	德国标准线规 DIE	英国 SWG	标称直径 /mm	美国 AWG	标称直径 /mm
标称直径/mm	标称直径/mm	标称直径/mm				
0.140	0.140	0.140	38	0.152	35	0.143
0.160	0.160	0.160	37	0.173	34	0.160
			36	0.193		
0.180	0.180	0.180				0.180
			35	0.213	33	
0.200	0.200	0.200	34	0.234	32	0.202
0.224	0.224	0.224	33	0.245	31	0.227
0.250	0.250	0.250	31	0.295	30	0.255
0.280	0.280	0.280	30	0.315	29	0.286
0.315	0.315	0.315	29	0.345	28	0.321
0.355	0.355	0.355	28	0.376	27	0.361
0.400	0.400	0.400	27	0.417	26	0.405
0.450	0.450	0.450	26	0.457	25	0.455
0.500	0.500	0.500	25	0.508		
0.560	0.560		24	0.559		
0.600	0.600		23	0.610	24	0.511
0.630	0.630	0.630			23	0.574
0.710	0.710	0.710			22	0.642
0.750	0.750	0.750			21	0.724
0.800	0.800	0.800	22	0.711		0.812
0.850	0.850	0.850	21	0.813	20	
0.900	0.900	0.900	20	0.914	19	0.911
0.950	0.950	0.950				
1.000	1.000	1.000			18	1.024
1.060	1.060	1.060	19	1.016		
1.120	1.120	1.120			17	1.151
1.180	1.180	1.180				
1.250	1.250	1.250	18		16	1.290
1.320	1.320	1.320		1.219		
1.400	1.400	1.400	17		15	1.450
1.500	1.500	1.500		1.422		
1.600	1.600	1.600			14	1.628
1.700	1.700	1.700	16	1.626		
1.800	1.800	1.800			13	1.829
1.900	1.900	1.900	15	1.829		
2.000	2.000	2.000			12	2.052
2.120	2.120	2.120	14	2.032		
2.240	2.240	2.240			11	2.300
2.360	2.360	2.360	13	2.337		
2.500	2.500	2.500	12	2.642	10	2.590

① 载流量　载流量表示导线对电流的运载能力。大截面导线的电流携带能力强，当输送电流超过其额定电流值时，导线将发热。导线过热不仅危险，而且会增加电能消耗，降低输电效率。当导线的载流量严重超标时，可导致其绝缘熔化、短路，甚至引发电气火灾。

② 压降　压降表示电流流过导线时在导线中产生的电压差大小。影响压降的因素有三个：线规（截面）、导线长度和导线中流过电流的大小。压降是线路电流在导线电阻、电抗上形成的电压损失，导线越长对电流的阻抗作用越大，压降也越高。因此，导线过长将导致额外的功率损失，致使系统效率降低。

③ 选择导线截面　选择导线截面时必须同时满足"载流量"和"线损"两个指标要求。

首先测算出所选支路导线可能通过的最大电流值，然后在线规表中查找载流量略大于最大电流值的线号，此线号对应的导线截面就是初选的导线截面。

导线和导体连续通过的最大电流额定值（在温度或安装条件的影响下性能有所下降之后）应不小于总阵列短路电流的 125%，并且不小于导线和导体过电流保护器件的额定值。

验算初选导线截面是否满足线路允许"压降"要求。依据所选支路的长度、截面和最大电流值，计算导线阻抗和线路压降。如压降值在设计规定范围内，则初选导线截面合格。否则需返回第一步，重新初选大一规格的导线截面，再验算线路允许"压降"的要求。

（3）导线类型选择

导线截面确定后，根据导线敷设的环境条件，还要选择使用什么类型的导线或电缆。不同类型的导线主要在于导体材料和绝缘性能不同。导体材料可以是铜或铝，导体本身可以是实心的或绞合的。铜在铝之上为首选，因为铜具有更低的电阻率，在相同尺寸条件下，铜线比铝线能够输送更大的电流。在安装时，小规格铝线的机械强度不如铜线，有可能被折断或损伤。按照相关国家标准，铝线不允许用于室内配线，铝线可用于大截面的地下线（缆）或高空设施线路的引入线。

导线绝缘层的颜色表明其具有的功能。电站技术人员应当了解常规电线的颜色编码规则，确保正确地安装使用，同时便于维修和故障排除。忽视导线颜色编码规则和错误使用颜色编码规则都有可能导致严重的安全事故。所有的导线都应按照颜色编码规则使用并加标签，导线颜色编码规则如表 7-16 所示。

表 7-16　导线颜色编码规则

交流线		直流线	
颜色	用途	颜色	用途
黄、绿、红	相线（A、B、C）	棕色	正极
淡蓝色	零线或中性线	蓝色	负极
黄绿（相间）色	安全用的接地线	黄绿（相间）色	安全用的接地线
黑色	设备内部布线		

（4）电源馈线与管道配置

阵列至蓄电池的电源馈线容量宜按远期阵列的容量配置，全程压降（不包括防反充二极管及调压装置压降）应小于或等于负载电压的 3%。

阵列至蓄电池的电源馈线宜选用电力电缆，其他馈线型号及芯线截面选择应按《通信电源设备安装设计规范》（YD/T5040—2005）相关条文规定执行。

室外引入至建筑物内的电源馈线应穿专用管道铺设，管道容量宜按远期配置。

阵列馈线布线应符合下列要求。

① 每一个子阵列（子方阵）应是独立的充电单元。

② 子阵列（子方阵）中的组件排列应有一定规则，必须保证组件间串并线及子阵列引出线简便、可靠。对于 24V 充电单元将其中组件均等分为两组，两组组件正负极朝向应相反；对 12V 充电单元，同极性均朝统一一方向。组件排列、组件间的并联及子阵列引出线应按图 7-5 所示的办法实施。

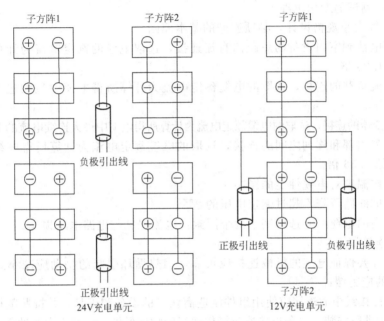

图 7-5　组件排列及馈线示意图

组件间串并线的线径选择应按子阵列中最大充电电流的 1.5～2.0 倍配置。

（5）电缆的选取

1）系统中电缆选择主要考虑的因素

① 电缆的绝缘性能；

② 电缆的耐热阻燃性能；

③ 电缆的防潮、防光性能；

④ 电缆的敷设方式；

⑤ 电缆的类型（铜芯、铝芯）；

⑥ 电缆的截面大小规格。

2）不同连接部分的技术要求　光伏系统中不同部件之间的连接，因为环境和要求不同，电缆选择也不尽相同。

① 组件与组件之间的连接，必须通过 UL 测试，耐热 90℃，防酸、防化学物质、防潮和防晒。

注：UL（UL 是美国保险商实验室，Underwriter Laboratories Inc. 的简写）是一家产品安

全测试和认证机构，也是美国产品安全标准的创始者。在一个多世纪里，UL已对成百上千种产品和部件进行了相关的安全标准测试并按照国际标准评估其管理系统。

② 在光伏组件和充电控制器之间只能够采用防水、机械强度良好和表皮防紫外线的电缆连接。

③ 阵列内部和阵列之间的连接，可以露天或者埋在地下，要求防潮、防晒，建议穿管安装，导管必须耐热90℃。

④ 蓄电池和逆变器之间的接线，可以使用通过UL测试的多股软线，或者使用通过UL测试的专用电缆。

3）电缆大小规格设计，必须遵循的基本原则

① 蓄电池到室内设备的短距离直流连接，选取电缆的额定电流为计算电缆连续电流的1.25倍。

② 交流负载的连接，选取的电缆额定电流为计算所得电缆中最大连续电流的1.25倍。

③ 逆变器的连接，选取的电缆额定电流为计算所得电缆中最大连续电流的1.25倍。

④ 阵列内部和阵列之间的连接，选取的电缆额定电流为计算所得电缆中最大连续电流的1.56倍。

⑤ 考虑温度对电缆性能的影响。

⑥ 考虑线路压降不超过额定电压的2%。

⑦ 适当的电缆尺寸选取基于两个因素：电流强度与电路电压损失。

（6）连接器

① 设计要保证电气的机械连接应可靠，因热循环引起的松动应减小到最小并提供足够的应力缓冲。

② 组件接线中的连接应使用组件制造商认可的设备和工具，并按照随机说明书说明的方法进行安装。设备连接器应提供适当的物理保护，包括应力缓冲等，而且连接用的接头应当与导线一样，具有同样的机械、电气连接特性并与未连接的导线绝缘。

③ 所有接线盒必须有极性指示，能够经受系统短路电流的冲击。

④ 连接部分额定电流的承载力不能低于电路的额定电流。

7.4.5　过流保护设计

供电系统容易发生的故障是过负荷及短路。国家电气标准规定了不同截面导线的最大安全载流量。为防止电流超过导线的最大安全电流，每条线路都必须设置过流保护装置。导线的载流量可以从有关的电气手册里查到，相关的电气手册同时还会提供满足规范要求的最大过流保护值。

空气断路器和熔断器是两种最常用的具有过流和短路保护功能的配电电器。当电流超过熔断器或空气断路器设定的最大电流值时，熔丝熔断或断路器跳闸，电流将被切断，电路将处于开路状态。通常引起熔断器熔断和空气断路器跳开的原因是：一是过负荷，例如在特定的电路中接入了过多的负载；二是发生短路或接地故障，多由于线路或设备故障引起。当熔断器熔断和空气断路器跳开时，必须查明原因后才允许更换熔断器和复位空气断路器。

（1）熔断器选用

常用熔断器有四种类型：玻璃管式、插塞式、卡座式和时间延迟式熔断器。玻璃管式熔断器额定电流选择范围通常在 0.05～20A 之间；插塞式熔断器的额定电流选择范围通常在 5～30A；卡座式的额定电流选择范围通常在 5～60A。更换烧毁或失效的熔断器时，特别要注意新熔断器的额定电流与旧的应完全相同。如果额定电流偏高，将会失去对电路的保护作用，轻者将损坏用电设备，严重时可能会引起电气火灾。

当一个熔断器处于两个不同截面的导线之间时，设计或安装人员首先应考虑满足对较小截面导线的保护。

时间延迟式熔断器额定电流选择范围通常在 5～60A，这种熔断器主要用在有电动机的回路。一般电动机启动时的"浪涌"电流是其额定电流的 6～8 倍，时间延迟式熔断器可以在短时间内承受电动机较大的启动电流。在电动机正常运行时，如果产生大的过电流或发生短路故障时，时间延迟式熔断器仍可起到保护作用。

蓄电池应由熔断器进行短路保护，熔断器装设位置应尽可能接近蓄电池接线端子。

当有不同容量的熔断器安装于同一机架和设备上时，应有清楚的彩色编码或标签，或具有不同的尺寸。

熔断器选用的基本原则还包括以下几项。

① 根据制造厂商给出被保护的导体规格和部件确定熔断器的规格。

② 根据所使用的工作环境（应确保避免蓄电池溢出气体引起的侵蚀和爆炸）确定额定值，标明额定电流、电压和使用场合。

③ 如果应用于直流电路，应注明，并能满足被保护电路对额定电压的要求。

④ 保护光伏电源组件的熔断器其额定电流应为 I_{sc}（短路电流）的 150%，额定电压应为 U_{oc}（开路电压）的 125%。

（2）断路器选用

断路器选用的基本原则包括以下几项。

① 如果应用于直流电路，应标明用于直流。

② 应根据所使用的工作环境确定额定参数，标明额定电流、电压和使用场合。

③ 确保断路器额定工作电压大于电路的最大电压，并且按照相关规定来确定断路器的规格型号以及保护电路。

④ 可根据系统或线路保护的需要，选用具有延时功能的断路器。

（3）蓄电池过放电、过充电保护

光伏电站的发电特点决定了其配置的蓄电池极容易过充和过放。为确保蓄电池的使用寿命，必须对蓄电池的过放电、过充电实施有效保护。

图 7-6 所示为典型的蓄电池过放电、过充电保护电路，开关器件 VT_1 并联在太阳能电池的输出端。当蓄电池电压大于"充满切断电压"时，开关器件 VT_1 导通，同时二极管 VD_1 截止，则太阳能电池阵列的输出电流直接通过 VT_1 旁路泄放，不再对蓄电池进行充电，从而保证蓄电池不会出现过充电，起到"过充电保护"的作用。

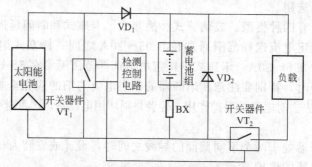

图 7-6　蓄电池过充、过放保护电路

VD₁ 为 "防反充电二极管"，只有当太阳能电池阵列输出电压大于蓄电池电压时，VD₁ 才能导通，反之 VD₁ 截止，从而保证夜晚或阴雨天时不会出现蓄电池向太阳能电池阵列反向充电，起到 "防反向充电保护" 作用。

开关器件 VT₂ 为蓄电池放电开关，当出现负载过载或短路时，线路电流远大于额定电流，VT₂ 关断，起到 "输出过载保护" 和 "输出短路保护" 的作用。与此同时，当蓄电池电压小于 "过放电压" 时，VT₂ 也将关断，进行 "过放电保护"。

VD₂ 为 "防反接二极管"，当蓄电池极性接反时，VD₂ 导通，使蓄电池通过 VD₂ 短路放电，产生很大电流快速将保险丝 BX 烧断，起到 "防蓄电池反接保护" 作用。

7.4.6　防雷系统设计

太阳能光伏发电系统作为一种新兴的发电系统在能源发电领域中已备受关注并逐步得到推广应用，由于太阳能光伏发电系统本身安装位置和环境的特殊性，设备遭受直接雷击作用或雷电电磁脉冲损坏的隐患比较突出。因此，根据实际情况加强对太阳能光伏发电系统防雷的研究有助于提高整个系统安全、高效运行。

（1）雷电对光伏系统的危害

雷电对太阳能光伏发电系统设备的影响，主要表现在以下几个方面。

直击雷：太阳能电池板大多都是安装在室外屋顶或是空旷的地方，所以雷电很可能直接击中太阳能电池板，造成设备损坏，从而无法发电。

感应雷：远处的雷电闪击，由于电磁脉冲空间传播的缘故，会在太阳能电池板与控制器或者是逆变器、控制器到直流负载、逆变器到电源分配盘以及配电盘到交流负载等的供电线路上产生浪涌过电压，损坏电气设备。

地电位反击：在有外部防雷保护的太阳能供电系统中，由于外部防雷装置将雷电引入大地，从而导致地网上产生高电压，高电压通过设备的接地线进入设备，从而损坏控制器、逆变器或者是交、直流负载等设备。

（2）光伏电站的直击雷防护

直击雷是指直接落到太阳能电池阵列、低压配电线路、电气设备的雷击。太阳能光伏发电系统必须具有相对完善的外部防雷措施，以保证裸露在室外的太阳能电池板不被直击雷损坏。防止直击雷的基本措施是安装避雷针（避雷器），确定装设位置时应尽量避免避雷针的投影落在太阳能电池组件上。当光伏阵列安装在屋顶上时，由于屋顶外置设备在整个电站环境中是最高点，因此应把所有屋顶电池板组件下的钢结构与屋顶建筑的防雷网相连，并在屋顶电池板附近安装避雷针，以达到防雷击的目的。

太阳能光伏发电设备外部防雷系统的作用是提供直击雷电流泄放通道，使雷电不会直接击中太阳能电池板。外部防雷系统包括三部分：接闪器、引下线和接地地网。

① 接闪器。接闪器可采用 12mm 圆钢。如果采用避雷带，则使用圆钢或者扁钢，圆钢直径不小于 8mm，扁钢截面积不应小于 12mm×4mm。

② 引下线。引下线采用圆钢或者扁钢，宜优先采用圆钢，直径不小于 8mm，扁钢截面积不应该小于 12mm×4mm，厚度不应小于 4mm。

③ 接地装置。人工垂直接地体宜采用角钢、钢管或者圆钢，水平接地体宜采用扁钢或者圆钢，圆钢直径不应小于 8mm，扁钢截面不应小于 12mm×4mm，角钢厚度不宜小于 4mm，钢管厚度不小于 3.5mm，人工接地体在土壤中埋设深度不应小于 0.5m，且需要作热镀锌防腐处理，在焊接的地方也要进行防腐防锈处理。接地电阻不合格时，可通过更换局部土壤或在接地坑中添加降阻剂解决。

（3）光伏电站的感应雷防护

太阳能光伏发电系统的雷电浪涌入侵途径除了太阳能电池阵列外，还有配电线路、接地线等。从接地线侵入是由于附近的雷击使大地电位上升，高于大地电位后，进而产生从接地线向电源侧的反向电流。根据 SJ/T11127《光伏（PV）发电系统过电压保护　导则》有关规定，系统主要采取装设电涌保护器（SPD，Surge Protection Device）进行防护，具体配置参考 GB50057—2010《建筑物防雷设计规范》中的相关规定。

电涌保护器是电子设备雷电防护中不可缺少的一种装置，过去常称为"避雷器"或"过电压保护器"。其作用是把窜入电力线、信号传输线的瞬时过电压限制在设备或系统所能承受的电压范围内，或将强大的雷电流泄流入地，使设备或系统不受雷电流冲击而损坏。

电涌保护器的类型和结构按不同的用途有所不同，但它至少应包含一个非线性电压限制元件。用于电涌保护器的基本元器件有：放电间隙、充气放电管、压敏电阻、抑制二极管和扼流线圈等。

1）SPD 的分类　SPD 按其工作原理可分为以下类型。

① 开关型　其工作原理是当没有瞬时过电压时呈现为高阻抗，但一旦响应雷电瞬时过电压时，其阻抗就突变为低值，允许雷电流通过。用作此类装置的器件有放电间隙、气体放电管、晶体闸流管等。

② 限压型　其工作原理是当没有瞬时过电压时为高阻抗，但随电涌电流和电压的增加其阻抗会不断减小，其电流电压特性为强烈非线性。用作此类装置的器件有氧化锌、压敏电阻、抑制二极管、雪崩二极管等。

③ 分流型或扼流型　分流型：与被保护的设备并联，对雷电脉冲呈现为低阻抗，而对正常工作频率呈现为高阻抗。扼流型：与被保护的设备串联，对雷电脉冲

呈现为高阻抗，而对正常的工作频率呈现为低阻抗。用作此类装置的器件有扼流线圈、高通滤波器、低通滤波器、1/4 波长短路器等。

SPD 按其用途可分为以下两种。

① 电源保护器：交流电源保护器、直流电源保护器、开关电源保护器等。

② 信号保护器：低频信号保护器、高频信号保护器、天馈保护器等。

2）感应雷防护的基本措施

① 每路直流输入主回路内装设浪涌保护装置，并分散安装在防雷配电接线箱内。屋顶光伏并网发电系统在组件与逆变器之间加入防雷配电接线箱，不仅对屋顶太阳能电池组件起到防雷保护作用，还能为系统的检测、维护提供方便，缩小了电池组件故障检修范围。此箱若设在室外，应选用防护等级为 IP65 的防雷配电接线箱。

② 在并网接入控制柜中安装电涌保护器 SPD，以防止从低压配电线侵入的雷电波及浪涌电流。

③ 光伏阵列往往架设在野外，极易遭受雷击的作用，特别是当安装点位于相对突出的高地时。直接的雷击或者耦合到光伏系统中的电磁能量都可能引起浪涌，由附近的雷击引起的线路浪涌更加常见，其损坏程度取决于雷击地点与阵列的距离。浪涌保护器可以有效吸收雷击能量，通常安装在阵列输出端即电子设备的直流输入端。但如果使用了逆变器，其交流输出端和直流输入端都要安装浪涌保护装置。

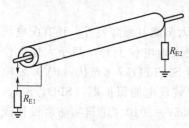

图 7-7 导线穿金属管敷设防止高电位侵入

在导线外套上接地金属管并埋到地下会降低雷电浪涌沿线路侵入的概率，能有效削弱其入侵浪涌的陡度，如图 7-7 所示。

3）选用 SPD 的注意事项 应在不同使用范围内选用不同性能的 SPD。在选用电源 SPD 时要考虑当地的雷暴日、当地发电系统环境、是否有遭受过雷电过电压损害的历史、是否有外部防雷保护系统以及设备的额定工作电压、最大工作电压等因素。

对有外部防雷保护的发电系统，LPZ0 与 LPZ1 区交界处的 SPD 必须是经过 $10/350\mu s$ 波形冲击试验达标的产品。

注：LPZ0 和 LPZ1 是指防雷的不同分区，0 区为能被雷电直接击到的区域，1 区指经过一层"屏蔽"层的区域。例如一个炸药库，库房外面是 LPZ0 区，库房内为 LPZ1 区，库房内的保险柜内为 LPZ2 区。

SPD 保护必须是多级的。例如对电子设备电源部分雷电保护而言，至少应采取泄流型 SPD 与限压型 SPD 或者是大通流量高电压保护水平限压型 SPD 与小通流量低电压保护水平限压型 SPD，前后两级进行保护。

对于无人值守的太阳能光伏发电系统，应选用带有遥信触点的电源 SPD；对于有人值守的光伏发电系统，可选用带有声光报警的电源 SPD，所有选用的电源 SPD 都具有老化或损坏的视窗显示。电源 SPD 必须是并联在供电线路上，且 SPD 前应加装相应的空气开关，以保证任何情况下太阳能光伏发电的供电线路不得发生短路。

在选用 SPD 时，应要求厂家提供相关 SPD 技术参数资料、安装指导意见。正确安装 SPD 才能达到预期效果。SPD 的安装应严格依据厂方提供的安装要求进行。同时厂家必须提供检测 SPD 是否损坏或老化的仪器设备，以便将已经老化或损坏的 SPD 从设备上拆除。

SPD 尽可能地采用凯文接线方式，以消除导线上的电压降。当无法做到凯文连接时，则应做到引入线与引出线分开走线，并选择各自的最短路径，以避免导线上的感应电压降太高而损坏设备。

注：凯文接线法，也称 V 形接线法。在防雷上是 SPD 的接线形式，如果 SPD 的接线距离等于零，就是标准的凯文接线，凯文接线的优点是消除接线电缆上因雷电流通过时自身的寄生电阻、寄生电感产生的电压降再附加给被保护负载，也是国家、国际标准要求的。凯文汇流排是凯文接线的一种汇流形式。

SPD 的接地线与其他线路应分开铺设。地线泄放雷电流时产生的磁场强度较大，分开 50mm 以上时，可有效避免在其他线路上感应出过电压。

（4）实际案例

1）简易型光伏发电系统的防雷保护　简易型光伏发电系统以其供电稳定可靠，安装方便，操作、维护简单等特点，已得到越来越广泛的应用。该发电系统广泛应用于城市现场交通信号指示系统、城市路灯系统、高速公路显示系统等。

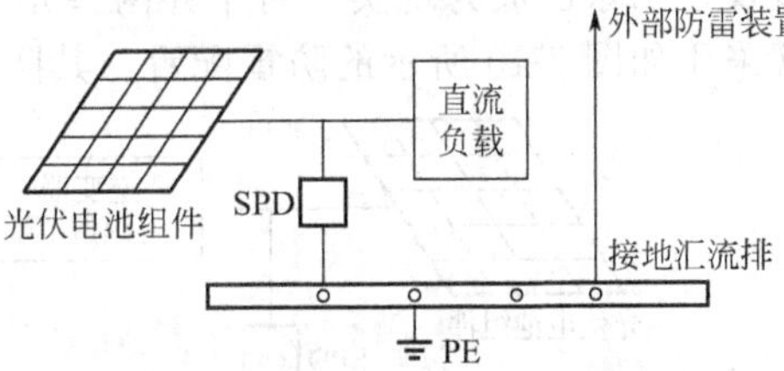

图 7-8 所示为这类简易光伏发电系统的防雷配置，其防雷要点如下。

图 7-8　简易型光伏发电系统防雷示意图

① 在设备的外部做简易避雷装置，以保护太阳能电池板及用电设备不被直击雷击中。

② 对设备与太阳能电池板之间的供电线路，加装避雷器（SPD），型号根据直流负载的工作电压选择。

③ 避雷装置的引下线以及避雷器的接地线均需良好接地，以达到快速泄流的目的。

2）复杂型独立光伏发电系统的防雷保护　对于复杂型独立发电系统而言，太阳能电池阵列发出的电经蓄电池并经过逆变器将直流电转换成交流电。复杂型独立光伏发电系统多用于智能建筑、别墅、工业厂房等建筑物。这类系统通常依托于自身建筑，或周围有高大建筑物保护其不被直击雷袭击，通常只需对太阳能发电和用电设备做防雷保护处理。当然，为保证整个系统免遭直击雷作用，必须首先保证外部建筑的直击雷的防护措施一定要到位。图 7-9 所示为复杂型独立光伏发电系统的防雷配置，其防雷要点如下。

① 在太阳能电池板和逆变器之间加装第一级防雷器 A，型号根据现场逆变器最大空载电压选择。

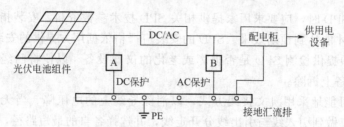

图 7-9 复杂型独立光伏发电系统防雷示意图

② 在逆变器与配电柜之间以及配电柜与负载设备之间加装第二级防雷器 B，型号根据配电柜以及供电设备的工作电压选择。

③ 所有的防雷器必须良好地接地。

3）并网型光伏发电系统的浪涌过电压保护　并网型光伏发电系统将太阳能转化为电能，并直接通过并网逆变器，把电能送入市电电网，或者将太阳能所发出的电能通过并网逆变器直接为交流负载供电。由于并网型光伏发电系统在通常情况下不需要蓄电池，其成本更低，系统运行寿命更长，是太阳能光伏发电的发展方向，代表了 21 世纪最具吸引力的能源利用技术。现在，大规模利用太阳能并网发电在许多发达国家已成为现实。对于并网型光伏发电系统的防雷保护，其浪涌过压保护通常采用如图 7-10 所示的防雷配置。其防雷要点如下。

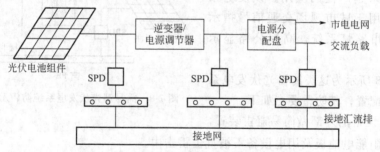

图 7-10　并网型光伏发电系统防雷示意图

① 在光伏电池组件与逆变器或电源调节器之间加装第一级电源防雷器（SPD），进行保护。这是供电线路从室外进入室内的要道，所以必须做好雷电电磁脉冲的防护。具体型号根据现场情况确定。

② 在逆变器到电源分配盘之间加装第二级电源防雷器（SPD），进行防护。具体型号根据现场情况确定。

③ 在电源分配盘与负载之间加装第三级电源防雷器（SPD），以保护负载设备不被浪涌过电压损坏。具体型号根据现场设备确定。

④ 所有防雷器件都必须进行良好的接地处理，并且所有设备的接地汇流排都要连接到公共接地网上。

7.4.7　接地系统设计

（1）接地的功用

在光伏发电系统中进行正确的接地，可以确保设备和人身安全。

"接地故障"是电力系统中的一种典型事故，通常是由系统不正常的接地引起的。例如带电导体接触到金属的框架、底盘、用具或电器箱体时，若人体接触到上述的金属构件，则故障设备将通过人体构成一个漏电流的回路，即发生了触电事故。

电气装置实现接地有两个方法：设备直接接地或与接地导体相连。设备接地为人身安全提供了保护，可防止故障接地引起的电击。设备的框架或底盘应使用导线与接地极或接地排可靠连接。除非产生接地故障，正常情况下接地线不会有电流流过。接地线要将每个装置的正常情况下不带电的金属部件连接到"地"。基于同样的道理，必须将光伏电站系统中的金属电气箱、接线盒、插座、设备底盘、电器框架和太阳电池阵列支架等与接地线相连。接地回路中不能接入熔断器、断路器等任何开关类电器。将阵列的支架就地接地是一个比较好的方案，这样不仅避免了触电危险，而且降低了太阳能电池阵列被雷击的风险。

当使用金属管路或铠装电缆时，由于金属管和电缆的金属铠甲本身就有接地作用，个别分散的设备不必专门接地，只需将设备的框架与金属管路连接牢固即可。

良好的接地措施会提供独立光伏系统到地的直接的低阻抗通路，该通路在系统功能紊乱时将故障电流导向地面，因此地线通常是系统中截面最大的导体。

（2）接地的类型和内容

总的来讲，光伏系统的接地包括以下几种类型。

① 防雷接地　包括避雷针、避雷带以及低压避雷器、外线出线杆上的瓷瓶铁脚以及连接架空线路的电缆金属外皮的接地等。

② 工作接地　包括逆变器、蓄电池的中性点、电压电流互感器二次线圈的接地等。

③ 保护接地　光伏电池组件机架、控制器、逆变器、配电屏外壳、蓄电池支架、电缆外皮、穿线金属管道外皮的接地等。

④ 屏蔽接地　电子设备的金属层屏蔽需要与地可靠连接。

⑤ 重复接地　低压架空线路上每隔 1km 处，需要对保护地线进行重复接地。

（3）防雷接地系统设计

太阳能光伏电站为三级防雷建筑物，其防雷系统和接地系统密不可分，主要涉及到以下几个方面的内容（参考 GB50057—2010《建筑防雷设计规范》）。

① 太阳能光伏发电系统或发电站建设地址的选择，要尽量避免放置在容易遭受雷击的位置和场合。

② 尽量避免避雷针的投影落在太阳电池方阵组件上。阵列需要装设避雷针时，避雷针应设置在阵列背向，离阵列边缘距离应超过 3m 以上，其接地引下线对地冲击电阻不宜大于 30Ω，避雷针接地线严禁直接从阵列机架上引出。

③ 为防止雷电波侵入，光阵列至控制箱的电源输入馈线端应设置防雷电感应装置。在出线杆上安装阀式避雷器，对于低压线路可采用低压型避雷器，要在每条回路的出线和中性线上装设。架空引入室内的金属管道和电缆的金属外皮在入口处可靠接地，冲击电阻不宜大于 30Ω，接地的方式可采用电焊，如果没有办法采用电焊，可以采用螺栓可靠连接。

④ 为防止雷电感应，要将整个光伏发电系统的所有金属物，包括电池组件外

框、设备、机箱/机柜外壳、金属线管等与联合接地体等电位连接，并且做到各自独立接地，不能将设备串联后再接到接地干线上。

⑤ 太阳光伏系统的工作接地、保护接地和防雷接地等可单独设置联合接地系统。必要时也可与其他设施或建筑物的接地系统和保护设施统一考虑。

⑥ 光伏电站接地电阻的要求：

a. 阵列接地电阻不应大于 10Ω，联合接地系统的接地电阻不应大于 1Ω；

b. 电气设备的接地电阻 $R \leqslant 4\Omega$，满足屏蔽接地和工作接地要求；

c. 在中性点直接接地的系统中，要求重复接地 $R \leqslant 10\Omega$。

7.5 光伏系统设计的重点

光伏发电的设计中要求进行现场查勘、气象资料搜集、日照结果分析等大量工作，这些资料的分析结果将会对太阳能电池阵列设计产生重大影响。

光伏阵列是光伏发电系统最主要的组成部分，光伏阵列的寿命几乎不取决于太阳能电池板本身，而是与太阳能板镜面污垢程度、组件的封装质量（包括连接引线及接插件的质量等）等有极大关系，所以在光伏系统的设计中要对下述情况重点考虑。

7.5.1 系统容量设计重点

在光伏电站的容量设计方面，应重点注意以下几项。

① 光伏发电系统必须根据负载和现场的地理及气象条件进行专门的优化设计。

② 日照时数与峰值日照时数不能混淆。

③ 阵列面应尽量朝南倾斜放置。

④ 阵列最佳倾角不单取决于纬度，会随不同的 $P\text{-}B_c$ 组合而变化，但 $P\text{-}B_c$ 的比例并不固定。

⑤ 系统设计时不能只考虑某个月份的辐照量，而应考虑各个月份的能量平衡。

⑥ 要注意阵列全年发电量和有效发电量的区别，两者差别越小，系统设计得越好。

⑦ 蓄电池的容量要恰当，并不是越大越好，否则可能造成与太阳能电池阵列容量的失配，因蓄电池经常充电不足，反而容易损坏。

⑧ 影响光伏发电量的因素很多，有的设计手册上列出了多个损失系数，在实际应用设计时，没有必要一一考虑，只需要合并考虑一个系数即可。

7.5.2 系统硬件设计重点

在光伏电站的硬件设计方面，应重点关注以下几方面。

① 阵列倾斜角设定。太阳能电池阵列的倾斜角一般在 $10°\sim90°$ 的范围内设定，在积雪地带，角度应达到 $45°$ 以上，这样能够使积雪靠自重滑落。

② 组件的安装方向。太阳能电池组件大部分是长方形，组件的长边纵向安装称为纵置型，长边横向安装称为横置型。通常设计采用的是横置型，但是尘埃、火山灰、漂浮盐粒子等多的地区及积雪地区常采用纵置型。

③ 各阵列的导线均由 PVC 导线管保护。

④ 阵列的支架和基础设计应牢固，能经受装设地区最大风力的考验。

⑤ 考虑到季节和日夜温差的变化，在电池组件安装时要精心调试，不让玻璃承受过大的应力（例如安装时紧固螺钉要加橡胶垫且松紧适度等），避免玻璃的损坏。

⑥ 旁路元件。当太阳能电池组件中某部分电池单元因遮光物形成阴影的时候，会使得该部分的电池不能发电，且这部分电池电阻升高。此时，就会使得串联连接回路的电压全部加在这个单元上，当电流流过这个高电阻单元时，会产生高温，引起里面的保护膜膨胀，甚至会损坏组件的该单元乃至整个电池组件。为了防止这种情况发生，要在构成太阳能阵列的每一个太阳能电池组件上都安装旁路元件，为高电抗的太阳能电池单元或者太阳能电池组件中流过的电流分流。

⑦ 防止逆流元件。首先，为了防止其他太阳能电池回路和蓄电池产生的电流逆流进该组件，在接线箱中安装防止逆流元件。其次，当夜间太阳能电池不发电期间，太阳能电池就有可能成为蓄电池的负载，使蓄电池对其放电，导致电能白白浪费掉，为了防止这种情况的发生，也必须要安装防止逆流元件。

⑧ 为便于分路控制，太阳电池阵列宜分为多个支路接入直流控制部分，同时各个支路分别接有控制断路器。

⑨ 为防止人身误接触太阳能电池板阵列产生的高电压大电流，整个太阳能电池板阵列应进行可靠的接地。

⑩ 接线箱。接线箱的功能在于使得多个太阳能电池组件的连接井然有序，在维护检修期间，方便线路分离，在故障时缩小停电范围。

⑪ 当太阳能电池板装设在屋顶时，应做好防雷设计，可选用避雷针作为防直击雷装置。SPD 主要是防止雷电的浪涌冲击对太阳能电池的损害所安装的保护装置，要求每一个组件串都要安装 SPD，并且要求 SPD 的接地侧接线尽量短。

7.5.3　小结

光伏系统的设计与建造是一项系统性工程，影响的因素很多。为了保证光伏发电系统可靠、合理、安全、经济地运行，工程技术人员在设计时必须尽量掌握现场的数据资料，采用先进的优化设计方法，一丝不苟，认真负责，兼顾全局，重视每一个环节。只有这样，才能取得预期的设计效果。

光伏系统设计除了上述系统容量设计和系统硬件（辅助性）设计的内容外，通常还应包括标准化设计，备品、备件设计，包装、运输设计，施工设计，竣工验收设计，人员培训设计等，有时还需要进行辅助能源设计。

在完成设计后通常还需要提供有关文件、资料、图纸等材料，一般包括设计资料、安装手册、人员培训手册、运行维护手册、运行记录簿、质保承诺书等，此外还要提供备品、备件供应和及时的技术支持等。

第8章 光伏电站的建设与运行维护

对一个光伏发电系统（光伏电站）而言，在主要部件型号、容量都已设计选择好的前提下，要把各个部件安装到位，并连接成为一个有机的工作系统并持续高效运行，这仍然是一项复杂的系统工程。其中，科学的施工流程、正确的导线选择、合理的连接器及保护元件（如开关、保险等）的选用、合适的工具选取等环节均非常重要。实践经验表明，光伏电站性能好坏及可靠性高低依赖于每一个施工环节，在实际光伏电站的建设与运行维护中，必须精心组织，严格规程，确保光伏系统20 年左右的设计使用寿命。

8.1 光伏电站的工程施工

光伏电站的工程施工主要包括配电室及太阳能电池支架的基础制作，配电室、太阳能电池支架制作安装，太阳能电池方阵的安装，电气设备的安装调试及系统运行调试等环节。

8.1.1 施工准备

光伏电站往往位于比较为偏远的地区，因此设计、安装和调试工作都会遇到诸如交通工具、辅助材料等方面的困难。当设计、安装人员在筹划光伏电站项目施工时，应考虑到在偏远的安装现场附近可能没有专门的电气商店，因此应计划和准备好工程施工所需的一切工具和材料。由于每个施工现场的具体情况不同，工程施工人员应在施工前先认真考察现场，遵循施工流程，详细列出所需工具和材料清单。

（1）施工流程

光伏电站的施工流程如图 8-1 所示，通常包括现场查勘、工程规划、基础及配电室土建施工、太阳能电池支架制作安装、太阳能电池方阵安装调试、电气仪表设

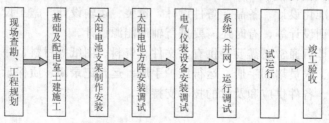

图 8-1　光伏电站施工流程图

备安装调试、系统运行调试、试运行、竣工验收等环节。

（2）技术准备

技术准备充分与否是决定施工质量的关键因素。通常包括以下几方面的工作。

① 对实地进行勘测和调查，获得当地与光伏电站建设相关的数据并对资料进行分析汇总，做出切合实际的工程施工设计。

② 准备好施工中所需要的国家标准或规程规定、作业指导书、施工图册等有关资料及施工所需的各种记录表格。

③ 组织施工队伍熟悉图纸和规范，做好图纸初审工作。

④ 组织技术人员对图纸进行会审，并将会审中发现的问题做好记录。

⑤ 会同建设单位和设计部门对图纸进行技术交底，将发现的问题提交设计部门和建设方，并由设计部门与建设方做出书面解决方案并做好记录。

⑥ 确定和编制切实可行的施工方案和技术措施，编制施工进度表。表 8-1 所示为某光伏电站项目工程施工进度安排表。

表 8-1　某光伏电站项目工程施工进度安排表

项目 ＼ 进度	建设周期 12 个月											
	1	2	3	4	5	6	7	8	9	10	11	12
1. 可行性研究及审查	—	—	—									
2. 主设备招标				—	—	—						
3. 初步设计及施工图设计							—	—	—			
4. 设备、材料采购										—	—	
5. 土建										—	—	
6. 设备安装											—	—
7. 调试												—

（3）现场准备

现场准备是否充分是决定工程施工效率的关键因素。为确保工程施工的顺利进行，必须高质量完成各种辅助设施的建设工作。

① 办公及生活设施　根据施工现场平面布置，建设临时办公及生活设施。

② 生产辅助设施　建设一个综合仓库，主要用于储存控制机柜、蓄电池组、太阳能电池板、太阳能电池板支架、劳保用品、施工工具及其他材料。设备和器材要分类存放，并安排专人负责管理。

③ 供电设施　条件许可时，施工用电要尽量接用市电。采用自备发电机组保障时，推荐采用高效环保型内燃（柴油/汽油）发电机组。

④ 现场施工道路　施工物资采用工程车进行运输，在运输前应考察好运输的路线，在运输过程中尽量避免破坏施工地域的生态环境。

除上述几个主要环节外，施工准备通常还包括施工队伍准备、施工物资准备、施工作业安排、设备及材料进场计划等内容。

8.1.2　基础建设

（1）电源馈线与管道配置

① 方阵至蓄电池的电源馈线容量宜按远期方阵的容量配置，全程降压应不超过负载额定电压的 3%。

② 方阵至蓄电池的电源馈线宜选用电力电缆，其馈线型号及芯线截面的选择应按方阵中最大充电电流的 1.5～2.0 倍配置。

③ 电源馈线应通过 PVC 管与建筑或设备相连，上穿线管和线路走向上的孔洞必须提前预留，以免影响施工进度。

④ 检查各种线、管、孔、洞的位置和走向，应详细对照建筑图纸，看其是否合适，以免与其他系统或装置的安装施工产生冲突。

（2）基础工程

1）场地平整　根据建设方提供的施工地点、现场勘测数据、太阳能电站方位、各项工程施工图等，对场地进行平整。平整面积应考虑除太阳能电站本身占地面积外还应留有余地，平地四周应预留 0.5m 以上，靠山面应预留 0.5m 以上，沿坡面应预留 1m 以上，且不能以填方算起。靠山面坡度应在 60° 以下，且应做好相应的防护工作。如平整土地需爆破时，应找专业的爆破作业队伍，并做好相应的安全防护工作，以免造成人员伤害和财产损失。

2）定位放线　在平整过的场地上，根据现场太阳能电站方位、各项工程施工图、水准点及坐标控制点确定工程光伏组件基础设施、避雷针及接地系统、控制柜、控制器、阀控式铅酸蓄电池组等的布放位置。其具体方法是将指南针水平放置在地面，找出正南方的平行线，配合角尺，按照电站图纸要求找出横向和轴向的水平线，确定立柱的中心位置。并依据图纸要求和基础控制轴线，确定基础开挖线。

3）基坑开挖　施工过程中要控制基坑开挖的深度，以免造成混凝土材料的浪费。开挖尺寸应符合图纸要求，遇沙土或碎石土质挖深超过 1m 时应采取相应的防护措施。

4）验槽　按照施工图纸及施工验收规范的要求对基坑尺寸进行检验，使用水准仪检查坑底标高应在同一水平面上。邀请监理、设计、勘测等单位相关人员进行现场验槽，验槽合格后方可进入下道工序。如发生有超挖现象，应采用相同土质回填并夯实。

5）混凝土工程和预埋件安装　混凝土工程和预埋件安装的工艺流程为：作业准备→材料、水灰比→搅拌混凝土→混凝土垫层→钢筋绑扎→预埋件定位→混凝土浇注振捣→检验→养护。图 8-2 所示为某预埋件安装的剖面结构图。

① 垫层应采用 C10 的混凝土，基础应采用 C20 的混凝土。

② 人工振捣时混凝土坍落度控制在 30～50mm，水泥用量应比机器搅拌振捣多 25kg/m³。受寒冷、雨雪、露天影响的混凝土，水泥用量应适当增加，一般加 25kg/m³。

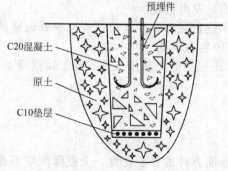

图 8-2　某预埋件安装的剖面结构

③ 混凝土灌注前应对施工水平面的位置、标高、轴线数量及牢固情况做细致的检查，做好自检记录，并把预埋件固定好位置（预埋件丝纹应采取保护措施，可用保护套或用胶带包裹）。具体方法如下。

将预埋件放入基坑中央，用 C20 混凝土进行浇注，浇注到与水平面一致时，然后用振动棒振实。振动过程中要不断地浇注混凝土，保证振实后与水平面高度一样。要保证预埋件螺纹露出水泥台面与图纸一致。然后开始根据图纸的横向和轴向的中心距来校正尺寸，可利用三点一线原理进行每个预埋件螺栓位置的找正，预埋件位置与图纸偏差不得超过±5mm。

④ 保持混凝土持续浇注，尽量不留施工层。

⑤ 凝固结束后，用水平管找正±0.00mm 坐标，再依次做各水平台面和地面台面，并在地面台面上确定控制柜位置，并根据控制柜图纸底面螺孔在台面上预埋螺栓，也可以在安装控制柜时用膨胀螺栓进行固定，控制柜应安装在光伏阵下面，并与光伏阵协调一致，方便走线，并尽量做到整体美观。最后应对混凝土浇注面进行抹灰处理，以细化其表面光洁度。先用水湿润基层，按 1：3 水泥砂浆分层打底，再用 1：2.5 水泥砂浆罩面。

⑥ 采取自然养护法（环境温度5℃以上）时，表面进行浇水养护。对普通混凝土应在浇灌后 10～12h 进行，炎夏时节可缩短至 2～3h，环境温度15℃以上时每天可浇水 2～4 次，气候干燥浇水次数应适当增加，养护时间不得少于 2 昼夜。若混凝土表面不便浇水或缺水，可在混凝土浇注后 2～4h 喷涂塑料膜来进行养护。

（3）太阳能电池方阵基础

① 方阵安装平面方位角要符合要求。

② 方阵排列方式应便于安装和维护，并具有较强的抗风能力。组件间隔不应小于 5mm，并可根据当地气象情况和施工条件做适当调整。

③ 方阵容量较大时，宜将其分为几个子方阵，两个子方阵间距不小于 80mm。

④ 为适应发展需要，方阵布局可按远期扩容要求预留一定余量。

⑤ 单方阵基座应朝南排列，多方阵排列时，前后两个方阵间的维护走道宜大于 600mm，如图 8-3 所示，后方阵最低高度应高于前方阵最高高度，并可根据现场条件做适当调整。

⑥ 基座数量、间距按照设计图纸要求设置。地面基座高度应不低于 500mm 或按用户要求设置。基座横截面尺寸应根据承载量和地脚螺栓规格进行设计，通常不应小于 200mm×300mm。

⑦ 基座中心应预埋不锈钢地脚螺栓，螺栓规格按当地方阵最大风压力载荷 P

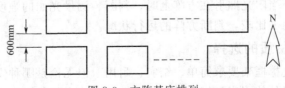

图 8-3　方阵基座排列

[式(8-1)] 计算，风负荷决定于方阵的尺寸和倾角。螺栓直径应不小于 14mm，预埋螺栓应用纤维带严密包裹以免在施工过程中磕碰变形。

$$P = C_x F_x \left(\frac{\rho v^2}{2} \right) \tag{8-1}$$

式中　ρ——空气密度，$8kg/m^3$；

v——当地最大风速，m/s；

F_x——方阵在垂直风向平面上的投影面积；

C_x——风动阻力系数。

⑧ 地脚螺栓外露长度，应根据方阵机架底座所采用的槽钢或角钢的厚度再加两个螺母后的总和或根据设计需要确定。地脚螺栓应与平台钢筋相连（焊接或钩连）。

⑨ 基座间高度偏差不应大于 5mm，水平偏差不应大于 3mm/m。

⑩ 在最终选定光伏电池方阵安装位置前，需详细评估当地的气候状况和土壤的承压能力。地面安装方式需要足够强度的基座，以避免因承压过大而造成损坏。基座同时要能经受住风吹造成的切向（横向）移动的作用力。参考当地建筑标准可以为确定基座要求提供依据，在安装前，要确保上述支撑构件的强度满足相关标准的要求。

8.1.3　太阳能电池方阵的安装

仔细选择太阳能电池方阵的位置是完成光伏系统安装工作的第一步。电气设备应避免在室外不必要的暴晒，安装电气设备时应考虑到可以便捷地进行系统维护。光伏电池方阵应尽可能地接近蓄电池和电能调节设备，以尽量缩短引线距离，减少线路损耗。

太阳能电池方阵价格贵、重量轻、体积小，容易被偷窃。为此，可以安装保护装置以提高电池方阵的安全性，如使用特殊的螺钉安装面板，可以防止其被迅速地拆除。在通往固定支撑架的通道上安装防盗门，以提高其安全性。

方阵安装前，要求测量太阳能电池组件的开路电压和短路电流。当然，安装人员必须懂得如何进行测量。为了判断电池组件能否正常工作，测量时安装人员必须比对厂家提供的技术手册。开路电压的测量必须在电池组件被日光照热前进行，因为组件的输出电压会随着温度的上升而下降。短路电流的测量则直接受日照强度的影响，因此除非能够准确地测量日照强度，否则只能对太阳能电池组件的输出电流特性作一个大约估计。测量时使组件平面垂直正对阳光，最好在正午日照最强的条件下测量电池组件。大部分太阳能电池组件的现场测量结果与产品说明书给出的数据差别在 5%～10% 以内。

当整个安装工作完成后，安装人员可以在方阵与负荷（蓄电池）连接的情况下测量方阵的输出。当阳光照射在方阵上时，判断、测量光照的强度与方阵输出，并与生产厂家的说明书比较，判断方阵的运行状况。

8.1.3.1　支架材质的选择

电池组件的支撑框架要求简单、结实、耐用。但无论是哪种安装结构，都要确保牢固支撑以及组件的固定良好，目标是能够使光伏方阵稳固地工作多年并能抵受住各种恶劣天气的侵袭。许多组件制造商同时也专门为自己产品设计生产固定装置，这些固定件可以适用于不同的情况并有不同的安装技巧，同时也考虑了风负荷等情况。使用这些固定件最省心，同时也有可能是廉价的施工方案。

方阵支架重量要轻，以便于运输和安装。制造安装电池方阵支架的材料，要能够耐受风吹、雨淋和日晒的侵蚀及各种腐蚀。专门定制安装结构价格会比较贵，不同的材料成本又不尽相同。

铝材：重量轻、结实、耐腐蚀。铝角铁是一种容易加工的材料，用常用的工具就可将其钻孔，而且这种材料很容易与多种光伏组件框架配合。缺点是铝不容易焊接。

角铁：容易加工，价格便宜，可以直接焊接成支架，但容易被腐蚀。虽然镀锌角铁抗腐性相对较好，但是安装支架或螺栓会使其生锈，特别是在环境比较潮湿的地区。

木材：价格低廉，供应充足，易加工，要安装的组件需要用木条框或夹子固定。在许多光伏系统的安装中，木质支架和框架得到很成功的应用。但是，木质材料很容易腐蚀，需要更多的维护，一般不推荐使用木材作为方阵支架的安装材料。

在实际工程应用中，电镀铝型材、电镀钢以及不锈钢都是较为理想的方阵支架材料。

8.1.3.2 地面支架的安装

在地面上安装太阳能电池方阵时，应预先在地面制作好基座，然后将金属框架固定在基座上，最后将电池组件安装在框架内。

安装用的框架通常包括两个平行的槽状梁，用螺栓将横向支撑的铝型材固定在槽状梁上，横向支撑铝型材强度要高，以防被风吹坏。将电池组件的铝制框架用螺栓固定在上下横向支撑铝型材上，方阵电池板应以预先测算的倾角固定。也可以购买或制作可调整倾角的支架装置，以便按季节调整电池板的倾角。

由于混凝土中的石灰成分会腐蚀铝制材料，直接安装在混凝土基座上的金属框架应使用镀锌钢材。此外，螺栓、螺母及垫圈都应该由不锈钢材料制成，以防腐蚀。

（1）支架底梁安装

① 钢支柱的安装　钢支柱应竖直安装，钢支柱与混凝土（砼）结合良好。连接槽钢底框时，槽钢底框的对角线的误差应不大于±10mm，检验底梁（分前、后横梁）和固定块。如发现前、后横梁因运输造成变形，应先将前、后横梁校直。

钢支柱安装的具体方法：先根据图纸把钢支柱分清前后，把钢支柱底脚上螺孔对准预埋件，并拧上螺母，但先不要拧紧（拧螺母前应对预埋件螺栓涂上黄油）。再根据图纸安装支柱间的连接杆，安装连接杆时应注意连接杆应将表面放在光伏站的外侧，并把螺栓拧至六分紧，如图 8-4 所示。

② 根据图纸区分前、后横梁，以免将其混装。

③ 将前、后固定块分别安装在前、后横梁上，注意勿将螺栓紧固。

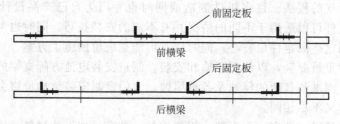

前固定板

前横梁

后固定板

后横梁

图 8-4　方阵支架横梁安装

④ 支架前、后底梁安装。将前、后横梁放置于钢支柱上，连接底横梁，并用水平仪将底横梁调平调直，再将底梁与钢支柱固定。

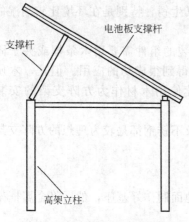

电池板支撑杆

支撑杆

高架立柱

图 8-5　太阳能电池方阵支架

⑤ 调平好前、后梁后，把所有螺栓紧固，紧固螺栓时应先把所有螺栓拧至八分紧后，再次对前后梁进行校正，合格后再逐个紧固，如图 8-5 所示。

⑥ 当整个钢支柱安装后，应对钢支柱底与混凝土（砼）接触面进行水泥浆填灌，使两者紧密结合。

（2）电池板杆件安装

① 检查电池板杆件的完好性。

② 根据相关图纸安装电池板杆件。为了保证支架的可调余量，不得将连接螺栓一次性完全紧固。

（3）电池板安装面的粗调

① 调整首末两块电池板固定杆的位置并将其紧固。

② 将放线绳系于首末两块电池板固定杆的上下两端，将其绷紧。

③ 以放线绳为基准分别调整其余电池板固定杆，使其在一个平面内。

④ 预紧固所有螺栓。

（4）电池板的进场检验

① 太阳能电池板应平直无变形，电池板正面的玻璃应无裂纹和损伤，其背面无划伤和毛刺等。

② 测量太阳能电池板在阳光下的开路电压，单块电池板的开路电压应不低于标称开路电压 4V，电池板输出端的正负与标识的正负应相吻合。

（5）太阳能电池板的安装

机械准备：用叉车把太阳能电池板运到方阵的行或列之间的通道上，目的是加快施工人员的安装速度。在运输过程中要注意不能碰撞到支架，不能堆积过高。

① 太阳能电池板在运输和保管过程中，应轻搬轻放，不得有强烈的冲击和振动，不得横置重压。

② 太阳能电池板的安装应自下而上逐块安装，螺杆的安装方向为自内向外，

并紧固电池板螺栓。在安装过程中，必须轻拿轻放，以免破坏其表面的保护玻璃；电池板连接螺栓下面应有弹簧垫圈和平垫圈，紧固后应将螺栓露出部分及螺母涂刷防锈漆，做防松处理。并且在各项安装结束后进行补漆；电池板安装必须做到横平竖直，同方阵内的电池板间距应保持一致，电池板接线盒的方向应规范有序。太阳能电池板的安装效果如图8-6所示，图8-7所示为一实际太阳能光伏发电系统太阳能电池板实物照片。

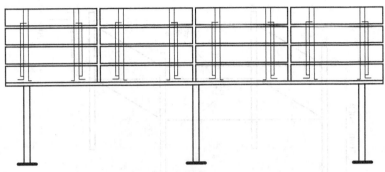

图 8-6　太阳能电池方阵的支架安装

图 8-7　利用支架安装的太阳能电池方阵

（6）电池板调平

① 将两根放线绳分别系于电池板方阵的上下两端，并将其绷紧。

② 以放线绳为基准分别调整其余电池板，使其在一个平面内。

③ 紧固所有螺栓。

8.1.3.3　架空式平台安装

① 双杆架空平台应排成东西向，如图8-8所示。多杆架空平台应朝南排成前后成矩形方式，如图8-9所示。

② 平台载杆数量及杆距应根据太阳能方阵数量设计决定。载杆长度不宜长于6m，如需加高必须按电力部门标准的相关规定重新设计。

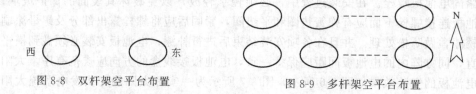

图 8-8 双杆架空平台布置　　　　　　图 8-9 多杆架空平台布置

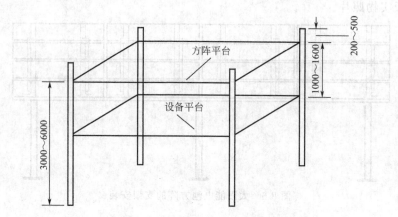

图 8-10 方阵安装的架空平台

③ 方阵平台应设在载杆顶部离杆顶为 200～500mm 位置，如图 8-10 所示。方阵平台采用角钢或槽钢加工，再用支撑及固定件紧固在载杆顶部。方阵的结构尺寸及安装孔应根据方阵机架结构设计加工。

④ 设备安装平台应在方阵平台下方 1000～1600mm 处，平台结构尺寸及负载强度应根据安放蓄电池箱、电源控制箱、负载设备的体积和重量及安装维护的需要设计。

⑤ 方阵的支撑结构应牢固、可靠，有防锈、防腐措施，支撑结构表面的涂料涂覆层应符合《涂料涂覆通用技术条件》的相关要求，金属镀层应符合《电工产品的电镀层和化学覆盖层》的相关要求。

⑥ 工程完工后，应对全部钢结构进行整体防锈处理，可用防锈漆进行涂装。通常涂装次数不得少于两遍，中间间距时间不得少于 8h。

⑦ 方阵输出端与支撑结构间的绝缘电阻在相对湿度小于 80％时，用 500V 兆欧表测量不应低于 100MΩ。

⑧ 方阵输出端与支撑结构间应具有良好的耐压强度，在外加直流电压 1500V、持续 1min 条件下不得有击穿或闪络现象。

8.1.3.4　平面屋顶式安装

① 新建房屋平面屋顶预制安装基础时，参照前面所提的要求实施。

② 改建房屋平面屋顶安装组件方阵，必须先平整屋顶选择合适的安装平面。根据电池组件支架规格在屋顶适当的位置打孔。通过用螺钉将支架固定在屋顶上。这种安装方法会增加屋顶承重及风应力等问题。在整个组件安装完毕后，用防水胶

(a) 方阵支架

(b) 固定支架的地脚螺栓

图 8-11　在平面屋顶安装太阳能电池方阵

把屋顶打孔缝隙填实，防止雨水渗透，如图 8-11 所示。施工期间要特别注意安全，应在房屋周边搭建脚手架。

③ 由于气流通路完全环绕在电池组件周围，组件可保持相对较低的工作温度，从而提高其效率。有些支架安装方式可按季节调节倾角，以提高光伏系统效率。

④ 屋顶栏杆离方阵边缘距离不应小于 1m，栏杆高度应按实际情况确定，但围墙及栏杆不得影响方阵表面光照。如安装面积有限则可根据现场条件适当调整。

8.1.3.5　斜面屋顶安装

① 新建斜面屋顶：在房屋初建时就在屋顶预制组件安装平台。平台中心的预埋件在施工时必须用纤维带包裹好，以免磕碰变形。

② 改建斜面屋顶：在屋顶安装 U 形卡件，方阵支架与 U 形卡件连接，能方便、可靠地固定于建筑屋面。施工期间要注意安全，应在房屋周边搭建脚手架。

③ 铺设油毛毡或用密封胶把孔填实，光伏组件安装从屋沿由左向右横向安装，再自下向上一层一层安装。保证各组件连接处的防渗漏功能。若有雨水渗漏，都能顺畅地沿组件边框下淌，不会渗漏到组件下面。

④ 根据方阵数量以及屋面安装面积合理排列方阵。

⑤ 保证太阳能电池背板留有空间通风散热。图 8-12 所示为斜面屋顶太阳能电池方阵的通风散热示意图。

通常，在屋顶安装光伏组件要比地面或柱上安装复杂，屋顶安装和维护更加困难，特别是屋顶的朝向和倾角与方阵最佳角度不一致的时候。破坏屋顶防水层是不

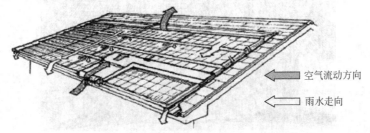

空气流动方向

雨水走向

图 8-12　斜面屋顶太阳能电池方阵的通风散热

可避免的，这可能导致漏水。同样，牢固和安全地连接于屋顶的支架是很重要的。把支架固定在梁上是最好的方案，但是这有时比较困难，因为组件的尺寸与梁的距离不一定匹配。把方阵固定在屋顶的夹板覆层上可能会造成屋顶的损坏，特别是风很大的时候更是如此。

如果的确需要把太阳能电池方阵安装在屋顶，则要确保屋顶与方阵之间的气流畅通。如果方阵距离屋顶超过 3in（1in＝25.4mm），那么方阵会保持在较低的温度从而输出更多的电量。不推荐把光伏组件与建筑屋顶平齐安装，因为这样不仅会导致太阳能电池组件难以测试和更换，而且会使方阵因工作温度高而导致其性能下降。

8.1.3.6 一体化安装

一体化安装方式是将电池组件直接安装在屋顶的椽子上，并用电池组件取代了常规的屋顶覆盖物，方阵使用釉面丁基合成橡胶或装有金属板条的衬垫材料来密封。这种安装方式适合于屋顶朝向和倾角都适合日光照射的场合使用。图 8-13、图 8-14 所示为太阳能电池板和建筑屋顶一体化安装的光伏建筑外观。

这种系统通风效果好，可以保证电池方阵运行在效率较高的工作温度下。而且由于太阳能电池板的连接线路都暴露在阁楼中，系统检修也很方便。

图 8-13　太阳能电池电池板和建筑屋顶一体化安装 1

图 8-14　太阳能电池电池板和建筑屋顶一体化安装 2

8.1.3.7 电池板接线

① 根据光伏电站设计图纸确定电池板的接线方式。

② 如果电池板接线采用多股铜芯线，接线前应先将线头作搪锡处理。

③ 接线时应注意保证接线正确，切勿将电池的正、负极接反。当每串电池板连接完毕后，应检查电池板串开路电压是否正确，确保连接无误后断开一块电池板的接线，以保证后续工序的安全操作。

④ 方阵整体接线完成后（按图纸完成组件串-并联），测量总开路电压。

⑤ 将电池板串与控制器的连接电缆连接，电缆的金属铠装层应可靠接地。

8.1.3.8 太阳能电池组件的固定安装

（1）传统安装方法

在太阳能光伏电站的建设过程中，会遇到如何科学高效安装太阳能电池板的问题。传统的安装方法是预先在太阳能电池板的边框上打孔（工厂发货前已加工好），再在安装支架上打孔（支架加工单位根据太阳能电池板的孔位尺寸预先打好孔），显然，采用以上方法孔的定位尺寸精度要求很严，加工成本也不低。现场安装时，对孔位和上螺栓比较费时，工作效率较低。尤其是在对支架高度有限制的情况下，在低矮的支架下，施工人员既要弯着腰又要仰着头上螺栓和紧固螺栓，劳动强度很大，并且身体容易磕碰周围的支架角钢，存在比较大的安全隐患，人力花费也较大，施工周期长，施工成本高。而且这种传统的安装技术很难在太阳能电池板与建筑的墙面或屋面结合一体化工程中实施。

（2）新型安装框架

新型无螺栓插槽式太阳能电池板安装框架充分利用电池板安装完成后的自然倾角，巧妙地采用锁扣结构，极大地提高了太阳能电池板的安装效率。这种新型安装框架的基本结构与安装工序的分解动作如图 8-15 所示。

新型框架可减轻在低矮支架上和空间比较狭小的场所用螺栓安装固定太阳能电池板的劳动强度，还有效解决了太阳能屋顶一体化工程施工中固定太阳能电池板的难题。而且太阳能电池板拆卸维修也极为方便，不会出现螺栓锈蚀难以拆卸的尴尬场面。

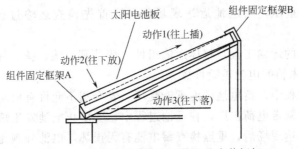

图 8-15 无螺栓插槽式太阳能电池安装框架

8.1.3.9 注意事项

光伏方阵包括组单元和串单元。组单元是一组安装在同一个框架中的光伏组件，每个组单元的尺寸都应便于操作和安装。串单元可以由数个光伏组件和组单元串联组成，串单元的输出电压为系统电压。

所有的光伏组件的连接器都应持久耐用。连接器应当牢固，并易于接线，同时应保证接线安全，多数组件有密封的接线盒以保护接线。现场测试表明光伏组件和电池之间的连接在碾压时极少会失效，多数问题出现在组件互联的接线盒。

应在系统适当位置装设刀开关或者断路器以便于在维护时断开光伏方阵，这一原则也适用于蓄电池组，因此还需要另外一组刀开关或断路器。同样，每路负载通常都应接入断路器。主回路中使用的保险丝应当能通过方阵的最大电流，该电流等于标准太阳强度（100mW/cm²）的1.5倍光照条件下的短路电流。注意，只能使用直流保险丝，且最好为延时型的。

跟踪系统可使阵列准确地跟踪太阳。如果阵列是跟踪式的，宜使用单轴跟踪系统，因为这种跟踪系统只需要很少的控制能量。在有大风的地区，应使用电力驱动的跟踪装置。

方阵的倾角没必要根据太阳高度角随季节的变化而改变。对于中纬度地区，每三个月改变一次倾角，大约可增加5%的年发电量。对于大多数地区，因为增加一点发电量而额外增加人工和方阵安装的复杂度反而得不偿失。

此外，光伏方阵的所有金属件都应可靠接地以防止雷击可能带来的危害，同时为工作人员提供安全保证。实际工程中，多数光伏系统的负极都接到设备的公共地极上。系统其他的绝缘和接地要求可在相关国家标准中查询。

8.1.4 蓄电池及其附件的安装

蓄电池在安装过程中，应特别注重"安全第一"的理念，蓄电池安装所采用的设备及器材应符合国家现行技术标准的规定，安装人员应具有相应资质，整个安装工作应从蓄电池的采购运输阶段开始筹划。

（1）蓄电池的运输和检查

蓄电池很重，且酸液容易泄漏。因此，在运输带储备电解液的蓄电池时，应特别注意安全。蓄电池在运输、保管过程中，应该轻搬轻放，不得有强烈的冲击与振动，不得倒置和重压。蓄电池运达现场后，应首先检查运输过程中蓄电池是否损坏。

① 选用合适的运输工具，整体运输组件，严禁翻、滚、摔、撞、暴晒、雨淋，不得将无外包装木箱的电池重叠堆放。

② 在运输过程中，蓄电池端面不能受压，安全阀不允许有松动现象。

③ 蓄电池通常带电荷出厂，在运输过程中，要防止电池发生短路。

④ 蓄电池运达现场后，重点检查蓄电池有无损坏，电池外观是否与图纸相符，有无电解液泄漏的痕迹，注意做好相应的记录。

⑤ 材料附件、连接条、螺栓及螺母应齐全，温度计或温度传感器应完好无损。

⑥ 清除蓄电池槽表面污垢时，对用合成树脂制作的槽应用脂肪烃或酒精擦拭，不得使用芳香烃、煤油、汽油等有机溶剂擦洗。

⑦ 用万用表检查单只电池电压是否正常。

（2）安装位置

① 控制箱、蓄电池安装位置，应尽量靠近方阵及用电设备。

② 置于室内的蓄电池及控制箱，安装布置应按 YD/T5040—2005《通信电源设备安装工程设计规范》相关规定执行。

③ 置于室外的控制箱、蓄电池组，应设置有防雨水措施，在环境温度低于 0℃时或高于 35℃时，蓄电池组应设置防冻或防晒、隔热措施。

④ 置于室外的蓄电池组应装在铁壳或硬质塑料壳的箱体内，箱体空间应留有一定的余量，以利保温或散热。

⑤ 置于室外的蓄电池组箱体及控制箱应用 10mm 以上螺栓紧固在地面或平台上，且控制箱外壳应与接地系统可靠相连。

（3）蓄电池支架的安装

确定蓄电池支架的位置并找平，其水平度误差应小于 1mm/m，其垂直度误差应不大于 1.5mm/m。

① 先将侧框架平稳放置于地面，然后将搁梁摆放在侧框架上，对好两侧安装螺孔，并将螺栓戴好，但先不要旋紧。

② 用连接板将左边侧梁与侧框架连接，用螺栓连接好，但先不要旋紧。

③ 用相同方式，将右边的侧梁与侧框架连接，用螺栓连接好，但先不要旋紧。

④ 调整好各零部件相互间的配合，若无错位现象，则将各处螺栓旋紧。

⑤ 挪开电池架，在做标记处钻孔，然后对安装现场进行清理。

⑥ 在孔中放入膨胀螺栓，然后挪回电池架，并将其固定。

（4）蓄电池的安装

① 将蓄电池放入电池支架。蓄电池安装时采用人工搬抬至蓄电池支架上，摆放整齐并连接，同排同列的蓄电池应摆放一致、排列整齐、符合连接顺序，蓄电池的连接可参照其出厂时的安装说明书。

② 蓄电池极柱的连接。使用专用金属连接件依次连接蓄电池的正、负极，串联成电池组，检查蓄电池组总输出电压。连接时严禁造成极柱短接，连接用的工具应事先做好绝缘处理，连接人员严禁佩戴手表等金属物体，以免造成人员伤亡和电池损坏。

③ 当蓄电池连接好后，应对其连接端子扣上保护帽，并对每块电池贴上标识号，以便日后维护保养。

在蓄电池的安装过程中，要特别注意以下几点：使用蓄电池制造厂准备的专用连接螺钉和垫圈；选用恰当规格的蓄电池导线和熔断器，在正极导线上安装熔断器；使用不锈钢螺母；所有蓄电池端子和接线端都用接线端盖盖上或用凡士林油、耐高温的油脂包上，以防止接线端子被酸液或酸雾侵蚀。

（5）其他注意事项

① 应尽量使蓄电池组各部位温差不超过 3℃。蓄电池应避免阳光直接照射，远离火源，不能置于大量放射性、红外线辐射、有机溶剂和腐蚀气体环境中。

② 当蓄电池严重过充电时，可能会有氢气和氧气排放到周围空间。据此，在

成套电源装置中，柜体的设计应考虑有良好的通风系统。当蓄电池独处一室时，房间必须安装通风设备，通风机应安装在足够高的地方，以排放比空气轻的氢气，通风机和开关应安放在蓄电池室外。在冬天最低气温不低于−10℃的地区，蓄电池可以置于室外的电池箱内。电池箱应通风良好、防腐蚀，其周围应设置安全栅栏。

③ 蓄电池为荷电出厂，故在安装过程中，必须非常小心，防止短路，严禁摔、砸、倒立、反接等现象。蓄电池在搬运过程中，不能触动极柱和安全排气阀。

④ 由于蓄电池组件的电压较高，存在电击危险，因此在装卸导电连接片时，应使用绝缘工具，并保证其绝缘良好。

⑤ 要保持蓄电池组件连接片在连接处的清洁，并拧紧连接片。脏污的连接片或不紧密的连接均可能引起电池打火。蓄电池之间采用不锈钢或镀锡螺钉、螺栓、镀锡铜排连接片和平垫圈串联连接。

⑥ 蓄电池之间、蓄电池组件之间的连接应合理方便，线路连接压降要尽量小。不同容量、不同性能的蓄电池不能互连使用，安装末端连接件和导通蓄电池系统前，应认真检查蓄电池系统的总电压和正、负极，以保证安装正确。

⑦ 蓄电池与充电装置或负载连接时，电路开关应位于"断开"位置，并保证相互间连接正确，蓄电池的正、负极与充电装置的正、负极不能接反。

⑧ 要保持蓄电池清洁，不可用湿布擦拭，也不能使用有机溶剂（如汽油等）清洗，不能使用二氧化碳灭火器扑灭蓄电池火灾，但可使用四氯化碳之类的灭火器具。

⑨ 蓄电池在安装前宜在0～35℃的环境温度存放，存放地点应干燥、清洁、通风，存放期不超过6个月。当储存期超过6个月，应进行一次充电维护。

⑩ 蓄电池是必须保护的系统组件。如果会出现结冰温度，那么电池可安装在密封性好的盒子内并埋于地下霜冻线以下，或者是将电池置于能保持温度高于0℃的建筑物中。如果要埋电池，应选择一个排水性良好的地点，并为电池挖一个排水孔。电池不应直接放在水泥地面上，因为这样会增加其自放电，这种情况在表面潮湿的水泥面上更为严重。

⑪ 蓄电池应放在非专业人员不容易接触到的地方，尤其是不能让小孩靠近电池。

8.1.5 控制器和逆变器的安装

控制器、变换器或逆变器通常与线路开关、保险丝和其他辅助元器件同时安装在控制中心内。不管是否处于工作状态下，这些设备的电子元器件必须能承受设计温度的作用。该部分的电路板应当加装外壳或密封，以保护电子元器件免受湿气和灰尘的侵蚀，同时应当使用合格、合适的电气接线盒。

（1）控制器的安装

光伏系统的控制器通常都是专用于某一系统的，除非生产厂家有明确说明，否则不可用于其他任何系统。光伏发电系统安装人员应阅读和遵守生产厂家在说明书里详细叙述的正确安装程序。通常包括以下几个方面。

① 应选择无风、天气能见度好的时段进行控制器安装，安装开始前应对参与人员进行详细技术交底，明确分工，各负其责，避免造成人身伤害和设备损坏。

② 设备开箱时，应按照装箱单和设备技术规格书进行逐项检查，核对设备型号是否符合实际要求，零部件和辅助线材是否齐全等。

③ 安装控制器时，应用不透明的布料把太阳能电池方阵盖上，断开负载以保护设备和安装人员的人身安全，按照要求连接输出接线和控制接线。安装人员应牢记控制器是敏感部件，需要小心移动。

④ 控制器应尽量安装在阴凉或者空气流通性好的地方，以防止散热部件温度过高。要特别注意出风口的灰尘，有些控制器在通气口处有过滤器，过滤器需要定期清理，要经常检查进气口以防止被蜘蛛、蜜蜂或其他昆虫占据。

⑤ 控制器的金属外壳是专为其内部的电气元件、线路板而做的防护盒。控制器放入盒中，可以防止灰尘、湿气、异物的进入。同时，金属外壳接地后，也可有效避免操作人员遭受电击作用。

⑥ 在控制箱内或者靠近控制箱的位置，通常应安装某种型号的开关，必要时用以切断控制器与太阳能电池方阵以及控制器与蓄电池之间的连接，同时这样也断开了负载电源。对于系统正常维修和故障紧急情况的处置，上述开关是至关重要的。

⑦ 系统中装设熔断器和断路器的功用是为了防止在短路情况下导线中流过过大的电流，过大的电流将导致导线过热，甚至起火燃烧。

⑧ 不同型号的蓄电池对充放电电压的要求稍有差异，在工程实践中往往需要对控制器预置电压进行现场调整。

此外，为确保控制器的安全，还需了解以下几点注意事项。

① 配电柜和控制柜在使用过程中有一定的发热量，这属于正常现象，但要保持柜内的通风散热、干净清洁。

② 控制器的接入步骤是先连接蓄电池端和电源输出端，然后对系统进行检查，具备通电条件时，再连接太阳能电池板输入线路。

③ 当采用多股铜芯线时，在接线之前应进行搪锡或采用接线端子连接。

④ 安装控制器时，要特别注意对机柜及各种电气元件的保护。

(2) 逆变器的安装

逆变器安装的注意事项与控制器安装有许多相同之处。逆变器通常应安装在可控制的环境中，因为过高的温度和大量的灰尘会显著减少逆变器的寿命并且可能引起故障。逆变器也不宜同电池安装在一起，因为腐蚀性气体可能会引起其电子元器件失效，逆变器开关动作时产生的火花也可能会引起爆炸。但是为了减少导线的阻抗损失，逆变器应安装在尽可能靠近电池的地方。在逆变为交流电时，因为交流电压通常比直流电压高，所以逆变器输出端的导线尺寸可以缩小一些。逆变器的输入输出回路应装设有熔断器或断路器，这些保险器件应安装在醒目的位置，且标识清晰。通常在逆变器的输入端还应使用浪涌保护器（SPD），这类部件可把浪涌电流旁路入地，可有效防止闪电引起的冲击电流对光伏系统造成危害。

需特别指出的是，将直流电缆连接到逆变器输入端时，必须注意判断极性，确认正、负极性无误时方可接入。

根据光伏系统的不同要求，各厂家生产的控制器、逆变器功能和特性可能有比较大的差别。因此控制器、逆变器的具体接线和调试方法，需要详细参阅随机携带的技术文件。

8.1.6　光伏系统的布线

光伏系统整体布线前应事先考虑好走线方向，然后向配电柜放线。太阳能电池板连线应采用双护套多股铜软线，放线完毕后可穿管敷设。线管要做到横平竖直，柜体内部的电线应用色带包裹为一个整体，做到整齐美观。

（1）导线的连接

光伏系统的所有连接线，必须在就近的电气接线盒中转接。电气接线盒可凸出摆放，也可嵌入墙壁、天花板或地板中。当接线需经常改动或导线线径过大很难连接时，导线端应压接铜制接线环或接线叉。电线、电缆或导管与电气接线盒间的连接一定要足够牢靠，以免导线在拖动中变松。如果接线盒需要露天放置，所选用电气接线盒的材质必须能经受得起风吹日晒和雨淋，各连接点必须小心穿入接线盒中，并进行防水密封。通常，室外导线只能在接线盒的下侧连接。

（2）电缆线敷设

光伏系统的电缆线路通常采用电缆沟敷设，其施工流程为：施工准备→放线→电缆沟开挖→预埋配管和埋件→电缆敷设→电缆沟回填→接线。

① 施工准备　电缆穿越墙体、基础和道路时均应采用镀锌保护管，在敷设前须对其进行外观检查，主要看其内外表面是否光滑。线管切割应用钢锯，并应将端口的毛刺处理干净。

② 预埋配管　暗配的线管宜沿最短的线路敷设，应尽量减少弯曲。埋入墙或地基内的管子，离表面的净距不应小于 15mm，管口应及时封闭严密。

③ 管内穿线　管路必须做好可靠的跨接，跨接线端面应按相应的管线直径选择。

④ 电缆敷设　电缆敷设前电缆沟应验收合格，电缆沟底部应铺 100mm 厚的细沙或土，铠装电缆直接埋地敷设，电缆上表面需铺 100mm 厚的细沙、盖砖，电缆应埋在冻土层以下，埋入深度应不小于 800mm，电缆埋设段内严禁接头。

（3）插座和开关的安装

在连接插座和接线器时，要特别注意直流电与交流电的各自特点：直流系统接线时，重点注意判断导线与端子的正、负极性；交流系统接线时，重点注意分清相线、中性线和接地线。正确的接线可防止对设备产生额外的损害，消除火灾隐患，减少电击危险。

光伏系统中用得最多的电气设备是隔离刀闸和空气开关，开关的容量和电压等级必须与给定的电压和通过的电流大小相匹配。当用交流开关代替直流开关时，相应的交流开关如果没有足够的遮断速率，分断线路时产生的电弧就对开关本体性能影响很大，其电寿命将大大缩短，在大电流的情况下，开关触点更有可能被熔化。

光伏系统用的隔离刀闸一般都装有熔丝，熔丝的熔断电流应合理确定（要用合适规格的熔丝），以起到限制过电流和短路电流的作用。此外，当隔离刀闸带较大负荷直接通断时，由于电流过大可能会产生强烈的电弧，这在直流电路中尤为严重，操作人员应特别注意这一特点。

空气开关的结构特点决定了它不适合用在直流电路，而更多的是用于交流电路。主要原因是当用其断开直流电路时，开关触头往往被引起的电弧烧坏。当在交流回路里使用空气开关时，如果开关触头没有足够的"遮断"电弧的能力，同样也会起弧并烧坏触点。如果一定要在直流系统中使用空气开关，设计者通常应选用带有灭弧罩的直流断路器，以确保开关电器动作的可靠性。

（4）配线原则

为确保光伏系统布线科学、高效，系统设计和安装人员在安装前后，每次都应按如下问题逐一核查工作内容。

① 在每一电路中，导线的载流量是否与总的负载相匹配。

② 在任何一条支路中电压降是否超出线路额定电压的 2%；从蓄电池到负载支路的电压降，是否超出线路额定电压的 5%。

③ 过流保护整定值是否超出导线允许的载流量。

④ 导线颜色代码是否正确。直流馈线的颜色要区分开，通常正极选用红色馈线、负极选用黑色馈线。

⑤ 电线、电缆和导管是否运用正确。

⑥ 所用的导线类型和导管的尺寸数目是否正确。

⑦ 所有的接线盒尺寸是否正确、有盖、便于接线。

⑧ 所有的电气接线端子是否都便于接线。

⑨ 所有需要防潮的电气接线是否都采取了防水措施。

⑩ 所有的开关容量与其需转换节点的电压、电流是否相匹配。

⑪ 所有的直流插座使用是否科学规范。

⑫ 所有的插座是否都标明了正确的电压和电流等级。

⑬ 所有电气设备的接地线是否使用了黄绿双色导线。

⑭ 在系统中，所有电气设备的"地"和接地导体地线是否接在同一点。

8.1.7 防雷接地系统的安装

安装光伏系统时，防雷接地系统的施工质量关系到工作人员和系统设备的安全问题，应认真对待，不可忽视。一般来讲，光伏发电系统的防雷接地系统有三道施工工序：接地极安装→接地网连接→避雷针安装。

典型接地网由接地体和接地扁钢组成。地网分布在立柱支架周围，接地体采用热镀锌角钢，规格为 50mm×50mm×5mm，长度 2500mm，一端加工成尖头形状，方便打入地下。应尽量使其分布在潮湿的土壤中，若土壤电阻系数较大，不能满足接地电阻要求时，可在接地体埋设前先放置些食盐等并加些水，以降低其电阻系数。

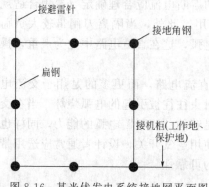

图 8-16　某光伏发电系统接地网平面图

接地线应采用绝缘电线，且必须用整线，中间不许有接头。接地线应能保证短路时热稳定的要求，其截面积不得小于 $6mm^2$，避雷器的接地线应选择在距离接地体最近的位置。接地体与接地线的连接处要焊接；接地线与设备可用螺栓连接。

接地扁钢采用不低于 $40mm \times 4mm$ 热镀锌扁钢，接地扁钢应埋在冻土层以下并和镀锌扁钢焊接在一起，各拐角处应做成弧形；接地扁钢应垂直与接地体焊接在一起，以增大与土壤的接触面积，最后将扁钢与立柱的底板焊接在一起。焊后应作防腐处理，通常采用沥青漆或凡士林。地网基坑的回填土尽量选择碎土，土壤中不应含有石块和垃圾。图 8-16 所示为某光伏发电系统接地网的平面示意图。

8.1.8　光伏电站的调试

光伏电站施工完毕后，应依据光伏工程有关验收程序，工程甲/乙双方共同复核发电电站及负载运行情况，履行工程验收和移交手续。

检查验收贯穿光伏发电系统工程施工的全过程。在施工阶段，根据现场考察的要求，检查施工方案是否合理，能否全面满足要求。根据设计要求、供货清单，检查配套元器件、器材、仪表和设备是否按照要求配齐，供货质量是否符合要求。对一些工程所需的关键设备和材料，可视具体情况按照相关国家标准或行业技术规范在设备和材料制造厂或交货地点进行抽样检查。基础工程完工后，重点检查太阳能电池组件方阵水泥基础、配电室施工质量是否符合要求，并做好记录。系统接线完成后，参照设计要求或产品说明书，对逆变器、太阳能电池组件、交流电网、蓄电池组、电力线路等要素进行详细的检查与验收，观察逆变器、太阳能电池组件、蓄电池组等设备的各项运行参数，并做好相应记录，将实际运行参数与标称参数进行比较，分析其差距，为以后的调试做准备。

调试是按设备技术性能指标对已完成安装的设备在各种工作模式下进行试验和参数调节。系统调试应按设备技术手册中的规定和相关安全规范进行，设备调试完毕后必须使其各项技术性能指标达到相关技术要求。如在调试中发现实际性能指标与手册中的参数不符，设备供应商需采取补救措施，达标后才具备验收条件。设备调试的典型步骤如下。

① 全面复核各支路接线的正确性，再次确认直流回路的正、负极性。

② 依次闭合控制器的方阵输入开关和蓄电池的输出开关，使系统运行，向电池充电。

③ 蓄电池充满电后，闭合控制器的负载输出开关，系统开始向直流负载供电。

④ 逐一启动直流负载，直至系统全部负载工作正常。

⑤ 确认逆变器直流输入电压极性正确，闭合逆变器直流输入开关。

⑥ 空载下闭合逆变器交流输出开关，检测并确认交流输出电压值正常。

⑦ 逐一启动交流负载，直至全部负载工作正常。

⑧ 系统运行状态调整：全面调试光伏系统的运行状态，试验各项保护功能。要特别注意调整并设置好控制器充放电预置电压的阈值。

8.1.9 配套图纸资料

图 8-17～图 8-20 所示为某 10kW 并网光伏电站的配套图纸，主要包括系统整体布局图、方阵正视图、方阵侧视图和单体侧视图等。光伏电站的详细施工方案将在实地考察后具体拟定。

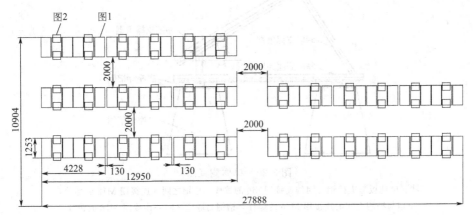

图 8-17　系统整体布局图

注：图 1 代表电池板，图 2 代表水泥堆

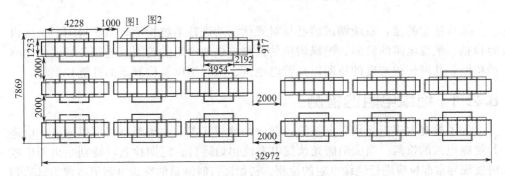

图 8-18　方阵正视图

注：图 1 代表电池板，图 2 代表 5 号槽钢板

安装说明：每 6 块为一组，将电池固定在槽钢上，然后将槽钢镶嵌在水泥面上（与水平面成 30°角）。

每 3 组是一个方阵，共 5 个方阵

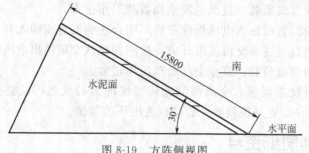

图 8-19　方阵侧视图

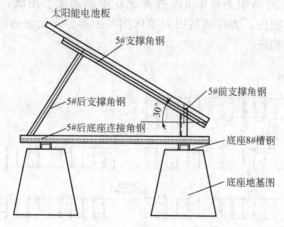

图 8-20　单体侧视图

注：电池板与支撑钢之间的连接用 M6 的螺栓，角钢之间的连接用 M12 的螺栓，
角钢与槽钢之间的连接用 M16 的螺栓，槽钢与底座之间的连接用 M16 的锚栓。

8.2　光伏电站的检测

值得注意的是，系统调试前必须对光伏电站进行系统检测，系统检测的主要内容包括：绝缘电阻的检测、绝缘耐压的检测、接地电阻的检测、光伏阵列输出功率的检测、并网保护装置的检测以及蓄电池组、控制柜以及控制器的性能检测等。

8.2.1　绝缘电阻的检测

为了检查太阳能光伏发电系统各部分的绝缘状态，并判断是否可以通电，应进行绝缘电阻的检测。当太阳能光伏发电系统初始运行、定期检查，特别是出现事故时发现异常部位应进行绝缘电阻的检测。初始运行时测量的绝缘电阻值将成为日后判断太阳能光伏发电系统绝缘状态的基础，因此要把测试结果记录保存好。光伏系统绝缘电阻的检测包括太阳能电池电路的绝缘电阻以及功率调节器电路的绝缘电阻。

8.2.1.1　太阳能电池电路绝缘电阻的检测

由于太阳能电池在白天始终有电压，因此在测量其绝缘电阻时必须注意安全。

太阳能电池阵列的输出端在很多场合装有防雷用的放电器等元件，在测量时，如果有必要应把这些元件的接地解除。还有，因为温度、湿度也影响绝缘电阻的测量结果，在测量绝缘电阻时，应把温度、湿度和电阻值一同记录。此外，应避免在雨天或雨刚停后进行测量。

（1）测量仪表与器材

绝缘电阻表（MΩ 级）、温度表、湿度表、能承受太阳能电池阵列的短路电流且能短路的开关（短路用开关）以及短路用的虎口夹等。

（2）测量电路图

太阳能电池电路绝缘电阻的检测电路（假设 PN 间短路，即太阳能电池阵列的正、负极间短路）如图 8-21 所示。

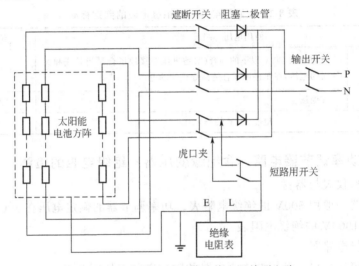

图 8-21 太阳能电池电路绝缘电阻检测电路

（3）检测步骤

① 将输出开关置于"OFF"位置。当输出开关的输入部位安装有电涌吸收器时，应将接地侧的端子拆开。

② 将短路开关（遮断电压值比太阳能电池的开路电压高，将直流开关的二次侧短路，并在一次侧分别用虎口夹夹紧）置于"OFF"位置。

③ 将所有组件串的短路开关置于"OFF"位置。

④ 将短路开关一次侧的（＋）、（－）极虎口夹分别在太阳能电池侧和遮断开关间连接，然后将组件串的短路开关置于"ON"位置，最后将短路用开关置于"ON"位置。

⑤ 将绝缘电阻表的 E 侧与接地线连接，L 侧与短路用开关的二次侧连接。将绝缘电阻表置于"ON"位置。

⑥ 测量结束后，必须先将短路用开关置于"OFF"位置，然后将连接组件串的虎口夹脱开。这个顺序绝对不能错，这是因为遮断开关没有切断短路电流的功能，在短路状态下，脱开虎口夹还可能会产生电弧放电，伤及测试者。

⑦ 将电涌吸收器的接地侧端子恢复原状，测量对地电压，确定残留电荷的放电状态。

注：①在有日照时进行测量会有较大的短路电流流过，在没有准备短路用开关的场合，绝对不能对太阳能电池电路的绝缘电阻进行测量（非常危险！）。

② 在串联太阳能电池数较多、电压较高的场合，可能会发生难以预料的危险，因此，这种场合不应测量太阳能电池电路的绝缘电阻。

③ 测量时应把太阳能电池用遮盖物盖上，使太阳能电池的输出电压降低，以确保测量人员的人身安全（测试者应戴上橡胶绝缘手套）。另外，为了测量结果更准确，将短路用开关和导线用绝缘橡胶等进行保护，以确保对地绝缘。

太阳能电池电路绝缘电阻的判定标准如表8-2所示。

表8-2　太阳能电池电路绝缘电阻的判定标准

使用电压等级		绝缘电阻
300V 以下	对地电压150V以下的场合（对地电压在接地场合是指导线和大地间的电压，在非接地场合是指导线间的电压）	0.1MΩ 以上
	其他场合	0.2MΩ 以上
超过300V的场合		0.4MΩ 以上

8.2.1.2　功率调节器电路（含绝缘变压器）绝缘电阻的检测

（1）测量仪表与器材

测试仪器一般用500V的绝缘电阻表。功率调节器的额定电压在300～600V的场合，使用1000V的绝缘电阻表。

（2）测量电路图

测量点定在功率调节器的输入电路和输出电路（如图8-22所示）。

（3）检测步骤

① 输入电路　在接线盒内把太阳能电池电路断开，将功率调节器的输入端子和输出端子短路，然后测量输入端子和大地间的绝缘电阻。测定绝缘电阻时可以包括接线盒的电路。

a. 在接线盒内切断太阳能电池电路。

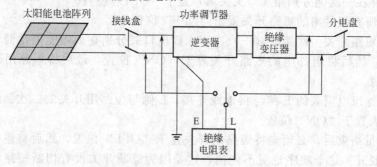

图8-22　功率调节器绝缘电阻的测量

b. 开启分电盘内的分支开关。

c. 分别短路直流侧所有输入端子和交流侧所有输出端子。

d. 测量直流侧与大地间的绝缘电阻。

② 输出电路　将功率调节器的输入端子和输出端子短路，测量输出端子和大地间的绝缘电阻。在分电盘位置切断交流侧电路测量绝缘电阻，测量时可包含到分电盘的电路。如果绝缘变压器单独安装，测量时也包含到分电盘的电路。

a. 在接线盒内断开太阳能电池电路。

b. 开启分电盘内的分支开关。

c. 分别将直流侧所有输入端子和交流侧所有输出端子短路。

d. 测量交流端子与大地间的绝缘电阻。

功率调节器电路（含绝缘变压器）绝缘电阻的判定标准如表 8-2 所示。

③ 其他

a. 当输入输出额定电压不同时，选择高的电压作为选择绝缘电阻表的基准。

b. 在输入输出端子上有除了主电路以外的控制端子时，也包含对这些端子的测量。

c. 测量时，对于浪涌吸收器等抗电击弱的电路，应从电路中取下。

d. 测量无变压器的功率调节器时，应按照制造厂推荐方法进行测试。

8.2.2　绝缘耐压的检测

低压电路的绝缘，一般由生产制造厂家经充分论证后制作。另外，通过绝缘电阻的测量检查低压电路绝缘的情况较多，因此通常省略在设置场所进行绝缘耐压检测。如果需要进行绝缘耐压试验，可按下述步骤实施。

（1）太阳能电池阵列电路

与前述绝缘电阻检测的方法相同，将标准太阳能电池阵列的开路电压看作为最大使用电压，检测时施加最大使用电压 1.5 倍的直流电压或 1 倍的交流电压（不足500V 时按 500V 计）10min，确认是否发生绝缘破坏等异常现象。当太阳能电池输出电路接有防雷器件时，通常要从绝缘测试电路中将其取下。

（2）功率调节器电路

与前述绝缘电阻检测的方法相同，与太阳能电池阵列电路的绝缘耐压检测一样，施加试验电压 10min，检查绝缘等是否破坏。

值得注意的是，当功率调节器内有浪涌吸收器等接地元件时，则应按照生产制造厂家的指导方法实施其绝缘耐压的检测。

8.2.3　接地电阻的检测

测量接地电阻时，使用接地电阻测试仪（表）以及接地电极和两块辅助电极（如图 8-23 所示）。接地电极和辅助电极间的间隔设定为 10m，三个电极的位置应尽可能地在一条直线上。接地电极接在接地电阻测试仪的 E 端子，辅助电极接在 P 端子及 C 端子。在按下按钮开关的状态下，调整旋钮，使接地电阻测试仪的指针

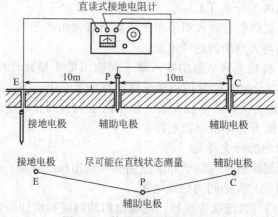

图 8-23　接地电阻的测量方法

指向"0"。测量时从刻度盘读取接地电阻值，测量结果应符合相关国家标准。接地电阻值随接地电极附近的温度和土壤所含的水分的多少而变化，但其最高值也不应超过规定的临界值。

8.2.4　光伏电池阵列输出功率的检测

为了使太阳能光伏发电系统达到所需的输出功率，一般将多个太阳能电池组件串联及并联构成太阳能电池阵列。因此，在安装场地应设有专用的接线工作场所，并应对组件的接线情况进行认真检查。另外，当光伏电站建设完毕以及定期检查时，也需要检查太阳能电池阵列的功率输出，这有利于发现工作异常的太阳能电池组件和配线连接问题。

8.2.4.1　开路电压的测量

测量太阳能电池阵列的各组件串的开路电压时，通过开路电压的不稳定性，可以检测出工作异常的组件串、太阳能电池组件以及串联连接线的断开等故障。例如，如果太阳能电池阵列中有一个组件串中存在一个极性接反的太阳能电池组件，则整个组件串的输出电压比接线正确时的开路电压低得多。正确接线时的开路电压，可根据说明书或规格表进行确认，即与测定值一比较，即可判断出极性接错的太阳能电池组件。即使因日照条件不好，计算出的开路电压和说明书中的电压有些差异，但只要与别的组件串的测试结果比较，也能判断出有无接错的太阳能电池组件。另外，如果太阳能电池组件的接线正确，而旁路二极管的极性接反，也能用同样的方法检查。

（1）试验仪表

直流电压表或万用表。

（2）检测电路

测量太阳能电池阵列的各组件串的开路电压电路如图 8-24 所示。

（3）测试步骤

① 将接线盒的输出开关置于"OFF"位置。

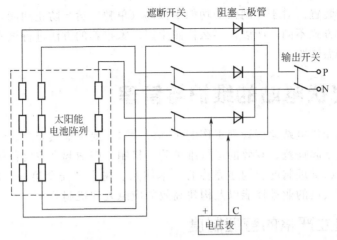

图 8-24 太阳能电池阵列的各组件串的开路电压检测图

② 将接线盒的各组件串的切断开关置于"OFF"位置（当切断开关处于闭合状态时）。

③ 确认各组件没有被阴影遮挡（尽量使各组件的日照条件均一，最好在云少时，并尽可能避免在早晨和晚上测量）。

④ 将准备测定的组件串的遮断开关置于"ON"位置（当遮断开关处于断开状态时），用直流电压表测定各组件串 P-N 端子间的电压。必须注意：当使用万用表测量时，如果误将电表置于电流挡位置，就有短路电流流过的危险。另外，使用数字万用表的场合，必须要确认好万用表的极性（＋，－）。

⑤ 确认各组件串的开路电压值是否合适，各组件串的电压差，以不超过一个组件开路电压的 1/2 为宜。

（4）注意事项

① 洗净太阳能电池阵列的表面。

② 各组件串的测量应在日照强度稳定时进行。

③ 为了减少日照强度、温度变化对测量结果的影响，测量时间最好选择在晴天的正午时刻前后一小时内进行。

④ 即使在雨天，只要是白天，太阳能电池都会产生电压，测量时要注意安全。

8.2.4.2 短路电流的测量

通过测量太阳能电池阵列的短路电流，可以检查出工作异常的太阳能电池组件。由于太阳能电池组件的短路电流随日照强度会发生较大变化，因此在安装场地根据短路电流的测量值判断有无异常的太阳能电池组件比较困难。但是，如果是同一电路条件下的组件串，通过组件串相互之间的比较，在某种程度上是可以判断的。短路电流的测量也希望在有稳定日照强度的情况下进行。

8.2.5 并网保护装置的检测

使用继电器等试验仪器，检查继电器的工作特性，确认是否安装有与电力公司协商好的保护装置。对于并网保护功能中孤岛（单独）运行防止功能，由于各生产厂家所采用的方式不同，所以，要么按照生产厂家推荐的方法进行试验，要么请生产厂家到现场做试验。

8.3 光伏电站的维护与管理

从太阳能光伏电站运行管理工作的实际经验看，要保证其安全、经济、高效地运行，必须建立起规范、有效的运行维护管理机制。归纳起来主要包括以下几个方面：建立严格的管理制度、构建完善的技术体系、树立"安全第一"的用电意识、提高运行维护人员的业务技能以及构建高效的应急处理机制等。

8.3.1 建立严格的管理制度

每个电站都应建立全面完整的技术文件资料档案，并设立专人负责电站技术文件的管理，为电站的安全可靠运行提供强有力的技术基础数据支持。

（1）建立电站设备技术档案和设计施工图纸档案

电站设备技术档案和设计施工图纸档案是电站最基本的技术档案资料，主要包括：

① 设计施工、竣工图纸；

② 验收文件；

③ 各设备的基本工作原理、技术参数、设备安装规程、设备调试的步骤；

④ 所有操作开关、旋钮、手柄以及状态和信号指示的说明；

⑤ 设备运行的操作步骤；

⑥ 电站维护的项目及内容；

⑦ 维护日程和所有维护项目的操作规程；

⑧ 电站故障排除指南，包括详细的检查和维修步骤。

（2）建立电站信息化管理系统

利用计算机管理系统建立电站信息资料，每个电站建立一个数据库，数据库内容主要包括电站的基本信息和动态信息两个方面。

电站的基本信息主要包括：

① 电站所在地的气象地理资料；

② 电站所在地附近的交通信息；

③ 电站所在地的相关信息（如人口、户数、公共设施、交通状况等）；

④ 电站的相关信息（如电站的建设规模、设备的基本参数、建设时间、通电时间、设计建设单位等）；

电站的动态信息主要包括：

① 电站的供电信息，包括用户数量、供电时间、负载情况、累计发电量等；

② 电站运行过程中出现的故障及其处理方法，对电站各设备在运行过程中出现的故障及其处理方法等应进行详细描述和统计。

（3）建立电站运行档案

建立电站运行档案是分析电站运行状况和制定电站维护方案的重要依据之一。日常维护工作主要是每日测量并记录不同时间光伏电站的工作参数，测量记录的主要内容有：①日期、记录时间；②天气状况；③环境温度；④蓄电池室温度；⑤子方阵电流、电压；⑥蓄电池充电电流、电压；⑦蓄电池放电电流、电压；⑧逆变器直流输入电流、电压；⑨交流配电柜输出电流、电压及用电量；⑩记录人。

当光伏电站出现故障时，电站操作人员要详细记录故障现象，并协助维修技术人员进行维修工作，故障排除后要认真填写《光伏电站故障维护记录表》，需要记录的主要内容有：①出现故障的设备名称；②故障现象描述；③故障发生时间；④故障处理方法；⑤零部件更换记录；⑥维修人员；⑦维修时间。

光伏电站的巡检工作应由专业技术人员定期进行，在巡检过程中要全面检查电站各设备的运行情况和运行现状，并测量相关参数。巡检人员应仔细查看电站操作人员对日维护、月维护的记录情况，并对相关记录数据进行分析，及时指导操作人员对电站设备进行必要的维护工作。同时还应综合巡检工作中发现的问题，对电站的运行状况进行分析评价，最后对电站巡检工作做出详细的总结报告。

（4）建立运行分析制度

根据光伏电站运行期的档案资料，组织相关部门和技术人员对电站运行状况进行综合分析，及时发现光伏系统存在的问题和事故隐患，提出切实可行的解决方案。通过建立运行分析制度，以提高技术人员的业务能力以及电站运行的可靠性。

8.3.2　构建完善的技术体系

在光伏电站的日常运行维护中，要不断总结经验，制定详细的巡检维护项目内容，保证巡检维护时不会出现漏项检查的现象，不断提高维护管理水平。

在维护过程中，需要准备以下材料和工具：烙铁、扳手、纸、铅笔、清洁剂、破布、螺丝刀、液体密度计、安全护目镜、橡胶手套、橡胶围裙、碳酸氢钠、蒸馏水、万用表、可调电源、熔断器、电池、导线、剥线钳、老虎钳、产品使用维修说明书、急救成套用具等。

8.3.2.1　光伏阵列

光伏系统设计寿命能达到 20 年以上，其故障率较低。光伏系统使用与维护的好坏直接影响着系统的使用寿命，同时也影响着系统的运行效率和运行成本。做好光伏发电系统的维护工作是维持系统良好运行状态的最佳手段。一般情况下，无需对太阳能电池组件进行表面清洁处理，但对暴露在外的接线接点要进行定期检查、维护。维护主要内容如下。

① 保持光伏阵列采光面的清洁。在少雨且风沙较大的地区，应每月清洗一次，清洗时应先用清水冲洗，然后用干净的柔软布将水迹擦干，切勿用有腐蚀性的溶剂冲洗，或用硬物擦拭。清洗时应选在没有阳光的时间或早晚进行。应避免在白天光伏组件被阳光晒热的情况下用冷水清洗组件，很冷的水可能会使光伏组件的玻璃盖板破裂。

② 遇有大风、暴雨、冰雹、大雪等特殊天气情况，应采取相应措施保护太阳能电池方阵，以免其遭到损坏。

③ 组件的接线盒应定期检查，以防风化。定期检查光伏组件板间连线以及方阵汇线盒内的连线是否牢固，并按需要紧固；检查光伏组件是否有损坏或异常现象，如破损、栅线消失、出现热斑等；检查光伏组件接线盒内的旁路二极管是否正常工作。当光伏组件出现问题时，应及时更换，并详细记录故障组件在光伏阵列内具体的安装分布位置。

④ 每季度检查一次各太阳能电池组件的封装及接线接头，如发现有封装开胶进水、电池变色及接头松动、脱线、腐蚀等情况，应及时处理。

⑤ 检查方阵支架间的连接、支架与接地系统的连接以及电缆金属外皮与接地系统的连接是否可靠，并按需可靠连接；检查方阵汇线盒内的防雷保护器是否失效，并根据实际情况进行维修或更换。

⑥ 每年要检查一次太阳能电池方阵的金属支架有无腐蚀，并根据当地天气气候条件定期进行喷漆处理。

⑦ 定期检查方阵周边植物的生长情况，查看是否遮挡了方阵太阳光的照射通道，并根据实际情况作相应处理。

8.3.2.2 蓄电池组

蓄电池的维护是光伏系统维护工作中的重中之重。由于光伏电站是利用太阳能进行发电的，而太阳能是一种不连续、不稳定的能源，因此容易使得蓄电池组出现过充、过放和欠充电等现象。实践经验表明，蓄电池组是光伏电站中最容易被忽视的环节，应对蓄电池进行定期检查和科学维护。

（1）充电维护方法

① 新电池的补充电　普通铅蓄电池在使用前必须加电解液并进行初充电，但 VRLA 蓄电池是带着电解液以荷电态出厂，所以在投入使用前不需要进行初充电。由于电池从生产、入库、包装、运输、安装到投入运行往往需要数月时间，因此，在投入正式使用前应进行补充电，否则电池浮充电压的波动要达到正常的范围将需要较长时间。补充电的方法如下。

一是以 (2.35 ± 0.02)V/只的电压进行限流恒压充电，充电时间在 $16 \sim 20$h 左右。

二是先用 $U_充 = 2.4$V/只，充电 24h；然后转入浮充状态，用 $U_浮 = 2.25 \sim 2.30$V/只的电压浮充 $3 \sim 7$ 天；当 $I_浮$ 非常小时，电池组即可进入正常运行。

值得注意的是，串联电池数不同时，第二阶段的电压应取不同的值，即 $12 \sim 48$V 电池组：$U_浮 = 2.25 \sim 2.27$V/只；高电压的电池组：$U_浮 = 2.27 \sim 2.30$V/只，这是因为当电池组的电压高（串联电池数多）时，较高的 $U_浮$ 可使所有电池的电压至少有 2.20V/只，能使电池组中所有电池都处于充电状态。

② 正常充电　蓄电池在放电之后的充电称为正常充电。铅蓄电池必须在放电后的 24h 之内进行正常充电。VRLA 蓄电池的正常充电采用的是限流恒压法，初期电流应限定在 $0.2C$ 以下，后期的恒定的电压为 $2.25 \sim 2.35$V/只（25℃）。

图 8-25 所示为限流恒压法（$0.1C_{10}$，2.25V/只）对 100％放电后的 VRLA 蓄电池进行充电时的充电特性曲线。由图可见，在充电前期（0～7.5h）的充电电流恒定在 $0.1C_{10}$A，此时电池的端电压逐渐上升到 2.25V/只（25℃）；在充电的后期，电压恒定在 2.25V/只，而充电电流先呈指数规律迅速衰减（7.5～10h），然后缓慢减小（10～20h）；在充电结束阶段，电流保持在一个很小的值并维持不变。实际上，不同的电池厂家都对其生产的电池规定有相应的充电电压值，在对电池充电前应详细阅读说明书。

限流恒压法所需的充电时间与下列因素有关。

一是与电池充电前的放电深度有关，实验数据表明，蓄电池的放电深度越深，其充电所需的时间越长。

二是与恒定的电流和电压值有关，实验数据表明，提高充电电压，可缩短充电时间。图 8-26 所示也可见到同样的结果，即提高电流和电压值，可使充电终止提前到达。值得注意的是，过高的充电电压会降低氧复合效率，而且使负极有氢气析出，这将导致水的损失十分严重，所以不宜用过高电压充电。

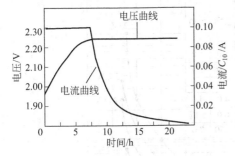

图 8-25　VRLA 蓄电池的充电特性曲线

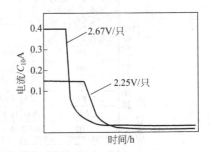

图 8-26　不同电压下的限流恒压充电曲线

限流恒压充电法的充电终止阶段的电流太小，有可能使电池充电不足。为了使电池在充电末期获得足够的充电电流，可以在充电快结束时，将充电电压适当增加，以提高充电终期的充电电流。如前期的电压恒定在 2.25V/只（25℃）左右，后期则可恒定为 2.35V/只（25℃）左右。如图 8-27 所示。

③ 均衡充电　电池在浮充过程中，由于种种原因会出现容量和电压不均衡的现象，如果不消除这种不均衡，就会使这种不均衡更加严重，并形成所谓的"落后电池"。所以，应定期对电池组进行均衡充电。均衡充电就是当蓄电池组出现端电压不均衡的现象时，对全组电池进行的过量充电。均衡充电的目的就是防止电池发生硫化或消除电池已经出现的轻微硫化。VRLA 蓄电池遇到下列情况之一时，应进行均衡充电：

a. 两只以上单体电池的浮充电压低于 2.18V；

b. 放电深度超过 20％；

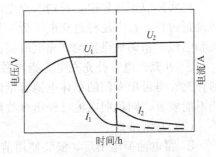

图 8-27　递增电压充电的充电曲线

c. 闲置不用的时间超过三个月；

d. 全浮充时间超过三个月；

e. 温度变化而没有及时修正浮充电压。

按照相关标准规定，蓄电池的均衡充电应采用限流恒压的方式。其具体方法是：当环境温度为 25℃ 时，均衡充电的电压应设置在 $(2.35\pm0.02)V$/只，充电电流应小于 $0.25C_{10}A$，充电时间一般为 $6\sim10h$。当环境温度每升高或降低 1℃，单体电池的均衡充电电压应下降或升高 3mV/只。为了延长蓄电池的使用寿命，当均衡充电的电流减小至连续 3h 不变时，必须立即转入浮充电状态，否则，将会严重过充电而影响电池的使用寿命。

蓄电池的均衡充电时间与充电电压和充电电流有关。当限定的均衡充电电流为 $0.25C_{10}A$，充电电压为不同的数值时，充电时间与容量恢复百分数的关系如图 8-28 所示。从图中可以看出，当均衡充电电压设置为 2.35V 时，充入额定容量的 100% 所需时间为 6h。当设置的均衡充电电压改变时，其均衡充电时间应相应改变。

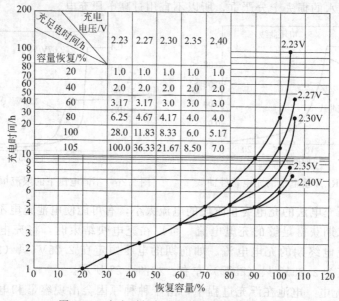

充足电时间/h 容量恢复/% \ 充电电压/V	2.23	2.27	2.30	2.35	2.40
20	1.0	1.0	1.0	1.0	1.0
40	2.0	2.0	2.0	2.0	2.0
60	3.17	3.17	3.0	3.0	3.0
80	6.25	4.67	4.17	4.0	4.0
100	28.0	11.83	8.33	6.0	5.17
105	100.0	36.33	21.67	8.50	7.0

图 8-28 充电时间与容量恢复百分数的关系

在实际应用过程中，若均衡充电时间过短，则蓄电池充不足电，若均衡充电时间设置过长，蓄电池将过充电。为了延长蓄电池的使用寿命，必须根据均衡充电电压和电流，精确地设置均衡充电时间。

④ 补充充电　补充充电是指单独对落后电池进行的过量充电。VRLA 蓄电池的补充充电可用专门的单体电池容量恢复仪进行充电。如补充充电后，电池的容量仍不能恢复，则说明电池已经出现故障，必须进行专门处理。

（2）日常维护

① 蓄电池荷电出厂，安装使用前应检查各单体开路电压，若低于 2.18V 或储存期超过三个月应首先进行均衡补充电。

② 正确使用电缆、铜排、连接线；蓄电池组输出终端以后的连接，由用户根据与负载的实际距离考虑；蓄电池组安装完毕后，应保证各连接部位接触良好，且极性正确。

③ 每半年应至少进行一次电池单体间连接螺栓的拧紧工作，以防连接螺栓松动造成蓄电池接触不良，引发其他故障。

④ 在维护或更换蓄电池时，使用的工具（如扳手等）必须带绝缘套，以防极间短路。

⑤ 蓄电池系统应尽量靠近负载，以免增加线路压降。

⑥ 当蓄电池组需要并联使用时，应尽量使各电池组线路损耗压降大致相同，每组电池配保险装置。

⑦ 观察蓄电池表面是否清洁，有无腐蚀漏液现象，若外壳污物较多，用潮湿布沾洗衣粉擦拭即可。

⑧ 观察蓄电池外观是否有凹瘪或鼓胀现象。

⑨ 蓄电池放电后应及时进行充电。若遇连续多日阴雨天，造成蓄电池充电不足，应停止或缩短电站的供电时间，以免造成蓄电池过放电。

⑩ 电站维护人员应定期对蓄电池进行均衡充电，一般每季度要进行一次。对停用多时的蓄电池（3个月以上），应补充充电后再投入运行。

⑪ 正常使用时，每年进行一次放电试验，放出额定容量的 $30\% \sim 40\%$；每三年进行一次容量核对性放电试验，六年后每年做一次容量测试，若实放容量低于额定容量的 80%，则认为该蓄电池组寿命终止。

⑫ 浮充使用时，充电电压为 $2.23 \sim 2.25V/$只，若充电电流连续 3 小时不变，表明该电池组已基本充足（使用初期，浮充电压推荐使用 $2.23V/$只）。

⑬ 蓄电池放电后，应立即进行补充电，否则会影响容量恢复，甚至充不上电。

⑭ 蓄电池在使用、安装过程中，严禁短路。

⑮ 蓄电池外壳清洁不得使用有机溶剂。

⑯ 蓄电池使用过程中，应尽量避免过充、过放或超大电流放电。

⑰ 蓄电池使用环境应干燥、清洁、通风，避免阳光直射。冬季要做好蓄电池室的保温工作，夏季要做好蓄电池室的通风工作，蓄电池室温度应尽量控制在 $5 \sim 25℃$ 之间。

⑱ 每半年测量一次蓄电池的内阻和开路电压。电池的内阻或电导在电池的剩余容量大于 50% 时，几乎没有什么变化，但在剩余容量小于 50% 之后，内阻呈线性上升。内阻与容量的关系如图 8-29 所示。由图可见，当电池的内阻出现明显下降时，电池的容量已显著下降。所以，可通过测量内阻发现落后或失效的电池。

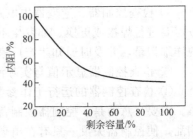

在条件具备，即保证不会对供电造成中断的情况下，可让蓄电池脱离充电设备，静置 2h

图 8-29　电池内阻与剩余容量的关系

后测量其内阻和开路电压。对内阻大和开路电压低的蓄电池，应及时对其进行容量恢复的处理，若不能恢复（容量达不到额定容量的80%以上），则对其进行更换。

⑲ 使用万用表估算蓄电池荷电状态。使用万用表可以估计蓄电池的荷电状态，方法是检测蓄电池的开路电压。当蓄电池在充电和放电时，不要测量电压。蓄电池与方阵及负载断开后，需要静置1~2h，然后测量开路电压值。参阅蓄电池生产厂家提供的数据，依据开路电压值，可查到蓄电池电解液的密度，进而获得蓄电池近似的荷电状态值。

⑳ 使用液体密度计检测蓄电池的荷电状态。通过使用液体密度计测量蓄电池的电解液密度，可以精确检验开口式铅酸电池的荷电状态。液体密度计的形状类似于一个大的玻璃注射器，由橡胶球、玻璃管、浮子密度计和橡胶吸管组成，如图8-30所示。

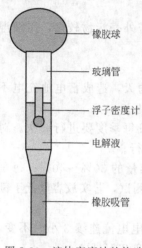

橡胶球

玻璃管

浮子密度计

电解液

橡胶吸管

图8-30　液体密度计的构造

液体密度计的使用方法比较简单。首先将橡胶球压扁，其中的空气被排出。将橡胶吸管插入蓄电池的电解液中，然后慢慢放松压扁的橡胶球，此时电解液将被缓缓吸入到玻璃管里。处于玻璃管底部的浮子密度计，随着电解液面的升高垂直漂浮起来。此时停止橡胶球吸入电解液的操作。测量密度时，使浮子密度计垂直于液面，同时不要触及玻璃管壁。当观察者的眼睛与玻璃管内液面持平时，读取浮子密度计上的刻度值，此数值即为电解液的密度。注意在读取浮子密度计上的刻度时，要略去液体表面张力在玻璃管壁所形成曲率误差。完成测量后，应将密度计内的电解液放回蓄电池里。标准电解液的密度是在25℃下测得的，因此需对室温下用液体密度计测量的结果进行修正。

8.3.2.3　控制器及逆变器

控制器、逆变器通常十分可靠，可以连续使用多年。但有时因设计问题，电子元器件经过长期运行可能会被损坏，此外，雷击因素也可能导致元器件损坏。因此，对光伏发电系统而言，也需要加强对控制器和逆变器的运行维护。

① 定期检查控制器、逆变器与其他设备的连线以及控制器、逆变器的接地连线是否牢固，按需要固紧。

② 检查控制器、逆变器内电路板上的元器件有无虚焊现象、有无损坏元器件，按需要进行焊接或更换。如发生不易排除的事故，或事故的原因不清，应做好事故的详细记录，并及时通知生产厂家给予解决。

③ 检查控制器显示值与实际测量值是否一致，以判断控制器是否正常。

④ 检查控制器的运行工作参数点与设计值是否一致，如不一致按要求进行调整。需要注意的是，控制器控制蓄电池充放电的预置电压阈值不得任意调整，以防调乱，使控制器失灵。只有在出现蓄电池充放电状态失常时，方可请有关生产厂进行检查和调整。

8.3.2.4　防雷接地装置

防雷接地装置事关电站光伏系统的安全运行，必须加强巡视和维护。

① 定期测量接地装置的接地电阻，检测其是否满足设计要求，否则应查明原因。另外每半年应测量一次控制柜的接地电阻。

② 定期检查各设备部件与接地系统是否连接可靠，若出现连接不牢靠的现象，应及时发现，并焊接牢固。

③ 在雷雨过后或雷雨季到来之前，重点检查方阵汇流盒以及各设备内安装的防雷保护器是否失效，并根据需要及时更换。

8.3.2.5　低压配电线路

（1）架空线路

架空线路日常巡检主要是检查危及线路安全运行的内容，及时发现缺陷，进行必要的维护。巡视维护工作内容主要包括：

① 架空线路下面有无盖房和堆放易燃物；

② 架空线路附近有无打井、挖坑取土和雨水冲刷等威胁安全运行的情况；

③ 导线与建筑物等的距离是否符合要求；

④ 导线是否有损伤、断股，导线上有无抛挂物；

⑤ 绝缘子是否破损，绝缘子铁脚有无歪曲和松动，绑线有无松脱；

⑥ 有无电杆倾斜、基础下沉、水泥杆混凝土剥落露筋现象；

⑦ 拉线有无松弛、断股、锈蚀、受力不均、拉线绝缘子损伤等现象。

（2）照明配线

照明配线包括接户线、进户线和室内照明线路。因照明配线、室内负荷与人接触的机会多，更应加强管理维护，以确保安全运行。主要维护工作有：

① 瓷瓶有无严重破损及脱落；

② 墙板是否歪斜、脱落；

③ 导线绝缘是否破损、露芯，弛度松紧应适宜；

④ 各种绝缘物的支撑情况，导线的支撑是否牢固；

⑤ 有无私拉乱接现象；

⑥ 进户线上的熔丝盒是否完整，熔丝是否合格；

⑦ 导线以及各种穿墙管的外表情况；

⑧ 进户线的固定铅皮卡是否松动；

⑨ 检查接户线与建筑物的距离是否满足相关规程和规范要求。

8.3.3　树立"安全第一"的用电意识

在光伏系统设计、安装、维护或使用的全过程中，确保安全始终是光伏系统工作人员的首要责任。

光伏电站无论大小，工作时都包含许多电的、非电的潜在危险。光伏工程绝大多数是在户外、野外施工。人们用手或动力工具作业时，更多的是同金属和电气线路接触。此外，还要从事与蓄电池有关的工作，因此有可能引起人身的外伤、灼伤、触电等，与此同时，还有太阳暴晒、昆虫蛇咬、撞击、扭伤、坠落、烫伤等危险。

为了工作安全，必须树立强烈的"安全第一"的用电意识，养成良好的工作习惯，维持清洁和有序的工作环境，配备合理的设备，接受科学使用光伏发电系统的良好培训，了解潜在的危险和规避措施，定期回顾安全操作规程，掌握人工急救的基本知识，能够进行人工呼吸、心肺复苏等现场急救。上述内容是从事光伏工程人员应该遵守的安全行为规范，严格照此执行将会大大减少工作中潜在的危险和事故。

8.3.3.1 基本安全信息

国家制定的多项安全生产方针和规范对于确保电力生产的安全是非常重要的，这些规范和标准主要包括中国国家电气标准、设备安全试验以及来自行业组织机构制定的规范、标准等，它们为电气安全提出了具体的建议和指导。

（1）系统电流和电压

设计光伏系统时应考虑下列事项：

① 使用开路电压作为光伏电源回路的标称电压；

② 系统最高电压应低于 600V；

③ 导线和过流保护装置，应至少能通过光伏方阵短路电流的 125%；

④ 光伏方阵回路、逆变器和蓄电池电路应具有过流保护；

⑤ 在系统线路的任何断开点，都必须设有工作电压和短路电流的明显标记。

（2）布线和断开要求

电气布线要规范统一，导体必须有颜色的约定，断开电路要有明确的要求和规定。

① 光伏系统中直流布线的惯例是：接地线选用白色，正极性导线选用红色，负极性导线选用蓝色（负极性被确定为 PV 系统的中性点）；

② 如果系统连接电缆可能被暴晒，应使用抗紫外线的绝缘电缆；

③ 接线盒应置于明显位置，便于接线和维护检修；

④ 接线器必须可靠接地，以防电击；

⑤ 系统应提供断开光伏电路的装置和安全隔离措施；

⑥ 对由逆变器引出的不接地导体，必须有断开措施；

⑦ 熔断器两端应能够从电源断开；

⑧ 系统中的隔离开关应当容易触及，并有明显的标志。

（3）接地

任何电气系统接地的目的，是避免不安全的电流通过人体或物体而导致的人身伤害或设备损毁。此外，在低压线路还存在着由于雷击、自然的和人为的接地故障，以及由线路负荷瞬变引起的高电压突波干扰。正确的接地措施和过流保护手段可以有效防止和减少由于接地故障引起的损害。

重视和识别设备接地导体和接地系统导体的差别：

① 在系统电压高于 50V 的光伏系统中，系统所有的金属构件都必须可靠接地；

② 建立独立的接地点，以防止在不同的接地线之间流过危险的故障电流，给

远离负载的方阵就地设置单独的接地，可很好地防止雷击；

③ 所有露天设备或暴露的金属导体都应接地；

④ 设备接地导体必须用裸线或黄绿双色导线；

⑤ 设备接地导体截面、接地电极规格、接地网尺寸要符合设计规定，满足系统要求。

（4）光伏系统输出

在光伏方阵被连接到负载、蓄电池和逆变器前，需要提供一些必要的条件。

① 单相逆变器不能接用三相负载；

② 光伏系统逆变器的交流输出必须依照供电系统的要求实施接地；

③ 必须在适当的位置设置断路器、带熔断器的开关，必要时能够断开 PV 系统的输出；

④ 系统中蓄电池组电压超过 50V 时，电池组必须接地，以防止意外触电；

⑤ 蓄电池必须使用充电控制器。

8.3.3.2 现场安全须知

（1）现场不安全因素

在电气系统施工中最容易发生的是触电，避免电击的最好方法是任何时候都要牢记测量两个导线之间的电压和导线对地的电压。

此外，可以使用钳形电流表测量流过线路的电流，这样可以避免带电断开导电回路，从而减少触电的危险。

（2）现场工作安全要求

对工作不正常的光伏系统进行故障检修是必要的。在去现场前的准备阶段和实际工作时，都必须关注安全问题。进入施工现场前应对照安全程序列表，对建议和推荐的安全设备进行检查，安全设备使用前，应确认处于良好状态。

8.3.4 提高运行维护人员的业务技能

培训工作主要是针对两方面的人员进行。

一是对专业技术人员进行培训，针对运行维护管理存在的重点和难点问题，组织专业技术人员进行各种专题的内部培训工作，条件允许时，将技术人员送到设备生产厂家或相关院校进行系统的相关知识培训，提高专业技术人员的专业技能。

二是对电站一线执勤维护人员的培训，这部分人员工作在第一线，主要承担电站基本的执勤维护工作，相对而言，人员文化水平较低，因此培训工作首先从最基础的电工基础知识讲起，并进行光伏发电的理论知识培训、特种作业培训、实际操作培训和电站操作规程的学习。经培训后，使其了解和掌握光伏发电系统的基本工作原理和各设备的基本功能，并要达到能够按要求进行电站的日常维护工作，具有判断、分析、处理一般故障的能力。

8.3.5 构建高效的应急处理机制

为了确保电站光伏发电系统运行稳定可靠，加强全网统一协调合作与调度，各光伏电站均应设立专人负责与电站操作人员和有关设备厂家的联系工作。当电站出现故障时，操作人员应能及时将问题提交给相关部门，同时也能在最短的时间内通知设备厂家和维修人员及时赶到现场进行修理。同时必须结合自身实际拟定故障应急处理保障预案，并定期演练，作为处理突发事件及重大供电障碍的具体实施计划之一。其目的是统一领导、统一指挥、分级负责，争取时间，严密组织，密切协同，保障有力，力争科学、有效地在最短时限内安全稳妥地处理突发事件，保证电站系统和设备的安全。

（1）组织保障

故障应急处理预案通常要求建立四级应急保障组织，即组织指挥、技术支持、现场抢修以及厂家协同，如图 8-31 所示。

图 8-31　故障应急处理组织机制

一般来讲，电站维护资源相对设备运行总量而言，总是略显薄弱，部分一线执勤运维人员还没有足够能力独立及时解决、排除各种故障。在此情形下，在一定范围内，建立一个包含技术专家组、技术骨干队伍、日常维护人员在内，并将厂商技术人员纳入其中的分级技术支撑体系，通过逐级、实时申告的流程实施分级技术支持，对确保电站的维护保障工作正常开展具有十分重要的意义。

同时在支撑体系范围内，还应加强对典型故障的调研，完善对故障的分类统计（如质量类、外因类、疏忽类等）和数据存档工作，积极采取信息资源共享等措施，努力为维护队伍技术水平快速提升提供良好的体系平台。

（2）基本原则

为使故障应急处置预案充分发挥功效，在预案编制和实施过程中必须遵循如下原则。

① 加强全局观念，密切协同配合，故障应急处置以组织调度协调为主、技术方案抢修调度为辅。

② 确保人身和设备安全，抢修单位应准确无误执行调度方案。

③ 应科学有序地组织调度抢修预案的执行，局部服从全局，个别服从整体。

④ 当遇到重大故障时，应以确保人身和设备安全为前提，尽可能缩短故障时间。

⑤ 当遇到设备或元器件损坏需立即更换时，应以保证系统恢复为首要原则，采取应急措施进行购置或赊欠，事后再补齐相关手续。

⑥ 重大故障应按相关规定向主管领导及相关部门逐级汇报。

⑦ 在故障解除后 24h 内应将故障分析报告提交上级技术管理部门。

（3）处理流程

承担故障应急处置的部门要培养维护人员对故障的分析、判断和解决能力，做好备品备件准备工作，在设备发生故障时，要精心组织好设备抢修工作，合理安排车辆，积极取得相关厂家的技术支持，努力缩短故障处理时间。同时还要根据故障

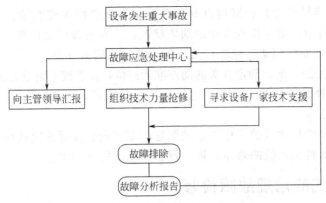

图 8-32　系统设备重大故障处理流程

应急处理流程，做到故障处理闭环化管理，图 8-32 所示为光伏发电设备发生重大事故后的故障处理流程。

8.4　光伏电站常见故障检修

光伏发电系统的故障检修应该遵循"预防为主、积极排除"的原则，在故障发生后，应充分利用运行维护经验，巧用仪器仪表，快速高效地完成故障排除。

8.4.1　系统的预防性维修

预防性维修是最好的维修，所以应定期对独立光伏系统进行检查。这样，可以在小问题变成大问题之前就发现并处理之。即使系统刚安装不久，感觉系统工作还比较正常时就应该进行常规的检查与检修。绝大部分的检查仅靠一些基本常识，使用万用表（电压表、电流表）等简单仪器仪表，就能进行。定期检查的主要内容包括以下几项。

① 检查系统中所有电气连接的紧密度、牢固性。蓄电池的连接应保持清洁，并用抗腐蚀剂密封。

② 检查普通铅酸蓄电池电解液液面，如果需要就加入纯净（蒸馏）水，但不要加得太满。应每年检测一次每个电池的标称密度。标称密度是电池充电状态（SOC，State of Charge）的反映，但如果电解液分了层，测量就会有误差。应检查电池中不同层的标称重量确定电解液是否分层。如果电解液分层了，就要对电池充分充电以混合电解液。如果电解液的标称密度比别的电池差 0.05kg/L 以上，就意味着这个电池质量变差，需要进一步监测这个电池的性能看是否需要更换。

③ 在带负载的情况下，检查每一个电池的单体电压，并把这些电压与所有电池电压的平均值相对比。如果一个电池单体电压和平均电压的差值超过 0.05V，这个电池可能就有问题。应重点监测该电池的性能看其是否需要替换。

④ 检查系统走线。检查所有接线盒的接入和接出点，检查绝缘处有无破裂。如果需要就直接更换导线，而不能依靠用黑胶布来起长期绝缘的作用。

⑤ 检查所有导线盒是否密封良好，查看是否有水侵入或腐蚀。如果电子元件是安装在接线盒中，则应检查盒中的通风状况，及时清理或更换空气过滤器。

⑥ 检查阵列安装框架或跟踪机械，保养各种系统的支架。

⑦ 检查开关的工况，确定开关的动作准确到位，查看接点附近有无腐蚀和炭化。

⑧ 检查线路熔断器的工况，用电压表测量熔断器两端的电压，若电压值为零则熔断器工作正常。

在光伏电站的日常维护工作中，按照这些维护内容高标准完成例行的巡检维护工作，可以有效延长系统的寿命，提高设备和系统的利用率。

8.4.2 系统的常规故障检修

要做好光伏电站的故障检修工作，需具备两个基本条件。

① 检修人员必须了解光伏系统原理，熟知电站各部件的性能特点和电气参数。

② 系统及各部件附带的技术档案和资料保存完整。

光伏系统典型故障主要包括：熔断器烧断、断路器动作、触点接触不良、连接螺栓松动、蓄电池电量过低、系统无法供电等。

如果知道系统已经出了问题，通过测试和分析就可确定其位置。一些基本的测试用万用表（电压表、电流表）、密度计、钳子、螺钉旋具和可调扳手就可完成。在检修时建议戴上绝缘手套和防护镜，着胶鞋。两人一组，仔细操作。特别要注意经常测量将要触摸的导线和带电部位的电压，在知道导线电压、电流之前不要贸然断开线路连接。

表 8-3～表 8-5 列出了电站常见故障检修指南，不一定完全适用于所有的系统设备。需要说明的是，熟练排除故障的前提是要熟悉电站光伏系统设备生产厂提供的技术说明。

表 8-3　负荷不正常工作

可能的原因	恢复方法
保险丝(熔断器)熔断或断路器(空气开关)动作	检查可能发生短路、过载或过充的电路，更换保险丝，合上断路器(空气开关)
线路接点断开或接触不良，导致线路开路	检查线路接点，检查负载回路
应用设备过热，保护启动	等待设备冷却后，检修设备或重新设置过热保护
逆变器在冲击负荷下，保护启动	增大逆变器容量或减小冲击负荷

表 8-4　蓄电池充电不足

可能的原因	恢复方法
长时间的多云天气，蓄电池未充电	提高系统供电的自主天数或减少电能消耗
实际的电能消耗超出了估计的负荷容量	减少电能消耗或重新计算负载容量并相应提高系统发电能力
普通铅酸蓄电池的液面过低	检查每个单元的液面高度，补充蒸馏水
蓄电池电解液密度不在 1.1～1.4kg/L 范围内变化	进行负载(充放电)测试。如蓄电池老化应更换蓄电池

可能的原因	恢复方法
因为老化或错误的使用,导致蓄电池容量和充电能力下降	更换蓄电池组
因电流过大或导线过细导致电池输出电压偏低	检查并分析可能引起电压降落的原因,更换导线
由于蓄电池温度过低,需要更高的充电电压才能将蓄电池充足至设定值	加强蓄电池室保温或改用具有温度补偿能力的充电控制器
如果控制器具有温度补偿功能,温度传感器及其连线的偏差均可能引起故障	检查温度传感器及其连线,如果损坏或偏差过大应修复和校准
充电灯点亮,显示充电控制器已停止充电	控制电压设定存在问题。修理控制元件或调高设定电压设置值

表 8-5 蓄电池过充、水分消耗过多

可能的原因	恢复方法
控制器无法获得正确的蓄电池电压信号	对于有温度补偿功能的控制器,检查信号连接线,检查和调整电压阈值设置
如果控制器具备温度补偿功能,传感器和与传感器相连的线均可能造成故障	检查温度传感器或其连线看是否损坏并修复
普通铅酸蓄电池过热,较低电压下就产生气泡	用一个具有温度补偿功能的充电控制单元改进原有控制器功能
控制器总使蓄电池处在过充状态,导致蓄电池电压过高	检测蓄电池端电压,观察充电控制单元是否动作,检查并调整充电电压阈值设置

8.4.3　故障检修实例:巧用万用表检修布线故障

万用表是检修线路的基本表计。系统维修人员应熟悉万用表的正确使用方法,以保证人身、系统设备和仪表的安全。使用万用表前,必须仔细阅读万用表的使用说明。

万用表的主要用途:判断线路状态、测量交流和直流电压、测量交流和直流电流、判断直流电路的极性等。

(1)检查线路通断

判断线路状态和测量电阻要在断电条件下进行。判断线路状态可以确定一个电路是接通的还是断开的。这一功能在检查断路、短路、熔丝和开关状态等操作中都很有用处。判断线路状态的过程,包括了对线路电阻的测量。短的线路具有很低的阻抗,而长线路由于导线电阻和负载的存在呈现较高阻抗。电路开路时阻抗则为无穷大。

判断线路状态的具体操作过程如下。

① 关闭电源并将所有电容器放电。

② 至少断开回路中的一条线路。

③ 选择 $R \times 100$ 的电阻挡(或是更适合的电阻挡)。

④ 将黑表笔的插头插入(-)公共端插孔,将红表笔的插头插入(+)插孔。

⑤ 将两个测量表笔接在一起,短接万用表的电阻测量电路。

⑥ 调节调零旋钮直到表的指针指示为 0Ω。

⑦ 将一个表笔接在要检查线路的断开点上,另一表笔接在该线路的另一端。若表盘电阻读数是无穷大或阻值极大(此时指针不会移动),则线路是断开的;若表盘电阻读数为零或阻值很小,则线路是连通(闭合)的。

⑧ 对两线回路，线路较长时，可在线路末端将两线可靠短接，在线路首端测量两线间的电阻。若表盘电阻读数是无穷大或阻值极大（此时指针不会移动），则可断定线路上有断开点；若表盘电阻读数为零或阻值很小，则线路是连通的。

（2）测量电压

① 测量电压时要注意采取安全预防措施，避免发生人身伤亡和仪表设备损毁事故。

② 选择正确的电压测量种类，直流电要用直流挡位，交流电要用交流挡位。

③ 将指针选择在合适的量程范围。为了防止造成表的损伤和人身伤害，在不知道被测量电压范围的情况下，通常从最高的电压挡逐渐向适合的电压挡调整，然后测量。

④ 将黑表笔的插头插入（－）公共插孔，将红表笔的插头插入（＋）插孔。

⑤ 断开电源，并将所有电容器放电。将黑表笔与直流电路的负端（交流电路的中性端）相连。将红表笔与直流电路的正端（交流电路的相线端）相连。

⑥ 合上电源，进行通电测量，选择合适的电压量程挡，读出电压数值。

⑦ 在测量直流电路时，如果对电路（或开关）的正负极性不清楚，此时不要进行正式测量，可先行试探电路极性。方法是将黑表笔与电路的一端相接触，用红表笔瞬间接触电路的另一端，此时如果万用表的指针向正向摆动，说明电路极性与黑红表笔一致。如果万用表的指针向反向摆动（指针打表），说明电路极性与黑红表笔相反。

⑧ 电路极性判断正确后，再从步骤⑤开始进行电压的正式测量。

（3）测量电流

① 电流的测试同样也要注意采取合适的安全预防措施。

② 选择正确的电流测量种类，直流电要用直流挡位，交流电要用交流挡位。

③ 在测量直流电路时，如果不清楚电路的正负极性，应按前述测量电压的步骤⑦中的方法判断极性。

④ 将量程选择在合适范围。在不知道电流范围的情况下，从最高的电流挡开始。

⑤ 将黑表笔的插头插入（－）公共端插孔，将红表笔的插头插入（＋）插孔。

⑥ 断开电源并将所有电容器放电。

⑦ 断开被测电流电路的接地端。

⑧ 将万用表与电路串接，红表笔接正极（交流电路的相线端），黑表笔接负极（交流电路的中性端）。

⑨ 在合适的电流量程挡读出电流数值。

（4）检查极性

一个线路的极性只限于针对直流电路的讨论，交流电路实质上没有极性。

在一个直流线路中，当极性颠倒时，直流电机将发生反转并经常过热。有些直流设备会因极性颠倒而根本无法工作甚至损坏。要测量一个直流电路的极性，需遵循如下步骤。

① 当红表笔接正极（＋），黑表笔接负极（－）时，且输出显示在表的量程范围之内时，极性是正确的。

② 当输出显示小于零，呈现负值时，则表示正负极性是反的。

参 考 文 献

[1] 杨贵恒，常思浩主编．电气工程师手册（供配电）．北京：化学工业出版社，2014.

[2] 文武松，杨贵恒，王璐，曹龙汉编著．单片机实战宝典——从入门到精通．北京：机械工业出版社，2014.

[3] 杨贵恒，刘扬，张颖超，钱希森编著．现代开关电源技术及其应用．北京：中国电力出版社，2013.

[4] 杨贵恒，张海呈，张寿珍，钟进编著．柴油发电机组实用技术技能．北京：化学工业出版社，2013.

[5] 杨贵恒，王秋虹，曹均灿，钱希森编著．现代电源技术手册．北京：化学工业出版社，2013.

[6] 杨贵恒，龙江涛，龚伟，李龙，赵志旺编著．常用电源元器件及其应用．北京：中国电力出版社，2012.

[7] 陈兆海主编，应急通信系统．北京：电子工业出版社，2012.

[8] 杨贵恒，强生泽，张颖超，郑勇著．太阳能光伏发电系统及其应用．北京：化学工业出版社，2011.

[9] 张颖超，杨贵恒，常思浩，徐国家编著．UPS 原理与维修．北京：化学工业出版社，2011.

[10] 龚利红，刘晓军编著．机械设计公式及应用实例．北京：化学工业出版社，2011.

[11] 杨贵恒，张瑞伟，钱希森，罗红君编著．直流稳定电源．北京：化学工业出版社，2010.

[12] 杨贵恒，贺明智，袁春，陈于平编著．柴油发电机组技术手册．北京：化学工业出版社，2009.

[13] 强生泽，杨贵恒，李龙，钱希森编著．现代通信电源系统原理与设计．北京：中国电力出版社，2009.

[14] 武文彦主编．军事通信网电源系统及维护．北京：电子工业出版社，2009.

[15] 杨贵恒，贺明智，金钊编著．发电机组维修技术．北京：化学工业出版社，2007.

[16] 袁春，张寿珍主编．柴油发电机组．北京：人民邮电出版社，2003.

[17] ［日］一般社团法人太阳光发电协会编．太阳能光伏发电系统的设计与施工．第 4 版．宁亚东译．北京：科学出版社，2013.

[18] 刘宏，吴达成，杨志刚，翟永辉编著．家用太阳能光伏电源系统．北京：化学工业出版社，2007.

[19] 崔容强，赵春江，吴达成编著．并网型太阳能光伏发电系统．北京：化学工业出版社，2007.

[20] 杨志刚，杨乐，赵恕，曹鸣雷，王望球编著．小型太阳能光伏电源实用技术．北京：科学普及出版社，2009.

[21] 杨金焕主编．太阳能光伏发电应用技术．第 2 版．北京：电子工业出版社，2013.

[22] 黄汉云编著．太阳能光伏发电应用原理．第 2 版．北京：化学工业出版社，2013.

[23] 李钟实编著．太阳能光伏发电系统设计施工与维护．北京：人民邮电出版社，2010.

[24] 李俊峰，王斯成，王勃华编著．2013 中国光伏发展报告．中国资源综合利用协会可再生能源专业委员会（CREIA）与中国光伏产业联盟（CPIA），2013.

[25] 胡云岩，张瑞英，王军．中国太阳能光伏发电的发展现状及前景，河北科技大学学报，2014，35（1）：69-72.

[26] 邓洲．国内光伏应用市场存在的问题、障碍和发展前景．中国能源，2013，35（1）：12-16.

[27] 马胜红，陆虎俞．太阳能光伏发电技术（1）～（12）．大众用电［J］，2006（1）～2006（12）.

[28] 漆逢吉主编．通信电源．第 3 版．北京：北京邮电大学出版社，2012.

[29] 张润和主编．电力电子技术及应用．北京：北京大学出版社，2008.

[30] 唐有根主编．镍氢电池．北京：化学工业出版社，2007.

[31] 王继强主编．化学与物理电源．北京：国防工业出版社，2008.

[32] 吴宇平，袁翔云，董超，段冀渊编著．锂离子电池——应用与实践．第 2 版．北京：化学工业出版社，2011.

[33] 李国欣主编．新型化学电源技术概论．上海：上海科学技术出版社，2007.

[34] 程明，张建忠，王念春著．可再生能源发电技术．北京：机械工业出版社，2012.

[35] 赵争鸣，刘建政，孙晓英，袁立强编著．太阳能光伏发电及其应用．北京：科学出版社，2005.

[36] 王长贵，王斯成主编．太阳能光伏发电实用技术．北京：化学工业出版社，2009.

[37] 王兆安，刘进军主编．电力电子技术．第 5 版．北京：机械工业出版社，2009.

[38] 王丹．光伏发电系统效率优化问题的研究［学位论文］．北京：北京交通大学，2009.

[39]　时智勇．三相单级式光伏并网发电系统综合控制与应用［学位论文］．北京：北京交通大学，2009．

[40]　赵颖．独立光伏发电系统研究［学位论文］．大连：大连理工大学，2009．

[41]　张玉平．太阳能独立光伏发电系统研究［学位论文］．北京：华北电力大学，2008．

[42]　吴理博．光伏并网逆变系统综合控制策略研究及实现［学位论文］．北京：清华大学，2006．

[43]　周德佳．单级式三相光伏并网控制系统理论与应用研究［学位论文］．北京：清华大学，2008．

[44]　蔡磊．Z源逆变器并网应用研究［学位论文］．杭州：浙江大学，2008．

[45]　冯博．太阳能供电下的LED照明控制系统研究［学位论文］．北京：清华大学，2008．

[46]　王飞．单相光伏并网系统的分析与研究［学位论文］．合肥：合肥工业大学，2005．

[47]　陈剑．太阳能光伏系统最大功率点跟踪技术的研究［学位论文］．北京：清华大学，2009．

[48]　许颇．基于Z源型逆变器的光伏并网发电系统的研究［学位论文］．合肥：合肥工业大学，2006．

[49]　欧阳名三．独立光伏系统中蓄电池管理的研究［学位论文］．合肥：合肥工业大学，2004．

[50]　张超．光伏并网发电系统MPPT及孤岛检测新技术的研究［学位论文］．杭州：浙江大学，2006．

[51]　刘飞．三相并网光伏发电系统的运行控制策略［学位论文］．武汉：华中科技大学，2008．

[52]　熊远生．太阳能光伏发电系统的控制问题研究［学位论文］．杭州：浙江工业大学，2009．

[53]　唐西胜．超级电容器储能应用于分布式发电系统的能量管理及稳定性研究［学位论文］．北京：中科研电工所，2006．

[54]　李杰．逆变电源及其并联控制技术的研究［学位论文］．福州：福州大学，2006．

[55]　殷明．基于环流阻抗的UPS逆变器并联技术研究［学位论文］．武汉：华中科技大学，2007．

[56]　陈实．单相逆变器无互联线并联控制技术研究［学位论文］．贵阳：贵州大学，2007．